General Knowledge of Data Analysis

数据分析通识

途索◎著

人 民 邮 电 出 版 社
北 京

图书在版编目（CIP）数据

数据分析通识 / 途索著. -- 北京 : 人民邮电出版社, 2020.10（2024.7重印）
ISBN 978-7-115-54445-2

Ⅰ. ①数… Ⅱ. ①途… Ⅲ. ①数据处理－教材 Ⅳ. ①TP274

中国版本图书馆CIP数据核字(2020)第126096号

内 容 提 要

本书务实的数据分析科学技术、精彩的实际业务案例，很好地满足了从业者的实际需求；本书是作者结合近几年的工作经验，将在实际业务场景中的案例进行脱敏抽象，置于本书的每章之中，从而形成的一本把数据分析科学技术应用于实际业务的数据分析类图书。主要内容包括数据处理的抽象流程、数据系统的有机组成、数据获取、探索性数据分析、目的性数据分析、数据可视化、特征工程、模型、结果评价、数据应用等。

本书介绍了数据分析科学的许多方面，不但适合业务分析人员和数据分析与建模从业者学习，还可作为大专院校相关专业师生的学习用书，以及相关培训学校的教材。

◆ 著　　途 索
责任编辑 张 涛
责任印制 王 郁 焦志炜
◆ 人民邮电出版社出版发行　　北京市丰台区成寿寺路 11 号
邮编 100164　　电子邮件 315@ptpress.com.cn
网址 https://www.ptpress.com.cn
北京七彩京通数码快印有限公司印刷
◆ 开本：800×1000 1/16
印张：19.25　　2020 年 10 月第 1 版
字数：463 千字　　2024 年 7 月北京第 12 次印刷

定价：79.90 元

读者服务热线：(010)81055410 印装质量热线：(010)81055316
反盗版热线：(010)81055315
广告经营许可证：京东市监广登字 20170147 号

自　　序

作为一本定位于通识类型的书，本书作者希望广大的读者群体都能在阅读过程中有所收获。但在调研的过程中发现，要达成这样的效果，可谓难上加难。对于刚接触数据分析的读者来说，一些在数据分析工作者看来很浅显易懂的概念，理解起来可能会有些难度；一些需要详细给数据分析初学者介绍的概念与原理，如果让数据分析的精通者看，就显得非常啰唆。在内容呈现上，本书理论内容略偏向初学者，但在阐述的过程中，对于精通者来说可能比较简单的东西，也会结合实例进行说明。希望初学者在阅读本书时可以放慢节奏细品，精通者可以选择自己感兴趣的章节阅读，每个人在阅读完本书后，都能有所感悟。

关于本书具体的阅读建议，有以下几点。

1. 读者需要对自己有一个大概的定位

这是一本通识类型的书，会介绍数据分析科学的很多方面。也正因为如此，对于不同的人群来说，阅读本书就应该有不同的侧重点。例如，对于业务分析人员来说，第 3 章就可能需要着重阅读；对于数据建模的初学者来说，第 6 章就可能需要额外花些精力。本书把与数据分析工作相关的人群简要分成表 0-1 中的 5 个大类、10 个小类。

表 0-1　与数据分析工作相关的人群的简要分类

大类	小类	特征定位	职业举例
A 类人群	A1 类	不明白数据分析或数据科学是什么，也没接触过相关工作，仅想稍作了解	高中生，非数学、统计学专业大学生，其他与数据分析无关的行业的从业者等
	A2 类	虽然对数据分析相关工作不了解，但决定长期深入了解数据分析相关工作	数学、统计学专业大学生，转行数据分析的从业者等
B 类人群	B 类	虽然不从事数据分析相关工作，但知道了解与学习数据分析有可能在工作中助自己一臂之力	会计，生物学、医学等实验员，项目管理员等
C 类人群	C1 类	初级业务分析人员	产品经理、市场分析人员、市场运营人员、业务数据分析师等
	C2 类	初级算法工作人员	算法工程师、数据挖掘工程师、数据建模工程师等
	C3 类	初级数据开发工作人员	大数据开发工程师、数据平台工程师等

续表

大类	小类	特征定位	职业举例
D 类人群	D1 类	资深业务分析人员	资深产品经理、资深市场分析人员、资深市场运营人员、资深业务数据分析师等
	D2 类	资深算法工作人员	资深算法工程师、资深数据挖掘工程师、资深数据建模工程师等
	D3 类	资深数据开发工作人员	资深大数据开发工程师、资深数据平台工程师等
E 类人群	E 类	全能数据科学家	数据分析与建模专家

读者在阅读本书前，不妨先有一个自我定位。以上这些分类限于读者在阅读本书时的自我定位，而与自己真实的身份无关。举例来说，如果你是一名经验比较丰富的数据开发人员（D3 类），但想以学习的心态学习数据分析在业务或算法中的内涵，就可以把自己当作一位 C1 类或 C2 类读者来阅读本书。

2. 需要了解本书的内容推荐星级

本书按照内容的深度，将阅读方式分为表 0-2 中的不同推荐星级。

表 0-2 推荐星级

星级	阅读方式
0 星	直接跳过即可
★（1 星）	简略阅读即可。它们与上下文有联系，所以建议你简略阅读
★★（2 星）	仔细地阅读一遍。这些内容可能你之前学习过，但长时间不接触可能有些遗忘，建议你稍微多花些时间阅读，一边阅读一边回忆；也有可能你虽然没接触过这些知识，但接触过相关的知识，知识之间可以相互融合，也建议你稍微多花些时间阅读
★★★（3 星）	对自己熟悉的部分可以略读，对自己不熟悉的部分要精读
★★★★（4 星）	以学习的心态，非常认真地阅读。能结合自己的生活经历或工作经历就再好不过了
★★★★★（5 星）	非常认真地阅读，至少两遍

3. 不同的人群可根据推荐星级阅读

有了以上推荐星级，读者就可以根据自己的实际需要进行自我评级并阅读了，如表 0-3 所示。

表 0-3　不同的人群可根据推荐星级阅读

	A1	A2	B	C1	C2	C3	D1	D2	D3	E
第 0 章	★★★★★	★★★★★	★★	★★★★	★★★★	★★★★				
第 1 章	★★★★	★★★★★	★★	★★★	★★★★	★★	★	★	★	
第 2 章	★★★	★★★		★★★	★★★	★	★	★	★	
第 3 章	★★★★	★★★★★	★★★	★★★★★	★★★★	★★★	★★★	★★★	★★	★
第 4 章	★★★★	★★★★	★★★	★★★★	★★★	★	★★	★★	★	
第 5 章	★★★★	★★★★★	★★	★★★	★★★★★	★	★★	★★	★	★
第 6 章	★★★★	★★★★★	★	★★	★★★★★	★	★	★★	★	
第 7 章	★★★★	★★★★★	★★★	★★★★	★★★★★	★	★★	★	★	
第 8 章	★★★	★★★	★★	★★★★	★★★	★★	★★	★	★	
第 9 章	★★★	★★★	★★	★★★★	★★★	★★★	★★	★	★	

4. 友情提示

本书可能会存在一些长句，如“如果将误差的分布看作二项分布，并用连续性修正因子校正数据，就可以将之等效为给子树的误判计算加上一个经验性的惩罚因子。”在读到这些长句时，希望读者能慢读细品，不要着急。之所以用这些长句，一是因为在把公式转译成句子的时候，免不了会表述得看似有些冗余。另一个原因是短句虽然容易让人读懂，但可能会让人“想当然”，表述为长句也是一种帮助读者放慢阅读节奏的尝试。

5. 接下来，你还应该学习的内容

本书是一本通识类型的书，可以作为你的“数据分析的第一本书”。也就是说，如果你想深度学习数据分析、建模或数据科学，那么仅读这一本书是不够的。

如果你以后想成为业务分析人员，最好可以接着阅读一些关于数据分析在业务中的应用的书，如《数据分析：企业的贤内助》；也可以读一些通俗地介绍数据分析方法的书，如《深入浅出数据分析》。

如果你以后想成为数据挖掘与数据建模分析人员，最好可以接着阅读一些关于解析数据分析与数据模型背后数学原理的书，如周志华的《机器学习》。

如果你以后想成为数据开发工程师，那么推荐阅读一些有关大数据开发的书，如《Hadoop 数据分析》。

不管学习什么，要真正地掌握它，都一定需要持之以恒的态度。

注：本书的表中的数字只是为了数据分析所用，所以没有带单位。书中的彩图会在出版社网站给出，以便读者对照阅读。

途 索

前　言

作者在学习数据分析、数据挖掘等数据科学相关的知识时，常常会见到各种各样关于“数据分析”的解读。一提到数据分析，有人就认为它应该是一个技术活，了解与学习数据分析，就是学习各种数据分析的软件、工具和技巧；有人认为它是一门研究如何计算的学问，学习数据分析就应该多研究数学；有人认为它是处理业务问题的辅助手段，有业务需求，才有学习数据分析的必要……作者在接触数据科学时，常常被这些说法搞得有些迷惑，时而觉得数据分析确实是技术活，时而觉得学习数据分析与学习数学确实比较相似，时而又觉得数据分析确实要服务于业务……听着都有道理。那么数据分析的定位到底应该是怎样的？这个问题在学习数据分析的过程中一直困扰着作者。

带着这些疑问，作者从多个角度学习数据分析多年，并坚持在大数据与人工智能领域探索，参与数十个数据驱动的面向消费者（To C）、面向政府（To G）、面向企业（To B）的项目。多年的学习经历与工作实践让作者终于能够比较全面、详细地了解了数据分析的发展愿景与当下在各行各业中数据分析的不同应用场景。数据分析离不开技术，数据分析离不开数学等理论，数据分析也离不开与业务的结合。这些说法都对，但这些说法并不能代表数据分析的全部。数据分析更像是连接技术认知、理论认知与业务认知的桥梁。即使不了解数据分析，我们也知道技术可以造福人类，科学理论可以改变世界，但技术与理论知识是如何造福人类、改变世界的，我们往往无从知晓。而数据分析会清楚地告诉人们这些过程、这些细节、这些机理。它就如同一阵吹开了技术、理论、业务之间屏障的风，让科学技术与现实业务之间的关系非常清晰地展现出来，让每个人看到这些细节，都发出“原来如此”的感叹。

本书旨在成为一本“通识”类书，做各位读者“了解与学习数据分析的案头书”。既然是通识类型的书，在选择本书的内容时，就会在内容广度与深度的权衡上，更向广度方面倾斜，在深度方面做一些牺牲。同时在组织这些内容时，作者也结合了近几年的工作经验，将在实际业务场景中应用到的案例进行脱敏抽象，置于本书的各个章节之中。如上所述，数据分析是连接科学技术与实际业务的桥梁，作者也想以此真正打通从技术到业务的认知通道，希望让读者有不一样的认识。

在编写此书的过程中，作者并不是“一个人在战斗”，而是得到了很多组织与朋友的大力支持。

感谢 DataFun 社区在本书创作过程中提供的大力支持。DataFun 社区的文章“干货”满满，让作者在创作过程不缺少灵感的来源。

感谢内蒙古奥图物联科技有限公司为本书提供的部分案例。源自一线的案例是真实且值得学习的案例。

感谢由木东居士介绍的 Destiny 贡献的可视化部分的导图。Destiny 在可视化方面的研究让作者发出过“可视化原来可以这么玩”的惊叹。

感谢作者的领导刘宇（蔚瑜）以及工作上的“战友”——罗毅、赵智（智德）、王悦文（北蛙）、李明（澹宁）、刘跃虎（潇风）。与他们相处的每一天都可以让我进步。他们给予作者的灵感，已存在于这本书里。

感谢“开课吧”以及“开课吧”合伙人汪鸿俊给予作者的支持。“开课吧”的大格局让作者见识了未曾见识的世界，汪鸿俊的一言一行更是让作者眼前一亮。

感谢设计师岳炜昕对本书前期的宣传与设计工作的支持。专业、有想法的人往往可以创造出杰作，他就是这样的人。

感谢慕课网给了作者一个非常好的实践平台。在这个平台上，作者不但上线了自己的课程，而且在与学员的相处过程中不断精进。

感谢互联派、互联派的“娘子军”和因为互联派而让作者有幸结缘的学生们。在服务于他们的同时，也非常幸运被他们信任。

感谢作者阅读过的 21 本数据分析书的编写人员和许多给予作者额外灵感的书的编写人员，他们的才智创造了非常优秀的作品，也间接影响了本书的创作。

感谢人民邮电出版社的编辑团队、设计团队、运营团队等为本书的出版做出的努力，他们专业的精神是本书能够出版的不可或缺的保障。

最后，感谢那位让作者去思考“生命与？？最重要”的生物老师。他让作者想清楚的事，对作者影响至今。本书同样属于他，希望他在天堂能读到本书。

途索

目　录

第0章 技术与业务

笔者是一名大数据与人工智能领域的从业者。因为在上学时就一直接触与学习技术（包括工程与算法），相对于其他领域而言，笔者对技术以及技术在当今社会发挥的重要作用是比较了解的。在自己最热衷钻研技术的日子里，甚至产生一种对技术极度崇拜的感觉，认为技术是无所不能的。这种状态一直持续到进入职场的前几个月。几年的工作经历让笔者有了非常多的收获和非常大的成长，其中，让笔者受益至今的第一课，便是认识到了技术与业务的区别，以及技术与业务之间密不可分的关系。

0.1 一个场景

试想以下这个场景：

M 公司高层决定对公司旗下的某实体商品进行推广，这件事被分配到市场宣传部，由该部门负责实施。市场宣传部只接收到“对××商品进行宣传推广”这么一条指令，并无太多细节。把这一条指令进行拆解、分析、落地，自然就是市场宣传部自己需要完成的事了。市场宣传部有自己的业务员，也有自己的数据分析师。于是业务员开始整理可以动用的资源：*N* 互联网公司旗下的一个 App 可以进行主动推送，主页 Banner 资源可以使用；地推广告有固定的合作伙伴；市场部自身运营的新媒体传播资源也是可以使用的……资源整理完成后，在数据分析师的支持与配合下，业务员开始拆解任务项，并确定预计收益指标。

地推宣传有常年的合作伙伴，新媒体传播资源也比较成熟与固定，这自不用多说什么。*N* 公司 App 的推送资源与 Banner 资源是市场宣传部无法直接使用的。于是，市场宣传部找到 *N* 公司，协调广告资源的事。除了商务相关的沟通外，*N* 公司技术部还指定了一名产品经理来跟进这个事情。产品经理指出，App 推送和 Banner 都是非常宝贵的资源位，为了尽可能高效地使用这些资源，公司 App 的推送和 Banner 都是对指定的一部分目标用户有效，而对其他用户无效，所以广告覆盖的用户数量需要 *M* 公司购买。*M* 公司购买了 10 万个用户，同时在合同中提到，用户的广告点击通过率要达到 5%以上（即有 5000 个以上用户点击并观看了该广告详情）。根据点击通过率的高低，*M* 公司会另外支付一定的费用。当然，点击通过率越高，这笔费用也就越高。

此时，压力转移到 N 公司这边。N 公司接到这样的需求后，在产品经理的组织下，进行一定的数据分析，把这个需求进行拆解，被划分成一个个任务，其中有很多任务都分配了技术部的广告算法团队。算法团队看到了“推送十万用户，点击通过率要达到 5%以上”的任务，便开始分析公司用户的行为数据、历史投放广告的反馈数据等数据资源。分析过后，算法团队针对 N 公司用户数据反映的规律，研发一套模型或是套用已有的成熟模型用于上线，在特定的时间段内，展现给模型选择的十万用户。上线效果不错，实际点击通过率 5.7%，M 公司收获良好的推广效果，N 公司收获财富和一定的声誉，皆大欢喜。

在以上情境中，M 公司的工作流如图 0-1 所示。

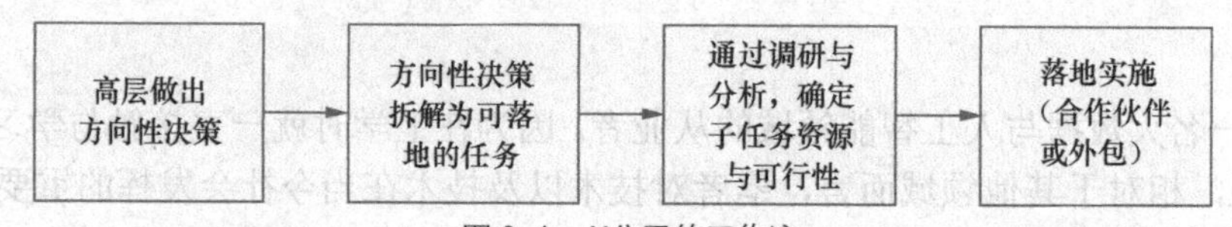

▲图 0-1　M公司的工作流

N 公司的工作流如图 0-2 所示。

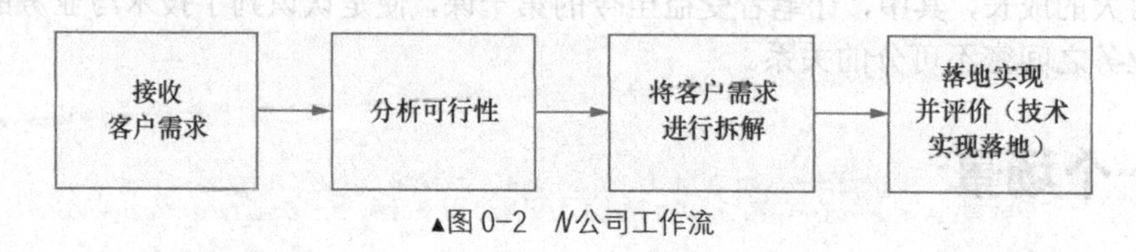

▲图 0-2　N公司工作流

注意，M 公司与 N 公司的实际工作流可能会比图示内容更复杂。

问题来了：在以上 M 公司与 N 公司的所有工作环节中，哪些是业务问题，哪些是技术问题？

事实上，在以上 8 个环节中，仅有 N 公司的最后一个环节，即落地实现并评价的环节中，技术问题才占主导地位，而其他 7 个环节，均可以视作业务问题，或以业务为主要驱动的问题。虽然在各个环节中可能会存在一些技术元素——如进行数据分析时用到的工具等，但不影响这些问题的本质属性。

0.2 什么是业务

什么是业务？业务就是公司、团体、组织或个人的一个个事务，也可以视作一个个任务。如上文的场景所示，业务可以很宽泛，可以被拆解成一个个子业务，一个子业务也可以再被拆解成一个个“子子业务”，直到每一个业务没有必要再被拆分，可以被直接执行或以最低的成本实现。业务反映的是真实世界中集体或个人要做的事情，因而业务问题是极其复杂和多元的，要考虑哪些因素、不需要考虑哪些因素是有很大的不确定性的。因此，在每进行一次业务拆解，把一个宏观业务拆解为一个个子业务的过程中，信息失真和含义曲解是在所难免的。正是这样，如何“高保真”地在被拆解的子业务中保留业务真正的精神，正是考验“宏观业务拆解工作者”

与“微观业务领会工作者”能力的关键。

技术呢？技术是生产与制作产品的系统知识或实现手段，针对本书内容尤其需要强调的是，数学、统计学、算法等理论知识也属于技术范畴。技术是业务最终落地的重要途径。不管是什么样的业务，不管这个业务被拆解了几次，被拆成了什么样子，要是不能最终实现或完成，那就必然是个会消耗资源且没有产出的失败业务。业务可以由人力完成，也可以由技术完成。由于技术在生产力方面体现的巨大优势，可以由技术完成的事情，一般很少有公司或者组织愿意用人力去解决。因而，一个公司或组织的强大技术能力，可以有效支持业务的多样性和生产的高效率；公司或组织的技术能力大小，也基本反映了该公司或组织的业务范围大小。现在有不少的大公司比较注重技术输出，让很多中小企业使用他们的技术，正是为了达到用大公司的技术给中小企业的业务“赋能”，以此提升社会总体业务实现能力的目的（当然，也有赚钱的目的）。

业务终要靠技术得以落地实现，同时，业务也会推动技术的发展：最强大的石油勘探技术一定产生于石油勘探行业，最强大的数据开发技术与数据挖掘技术也一定诞生于数据体量巨大、数据业务丰富的公司……业务与技术，事实上是相互成就的关系：缺少了技术的业务就是“空中楼阁”，缺少了业务目标的技术就会没有方向与发展动力。很多技术人员非常重视“技术之美”，对一些破坏了这种“技术之美”的需求有很大抵触，这么做其实是不好的。技术的职责就是实现业务需求，因为技术本身的缺陷或能力而无法实现业务需求实属无奈，但若过分讲究所谓的“技术之美”“技术模式”，而牺牲业务需求，这就本末倒置了。

0.3 技术与业务的分工

分工可以提升效率。

对于技术与业务这样的划分，就自然会有相应的人员分工，来完成对应的工作。技术问题就交由工程师这个群体完成，这个是毋庸置疑的。业务分工实在是太多了，宏观业务由各个董事与 CXO 主导，中观业务由中层与基层干部领导，再往下分，各种业务分工就数不胜数了……其中，有一类业务分工比较特殊，与其他业务型分工的上下游均为另一个业务型分工不同，这类业务分工会直面技术。这类分工的职务最初常由一个部门的领导担任，领导今天说做一个×××软件，实现 YYY 功能，技术人员便研发该软件并实现该功能。要是没有领会到领导的意思，做得让领导不满意了，领导就会提出一些相对比较具体的修改意见，技术人员就重新修改，直到领导满意为止。而如今，很多公司会设置一个专门的职位来负责这个工作，这个职位就是产品经理。

产品经理是业务落地为技术形态的过程中的“业务方代言人”。产品经理的职责会被笼统归为“负责产品从调研、定义这样的产品初级阶段，到产品项目管理这样的产品落地阶段，再到产品推广、效果反馈这样的产品运营阶段等产品全周期管理”。从与数据、技术相关的职责来看，产品经理的相关工作主要有两部分：一部分是在不同的产品阶段，通过数据分析的方式选择产品方案、确定产品效果；另一部分就是把要落地的业务，转化成一个个技术上的需求，并参与这些需求从“诞生”到实现的全过程。

在一个工程项目中，产品经理的需求往往有较强的确定性，但在一个数据主导的业务中，需求往往充满不确定性。如在以上场景中，N 公司的产品经理面对的挑战。此时，作为产品经理，可以选择的处理方案会有两个，一个是通过数据分析的方式，确定接下来用哪些数据内容，如何处理，如何输出。虽然这样会有较强的可控性，但数据的能量很难被充分释放，若是要充分释放这些能量，需要消耗巨大的成本。另一个方案，也是在现在大多数数据主导的业务中，最常采用的策略：全部交给数据科学与数据算法相关的技术人员去做。如 0.1 节的场景，N 公司的产品经理面对在一个互联网环境下投放广告这样的任务，自己直接做明显是不现实的，这样的任务应该交由从事数据分析、数据挖掘等方面的专业技术人员去做。产品经理只需要与参与数据科学相关工作的同事沟通好最终的指标（当然，这个指标也需要经过科学的数据分析得出）——如 N 公司产品经理确定的 5%的点击通过率，既可以达到充分发挥数据的作用，又可以完成业务指标的目的了。不过，这样的模式需要从事数据科学与数据算法相关的所谓“技术人员”主动走出去了解业务。关于这点，本书会在以后的章节中进行介绍。

再来看上文提到的 M 公司与 N 公司业务合作过程，整个过程被分成 8 个环节，在这 8 个环节中，提到了数据分析与数据挖掘的地方有 3 个：M 公司调研与分析阶段、N 公司可行性分析阶段、N 公司落地实施阶段。除此以外，M 公司的高层决策也极有可能会用到数据，并进行数据分析。数据的作用巨大，这是毋庸置疑的，但各个环节对数据的使用与细节挖掘程度会不同。高层决策可能只需要几个数据维度支持自己的判断，最终起作用的还是自己的想法。而越深入业务细节，数据分析的维度就会越广，深度就会越大，直到数据挖掘与算法工程师出场，他们会竭尽所能地把数据的潜力尽可能地发掘彻底。

作为一个数据工作者，笔者始终相信一点：只要数据分析做得越到位，决策就会越简单。因此，即便是业务链上的前端决策者，也应该重视数据分析。不过，应该着重分析数据哪些方面，这就与各个公司的目标和业务的具体情况有关了。

0.4 数据分析工作者的定位

数据分析师、数据挖掘工程师这一类的工种，在一个公司里的定位是比较模糊的。说他们是做技术的吧，却又需要常常思考业务环境与业务细节，在一个研究解耦或去耦的技术人眼里，这个工种显得很不纯粹；说他们是做业务的吧，却又常常摆脱不了对技术的依赖。

数据分析师这个工种诞生之初，它的技术与业务属性是很容易被划分的。数据分析师除具有一些数学、统计学相关的知识以外，并不需要掌握太多与技术相关的知识。或许他们会使用很多的工具，但这不影响他们本身是属于业务侧的定位。这就好比是现在大多数人都会用计算机，不管是用计算机写文档也好，还是用计算机打游戏也好，但不能说这些会用计算机的都是技术工程人员。数据分析师用的软件可能小众一些，但数据分析师的入门门槛其实并不高。如今，随着大数据的不断发展，很多所谓的业务数据分析师，也开始接触（或者说是不得不）相关技术，一些数据分析师已经开始研究 Hadoop、Spark 等大数据框架和使用方法，有些人甚至以此为契机转而成为一名技术人员。同时，许多挖掘大数据价值相关的职位也应运而生，如数据挖掘工程师、大数据工程师、数据算法工程师等。数据分析相关的工作，与其说它是一个单一的业务属性工作，或是一个单一的技术属性工作，倒不如说它是业务与技术的连接纽带。数据分析让业务“更聪明”，也让技术更有方向。

记得在一次参加的行业大数据峰会上，一位演讲者说：“其实所谓的大数据算法，很多都是锦上添花，真正起作用的并没那么复杂。例如，我们公司处理的业务，几个产品经理基本上用 SQL 就可以解决了。”他的说法受到了许多与会者的质疑。不过要是细看这位演讲者的履历，或许会理解他这么说的原因，这位演讲者来自一个创业公司，虽说这家公司也声称以数据作为驱动，但可供他们使用的数据，不管是从数量上来说，还是从维度上来讲，都不足以达到“大”。因而，数据在演讲者所在的公司里扮演的是一个辅助者的角色。公司中每一个依赖了数据的业务，几乎都加入了很多的主观决策。数据量较小的公司，由于受其数据体量的影响，数据分析与挖掘的技能需求就不会有很多（也不必有很多）。相反，数据体量大的公司，数据工作者则会在业务（还有 KPI）的驱使下，不断打磨数据科学相关的分析工具和分析方法，业务范围也会因此变得更广阔。

在这种数据领域的马太效应下，资源会不断向数据体量大的公司倾斜。但大公司手握如此大体量的数据，有时也并不能把它们用到最佳。于是，越来越多的大公司开始用数据“赋能”，把自己的一部分数据资源贡献出来，让大家一起使用，除了给小公司提供必要的数据支持外，也为其自身更了解数据的价值提供了重要的参考。这当然是小公司的机会，小公司的发展与成长需要数据，但小公司不仅需要这些，或许有些东西对于这些公司更加重要，比如创新。

不管是数据分析师，数据挖掘工程师，还是 AI 工程师，自己的“技术人员”身份一面或是“业务人员”身份一面，在实际工作中都难以避免对另一面技能的现实需要。无可厚非，数据分析相关的工作本身既离不开业务驱动，也离不开技术支持。只有认识到这一点，一个和数据打交道的人才配说自己是个真正的数据工作者。

第1章 数据处理的抽象流程与数据系统的有机组成

1.1 数据与大数据

如何给“数据”下定义？

数据的概念，是随着电子计算机的发展而产生的。因而，早期的数据的定义也带有较强的电子计算机色彩，“电子计算机加工处理的对象”。早期的计算机主要用于科学计算，故加工的对象主要是表示数值的数字。现代计算机的应用越来越广，能加工处理的对象包括数字、文字、字母、符号、文件、图像等。这样的定义基本可以解释现今各种情况下遇到的“数据”概念。

在“数据”最早被人们提及并应用时，处理的数据对象无疑就是几张表格、几列数字、几百到几万条记录，因而对于数据处理技能的要求和数据分析工具使用的要求非常容易就可以得到满足。据说，比尔·盖茨曾被问到过自己最骄傲的一个产品，他毫不犹豫地说出是 Excel。Excel 最为卓越的地方是通过精妙的功能设计与简约风格，在集合了小规模数据处理所需要的大部分功能的同时，大大简化了数据处理的操作流程，降低了在那个时代成为一位“数据分析师”的门槛。如今，依然有很多与数据分析“沾边”的业务人员将 Excel 作为自己的技能标配，也侧面反映了 Excel 这款产品的伟大之处。

后来，随着数据以及相关的分析技能越来越为人们所重视，数据规模越来越大，数据分析理论也越来越多样化，专业化更强的数据分析工具开始在更多的业务中出现，被更多的人接触与使用。IBM 公司研发的 SPSS 即这样的一个工具。SPSS 也是一个基于表格的数据分析工具，但相比于 Excel，它集成了更多数据分析与处理的方法与功能。对于一个面向业务的数据分析师，SPSS 是个不错的进阶选择。

互联网和移动互联网时代的到来，带来了成千上万的改变了我们生活的应用，也带来了数以亿计的数据。在这种时代发展趋势下，“大数据”的概念便应运而生。

关于大数据与传统数据的区别，得到业界内广泛认可的大数据的 3V 特征可以很好地反映：大体量（Volume）、多维度（Variety）、高速度（Velocity）。

1. 大体量即数据量大

传统数据分析面对的数据量大多集中在“成千上万”的规模，而互联网带来的“大数据”

面对“成百万上千万”，甚至“成千万上亿”的数据量简直就是家常便饭。对于大体量的数据，采用单机存储或集中式存储就显得笨拙一些。即便传统的存储方式空间足够大，真的可以存放下这些数据，但要保证可以灵活读写与取用这些数据，使用这种方式就变得极其困难了。因而，各种分布式的存储与计算方案便成为更好的选择。

2. 多维度即数据种类丰富

如果仅是数据体量大，大数据发挥的作用还是很有限的。例如，若是仅知道全中国十几亿人的性别数据，虽然数据体量够大，但因为缺乏其他丰富的信息，这样大体量的数据除了得到一个准确分布值外，别无他用。大数据时代，不仅可以获得上千万、上亿级体量的数据，连同诸多的其他信息如物品特性、用户习惯、行为风格等均可以被获得与处理，这对数据分析理论与方法的发展又是一次巨大的推动。

3. 高速度即处理时效快

大数据的发展，带来了对大数据分析与处理的需求，也促进了对大数据的应用需求的产生。大数据相关的应用，既需要具备非常强大的对大数据的价值挖掘能力，同时也需要具备尽可能快的大数据处理速度。处理一份数据如果需要几小时或者几天时间，很有可能当数据处理完成后，数据的价值也就不存在了，正因如此，更高时效性成了生产生活中更进一步的追求。对于时效性的追求，不仅保留了数据的价值，也极大地促使了大数据计算工具的进步与发展。

数据量越来越大，让数据存储更有压力；数据维度越来越多，让数据理论更有压力；数据时效性越来越高，让数据计算更有压力。三方面的压力促使数据科学在工程上和理论上都有了革命性的突破与发展，直接地提升了人们的生产生活效率，降低了人们的生产生活成本。而随着数据科学理论与数据工程技术的不断发展，“数据”也正在悄悄地扩大它所涵盖的概念范围。不仅是存储在电子介质上的资料可以被称为数据，那些记录在纸上、棉布上、石头上的文字也可以被称为数据，我们每个人每一天可以看到的、听到的、感受到的花草树木、鸟语虫鸣、阴晴冷暖等，都可以被称为数据。虽然说在实际的处理过程中，这些数据还是会被记录在电子介质上，但人们对“数据”的认识早已脱离了这个媒介，变得更加灵活。这些变化甚至开始让人主动去“像机器一样思考”，让理性更有根据。从数据科学的角度来说，文字、声音、视觉图像等这些与人们更加贴近的接触物进入了“数据”的定义范畴，带动起又一波如深度学习、网络框架等一类的数据工程技术发展，当然也带动起又一波如人工智能一类的数据科学理论的繁荣发展。

当前，5G 技术与物联网（Internet of Things，IOT）技术正在发展与普及。“万物互联”的时代终有一天会到来，那个时候，我们周围的“万物”都会被接入网络，每时每刻会产生更多维度的数据。可以预想到，这必将带来数据规模的又一次扩大，也定将带来数据领域相关技术的又一次发展，以及数据科学理论的又一次进步。

1.2 数据驱动的系统

网络刚兴起时，它的主要作用是连接，背后的实际驱动力是人的决策。如今，不论是隶属于消费者（Customer，C）端应用的搜索引擎、电商网站、社交平台等，还是属于企业（Business，B）端应用的管理平台、调度系统、协调工具等，均正在或者已经变为由数据在其背后提供支持或直接驱动的系统。这些系统均为由数据驱动的应用系统。

一个典型的数据驱动系统示意图由数据引擎与应用两部分构成，如图 1-1 所示。

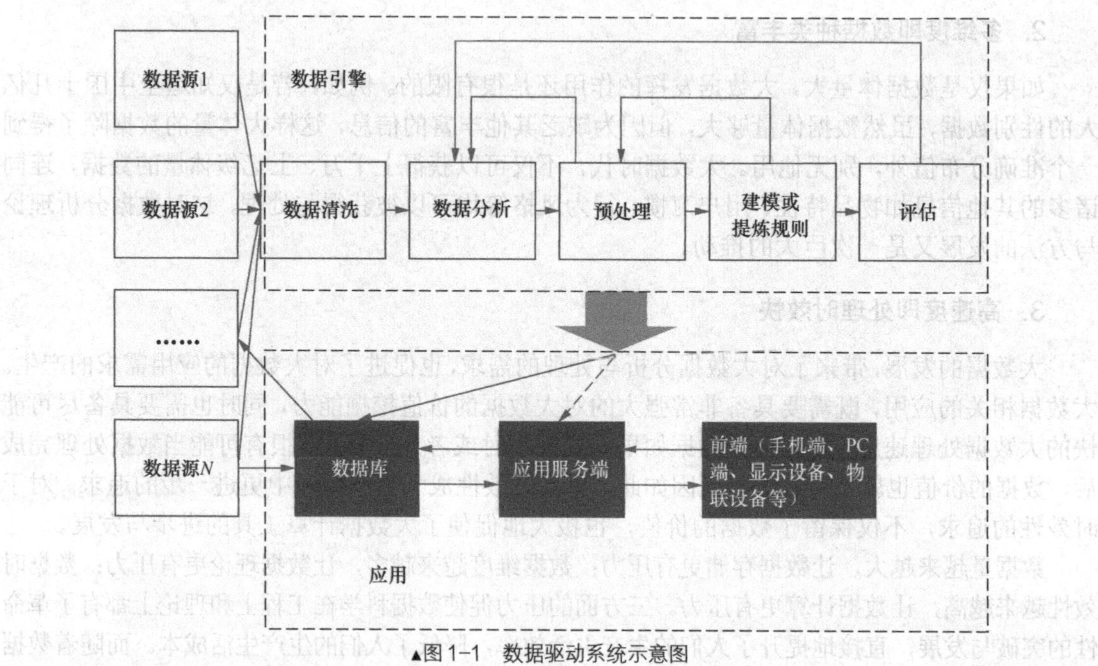

▲图 1-1　数据驱动系统示意图

数据引擎部分由数据打造。虽然通过规则也可以打造数据引擎，但考虑到一个合理规则的制定也少不了数据的支持，可以说规则本身就是数据的产物。数据从收集开始，会历经数据清洗、分析、预处理、建模或提炼规则、评估等环节，最终可能以规则或模型的形式呈现，也可能以数据的形式呈现。应用部分根据数据引擎产出的结果，通过 API、可视化界面、指令集等形式，为用户或客户提供各种应用功能。

根据数据驱动系统的产出结果的实时性要求，可以将其分为离线系统与在线系统（或实时系统）。如果系统并不要求实时的数据流输入，产出的结果也不需要马上在应用中体现，这样的系统就是离线系统。例如像 Excel 一类的数据分析工具，或是像一些定期更新投放策略的广告系统等。如果要求系统的输入是实时的数据流，或是系统的产出必须马上在应用中体现作用，这样的系统就是实时系统。例如每年“双十一”阿里巴巴的实时交易额显示大屏应用等。

1.3 数据处理的一般环节

数据处理的一般环节如图 1-2 所示。

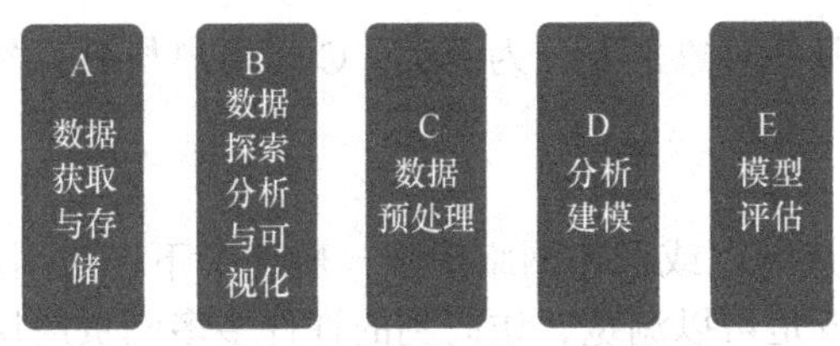

▲图 1-2 数据处理的一般环节

数据获取与存储、数据探索分析与可视化、数据预处理、分析建模、模型评估，这 5 个环节为数据处理过程中的最常见环节。

（1）数据获取与存储，即通过各种途径获取数据，并将这些数据进行有组织的存储。获取数据的方式有很多种，数据的原始形态可能各有千秋，但在进行接下来的分析与处理前，最好还是要尽可能保持这些数据的存储标准一致，这样才能达到最高的处理效率。

（2）数据探索分析与可视化，即通过各种各样的方法，认识数据的一般形态。获取数据后，首要的任务就是充分认识数据，了解数据。不懂数据，就无法更好地对接下来的数据建设方案进行有理有据的选择。其中涉及多种多样的分析方法，也包括认识数据的一大利器，即数据可视化。探索分析是非常重要的，但也是常常被很多公司的很多所谓“专业分析者”所忽视的。

（3）数据预处理，通常是指特征工程（包括数据清洗）。预处理的目的，一方面是清除因为系统错误、采集误差、操作失误等带来的错误数据和与模型输入有冲突的不合规数据，另一方面是提升特征质量，在尽可能衍生更多的有效特征的同时，让特征的规律能在分析与模型中得到最为充分的体现。

（4）分析建模，即建立适当的模型，让数据真正“动起来”。可以认为模型就是一种静态实体，也可以认为模型是一种实体与实体间的关系。建模的作用，是让数据以一定的实体形态，或一种复杂的关系形态，用业务驱动或者数据自驱动的方式，产出所需要的最终结果。

（5）模型评估，即通过模型的产出，评价最终产出结果的质量和模型本身的优劣。

这些环节被编上了 A～E 的序号，大致反映了在处理数据时它们出现的先后顺序，但这并不是绝对的。例如，在进行预处理的过程中，通过特征工程衍生出了许多新特征，此时业务上可能需要对这些新特征进行新一轮探索分析。又如，当得到一批数据和一项业务需求时，在探索分析进行到一半后，很有可能需要先建立一个切合实际的业务模型，再进行接下来更深层次的探索。在现实的业务场景中，这些数据处理环节有的可能会被多次用到，有的可能根本就不会被用到，这与数据科学分析方法和数据本身并无关系。至于哪些环节会被用到，哪些环节不会被用到，最终还是取决于业务需求和目标。

1.4 数据的服务对象

数据非常有用，这几乎是人尽皆知的。但数据有什么用，却是因人而异的。数据被利用起来多是带有一定的明确或不明确的目的的，这些目的反映的是接下来的数据分析、挖掘与建模过程的服务对象的直接或间接需求。可以说，这些数据的服务对象深刻地影响着数据的最终使用方式、分析方法与建模策略。

大体上来说，数据的服务对象主要分为两类：C 端用户与 B 端客户。

1. C 端用户

C 端用户指的就是大众网民或群体网络用户一般情况下在应用商店可以下载到的绝大多数关于生活方面的应用，或是可以浏览、访问到的许许多多网页应用，都是面向 C 端用户的应用。C 端用户的用户体量常常是非常大的，例如，2019 年 3 月微信的活跃用户接近 10 亿，“饿了么”的活跃用户有一千多万，即使是一个非常不知名的电商网站，其月活跃用户也有几十万。因为大多数 C 端产品是免费的，C 端用户可以很容易地接触到数据服务方提供的服务（如下载一个 App 或是扫描一个二维码）。当然，用户也可以很容易地抛弃一个之前正在使用的数据服务，并用其他数据服务代替。

从数据服务提供者的角度来看，C 端用户的行为是复杂的、不可控的，其行为充满很大的不确定性。数据服务提供者知道 C 端用户的行为中有许多的规律，但面对 C 端用户带来的海量数据，往往又显得有些“头大”和无所适从。因而，当一个数据挖掘工程师，或是数据算法工程师在面对这些数据，服务于 C 端用户时，他们的自由度也会相对比较大。数据算法工程师可以使用非常灵活的方法，采用非常多样与复杂的模型，进行数据处理。

虽然说产品经理或是其他业务代表对数据算法工程师怎么处理数据无法给出指导，但这也并不意味着数据算法工程师的产出可以随心所欲。产品经理或是其他业务代表需要与数据算法工程师达成一个一致性的指标，以该指标达到尽可能大或尽可能小作为判定数据算法工程师的产出质量的依据。例如，一个电商的推荐系统，数据算法工程师可以根据数据选用任意他喜欢的方法、规则、模型来确定他的产出，但他的产出必须要达到产品经理或是其他业务代表制定的一个指标，例如，对 100 个用户实施有限的推荐策略——只能给每个用户推荐 4 件商品——要有至少 5 个用户最终对推荐物下单，即达到 5%的下单率。有了这个指标，数据算法工程师便有了接下来行动的方向，也因为有这样的约束，更多有效的模型、方法或是数据规律才会更快地被发明、发现与泛化应用。

2. B 端客户

狭义的 B 端客户通常指企业客户或商业客户，广义的 B 端客户除了以上所说的企业客户和商业客户外，还包括如政府客户（有时政府客户会被单独称为 G 端客户，G 即 Government 的缩写）和其他组织客户。相对于 C 端客户，B 端客户的数量会比较小，但 B 端客户常常会拥有一些社会或组织影响力，也具有丰富的业务知识。因此 B 端客户与 C 端用户给予数据服务提供者的反馈是不同的，C 端用户通常是通过用户群体的行动，以某些指标的形式给数据服务提供者反馈；B 端客户则是通过开会沟通、商务洽谈、商业合同等方式直接进行反馈。

B 端客户的数据业务并非全靠数据说话，客户自身就会提出一些很明确的需求，这些业务上的需求越是繁多、越是琐碎，对数据分析与挖掘工作的约束就越大。在数据质量不太好，数据量不是很足的时候，这些来自业务方的要求和需求往往是有好处的，原因是这些业务要求和需求本身就包括了 B 端客户总结的规律，提供了数据潜在规律的先验参考。而当数据规模较大，数据质量较好时，这些琐碎的要求和需求就有些束手束脚了。有时，客户认为当前已有的数据资源已经很丰富了，便常常提出用这些数据很难解决的问题；有时，数据算法工程师从数据中挖掘并总结出了反常的规律，客户会怀疑结果的正确性；而当数据算法工程师的产出符合常识，客户又会怀疑数据分析与挖掘工作的必要性……诸如此类的原因，使得在与 B 端客户的业务合作中，相互的沟通常常会消耗很大一部分的精力，数据分析与规律挖掘的工作所占比重会相对紧缺。

B 端客户常常会要求数据工程的产出具有较强的可解释性。很多 B 端客户虽然具有很专业的业务知识，但对于数据科学却缺乏理解。数据算法工程师做出一个模型时，客户常常会要求数据算法工程师给出具备较强的可解释性的原理说明。更有客户，除了较强的可解释性，还要求数据算法工程师产出的模型具备可控性，客户如果觉得哪些指标需要调整，要可以即刻施加控制。因此像神经网络这样的解释性较差的模型在 B 端客户的业务场景下就很少会被应用了，像支持向量机（Support Vector Machine，SVM）这样虽然有较强的可解释性，但让客户了解并认可这种可解释性需要消耗巨大教育成本的模型，生存空间也非常有限。因此，与 B 端客户成功合作的最终模型，一般情况下，其复杂性不会太高，数据工作的难度不是很大，模型可解释性非常强，一些直观的统计指标会出现得非常频繁。

各种各样的可视化产出是 B 端客户非常容易接受的方案。可视化方案依赖于图表的形式，具备强直观性和弱可解释性的优势，要是加上酷炫的设计，更能契合 B 端客户的需求。很多以数据驱动为业务的公司，很大一部分项目都会包括一块显示大屏，或一个布满各种可视化模块的网页，这也是 B 端客户相关业务独有特性的反映。

1.5　与数据业务相关的技术分工

从上文数据驱动系统示意图中可以看到，一个数据驱动系统中涉及的环节多而复杂，即便是单拿出与数据相关业务紧密联系的数据引擎，靠几个人每人都去关注所有环节也是非常低效与不现实的。就如同人类其他的生产活动一样，与数据相关的业务也是需要分工的。有了分工的需要，就会有不同的工种与职位，数据业务中与技术相关的几个典型工种如下。

出现时间最早的是数据分析师这个工种。各个公司关于数据分析师的典型定位，通过以下源自某招聘网站上的招聘内容可以得到比较充分的体现。

招聘：数据分析师。

工作职责：

（1）围绕内容质量、风险、效率等方面挖掘业务问题，通过海量数据的挖掘和分析，形成报告，为业务部门的决策提供分析方案和行动建议；

（2）建立并持续完善业务数据的统计分析模型，确保其实用性及可衡量性；

（3）与相关团队协作并推动数据产品的落地。

职位要求：

（1）数学、计算机科学或统计学专业本科以上学历；

（2）精通 SQL、Excel、PPT，具备扎实的统计与数学知识，掌握 R、Python、SPSS、SAS

中任何一种语言优先；

（3）能从海量数据中提炼核心结果，参加过完整的数据分析项目并有成功案例者优先；

（4）良好的逻辑思维能力，清晰的沟通表达能力，很强的学习能力，良好的团队合作精神。

在以上的工作描述（Job Description，JD）中，可以反映数据分析师独有特性的内容如下。

• 工作职责往往围绕相应的业务：医疗公司的数据分析师面向医疗相关业务，广告公司的数据分析师面向广告相关的业务，快消产品公司的数据分析师面向消费市场相关的业务……虽然说其他与数据相关的职位可能也需要关注业务，但数据分析师对业务认识的深度和广度要明显高于其他职位。因而，数据分析师在工作过程中，要去主动了解业务与业务背后的逻辑，而不应该仅如同一台“人肉机器”。

• 工作的最终产出是可靠的数据结论、模型或数据报告。这些数据分析师的产出，或是公司实质业务的重要参考与指导，或是供决策者了解的公司业务形态的指标或结构化表达。在一个成熟的公司里，这些均是非常重要且不可或缺的。

• 职位要求的内容包含技术方面，但要求并不会太高。数据分析师需要有主动探索并总结数据规律的能力，故而需要他们掌握一些数据分析的技术工具的运用方法。由于其工作的重心是在业务方面，因此对数据分析师的技术要求不会太高。

• 职位要求包括具备数学、统计学等理论知识。

数据开发相关工种是在大数据技术普及后，应运而生的比较“年轻”的工种。数据开发的相关工作可以分为两类，以下两则招聘内容可以反映这两类工作的重心与差别。

招聘一：大数据平台开发工程师。

工作职责：

（1）负责公司级的通用数据平台和分析型产品，服务于全公司的用户产品线；

（2）面向 PB 级超大规模数据问题，每天处理千亿增量的用户行为数据；

（3）为大数据的全生命周期提供服务，覆盖数据产生、传输、分析、实验评估、可视化等全流程；

（4）构建设计良好的数据流、数据仓库、调度系统、查询引擎、数据服务、分析系统、流程规范、数据工具/产品，降低数据的使用门槛，保证系统稳定高效运行，以实现数据的价值最大化。

职位要求：

（1）熟悉多项大数据处理/分析相关的工具/框架，如：Hadoop、MapReduce、Hive、Storm、Spark、Kafka、HBase、Canal、Sqoop 等；

（2）较强的编程能力，对新技术有强烈的学习热情；

（3）优秀的理解沟通能力；

（4）有 Web 应用开发能力者优先。

招聘二：大数据开发工程师。

工作职责：

（1）参与大数据项目数据开发工作，负责数据库系统数据架构设计和实施，对数据库部署方案进行设计和实施；

（2）负责参与业务特征设计与开发工作；

（3）负责大数据项目各类文档编写以及上线项目的技术支持工作。

职位要求：

（1）精通 Hadoop、MapReduce、HBase、MongoDB、Spark 的使用方法；

（2）熟练掌握 Java 开发技术体系（JSP、J2EE 等）。

因为带了“开发”两字，数据开发的工作就少不了与工程技术的关联。数据开发工作可以分为数据平台/工具建设相关的开发工作,以及数据规格确定、维护治理相关的开发工作。

数据平台/工具建设相关的开发工作目标是研发与大数据分析业务相关的种种工具与平台。因为在大数据场景下，传统的单机软件和计算架构已不能满足其存储与计算需求，大数据相关的处理与分析业务就必须要有更灵活的、更强大的平台和工具来支持。一方面，公司需要会使用这些工具的专业技术人员；另一方面，虽然说近年来诞生了非常多优秀的开源大数据处理工具，但各个公司都有各自独有的业务特点与需求，面向大众的开源软件无法解决“众口难调”这一问题，因而一些公司就需要有一些数据开发人员来开发这些与大数据相关的平台与工具。数据规格确定、维护治理相关的开发工作目标是制定数据业务中的数据规格与格式，同时参与一些数据组织、数据维护、数据治理或特征工程相关的组织与开发工作。数据处理的各个环节会有不同的分工，各个分工是相互关联与约束的。减少各个环节之间的约束，并提升总体开发效率的有效策略之一，就是制定统一的数据规格，使大家面向一致的数据规格进行开发与建模。制定数据规格的工作就由数据开发人员完成。当数据的维度与体量足够大时，数据本身的维护与管理也是一个比较棘手的问题。除此以外，数据建模过程可能会极其复杂，依赖的数据输入与特征工程工作也会极其烦琐，必要时还需要数据开发人员来支持建模所依赖的特征工程与数据预处理工作。

不管是哪一方面的数据开发工作，职位要求中均会包括必要的工程开发能力，并对常用的大数据开发工具与技能有所了解。如果有一些不同的话，那就是平台/工具建设类的工作要求对这些常用工具与平台的了解要更深入一些，不仅要知道如何用，对其架构原理也需要有更深的了解。

数据算法/数据挖掘相关的工作则会要求深入了解模型与建立模型的具体细节。

招聘：数据挖掘工程师。

工作职责：

（1）完成公司广告、营销、推广等业务的数据挖掘工作；

（2）对商业垂直行业建立标签体系；

（3）和产品经理配合，完成产品的初步调研，对产生的标签做出有效的评估。

职位要求：

（1）优秀的编程能力；

（2）数学、统计学、计算机相关专业优先；

（3）熟悉大规模数据挖掘、机器学习相关理论，对 GBDT、LR 等模型有清晰的认识；

（4）掌握 MySQL、Hadoop、Hive、Spark 等开源软件和框架，熟悉其中一两项至精通程度可加分。

数据算法/数据挖掘的工作职责就是用机器学习、数理统计等数据科学理论，解决实际的业务问题，实现业务需求的目标。数据算法/数据挖掘的相关工作是需要对业务有比较深入的认识的，对业务的深入认识有助于数据算法/数据挖掘工作者为模型选择与调优方向找到一个指导性的参考，也有助于完成最终的产出指标。

从职位要求来看，数据算法/数据挖掘相关的工作需要从业者有数学基础，需要对机器学习、数据挖掘等领域中常用的、重要的模型很熟悉。当然，这样的职位也需要从业者有一定的开发能力，虽然对开发技术的要求不会太高，但必要的开发技能还是需要掌握的。

由于人工智能的兴起，更多与数据算法相关的分工开始出现，如图像算法工程师、自然语言处理算法工程师、语音算法工程师等。这些算法工程师以不同子领域的业务为驱动力，关注一些特定的复杂模型，或是关注一些模型的内在机理，做更为深入的研究。当然，这需要对相应的专业、细节的理论知识有更加广泛的了解与更加深入的认知。

当数据算法工程师做出了一个可靠的模型，要用在一个线上系统时，就需要另一种分工来把模型用于线上系统。这种分工常被称作应用引擎工程师。数据算法工程师产出的规则或模型一般是可以使用的，但这种所谓的“使用”，仅限于算法工程师的开发环境下，如果这样的模型要用于一个有各种安全机制、负载均衡机制、分布存储分发机制的应用系统，就需要进行必要的改造或重构。应用引擎工程师的工作职责就是把这些模型或是复杂规则等，根据应用系统的约束和实际业务的需求，以工程化的方法在应用系统中重新实现，并最终达到可以在应用中提供数据服务的目的。应用引擎工程师的职位要求其实是偏应用的工程实现，所以在实际的数据驱动系统模型中，他们的工作是属于应用部分，而不是数据引擎部分。

数据业务相关的技术分工当前大致分为以上几类。或许在一些工作描述中，职位名称与工作描述并不匹配（例如，在数据分析师的职位名称下，工作职责和职位要求均类似于数据挖掘工程师），但这并不影响以上分工的大致边界。但也不得不说，随着社会的发展、技术的进步，以上的分工并不是固定不变的，他们的职责范围可能会扩大或缩小，也可能消失不见，或是可能还会出现一些新的分工。像这样由时代推动的变化，几乎没有人可以准确预测，这就需要我们每一个人去亲自观察、发现与追随了。

第2章　数据获取

2.1 获取数据需要的成本

在当今这个高度信息化的社会中，虽然说数据几乎无时无刻不在产生，但要获取这些数据来进行分析，还是需要费一些工夫的。

过去，一些公司看到自己机房的服务器硬盘存储空间满了，或者数据库存储空间满了，首先想到的就是清理硬盘，或者清理数据库。如今，越来越多的公司、组织，甚至个人开始意识到数据的重要性，一方面他们开始采集和生产必要的数据资源，建立完善的数据存储与管理机制；另一方面对于已有的数据，公司、组织与个人也开始将其当作专门的资产进行保护，这不仅要构建非常专业的数据安全防控体系，而且还要严格控制数据资产的使用与对外合作流程。

当数据被当作资产来管理时，要获取数据进行分析就需要成本。这里的成本可以被理解成两方面的内容：一是因为人们不再把数据当作廉价的、无所谓的存在，而将其当作价值巨大的资产，所以想要使用这些数据，需要付出必要的经济成本或是时间成本；二是如果要采集或生产业务所需的数据，必须投入金钱与时间进行技术研发，还要能灵活使用这些数据资源，以分析或建模的方式支持业务发展。

数据鲜度也是人们越来越重视的数据指标。数据不仅要能被获取，还要能被持续地获取。从历史数据中，我们可以总结出有价值的规律，但要把这些规律及时地用起来，发挥它们的价值，对未来工作进行更准确的预测或更可靠的指导，即数据鲜度非常重要。因此在拓展数据源的同时，也要考虑数据可否能被持续获取。可持续获取的数据与不可持续获取的数据，在使用方法与使用策略上会有显著的不同。显然，要保证数据的鲜度，也要付出更多的成本。

本书暂时不考虑影响获取数据的社会因素，仅着眼于数据分析与数据科学本身，接下来将介绍一些获取数据的主要方式。

2.2 获取数据的主要方式

2.2.1 设备采集

通过设备采集来得到数据，是获取数据的可靠方式。

一些科研机构、研究机构、测绘机构等，常常用这种方式获得准确、可靠的数据。例如，几乎遍布全国各个地方的气象站，通过如高精度温度传感器、湿度传感器等设备，每时每刻记录气象数据；国内很多牧场、农场，通过大范围部署土壤传感器等设备，时刻监测牧场或农场的土壤质量和环境信息；很多医学研究者，会使用如血压测量仪、CT扫描仪、血液成分分离器等专用医学设备采集反映人体生理情况的数据……

通过设备采集的方式可以得到较为精准、可靠的数据，同时，多种多样的传感器可以把一些难以直接获得的有很高价值的信息数据化，这直接拓展了人们感知世界的维度，同时简化了分析手段，提高了分析效率。

当然，通过设备采集数据，也要投入一定的成本。首先，购买设备本身就需要资金，而对某些数据处理精度有较高需求的业务的设备价格甚至高得惊人；其次，在一些需要持续不断采集数据的场景下，维护这些设备的正常运行，除了日常消耗能源外，还可能会消耗额外的技术和人力成本。这些导致了采集数据的设备被大规模应用会受到一定的阻碍。

不过，随着设备价格不断下降，功耗不断下降，通过成本更低、体验更友好、形式更多样的设备，采集更复杂的环境信息数据和更细节地反映人类生产与生活信息的数据将成为可能，这样的发展态势显然将进一步让人们的生产生活更高效、更便捷。

2.2.2 业务记录与调查

通过在可控的业务中进行记录，或是直接进行业务调查，可以获取许多社会属性信息数据。一些面向大众的商业机构、公司的市场调查部门或是政府的统计部门等，常常会使用这种方式获取必要的数据。例如，在商业银行等场所中，要开始相应的业务和服务就要先登记个人信息以开户；一些公司的市场部门会不定期以问卷、实地考察等方式，调查市场动向和消费者偏好等；国家政府每隔几年，就会进行一次大规模的人口普查，了解国家最基本、最重要的人口指标等。

利用设备可以采集自然信息数据，若要“采集”人的社会属性信息，就不得不通过记录或调查的方式了。虽然说这样做会消耗一定的社会成本或组织成本，也可能因为调查人员的主观原因或是“幸存者偏差”造成一定的误差，但这总比对一点都获取不到社会属性信息数据强。计算机技术与网络技术的日渐成熟，一定程度上让这些社会属性信息数据的采集成本变得更低，同时其准确度也变得更高，这间接造福了人们。例如，人们曾经为开一个证明、办一个手续要东跑西跑，如今在很多地方都可以“一键”调取资料，几分钟之内就能完成这些以前很费时费力的事情了。

2.2.3 日志与埋点

日志与埋点，是获得产品的行为数据的直接方式。

通常情况下，埋点指的是针对特定的行为或事件进行捕获、处理和发送的相关技术及其实施过程。埋点操作可以通过网络请求的方式实现，也可以通过先进行日志记录，再统一提取信息的方式实现。这两种方式也是目前埋点最主要的实现方式。在许多网络应用中（尤其是面向大众的C端产品中），埋点是非常重要的数据采集方式。

按照埋点实际发生的位置，可以分为前端埋点和后端埋点。

前端埋点发生的位置在客户端（包括 PC 端、移动端等），后端埋点的发生位置在后台服务端。前端埋点通过在 PC 应用或移动应用中嵌入埋点 SDK，对一部分可以反映行为事件的前端程序代码执行状态（即代码埋点），或是对服务过程中发生的所有交互行为（即全埋点）进行采集与传输，并将这些信息存储在特定的数据存储服务器或数据库中，以待分析。

后端埋点是在前端与后端服务的不断交互过程中，在后端记录下反映行为与事件的日志，以待后续提取信息。若后台服务端只有一台服务器，同时在应用的设计上保持了后端与前端较为紧密的交互，后端日志便几乎可以实现与前端直接埋点同样的数据收集效果。不过现在大多数人们耳熟能详的应用（如电商应用、即时通讯应用、搜索应用、外卖应用等）的后台服务端均提供分布式服务，一般会同时有成百上千台后台服务器实现如登录、下单、搜索等不同的功能。甚至经常地，一个功能模块就会有几十到几百台服务器支持其稳定高效运行。这样相似或相同行为的后端日志就很有可能会被记录在不同的服务器上。此时若想要方便地分析数据，首要任务是把这些日志进行整理，对它们进行收集、整合后再进行接下来的分析与处理。

为保证埋点采集到的数据尽可能全面可靠，很多公司并不会只选择一种埋点方式收集数据，他们常常采用前后端配合埋点的策略。

埋点可以非常大范围地扩充数据存量，扩展数据维度，对构建完整的用户行为路径有着举足轻重的作用，更是可以对如画像绘制、喜好猜测、兴趣挖掘等多方面业务提供巨大的支持。

2.2.4 爬虫抓取

通过爬虫抓取互联网的数据，是获取现成数据的便捷方式。

如果你正在 PC 端通过浏览器浏览网页，此时通过在网页的空白处点击鼠标右键，在弹出的快捷菜单中选择“查看网页源代码”，就会看到网页背后的代码逻辑，运气好的话，你还会看到你所浏览的网页的数据。若是运气不够好，也只需要打开某些浏览器的“开发者工具”，找到整个页面背后的组织结构与交互细节，也不难发现支持页面展示的数据。这些数据虽然是人们在浏览网页时获得的，但归根到底是通过网络请求这种技术手段获取的。也就是说，理论上，人们在网页上可以浏览到的、在 App 上可以看到的信息，都是可以通过“机器浏览”的方式获取的。

这种所谓的“机器浏览”的方式就是爬虫技术，爬虫技术就是通过程序脚本请求互联网信息的技术，其中的操作常被称作“抓取”。

抓取的第一步一般是进行抓包分析。顾名思义抓包分析，就是在浏览网页或使用 App 时，同时抓取前、后端交互数据包，以分析网页结构与请求交互细节。这个过程可以通过一般的抓包软件就可以实现。

通过爬虫可以获得一个类似人们可以直接看到的网页结构。若是如此，则还需要我们去解析这个网页结构，获得需要的目标数据。例如，我们想通过某售房网站了解某地不同区域的房屋价格，我们通过网络爬虫抓取到的，可能是一个类似“<html><body>…</body></html>”（可能有很多<div>、<li>、<script>等标签）这样结构的数据，这样的数据是不能直接为人们所用的。此时，需要分析下网页结构，定位到人们需要的房屋位置、房屋描述、房屋价格等数据，并进行提取。有的网站可能会把这些最终要展示的数据单独存放，此时可能无法通过爬虫直接获取我们需要的数据。这就需要开发人员直接找到数据的请求接口或数据文件，或是先模拟浏览器进行渲染操作，把数据渲染到网页结构中再进行提取和分析。当然，通过爬虫获取可以直接使用的 JSON 结构或 XML 结构的数据也是有可能的，这样就减少了渲染与解析网页结构的步骤了。

看样子，爬虫可以较为容易地获取互联网上的数据。但各个网站的开发者，可不想让人能如此轻易地获取自己宝贵的数据资产。于是，自互联网诞生以来，一场“攻与守”的大战也悄无声息地开始了。早期，这是一场“易攻难守”的对局，虽然“守方”动用了如控制单位时间访问次数、验证码等“招数”，但“攻方”均可以一一破解，继续“吮吸”这些公司的数据资源。后来，“守方”通过不断地失败与总结，发明了越来越多的“利器”与“妙招”，才慢慢扭转了局势，例如，设置短信验证码，绕开正面战场深入敌后；又如实行更加严格的控制措施，让“攻方”的手段效用越来越低；再如“千人千面”，直接控制了“攻方”的攻击域……虽然从互联网服务的性质上来说，只要提供了互联网服务，必要的信息和数据就必须进行交互，也就是说，并没有什么不可击破的“防守系统”。但“守方”可以通过完善的“防守机制”反抓取措施，让“攻方”付出的代价越来越大（例如，原来一台计算机短时间就可以获得一个电商网站的上百个商品的信息，现在想达到同样的效果要使用近百台计算机）。只要“攻方”的代价越来越大，让抓取数据这个行为“不划算”，自己的数据资源即可在根本上得到最大限度的保护。

即使“攻方”真的取得了胜利，也并不能就说真的“高枕无忧”了。近几年，一些公司或程序员因为未经允许私自抓取了另一些公司的大量数据，并损害了这些公司的利益而被判刑的真实案例比比皆是，这也告诉人们：数据抓取不仅要合理，更要合法。

2.2.5　合作、服务与购买

通过开源、主动服务、购买与商务合作等方式获取数据，是数据资源的多赢利用。虽然人们常说数据中蕴藏着巨大的价值，各公司也手握大量的数据资源。但如何把这些数据的价值完全体现出来，如何把这些数据的价值利用到极致，似乎没有一个团队，或是一个公司可以拍胸脯说自己掌握的数据的价值已经被“榨干”。因而，有的公司便想到，可以把自己的数据进行脱敏处理后，开放给社会上的优秀数据爱好者，让大家一起来分析这些数据，并且建立多种多样的模型。通过这种方式，一方面可以开发出更多这些数据中潜在的利用价值，另一方面也可以使公司与数据科学爱好者之间建立起连接，让数据科学领域的人力资源可以有更好的机会在更大的平台展示他们的能力。Kaggle、天池就是诸如此类的数据资源平台，企业或组织可以把数据集公布在这些平台上，平台的数据爱好者发挥各自的特长，用不同的方法和模型挖掘这些数据的价值，解决这些企业或组织的业务问题。

企业的数据资源不仅可以服务企业自己，还可以服务更多组织与个人。近些年，很多以“数据为生”的公司也搭建了自己的开放平台，把自己的数据资源制作成一些 API，让数据的价值为更多的组织与个人赋能。例如，高德地图开放平台把地理相关的数据服务以 API、SDK 等多种方式进行集成，其他企业或开发者可以直接使用这些集成好的服务，把地图显示、定位、打点、路线规划等功能用在像美食外卖、健身休闲等各色各样的应用程序中。近年来，越来越多的组织开始借用第三方数据的力量，让自己的应用功能更加齐全，用户体验更佳。

数据是有价值的，把不同的数据进行融合可以迸发出更大的价值能量。各个数据分析公司深知这一点，所以在近些年，一些数据资源的持有者之间便逐渐开始进行数据合作。数据资源的合作非常容易形成“1+1>2”的效应，但这需要公司间达到一种相互信任的状态。每个公司都知道自己的数据资源很宝贵，也都想先拿到对方的数据资源，以防止对方拿到自己的数据资源后不积极提供他们的数据。这些公司也想到了很多办法来解决这一难题，如通过先交换少量数据样本进行初步分析，再决定接下来的合作流程，或是借助第三方公证的方式进行相互约束。数据合作的过程可能不是太顺畅，但数据合作带来的惊喜会让这一切都变得值得。

当然，如果社会组织或企业一方对另一方的数据产生单向依赖（例如，一些出行应用常常会使用天气数据丰富其场景，而天气数据的提供者却不怎么需要出行应用数据），就需要通过简单粗暴的方式——购买——来达到自己的目的了。

2.2.6 数据仓库

上文不止一次提到，随着数据起到的作用和潜在的价值越来越大，各个企业和组织开始重视起自己的数据资源，不再把这些数据当作廉价的、可以随时清理掉的东西。最初对这些数据资料进行存储和组织不是什么难事。早期，企业和机构通过文件的形式进行数据存储与整理。但随着时间的推移，数据量越来越大，数据门类也越来越丰富，如果想灵活、随意地调取一部分历史数据切片，用文件这种方式处理数据就显得极其笨拙了。后来，人们想到用数据库来存储与组织数据。数据库的数据组织思想确实对数据管理起到非常大的作用，但一般的应用型服务器在处理大批量数据时，在性能方面显得力不从心，数据存取的冗余同样也不少，还不易进行扩展。再后来，人们便在继承数据库的思想的前提下，对数据组织逻辑和底层计算逻辑进行了针对大批量数据存取与分析的专一方向优化，也就有了今天的形形色色的数据仓库系统。

数据仓库存储的几乎是企业与组织建库以来的所有的历史数据，这些历史数据对企业决策、产品定义等方面都有很大的参考意义。

与数据库相比，数据仓库常常具备如下特点。

- 数据仓库是面向业务主题设计的，每一个业务主题都是一个宏观概念下的分析领域。作为比较，数据库是面向事务的，每一个事务都是一个应用系统的任务，它与应用系统的工程技术实现联系更加紧密。
- 数据仓库存储的是企业或组织的历史数据，一般不可随意修改或删除。作为比较，数据库存储的是应用数据，也是即时数据，随着应用的运行而不断进行变化。
- 数据仓库中的数据最重要的作用是支持数据分析，因而数据的使用频率不是很高，实时性要求也相对较低。作为比较，数据库中的数据是用来支持应用的，数据的使用频率相对较高，实时性要求也比较高。

总的来说，数据仓库和数据库是面向两种不同的数据使用方式设计的。数据库的设计面向的是具体应用业务的联机操作，增、删、改、查是这类系统的高频诉求。这样的数据处理与使用方式常被称为联机事务处理（On-Line Transaction Processing）。数据仓库面向的是企业或组织的数据分析业务，用于支持管理与决策。这样的数据处理与使用方式常被称为联机分析处理（On-Line Analytical Processing）。

2.3 采样数据的陷阱

在1.3节中介绍过数据处理的一般流程，即数据获取与存储、数据探索分析与可视化、数据预处理、分析建模、模型评估。虽然在实际处理数据的过程中，并没有一个非常严格的顺序要求，某些处理环节还会被不断重复，但从最为普遍的情况看，数据处理的相对先后顺序基本如上所列。在学习数据科学的相关知识时，大多数人都把重心放在这个处理流程靠后的部分，会把绝大多数的精力放在与建模相关的知识内容的学习上。无可厚非，毕竟有关建模的内容是难度最大的部分。但落实到业务中，数据处理流程越是靠前的部分，对产出的影响越大。好的数据胜过好的特征，好的特征胜于好的算法（在本书中，这句话会被多次提及）。在所有的数据处理环节中，“数据获取”占首要位置。数据科学领域有一句非常简单，却又非常重要的话：“Garbage In, Garbage Out”（简称 GIGO）。意思是，如果输入的数据就是“垃圾”，就是与事实偏离的数据，不管你如何分析，如何建模，得到的结果一定也是“垃圾”。因而，要保证分析和建模做的是真正有意义的工作，就一定要保证获取的数据不是 Garbage。

无论通过哪些数据采集方式获得数据，最终获得的数据集几乎不可能是一个完整的全量集合，而是一个数据样本。例如，传统意义上通过市场调查的方式获得的数据就是一个样本，想了解整个群体的行为规律，不可能把每个人都调查一遍才下结论，所以几乎所有市场调查收集的数据都是样本数据。互联网应用虽然让数据采集变得更容易，面向的用户群体范围也大了不少，但仍不能被称作“全量”。例如，某电商网站可以通过埋点的方式获取该电商网站所有用户的所有行为数据，但只要有另一家电商网站存在，那么该电商网站的用户数据体量不管有多大，相对于所有网络购物的行为数据来讲也只是一个样本。当然也可以说这样一个大样本就是一个全量，例如，在某些业务场景下，任务就是挖掘数据并总结该电商网站的用户行为规律，就“硬把”这样的数据当作“全量”。虽说这么做看似没什么问题，但学习第 3 章中关于“数据分析的本质”的内容后，相信你会对类似的问题有比较清晰的认识。

既然说要分析的数据均为样本，那么样本究竟能不能代表整体，就是一个非常重要的问题了。有三类常见的陷阱，需要在进行数据采样时注意。

1. 第一类陷阱：误差

误差是指计量或测算中的采集值与实际值之间的差距。

误差的产生原因有很多。例如，通过仪器采集数据，仪器本身就会产生误差；通过爬虫或埋点获取数据，因为软件故障可能会有数据断流产生误差；通过人力采集数据，可能会存在操作误差等等。虽然误差令人非常不悦，但好在有些误差是较为稳定且容易进行控制的，只要误差在可控范围内，那么它对数据造成的负面效应在大多数情况下是可以容忍的。

2. 第二类陷阱：偏差

偏差在这里指某特定分析值与平均值之间的差距。偏差对样本数据质量的影响是不得不考虑的。可以通过几个例子来进行说明。

比较著名的一个例子是1936年美国总统大选。当年，艾尔弗·兰登与富兰克林·罗斯福竞选下届美国总统。《文学文摘》杂志按例要做出它的预测。关于总统当选预测，《文学文摘》显得信心十足，因为它曾在1920年、1924年、1928年、1932年连续4届美国总统大选中，成功地预测对了“总统宝座”的归属。这次，《文学文摘》发出近千万张问卷（实际回收近240万），做出判断：兰登将会战胜罗斯福，当选下一届美国总统。而另一家由乔治·盖洛普领导的民意调查机构仅通过近3000份问卷，得出了相反的结论。最终的结果是罗斯福胜出，盖洛普从此名声大噪。《文学文摘》近240万的“大数据”不敌盖洛普的3000“小数据”。究其原因，在于《文学文摘》这近240万问卷代表的样本数据相比于全部美国人代表的全量数据有巨大的偏差，《文学文摘》下发问卷的对象大多数为家境富裕的人，从而不能反映出家境贫寒的人的意见与倾向。相反，盖洛普的小样本数据来源更为广泛，样本采集更加随机，因而得到了更加准确的结论。

在生活中也不乏这样的例子。例如，许多上过大学的人会高估社会中有大学文凭的人的数量，富裕地区的人常常会高估全国人口的平均收入等。

常见的由偏差引起的逻辑错误被称为“幸存者偏差”。这个词汇来源于二战，当时，一群科学家在维修战争中返航的飞机，看到飞机上布满了弹痕。其中机翼附近的弹痕比较多，而机身上的弹痕比较少。于是许多科学家认为，应该对弹痕多的机翼部分进行加固。乍一看这似乎没有什么不妥，但一位科学家提出了疑问：会不会是因为大多数机身中弹的飞机，都已经在战斗中坠毁了，所以我们无法看到呢？因为“幸存者偏差”而得到非常离奇结论的案例比比皆是。例如，调查春运火车上的乘客有没有买到火车票来确定春运火车票是否容易被买到。再如，妈妈为什么不挑食？有可能是她们在买菜的时候已经挑过了……

“幸存者偏差”一方面告诉人们，人们所见到的只是他们见到的，不一定能代表群体和“人类”；另一方面也提醒数据工作者，在采集数据时，一定要留意样本中是否存在偏差，同时要尽量避免或减小与全量之间的偏差。

保证数据尽可能随机，可以有效减小样本偏差。另一方面，保证样本和全量数据中与目标相关性最大的特征分布比例基本保持一致，也是避免或减少样本偏差的一个常用方法。例如，人们要调查造成交通事故的原因，如果假设驾驶员性别是造成交通事故的主要原因之一，而交通事故发生与否与驾驶员平时是否吸烟没有太大的关系。那么在抽样时，就应该考虑到样本的男女比例与所有驾驶员（注意，这里指的是所有的驾驶员，不包括不开车的人群，因此男女比例不一定是1∶1）的男女比例基本一致，而不用关注样本中驾驶员平时是否吸烟的比例。

3. 第三类陷阱：独立性

所谓的独立性，就是衡量样本间相关关系的度量，好的采集数据应该让样本与样本间尽可能地相互独立。

例如，美国庭审制中有一种审判制度称为陪审团制度。陪审团制度是指由特定人数的有选举权的公民作为陪审员，参与决定嫌犯是否起诉、是否有罪的制度，如今常见的陪审团会有 12 个陪审员。对于一个需要陪审员参与审理与判决的案件来讲，这 12 个陪审员就必须要保持相互独立——没有利益关系，没有亲缘关系，互不相识等。试想，一个惧怕父亲权威的青年与他父亲同时当了陪审员，会有什么样的结果？青年极有可能受到父亲判断的影响，做出同样的判断，那么这 12 个陪审员之间就会产生依赖关系，起到实际效用的陪审员，其实达不到 12 个，真正的独立性会减弱。同样的例子也适用于如跳水、体操等一类的打分制体育赛事中，要想客观公正地进行评判，就一定要保证裁判与裁判间（甚至是裁判与运动员间）相互独立。

独立性影响数据的原因，其实也是因为“不自由”，而造成了数据偏差。当然可以通过数据科学的理论与技术充分考虑和计算这些不自由的小群体，或是索性通过一些处理去掉“不自由”。但这也只是治标不治本的方法。采集样本时尽可能客观随机，才是解决此问题的“终级”方式。

2.4 本章涉及的技术实现方案

从本章开始，大多数章的最后一节都会介绍一些关于本章的技术实现方案。本书介绍的主要内容是数据分析的通用知识和基本思想，把这些知识与思想付诸实践的工具、软件、设备又非常多样，并没有一个“非其不可”的选择。但技术落地同样是数据工作者在使用数据提供支持与服务时逃不开的课题，因此介绍一些技术实现方案还是有必要的。不过，技术落地的方案实在太多，笔者不能把所有相关的技术方案都介绍完整，只能对笔者了解的一些落地方案进行介绍，以便起到抛砖引玉的作用。

2.4.1 爬虫抓取（Python 版）

根据上文的介绍，爬虫抓取工具不仅可以直接获得网页数据，还可以请求数据公司提供的数据 API 服务，是采集数据的利器。

基于 Python 的爬虫抓取常见的方案有 Requests/Urllib/Scrapy+PhantomJS+BeautifulSoup 等，三者结合可完成从获取数据到解析数据的全过程。

（1）Requests/Urllib/Scrapy 完成的功能为直接从互联网上请求获取数据。

如果获取的数据直接为格式化的数据，则可以根据数据存储要求直接解析；如果获取的数据为 HTML 网页或 JS、CSS 文件，则可能需要进行一些额外的数据提取工作。

（2）BeautifulSoup 实现的功能为从网页数据中解析我们需要的目标数据段。

（3）BeautifulSoup 对标签格式文件的强大解析功能，大大提升了解析数据的效率。

有时，直接请求到的网页文件并不能直接获取需要的数据，需要模拟浏览器执行一些脚本进行渲染后，数据才可以被观察到。此时，就需要借助如 PhantomJS 一类的网页渲染工具让数据先“浮出水面”。

数据抓取不仅可以单机进行，也可以采用分布式架构实现抓取。抓取的分布式方案可以借助 Scrapy。Scrapy 不仅集成了单机抓取的配套工具，也集成了分布式集群抓取的功能。分布式抓取可以满足更高并发的数据采集需求。

2.4.2 前端埋点 SDK

很多情况下，埋点操作可以通过程序员自行编程解决。但这无疑增加了很多技术人员讨厌的“耦合”。一些公司做出了很多埋点套件来减少开发人员的这些无关工作量，这些前端埋点方案可以参考这些公司的介绍文档进行了解，如 Growing IO、神策数据等公司均有一些埋点相关的产品。

2.4.3 日志采集

单机场景下的日志采集比较容易，即使是数据被存放在不同的目录下，通过几行代码也可以轻松完成采集工作。

而在分布式场景下，日志产生于不同的计算机上，日志采集工作就没那么容易了。

分布式场景下的日志采集当然可以通过传统文件的方式进行记录，并统一收集处理入库。这样的弊端在于数据的传输与存储不够灵活，且维护成本过高。

通过数据库进行日志记录当然也是可行方案。但这样，数据库的读写就成了应用服务的瓶颈（一般情况下，数据库的读写会耗用较多的时间资源），会影响应用服务的质量、稳定性与可靠性。即使可以使用分布式高性能数据库（如 HBase），这种应用服务与数据传输的“联系”也是一个不知何时会爆发的隐患。

现在较通用且比较高效的日志采集方案为：应用服务把数据内容通过各种消息队列（RabbitMQ、Kafka 等）进行传输，然后通过一个高性能的日志采集系统（如 Flume）采集这些消息队列中的数据，进行格式统一后，存入目标文件系统、另一个消息队列、数据库或数据仓库等。这种异步处理模式顺利将应用与数据采集解耦，即便数据采集过程出现问题，也不会影响应用，进一步保证了用户体验的稳定性。

2.4.4 数据仓库

应用数据库（如 MySQL 等）是可以当作数据仓库的，虽然在数据量大的场景下，这类应用数据库做起分析来显得有些笨拙，但这不影响应用数据库具备完成这些工作的能力。很多擅长于数据库技术的公司根据数据分析的要求，做了很多功能上的改进和内在机制的优化，如 Oracle Warehouse。

分布式技术发展起来后，一些基于成熟分布式存储架构的数据仓库方案也涌现出来，如 Hive、阿里云的 MaxCompute 等。这些分布式数据仓库因为与很多分布式数据处理工具具有同样的存储方案（如 HDFS）和计算框架（如 MapReduce），整体形成一个生态后，所有模块间具有较好的兼容性，数据处理的过程也更加顺畅。

第3章　探索性数据分析与目的性数据分析

3.1 探索性数据分析

通过各种各样的方式都可以采集到业务上非常关注的可能有巨大价值的数据，然后呢？

面对一份数量巨大、属性字段特别多的数据集，有时可能让人无从下手，不知道接下来该做些什么。若此时过于着急进行建模，效果可以让人接受的话（这种情况是很少发生的）还好，如果效果不是让人太满意（这种情况是常态），就需要进行调整。但如何调整，调整的方向是什么，同样让人一头雾水。造成这一切的根源在于对数据的不了解。为了认识数据、了解数据，这个时候极需要做的事就是探索性数据分析（Exploratory Data Analysis，EDA）。

探索性数据分析的目的就是让人能了解数据概貌，形成对数据的直观认识，尽可能探索数据属性间的关联。这种认识包括但不限于：数据中有哪些属性字段与属性值，缺少哪些属性值，属性字段值的分布如何，数据的组织结构如何，属性间有哪些关系和联系……通过探索性数据分析的主要结论不仅可以让人们充分了解数据，也对数据背后的业务有更全面的认识。同时，探索性数据分析还对重要因子的确定、特征工程的支持、模型的选取和调整等后续深度挖掘数据价值的工作有非常积极和不可或缺的影响。

探索性数据分析重在探索，但这些通过探索得到的结果与结论，在很多情况下都可以直接当作业务指标产出，或者根据数据探索得到的之前不为人知的规律，也可以被当作新的业务指标给人以启示。

上文提到，整个数据处理过程中，靠前的环节一般相较于靠后的环节，在困难程度上要更小一些，但对业务的影响程度要更大一些。探索性数据分析作为获取数据后进行的第一个步骤，也是接下来目的性数据分析或是数据建模分析的基础，其重要性不言而喻。认识了数据，才可以更好地使用它们；数据被了解得通透了，对其分析和建模就简单了。

探索性数据分析常常会借助图表辅助完成，本章主要介绍探索性数据分析的理论分析方法，借助图表的可视化探索分析在第 4 章中进行介绍。

3.2 一份数据集

为了更好地介绍探索性数据分析的方法，本书特意构造了一份数据集用来进行学习与探索。可以暂且把这份数据集称作“××公司员工普查记录表”。数据集的数据字段属性值均为假设，但在进行构造的过程中，笔者也考虑了一些公开调研结果和实际现实。（数据字段名参考了 Kaggle 项目“员工离职预测”，数据内容进行了重新构造。读者若是想进行练习，建议直接使用 Kaggle 上的相关数据集，但结论会与接下来的分析结果不同。）该数据集共有 10 000 条数据，表 3-1 所示为其中 10 条样例。

表 3-1 “××公司员工普查记录表”（部分）

满意度	绩效评分	项目数	平均每月工时	司龄	是否有过工作事故	最近是否离职	最近是否晋升	部门	薪水水平
0.79	0.7	4	96	4	0	0	0	Marketing	Medium
0.34	0.7	5	120	2	1	0	0	IT	Low
0.15	1	2	108	2	0	0	0	Sales	High
0.48	0.4	3	100	3	0	0	0	Support	Low
0.91	0.8	4	96	4	0	0	1	IT	Medium
0.5	0.6	4	98	3	0	0	0	Sales	Low
0.91	0.6	6	97	4	0	0	0	Sales	Low
0.33	1	5	99	3	0	0	0	Support	Medium
0.4	0.5	4	105	2	1	1	0	IT	Low

3.3 数据字段分类

以表格形式组织而成的数据，每一行可以代表一个实体，每一列就代表着实体的一个字段。根据上文的定义，记录是构成数据集的基本单位，字段是记录的构成单元，是数据分析的最小粒度。若是结合业务场景，记录和字段可能会有各种各样的含义。例如，在一张成绩单表格中，每一个记录代表着一个学生的一次考试成绩，每一个字段代表的是一门考试的成绩，而每一个记录的每一个字段代表着每一个学生的每一门考试成绩。但不管业务场景是什么样的，只要业务信息是以表格数据的形式被记录下来，记录与字段的含义不会有太大变化。

除表格的形式以外，当然会有其他记录数据与业务信息的方式，如 XML 或 JSON 结构格式等。显然表格形式的数据可以让人更直观地以宏观或微观的角度认识与分析数据，同时也方便用技术手段实现更多样、更高效的计算方法与分析方式。

暂且抛开一张表各字段代表的业务含义，仅考虑每个字段的统计性质，可以把每个字段按照衡量尺度划分成如下 4 类：定类尺度、定序尺度、定距尺度、定比尺度。

1. 定类尺度（类别尺度）

这种尺度衡量的数据属性表达，集中在几个有限的值当中，并且这些值相互之间没有大小之分。例如，表示性别的字段，只有男和女两个取值，并且这两个取值并无大小之分。类似的例子还有表示颜色的红、黄、蓝、绿等，不能说“红色就比黄色大”，或者“红色比绿色小”，这类的表述均是没有意义的。除此以外，还有像家电、化妆品等表示产品种类的属性等，均为定类尺度衡量的字段。

2. 定序尺度（顺序尺度）

该尺度衡量的数据属性与定类尺度的相同点是，它的值域同样集中在几个有限的值当中，只是这些值彼此间是有大小之分的。例如，表示用户满意度的非常满意、一般满意、一般、不满意、非常不满意等，表示成绩等级的优、良、中、差等。虽然定序尺度可以区分字段值间的大小关系，但是定序尺度并不能衡量各个值彼此间的差距大小。例如，知道勾选“非常满意”的用户对商品或服务的满意度要高于勾选“一般满意”的用户，但满意度高出多少？这个差距是否比“一般满意”与“一般”间的差距要大？这些是定序尺度所不能衡量的。定序尺度的“序”有时并不是有意义的，当这个“序”失去意义，定序尺度就变为定类尺度。

3. 定距尺度（间隔尺度）

相比于定序尺度，定距尺度对衡量范围进行了扩充，一方面它的值域不再限定于一个有限集合中，另一方面它也可以衡量值与值之间的大小。例如， 30℃要比 20℃高 10℃，20℃要比 -20℃高 40℃。定距尺度是不能衡量倍数关系的，也就是不能做乘除运算，这是因为定距尺度衡量的字段值是不能表示为“0”的。例如，20℃要比 10℃高 10℃，但不能说 20℃表示的温度是 10℃所表示温度的 2 倍。虽然也有 0℃的说法，但这里的 0℃并非数学意义上的“0 点”，对它进行乘除运算均是没有意义的。

4. 定比尺度（比例尺度）

相比于定距尺度，定比尺度填补上了“0 点”的衡量，有了这个“0 点”，乘除运算就变得有意义。生产生活中接触到的大多数可测量的尺度均为定比尺度，如长度、重量、速度、时长等等。

定类尺度与定序尺度常常衡量的是离散值属性，定距尺度和定比尺度常常衡量的是连续值属性。

以“××公司员工普查记录表”中，是否有过工作事故、最近是否离职、最近是否晋升、部门等属性均为定类尺度衡量（简称定类属性）；薪水水平只有 Low、Medium、High 3 类值，所以它属于定序属性；满意度、绩效评分、项目数、平均每月工时、司龄均为定比属性。

3.4 遍历每个字段

本书开篇明确介绍了这本书探讨的技术和业务内涵，以及二者的联系（尤其强调过像数学、统计学、算法等理论也属于技术），数据分析本身就是一个处于业务与技术范围之间的工作。既然它与技术和业务都脱不开关系，那么要想真正做好数据分析工作就必须要将二者都划入考虑范围，一个都不能少。这就需要数据分析工作者不能只关注一个个统计指标，而忽略这些指标的业务意义，也不能只关注业务，或者片面地、情绪化地看待业务或更具体的属性特征，脱离数据背后反映的现实。业务知识对分析工作的最大促进作用在于指引了接下来的分析方向，一方面，可以根据业务方向把数据表中的不相关字段进行过滤，减小分析规模，另一方面，业务知识对接下来的分析方法与建模都有极大的参考意义。

探索分析的目的，是让人能了解数据概貌，形成对数据的直观认识，尽可能探索数据属性间的关联。数据分析的最小粒度是字段，了解数据必然要从了解每一个字段开始。

虽说字段是数据分析的最小粒度，若仅用单一字段进行探索，可以被称为描述，但在本书范围内不能称之为 “分析”。具体原因将在下节探讨。

或许在某些业务场景下，数据集的记录数会极其多，数据字段也特别多（即使是根据业务情形做了适当的字段过滤），以字段为分析粒度工作量显得有些大，但要相信，这是一件磨刀不误砍柴工的事。

3.4.1 了解离散属性

这里的离散属性指定类尺度和定序尺度衡量的字段属性。在这两种衡量尺度下，属性值仅限于一个数量较小的有限集合，因此理解离散属性的思路也是比较简单的。只要知道该属性的属性值枚举都有哪些，这些枚举值的频数和频率各为多少，即可以几乎了解该离散属性的全部数据信息。对定序尺度衡量的属性来讲，因为其值有大小之分，在列举其值时按照值的大小进行排列或许会更直观一些。

在“××公司员工普查记录表”数据集中，离散属性的探索性数据分析结论如表3-2~表3-6所示。

表 3-2 是否有过工作事故

值	频数	频率
0（无工作事故）	9563	95.63%
1（有工作事故）	437	4.37%

表 3-3 最近是否离职

值	频数	频率
0（未离职）	8877	88.77%
1（离职）	1123	11.23%

表 3-4 最近是否晋升

值	频数	频率
0（未晋升）	9639	96.39%
1（晋升）	361	3.61%

表 3-5 部门

值	频数	频率
IT	1066	10.66%
Technical	2190	21.90%
Management	475	4.75%
Sales	2850	28.50%
Marketing	689	6.89%
Support	1677	16.77%
HR	533	5.33%
Accounting	520	5.20%

表 3-6 薪水水平

值	频数	频率
Low	4948	49.48%
Medium	4240	42.40%
High	812	8.12%

3.4.2 了解连续属性

这里的连续属性指定距尺度和定比尺度衡量的字段属性。在这两种衡量尺度下，属性值是连续的数字，可以认为其枚举值极其多或者无穷。想了解这些连续属性，当然不能逐个对其值进行探究。此时，统计特征就是这些连续属性的直观而显著的表现。对一个建模问题来讲，或许这些统计特征并不能直接起作用，甚至在一些模型中，可以不考虑输入的分布结构，就可以直接把这些数据用于建模。但若追究模型的可解释性，或是进行参数调整，终究还是离不了这些作为参考的特征。

理解连续属性需要依赖统计学理论。本书的初心是对每个字段进行探索分析，因此在研究这些统计特征时，一定要结合业务事实进行必要的思考，否则得出了一个个的看似厉害但脱离业务事实的数字，是不能达到了解数据的目的的。

经常会用到的统计特征如下。

1. 平均值

平均值、中位数、众数描述的均为数据的集中趋势。但如果一定要用一个数值来代表一个属性下记录的很多值，人们几乎可以想到的第一个办法就是求平均值。例如，衡量一个 App 的用户平均在线时长，常用的方法就是对该 App 所有用户的在线时长求平均值；衡量一个公司的员工工资水平，首先想到的就是求所有员工的平均工资……

除了熟悉的算术平均值，还有一些如调和平均值、几何平均值、平方平均值等的平均值计算方法。此外，根据业务中对每条记录的关注程度不同，在计算平均值时常常会考虑为每条记录加上不同的权值，这样就衍生出加权平均值。例如，欲衡量一个地区的医院里的患者平均等待就医时长，对每个医院的平均等待时长求平均是不合适的，把医院每天的就诊人数作为权值进行加权平均就客观得多。

虽然说算术平均值是用得最多，最容易被接受的方案，但最终选用哪种求平均值的方式，或是怎么确定权值，还是需要多考虑实际业务场景的。此外，不能不看数字就确定，也不能只盯着数字来确定。

2. 中位数与分位数

如果某数据集的记录数量一定，那对于某连续属性进行从小到大的排序，排名最中间的一个数（对于记录的总量为偶数的情况来说，最中间的数实际上为最靠近中间的两个数的平均数）即中位数。类似的，排名恰在前四分之一分隔点的数为下四分位数，排名在前四分之三分隔点的数为上四分位数，排名在前百分之一分隔点的数为百分位数，排名前百分之 N 分隔点的数为百分之 N 分位数……

平均值是一种常用并且好用的衡量集中趋势的方式，但平均值常常会受到极其大的值或极其小的值的影响而带有一些“偏见”色彩。例如，在大街上随机选择 10 个人，选择的前 9 个人的上个月的平均收入（假设）是 5000 元，但是，第 10 个被选中的人是一位大富豪，这 10 个人上月的平均收入一下子就上去了。这个所谓的均值虽然符合统计意义，但偏离了人们想要了解人群平均收入的业务意义，因此它是不合适的。这种情况下，如果把这 10 个人按照近一个月的收入排序，取中位数代表收入水平，就具备更强的说服力，也即具备更深的业务意义。

分位数（包括中位数）本身包含了排序的含义，对于连续属性来说，划分一定的间隔，多取一些分位数有利于了解更多的数据形态特点。但分位数也不应该同时取太多（例如，每一个数都可以视作一个分位数），太多分位数会加大认识数据的复杂度，也失去了设置分位数的意义。

3. 众数

众数指属性值集合中，在数据集对应字段下出现次数最多的值。众数更适合用在离散属性的集中趋势衡量，在连续属性中适用的场景是比较少的（但也不是没有）。

一般情况下，满足以下条件，可以尝试使用众数作为集中趋势的衡量：虽然属性值的可能范围是无限的，但数据集里的属性值是有限的几个值。例如，在一家公司里，统计过去几年里离职的员工在公司工作的司龄。司龄一般以“年”为单位，如此，“司龄”的取值便集中在一个有限集合中，用众数作为集中趋势的衡量就更有业务意义了。

4. 方差、标准差、自由度

方差与标准差用来描述属性值的离中趋势，即属性值相对集中趋势的偏离程度。离散统计量越大，表示属性值与集中统计量的偏差越大，这组变量就越分散。此时，如果用集中趋势的衡量去作估计，出现的误差就会比较大。如图 3-1 所示为正态分布下的方差与标准差示意图。

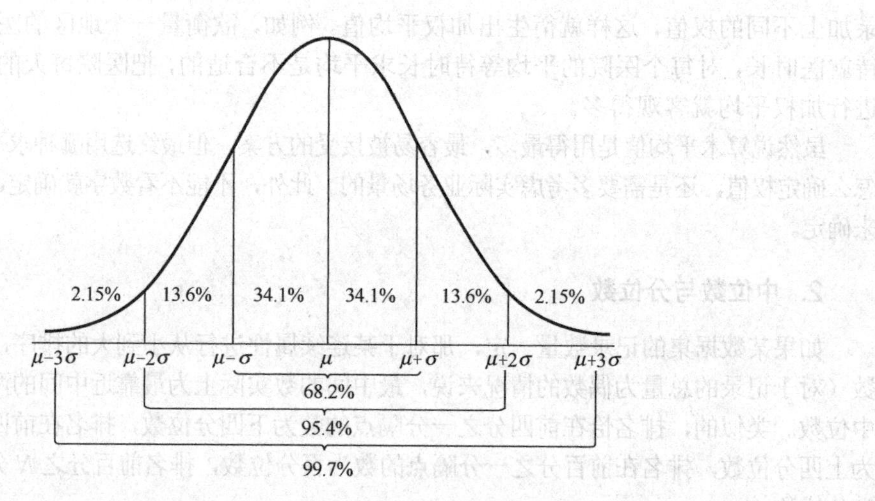

▲图 3-1　正态分布下的方差与标准差示意图

方差与标准差或许并不如均值、中位数等概念直观，但可以从另一个角度得到比较直观的感知。例如，对正态分布来讲，均值前后一倍标准差之间的累积概率大约是 68.2%，如果一个河塘中鱼平均身长 33cm，标准差 3cm，身长基本上符合正态分布，此时随机捞起一条鱼，若它身长是 31cm，就可以知道这条鱼的身长与 68.2%的鱼都处在一个比较靠近的区间里（30cm~36cm）。有些新闻媒体经常会出现一些诸如“30 岁以后人便开始脱发”的报道，一般这样的报道给出的结论数据均为平均水平，其实人们也应该关注标准差。例如，标准差是 2 岁，如果人开始脱发的年龄基本拟合正态分布，那么其实在 28 岁～32 岁这个区间内开始脱发的概率达 68.2%。如果区间扩大到 26 岁～34 岁，开始脱发的时间发生在这个区间内的概率近 95%，在这个区间内哪个时间段开始脱发其实都是比较正常的。又如，预测某一时间段内，某景区的人流量，如果根据先验信息得知预测的人流量符合正态分布，平均值是 3100 人，此时，标准差是 100 人还是 200 人会影响预测的准确性。在这种情况下，方差越小的分布，意味着预测值偏离实际值的总体程度就越小，预测就会更加准确。

基于大数定理和中心极限定理，正态分布是常见且常用的分布规律，它对研究其他各种不同的分布规律起到了非常好的指导作用。可以依照这样的方法，建立业务上关注的分布中，数据的标准差与概率区间的关系，让人对标准差有更直观的现实感受。

自由度是进行样本估计的过程中常常要考虑的又一个重要因素。自由度指当样本的统计特征确定时，样本中可以独立变化的样本数量。试想如果有 10 个数字，要保证均值为 $\bar{x}$，在随机填写这 10 个数字的过程中，其实可以“自由”填写的数字只有 9 个，一旦写完 9 个数，因为均值的限定，第 10 个数字其实就已经确定了下来，也就是说第 10 个数字其实是不自由的，真正的自由度是 9。

关于自由度还有一个日常的例子，一个人有 7 支水笔，它们的颜色互不相同，如果决定一周内每天用一支不同颜色的笔，保证每支笔在一周内都会被用到，那么可以自由挑选水笔的天数有几天呢？显然是 6 天。

5. 偏态系数

偏态系数又称偏度，是衡量数据偏斜程度的指标，一般情况下可以理解为均值相对中位数的偏离程度。它的计算方式实际上就是字段属性值的三阶中心矩除以标准差的三次方。偏态系数接近 0，可以认为中位数与平均值比较接近；偏态系数小于 0 的情况称作左偏或负偏，大多数情况下的平均值相较于中位数小；偏态系数大于 0 的情况称作右偏或正偏，大多数情况下的平均值相较于中位数大。偏态系数的绝对值越大，可以认为数据的偏斜程度就越大。

试想在一个收入差距较大的国家，国家公民的收入分布一般就会存在偏斜。即一小部分人掌握着国家大部分的财富，极大地拉高了收入的平均水平，使得收入的平均值较中位数偏移极大。

6. 峰态系数

峰态系数又称峰度，是反映频数分布曲线顶端尖峭或扁平程度的指标，它的计算方法是字段属性值的四阶中心矩除以标准差的四次方。峰态系数越大，分布曲线就显得更尖锐一些；峰态系数越小，分布曲线就显得更扁平一些。因为峰态系数是大于 0 的，标准正态分布的峰态系数为 3，所以某些峰态系数的计算方式是，将属性值通过以上方法计算的峰态系数再减 3 得到一种新的峰态系数。这种峰态系数的计算方法与之前的计算方法不同的是，将标准正态分布的峰态系数定为 0。

方差是连续值属性的二阶矩，峰态系数与连续值属性的四阶矩关联较大，它们均为偶数阶矩。它们对离散趋势的衡量起到的作用可以视为一致的。峰态系数常作为判断一个分布是否为标准正态分布的一个依据。

在“××公司员工普查记录表”探索分析这份数据集中，连续属性的探索分析结论如表 3-7 所示。

表 3-7 “××公司员工普查记录表”探索分析

	满意度	绩效评分	项目数	平均每月工时	司龄
数量	10 000	10 000	10 000	10 000	10 000
均值	0.622	0.703	3.3	208	3.1
标准差	0.22	0.15	1.21	42	1.3
最小值	0.11	0.36	2	96	2
下四分位数	0.40	0.55	3	154	3
中位数	0.65	0.71	4	196	3
上四分位数	0.80	0.88	5	244	4
最大值	1.00	1.00	8	290	7
偏态系数	−0.44	−0.05	−0.31	0.08	0.38
峰态系数（标准正态分布为 0）	−0.98	−1.5	−1.31	−1.41	−0.76

3.4.3　分布与分箱

通过具有代表性的指标认识属性值可以用较为简单的表示反映属性值的重要信息，但把众多的数值压缩成几个值表示，就必定存在信息的失真。为保留更多的属性值信息，就可以考虑另一种察看属性的方式：从全局的角度，通过观察属性值分布的方式了解数据的字段属性。

离散属性的分布，就是各个值的频数和频率，上文介绍的了解方式已经足够。

连续属性的分布探索方式有两种常见的思路。

（1）一种是将连续属性值和已有常见的分布进行拟合，若拟合效果满足要求，可直接用这些常见分布及其主要特征代表连续属性值。常见的待拟合分布如正态分布、卡方分布、t 分布、F 分布等。常用的拟合这些分布的最简单方式，就是查看属性值经标准化或归一化后，其均值、标准差、偏度、峰度等指标是否与被拟合分布高度一致。

（2）另一种思路就是分箱。分箱就是把连续数值离散化的过程，即把定距尺度和定比尺度衡量的属性转换成可以用有限数值集合表示的定序尺度衡量（少部分情况，会把离散后的属性看作定类尺度衡量或是有限集合的定距尺度衡量）。分箱的结果从连续属性值的角度看，就是一个一个的数值区间。

分箱的思路又可以分为 3 种：直接分箱、最优分箱和业务分箱。

1. 直接分箱

有两种分箱方法，即常见的等深分箱和等宽分箱。将连续值转换为离散值后，每一个离散值代表的连续值区间就是一个分箱，这个分箱的连续值数量就是这个分箱的深度，这个分箱的连续值区间，就是这个分箱的宽度。等深分箱的标准就是保证每个分箱里深度（属性值的数量，样本数量）是一致的，等宽分箱的标准就是保证每个分箱覆盖的区间是一致的。

举例来说，如果某字段属性值如下。

4，7，10，13，14，18，23，30，32

现要分成 3 个箱。

对应的等深分箱为[4，7，10]-[13，14，18] - [23，30，32]，每个箱的属性值数量均为 3 个；对应的等宽分箱为[4，7，10，13] - [14，18，23] - [30，32]，每个箱子中的属性值数量可能不同，但区间跨度均为 10。

等深分箱与等宽分箱用直方图（注意，不是柱状图）表示更为直观一些。如图 3-2 所示，左边即为等深分箱的频数/频率直方图示意，右边即为等宽分箱的频数/频率直方图示意，所谓的“深度”和“宽度”概念一目了然。

直接分箱没有参考任何其他先验信息，甚至连属性值本身的分布特性都没有参考。最优分箱则是借鉴了其他数据信息进行的分箱思路。虽说是“最优”分箱，但所谓的“最优”本身评价方式就比较多样，因而最优分箱的具体落实方法还是比较多样的。

一种方式是根据数据本身的聚集程度，以聚类的思想进行切分。例如某字段属性值如下。

4，5，18，19，20，21，22，23，24，31，33

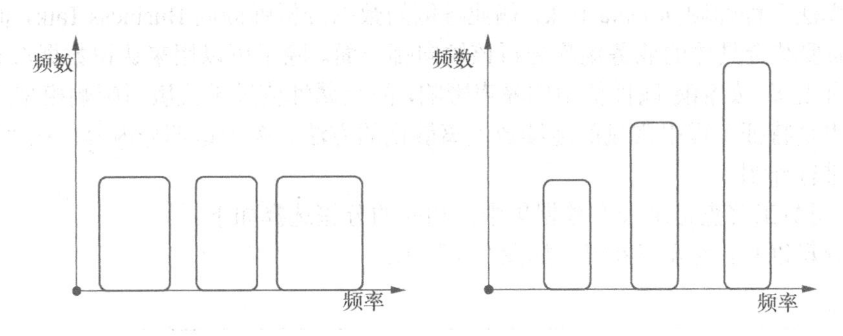

▲图 3-2 等深分箱与等宽分箱

其中 4、5 比较接近，18~24 比较聚集，31 和 33 也比较接近，就可以根据属性值自身的分布情况，分箱分成[4，5]−[18，19，20，21，22，23，24] − [31，33]。箱与箱之间的数可以根据离哪个分箱较近的原则进行归并。

2. 最优分箱

具体可借助另一列导向属性确定“最优”判断的原则。这里说的导向属性一般是指记录实体的标注（也就是每一行的标注属性列）。例如，在金融领域借贷逾期用户分析业务中，数据记录表中表示每个用户是否逾期的字段就是标注，也是用来进行分箱操作的导向属性。这种方式的分箱是一步一步进行的，每进行一次分箱，就要遵循一个原则，即分箱后，各个分箱中的标注分布差异应该尽可能大。接着上文的例子，即希望分箱后，各个分箱里的逾期用户记录与未逾期用户记录的差别，相较于分箱前要大。如果分箱后的标注分布差异不大，分箱的意义就会小很多。

衡量分箱标注的分布差异有很多非常流行的计算方法，熵是其中一种被广泛使用的衡量标准。分箱前计算一次标注的熵，然后在排序好的属性值序列的两两数值间进行分箱尝试，分箱后计算一次加权熵。取分箱前后熵减少最多的分箱点位作为最终确定的分箱界限。依此类推，再进行下一次分箱，直到分箱数量比较合适或是满足要求为止。

除熵以外，WOE（Weight Of Evidence）和 IV（Information Value）也是经常会被用到的衡量标注分布差异的指标。

3. 业务分箱

业务分箱是指在进行分箱操作时，引入一些业务上已经成熟的观点、知识、习惯等，直接确定分箱点。例如，分值区间为 0～100，以 10 分为分箱界限比较符合人的认知习惯。又如，对年龄进行分箱，可以根据普遍认知的不同年龄段，分成少年、青年、壮年、老年等。

最优分箱与业务分箱分别借鉴数据属性值以外的信息作为辅助进行分箱操作，前者依赖数据，后者依赖业务。作为数据分析工作者，进行具体场景的实操时，常常会遇到类似的选择问题：一面是 Data Talk，表现最显著的数据特征，反映结果在数据指标上表现更优的可能性；另一面是 Business Talk，表现数据之外的业务认知，反映结果更容易被认可的可能性。或许偏技术的数据算法工程师倾向 Data Talk，偏业务侧的数据分析师倾向 Business Talk，但终究还是那句老话：需要结合具体的业务场景分析该倾向哪一面。除了可以用来认识数据形态以外，分箱的作用还有很多，如消除属性值中的噪声影响，防止属性值过于灵敏而影响模型产出的稳定性等。分箱也是特征工程中常见的连续数值离散化的方法。关于这部分内容，在“特征工程”这一章中会进行介绍。

“××公司员工普查记录表”数据集中，相应的分箱选择如下。

满意度分箱以 0.1 为分箱界限，如图 3-3 所示。

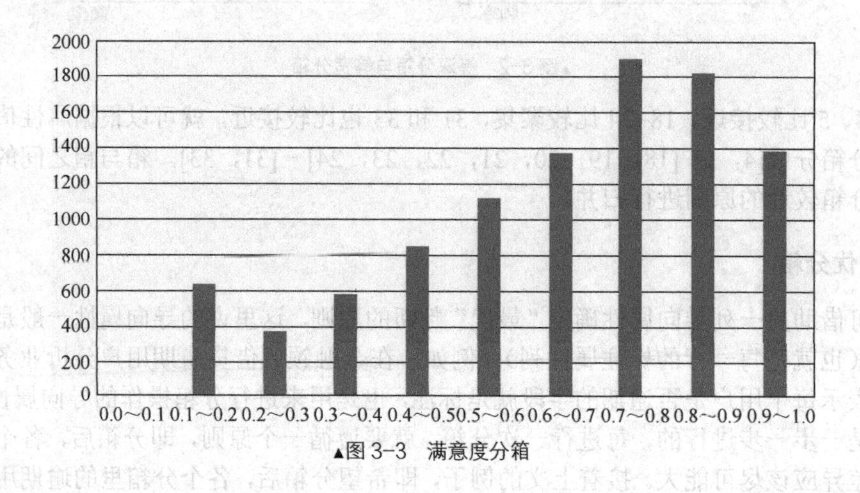

▲图 3-3　满意度分箱

最近绩效评分分箱以 0.1 为分箱间隔，如图 3-4 所示。

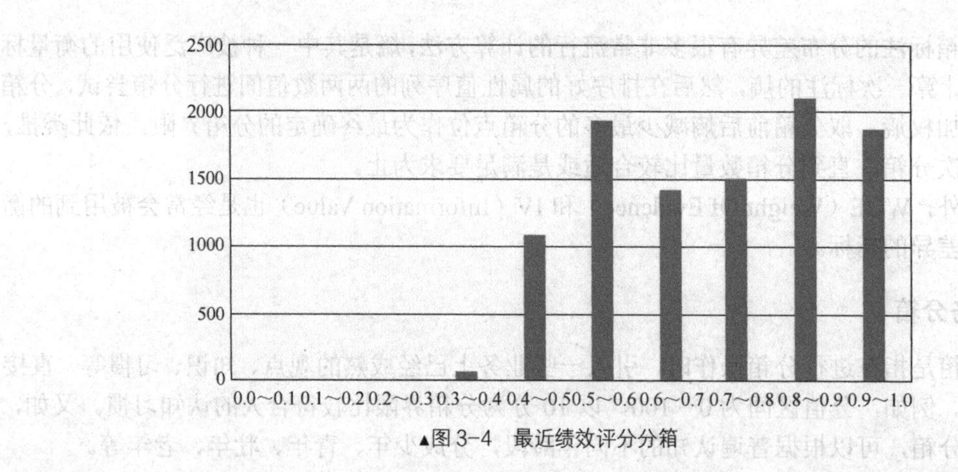

▲图 3-4　最近绩效评分分箱

平均每月工时分箱在建模时可能不需要分箱，但在认识数据阶段，可以借助分箱来进一步了解，如图 3-5 所示。

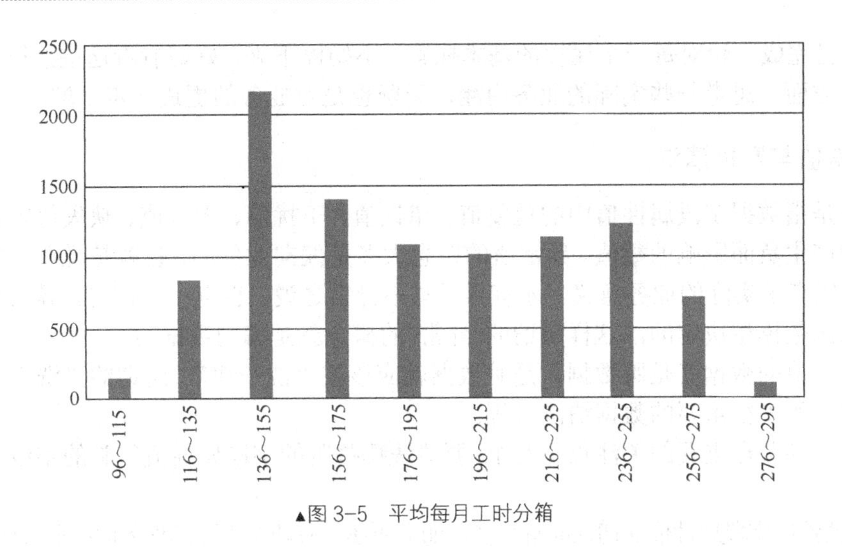

▲图 3-5　平均每月工时分箱

由于属性值种类数量不是太多，其他属性可以不用分箱，直接查看。离散值属性已在上文中介绍，如项目数、司龄等直接查看值的数量分布即可，如图 3-6、图 3-7 所示。

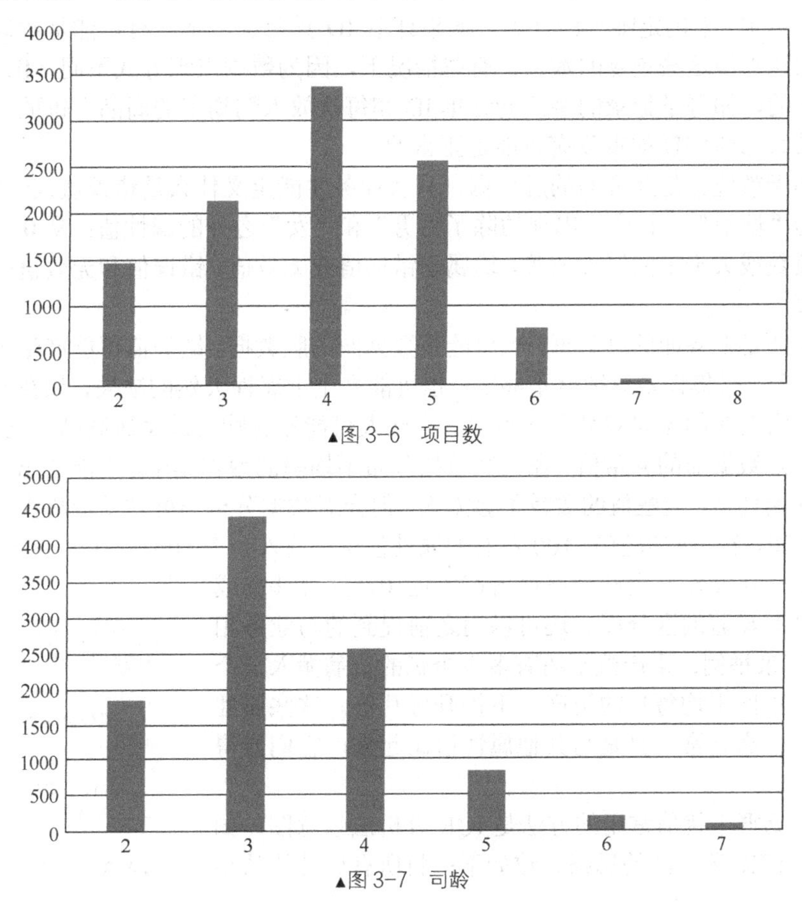

▲图 3-6　项目数

▲图 3-7　司龄

至此，已完成一轮对每一个属性的基本探索，不妨停下来，好好看看这些规律与总结，认识数据是一方面，思考一些实际的业务内涵，无疑也是对业务的更进一步了解。

3.4.4　异常值与数据清洗

异常值是指数据字段属性值中的重复值、错误值、干扰值、无效值、缺失值等各种对业务分析或建模产生负面影响的数值。异常值的概念大多是偏向业务的，也就是说在一定的业务场景下，属性值有了实际的业务意义，才有异常与不异常之说。也有一些情况，异常与否是由要使用数据的函数模型决定的，这样所谓的"异常"的概念就是偏向数据的。

包含异常值的数据就是脏数据，是脏数据就应该被"洗干净"，所谓的"洗"这个环节就是数据处理过程中很重要的数据清洗过程。

数据清洗环节最重要的关注点有两个：要清洗哪些脏的字段属性值？脏的字段属性值该如何处理？

确定要清洗的字段属性值的切入面有很多，如上所述，有两个主要的切入面：业务面和数据面。

重复异常值是业务面的脏数据。在一些业务中，常常会有一个字段属性值指定每条记录的唯一标识，每一条记录的 ID 一般都承担起这类职责。如商场或是电商平台的每一条订单记录，都会有一个订单 ID 来确定唯一的订单，如果订单 ID 重复了，那就有可能是数据反复传递造成了重复，应该去掉这些重复的数据。有些情况下，因为数据组织方式不同，ID 也可能不会是唯一性约束的，如每条记录的字段为订单 ID 和每次放入购物车的商品（每放入一件商品，产出一条记录），此时 ID 的重复有可能是正常的。

错误值和无效值也是业务面的脏数据，只有业务才能定义什么是错误值或无效值。例如，在字段名称为"性别"一栏中，出现的除了"男"和"女"之外的属性值；从 0 到 1 的打分体系中出现的负数或大于 1 的属性值等，均属于错误值或无效值。错误值和无效值的确定也被称为一致性约束。

缺失值可能是业务面的脏数据，也可能是数据面的脏数据。缺失值可能产生于数据采集过程，如录入不当、采集设备灵敏度不够等；也可能产生于属性天然的缺失，如在某些家居商品调查表中"最常购买的家居商品"一栏中，有些人可能没有购买过家居商品，这一栏就为空。

干扰值多是数据面的异常值，在一些数据分布不均衡的数据集中，可能会出现一些极其大或者极其小的属性值，这些值的数量不会太大，但会对数据分析与处理造成极大的理解难度与处理干扰。例如，在一些数值为 100 左右的属性值中，混入一个 100 000 000 000，要是对所有的数据进行归一化操作，大部分属性值都接近 0，进行计算或建模时就不会有显著的区分度。还可以用之前提到的与业务相关的收入/资产来举例：资产数不清有多少个亿的富翁搬入一个普通小区，该小区平均每户的资产一下提升好几倍。这些属性值本身看不出什么异常，只是与其他属性值比起来，它们显得有些"特殊"。

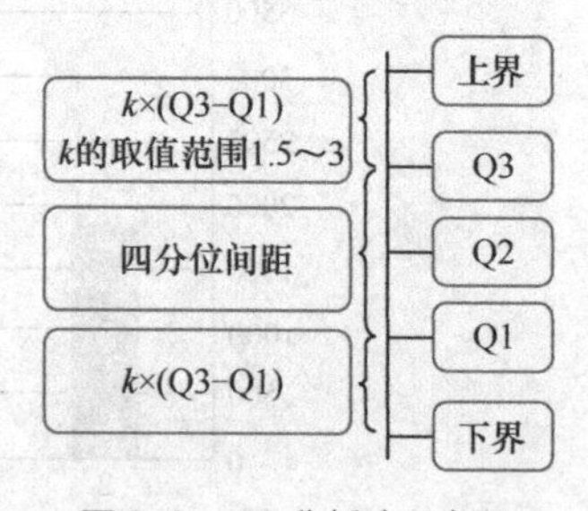

▲图 3-8　IQR 分析法示意图

确定这类离群干扰值常用的方法是 IQR 分析法示意图，如图 3-8 所示。IQR 分析法的思路大致如下：将所有属性值从小到大排列，找到下四分位数 Q1 和上四分位数 Q3，Q3-Q1 即为四分位间距（IQR）；以 Q3 加上 k 倍（k 的取值范围一般为 1.5～3）四分位间距作为上界，Q1 减去 k 倍四分位间距作为下界；比上界大的数值和比下界小的数值，即为异常干扰值。

发现的脏数据该如何处理，是数据清洗过程中的另一个问题。

丢弃是比较常用的策略，在脏数据较少的情况下常常使用该策略。例如，重复的属性值记录常常会被丢弃；在一些打分制的比赛中，如体操比赛、跳水比赛、主持人大赛中，有时会采用丢弃最高分和最低分记录的手段，防止可能出现的干扰异常值对选手总评造成偏颇性的影响。

其他值指代是处理脏数据的另一种思路。常见的是用最小值、最大值、边界值、平均值、众数等指代，也可以用插值的思路进行处理，哪种效果好没有固定标准，完全由业务评价决定。有时，异常值本身带有一些额外的信息（如有些温度传感器在大风天气下可能产出比较多的缺失值，缺失值的数量可以反映一些极端天气的信息），此时就没有必要把缺失值当作异常值来处理，而只需要将其转换成模型可以输入的格式就可以了。

即便是没有发现异常值，在进行计算时也需要考虑到样本值间的关联对指标造成的影响。有个比较著名的例子是贝塞尔校正。在统计学中，样本标准差的计算公式为：

$$s=\sqrt{\frac{\sum(x-\overline{x})^2}{n-1}}$$

与总体标准差的计算方式不同，样本标准差在计算过每个值与均值的差的平方的总和后，除以 n-1，而不是 n。这是因为在计算样本方差或标准差时，样本受采样频率影响，可能会出现比较集中的情况。例如，在高斯分布中，抽取一部分的样本，试图用样本的方差表示满足高斯分布的大样本数据集的方差。由于样本主要是分布在均值附近，此时预测方差大概率小于总体的方差。德国数学家、天文学家贝塞尔最早提出用 n-1 代替 n 作为样本方差的分母，更加准确地根据样本数据估计总体情况，这种校准方式就被称作贝塞尔校正。

逐个遍历数据表中的字段属性对认识数据、了解数据是极其必要的。基于对数据的了解，分析数据与挖掘数据价值就会更加全面，也更加高效。

3.5 数据分析的本质

分析，是人类生产与生活中高频出现的一个词。分析活动随着思考活动的产生而产生。

“分析”这个概念很早以前就被提出了。古希腊哲学家亚里士多德认为，分析学或逻辑学是一切科学的工具。“分析”这个词在近代逐渐有了一些概念上的定义。但对于大多数人来讲，“分析”就如同深入人们内心的“生活”“幸福”或“爱”一样，几乎没有人关心这些字词的概念是什么，一旦发生了相关的事，人们就想到了这些词。

“数据分析”也是一种分析活动，因为这种分析活动直接把分析对象设定于“数据”这一范畴，“数据分析”本身的概念就值得玩味了。其中最重要的原因是：“数据分析”的概念在一定程度上被明确，对具体场景下数据分析方法的选择有着非常积极的指导作用。

数据分析的应用场景是非常广泛的。在数据分析的范畴，只是拿“分析”这个词去做组合，就可以进行非常丰富的罗列：营销效果分析、用户偏好分析、金融分析、商业分析、心理分析、财务报表分析、人力资源构成分析、营利能力分析、人口结构分析、竞争产品分析、股价走势分析、行业发展分析、投资潜力分析、时间序列分析、语意分析、图像分析、语音分析、信号分析……

数据分析的应用场景如此丰富，那这些分析活动的共通点是什么？或者更进一步，更普遍地，需要思考这样一个基本问题：数据分析的本质是什么？

虽然说数据分析的主要形式是拆分、分解，但数据分析的本质，则是比较。

想象一个场景：当有人跟你说“来，让我们分析一下”之后，他紧接着会做什么？是不是罗列一些因素，开始不断跟一些“标的物”进行比较？

例如小明期末数学考了 89 分，小明的父亲对他说：“来，咱们分析一下。上次你考了 95 分，这次考了 89 分，低了 6 分，退步了啊。”小明的老师对他说：“来，咱们分析一下。这次你考了 89 分，但全班大多数人都没上 90 分，你的排名比上次进步了 5 名，有进步啊。”不管从哪个角度进行的“分析”，这里的“分析”都是比较。

一个公司的老板不知道公司上个月的营利情况如何，这时数据分析师过来，对老板说：“老板，根据我们的分析，咱们上个月营利×××元，比上上月增长 A%，比去年同月增长 B%。细分类目的话，咱们的 M1 业务环比增长 A1%，同比增长 B1%；M2 业务环比增长 A2%，同比增长 B2%；值得注意的是 M3 业务，环比下降 A3%，同比下降 B3%……”这里的“分析”也是比较。

一个电子商务公司决定上线推荐系统提升销售额，但如何设计推荐系统的整体模型，公司高层有些拿不准。这时，公司的数据分析与挖掘算法团队提出：“经过我们的分析，用户的购买行为存在以下的规律：如果用户购买过一件商品，接下来购买相关商品的频率要比购买不相关商品的频率高 60%。例如，用户购买过笔记本电脑，再购买鼠标、键盘等的情况就会比较高频。同时，如果一个用户购买的商品和另一个用户购买的商品有很多的重合商品，那么给其中一个用户推荐另一个用户购买过、但这个用户没有购买过的商品，成单率也会比较高……”

两个子场景中，数据分析师与挖掘算法团队都将自己提出的策略的结果，和策略未覆盖的购买下单效果进行了比较。

某城市去年新增人口 X 万，该市政府想了解一下新增人口的分布规律。数据分析员这个时候说：“根据我们的聚类分析结果，去年新增的人口主要集中在以下 3 个区，这 3 个区分别是：A 区与 B 区交界处，聚居人数最多，占比 36%；其次是 B 区、C 区、D 区 3 个区的交界处，占比 24%；另外是 E 区西部，占比 15%。所以，我们应该重点关注人口聚居的这 3 个地区。”这个场景是个典型的聚类分析场景，虽然没有明显地进行比较，但其中同样蕴藏着比较的概念：首先，聚集与离散个体，就是个体间相互比较的结果，个体 X 与个体 P 的距离比与个体 Q 的距离近，X 和 P 相对于 Q 就更倾向于聚集，这是聚类分析本身带有的比较概念；其次，聚类的结果，若是不结合业务场景和业务现实进行比较，也只是一些聚起来的数据实体，并不能发挥数据聚集所表现的特点。

再来看看“分析”这个词的含义。无论是对应英文词语 analysis 的溯源，还是“分析”这个词的语意拆解，均包含两个最重要的含义：一是把复杂的事物进行拆解，二是得到这些拆解元素间的联系。考虑到“数据分析”是个“分析”的子集，数据分析的对象有可能是已经经过逻辑拆解的元素，那么得到这些元素间的联系就是数据分析躲不开的环节。而得到这些元素间联系的唯一办法就是比较。

事实上，几乎所有的形容词都有“比较”的意思，如今天好热；这个人真好；那儿的风景真美；南极真远……今天好热，是相比于人们感受过的所有体感温度来说，今天的气温算是比较高的；这个人真好，是相比于人们见过的所有人来说，这个人是比较好的；那儿的风景真美，是相比于人们见过的风景来说，那儿的风景是比较好的；南极真远，是相比于人们去过的其他地方，南极算是比较远的……同时也可以发现，这些形容词常常会有一个反义词和它对应如热对冷（凉）；好对坏；美对丑；远对近……还可以发现，只要有一个“最”字，对比的结果就会被确定……

因为经历不同，每个人对各种形容词的实际感受也可能会很不同。例如，一个常年在沙漠地区生活的人，来到一座普通的内陆城市，或许会觉得温度比较低，湿度比较大；一个“学霸”，考了 95 分可能都会被认为考得差，一个平时学习成绩一般的学生，考了 90 分或许都会被认为得非常好……虽然得到了不同的结论，但这背后的逻辑却均是比较。因此，数据分析的本质，是比较。

虽然在有些方法论中，会把“比较分析”当作一个单独的数据分析方法，但笔者认为，这种分类减弱了“比较”在所有数据分析手段中非常重要的指引作用，降低了其本质地位，故本书不保留“比较分析”这种分类。

在法理学中有两个比较重要的概念：规则和原则。规则是明确的、针对具体行为或对象的、全有全无（或者全部接受，或者全部否定）的规范；原则是模糊的、针对普遍行为或对象的准则。规则由原则而来，同时，原则也解决规则之间可能存在的冲突，或是补充规则未能涉及的角落。接下来的内容会介绍数据分析的方法，但这些都类似于规则的应用，在学习这些方法时，希望读者能牢记一个原则问题，即数据分析的本质是比较，把原则作为指引，对接下来的学习定会有很大的帮助。当然，在学习数据分析的过程中，也需要一种回归的思考方式：数据分析毕竟是分析的一部分，有关“拆分”与“比较”这些通用的解决问题的技法，也不应该被忘记。

既然数据分析的本质就是比较，要进行比较，就不得不考虑在进行比较的过程中最重要的 3 个问题：和谁比，比什么，怎么比。

3.5.1 寻找用来比较的实体

不管是一项面向业务的数据分析任务，还是一项偏向数据规律的深度挖掘算法任务，任务总是被一个总目标驱动。不论做什么事，目标起到的推动作用总是持久且具备方向，对数据分析来讲尤其如此。目标，描绘了数据分析的蓝图，确定了数据分析的最终落脚点，也指明了数据分析的开端。

要开始数据分析，就一定要寻找需进行比较的实体。理论上来讲，比较可以是面向任何事物的，例如小明这次考试的语文成绩可以和数学成绩比较，可以和物理成绩比较，可以和其他同学的语文成绩比较，可以和其他同学的数学成绩比较，可以和自己上次的语文成绩比较，可以和全年级的平均成绩比较，可以和其他城市的某学校的平均语文成绩比较。一个公司当月的销售业绩，可以和公司上月销售业绩比较，可以和其他公司的销售业绩比较，可以和全市公司平均的销售业绩比较，可以和公司员工数量的变化比较，可以和全球平均气温的变化趋势比较。这些例子中，有些或许看起来相关性不大，看上去没有意义，但可以确定的是这些对象之间都有可以比较。

那么哪些比较是有意义的，哪些比较是没有意义的？这由目标直接决定。如果小明的目标是看自己的语文成绩有进步，就应该拿自己这次考试的语文成绩和上次考试的语文成绩进行比较，或是拿自己的语文成绩和全班的语文成绩进行比较，其他比较就是没有意义的；如果小明的目标是看自己的两门功课（语文、数学）间是否有偏科的趋势，就应该拿自己的语文成绩和数学成绩进行比较；如果小明的目标是看自己与其他学校的学生的成绩差距，就应该拿自己的成绩和其他学校的学生的成绩进行对比……

在数据分析这个领域中，寻找目标是重要的，在做一件事的过程中，目标也不可或缺。数据分析的思想也对做一件事有非常大的借鉴意义。

有人说，创业规划必须要经历 5 个阶段，对应这 5 个阶段就会有 5 个目标：做成、做强、做大、做稳、做久。

1. 做成

做成即把事情做好。把事情做好不仅要把产品或服务做到优秀，还要最大限度地销售产品/服务，基本“做成”一个成型的关于产品/服务的“链”“网”或“环”。既然目标是“做成”，业务的重点就应该是提升产品体验和产品/服务与业务上下游的契合关系，数据分析比较的本体就是自身的产品/服务的功能与内容，数据分析比较的客体就是客户/用户的需求与体验，以及竞品可以提供的功能与内容等。

2. 做强

做强即完成产品/服务的规模化推广。如果说“做成”实现的是产品/服务的“从 0 到 1”的过程，那么“做强”就是产品/服务的“从 1 到 N”的过程。目标是做强，这一阶段数据分析的重点比较对象也要有所调整：在规模没做起来（“做成”阶段）之前，数据分析比较的客体为可以触及的小部分客户/用户，而要把规模做起来，目标客户/用户的群体要变得更大，数据分析要比较的客体就会是行业内普遍的客户/用户体验痛点或需求。

3. 做大

做大即完成自身的组织升级与蜕变。当产品/服务的影响力与规模做起来了，就需要调整内部组织架构以适应服务于如此规模客户/用户的，必要的分工就需要被分离出来。常见地，此阶段的企业会分化出产品系统、营销系统、渠道系统等多个各子部门。这个阶段数据分析的比较对象就会回归到企业团队内部，尤其会聚焦在企业内部人员的分工与企业内部运转的各个流程细节。划分分工其实就是个无监督学习的过程，分工的目的是让各个分工后的各子部门尽可能在职能上聚集，各子部门间尽可能减少耦合（即所谓的“高内聚、低耦合”），这一点在后面讲解比较方法时会被再次提及。

4. 做稳

做稳即企业产品/服务的平台化过程。这一阶段也常被称为产品/服务的从“N 到 N 的平方”的过程。平台化意味着来自客户/用户的需求量级的又一次质变提升，因为经过了“做大”的阶段，企业有了更为规范与高效的组织结构，规模的再次扩大（并且是指数级扩大）就成为可能。此时，数据分析的比较对象，相较于“做强”阶段，重心会放在行业内更为广泛的客户/用户需求和产业链/网/环运作细节。因为此时的目标会纳入更多关于未来的考虑，所以在进行数据分析时，也少不了关于行业内企业、机制与用户/客户历史行为的研究。

5. 做久

做久即关注行业或领域的长期标准化。在“做强”的阶段，企业的重心是认识行业或领域，认识更普适的需求和规则，并去适应它。而在经过“做大”和“做稳”的阶段后，企业有了主动影响行业或领域的能力，一定程度上有了制定规则甚至影响需求的能力，实现行业内的标准化，并影响行业内的更多企业的发展方向，引领行业内更多客户/用户的行为习惯，这就是“做久”阶段。这一阶段的目标是引领未来，而未来的变化趋势来源于历史与现在，因而此时数据分析的对象，是行业发展的历史与变迁，行业内各企业的发展特点与发展细节，以及广大的客户/用户群体的历史需求变化与行为习惯等。

（以上 5 个阶段并非交替出现，而是逐步累加。比方说，如果一个企业做到了第 3 阶段“做久”，并不意味着前两个阶段的事它就可以不关注了，或是索性不做了，此时它也一定需要做好“做成”与“做强”阶段需要做的事。本书关注数据分析，这些关于创业规划方面的知识如感兴趣，建议关注相关书目或与相关从业者交流。）

以上拿一种“创业理论”做参考可见，不同阶段的目标不同，拿来做比较的对象就会不一样。

目标并不单是宏观的、长远的尺度，即使一个具体一些的任务，目标同样影响着数据分析要比较的对象的选择。

以一个电商 App 的推荐系统来举例。

提到推荐系统，相信很多从事数据算法的读者立刻就可以想到许许多多的策略和模型，但在调研与建模之前，首先要完成的工作就是明确产出的效果，即目标。理所当然推荐系统的目标就是给用户推荐了东西，用户尽可能都下了单。有了这个目标，数据的分析与挖掘工作就可以开展，其中的第一步，便是确定要进行比较的对象。可以想到的是，推荐了商品和用户下单之间并不是简单的、直接的关系。有的商品是用户刚看到就下了单，有的商品是用户看到后过了几天才下单，有的商品是用户看到后搜索了其他同类型的商品进行比较后下的单……这些其实均为符合目标的用户行为。相对应的，也会有一些推荐带来的负面效应，如用户直接快速翻过该商品，或是用户直接点击“不关注此类商品”，抑或是用户取消了相关物品的收藏，再或是用户索性卸载了 App……推荐系统要关注的对象，正是这些所谓的“用户最终都下了单”的行为和用户产生反感的行为。当然需要给“用户下单”行为和“用户产生反感”行为下定义，这个下定义的过程，正是在目标的驱动下，明确比较对象的过程。

“和谁比”这个基本问题，反映了数据分析的视野与格局。第 2 章在介绍全量数据集与样本数据集时，提到了一个电商网站，数据分析工作者的目标为挖掘数据并总结该网站的用户行为规律，如果把该电商网站的数据集当作"全量"，而不是样本，虽然得出的分析结论也可以显示一部分用户的行为规律，但视野显然受到了局限。而如果把该数据集当作一个样本，而非"全量"，分析的目标为不断通过自己的样本，去发现与客观世界的"全量"用户之间的联系，从发展的角度来看，这样做显然更有价值和更有意义。如果该电商网站是一个超大型的电商网站，其用户体量足够大，或是足够代表"全量"用户的规模，就另当别论了。

3.5.2　拿什么进行比较

在确定了"和谁比"之后，就要考虑"比什么"了。在考虑"和谁比"与"比什么"时，两者的思维模式是有很大的相通性的，这两个过程均要明确作为比较的对象实体。但拿业务的角度来考虑，"和谁比"与"比什么"分属于两个不同的阶段，同时其着眼点也存在差异。

之前在研究"和谁比"的问题时，其根本还是在寻找一个目标，确定最终目标；而研究"比什么"，是在找到一个目标后，将与目标相关的特点进行罗列与枚举，这其中最为常用的方法就是拆解与切分，将一个目标拆解并切分成一个个的有机模块或是目标实体本身的特征。在进行拆解与切分时，理想情况是只得到与目标相关的特征点，但不进行细致的比较，几乎无法确定特征点与目标是不是有关联。故而在此阶段，常用的策略是不管有没有用，先把所有可能的特征点事无巨细地进行罗列，以待进一步比较。

除此以外，"和谁比"的视野比较宏观，"比什么"的过程中收窄了视野，开始注重细节。

研究"比什么"的问题时，可以将一些字段属性在相互间直接进行比较，也可以把一些属性在进行组合（如加减乘除、求比例、函数变换等）后进行比较，也可以是对几组属性的属性值分布进行比较，同样也可以不断地根据业务需要用上钻、下钻的方式进行比较……

"比什么"大多时候也是一个更加着眼于业务场景的话题，在实际进行分析时，要充分把握目标、客户、领导、产品经理、上游需求方等多方面的业务需求，得到最佳的比较标的。

关于"比什么"的方法论，本书统一放在"3.5.3 怎样进行比较"这一部分进行阐述。

3.5.3　怎样进行比较

怎样进行比较？这涉及很多个问题。

1. 一致，还是不一致？——假设检验

在实际的业务中，人们常常会遇到一些类似以下情形的问题。

（1）案例 1。

一些医学学科的实验中，常常需要确定在实验前后，某项生理指标值（如血压值、血糖值等）是否有变化。而这些生理指标值本身并不是稳定不变的，而是在一定范围内变化的。如何判断实验对这些生理指标是否真正造成了影响？

（2）案例 2。

有些社会调查机构常常会分析不同人群对一个相同的社会问题，是否有不同的看法，或某些事件发生在不同的人群身上是否会有不同的表现。例如，有的机构就会调查，不同性别的人认为

转基因食品是否对身体有害的看法是否一致？或是调查坚持食用膳食纤维的人群，其血红蛋白、胆固醇、甘油三酯的分布比例与没有坚持食用膳食纤维的人群相比，是否会有显著的不同？

（3）案例 3。

公司某团队推出一项制度。过了一段时间后，该团队得出结论，通过对部分员工实行该制度，发现受该制度影响的员工比未被该制度影响的员工，平均每天的工作时长明显增加。怎么判断该团队的陈述是否准确？

对于以上问题，或许大多数人都可以想到一个直接而又简便的方案：求指标进行比较。对于案例 1，可以想到求出实验前后，实验组与对照组的平均生理指标值（如平均血压值、平均血糖值等），进行比较。实验后若是实验组生理指标值大于对照组生理指标值，且实验后的实验组生理指标值大于实验前的实验组生理指标值，且实验后的对照组的生理指标值等于实验前的对照组生理指标值，那么就可以认定该医学实验对生理指标值产生了影响。对于案例 2，可以统计不同性别的人群认为转基因食品对身体是否有害（可以分成 3 组：有害、无害、不清楚，选择“不清楚”的答案在对比过程中可以去掉）的数量占比；可以统计坚持食用膳食纤维的人群和没有坚持食用膳食纤维的人群的血红蛋白、胆固醇、甘油三酯的分布比例是否一致；对于案例 3，直接统计制度实施前后，这部分员工的每天工作时长是否有明显变化，必要的话再加一个对照组作对照。

以上解决方案，看似所谓的一致与不一致的界限是明显的，若深究，其实不然。例如，对于案例 1，如果实验组与对照组生理指标值相差 0.01%，可以认为这样的差距是该实验造成的么？如果说这样的差距不能说明实验真正起了作用，那么 0.02%的差距呢？0.1%的差距呢？1%的差距呢？更普遍地，这个差距达到多少才能认为起作用的是该实验，而不是其他噪声因素？方案 2 同理，如果说男性认为转基因食品有害与无害的比例是 25%与 24%，女性认为转基因食品有害与无害的比例是 24%与 25%，这样的差距能否说明不同性别的人群认为转基因食品对身体是否有害有差异？如果不能，女性认为有害与无害的比例为 23%与 26%呢？还是 22%与 29%呢？同样，对案例 3 而言，如果某制度制定后，被制度影响的员工平均每天的工作时长增长多长时间，才可以认为该制度对员工上班时长产生了影响？

解决这类问题，不仅需要一个指标上的对比，还需要一个证据，而提供这个证据的有效工具，就是假设检验。

（1）假设检验。

假设检验是用于检验统计假设的一种方法。其基本思想可以总结为“小概率反证法”。小概率的思想即认为发生概率小于一个比较小的阈值（常用的阈值为 5%和 1%）的事件认为不太可能发生；反证法的思想为，先提出一个假设，然后用统计方法计算该假设发生的概率，如果该假设发生的概率较小（即小于阈值），则认为假设不成立（也称拒绝该假设）。

假设检验的一般过程如下。

- 提出欲检验的假设，称为原假设，记为符合 H_0；同时记与该假设相悖的假设为 H_1，称为备择假设。

一般的原假设与备择假设形式如下。

H_0：样本与总体或样本与样本间的差异由误差引起。

H_1：样本与总体或样本与样本间存在本质上的差异。

- 确定拒绝原假设的最大概率 α，如果原假设发生的概率小于 α，则拒绝原假设，接受备择假设。常见情况下，α 选择 0.05 或 0.01。需要注意的是，α 也表明该假设为真，却错误地被拒绝的概率。
- 确定统计检验的方法和检验统计量，并计算检验统计量。一般情况下，不同的假设检验场景会有不同的假设检验方法。譬如，在方差一致的情况下，检验一组样本的均值是否与正态分布总体一致，就可以用 μ 检验（也叫 Z 检验），如果总体均值为 x_0，方差为 var，抽样样本均值为 $\bar{X}$，可以知道 $\dfrac{\bar{X}-x_0}{\sqrt{var}}$ 是符合标准正态分布的，这个满足一定分布规律的统计量，就是检验统计量。
- 根据检验统计量，计算假设成立的概率 p（也称为 p 值），并根据 α 确定是接受该假设还是拒绝该假设。接上例，如果确定 μ 检验方法后，计算得到统计检验量是 1，统计检验量对应的分布是标准正态分布，在标准正态分布中，得到一个比该结果更偏离原假设结果的概率(即标准正态分布大于 1 的累积密度概率）为(1−68.26%)/2=15.87%。在这里，可以有两种处理方式：将检验的风险控制在一边（不论是左边还是右边，本例中，因为相对于标准正态分布，1 处于分布的右边），称为单边检验；将检验的风险延伸到与之对应的另一边（在本例中，即除了大于 1 的部分，也包括了小于−1 的部分），称为双边检验。对于单边检验来讲，α 值一般也要相应减半进行比较判断，双边检验的 α 值可以完全保留。在单边检验的情况下，由该假设检验量得到的 p 值就是 0.1587，而双边检验的情况下 p 值则为 0.3174。如果 p 值大于 α，则接受原假设，拒绝备择假设；如果 p 值小于 α，则接受备择假设，拒绝原假设。本例中，以双边检验为检验的具体方法，α 取 0.05，则 $p=0.3174>0.05=\alpha$，则接受 H_0，可以认定样本与总体或样本与样本间的差异由误差引起。

不同的假设检验方法最大的差异在于统计检验的方法(即样本数据处理方式与处理过后符合的统计分布）与检验统计量的计算方式不同，其基本处理思想并无太大差别。

也就是说，理论上，假设检验得到的结果也有可能是错误的。假设检验过程中，主要可能会产生两类错误：第一类错误（假设检验的理论中，这类错误常常就被称作“第一类错误”，以下的“第二类错误”也是同理）是真实情况为 H_0 成立，但判断结论为拒绝 H_0，即把真的当做了假的；第二类错误，是真实情况为 H_0 不成立，但判断结论为接受 H_0，即把假的当做了真的。在饱和情况下，这两类错误的关系为“此消彼长”：当降低第一类错误的发生概率时，第二类错误的发生概率就会增加；同样，当降低第二类错误发生的概率时，第一类错误的发生概率就会增加。

（2）μ 检验、t 检验与 F 检验。

回顾一下案例 1：一些医学学科的实验中，常常需要确定在实验前后，某项生理指标值（如血压值、血糖值等）是否有变化。而这些生理指标值本身并不是稳定不变的，是在一定范围内变化的，如何判断实验对这些生理指标是否真正造成了影响？

基于假设检验的思想，该如何为该实验对这些生理指标是否真正造成影响提供证据？

不妨按照假设检验的过程一步一步来。

- 确定 H_0 与 H_1。研究的是生理指标与是否进行实验之间的关系，为方便起见，简化为仅研究实验组与对照组的血糖值之间是否存在比较大的差异。不妨确定原假设 H_0，实验对血糖值的影响仅为自然误差；备择假设 H_1，实验会影响血糖值的显著变化。
- 确定拒绝原假设的最大概率 α，这里定为 0.05。
- 确定统计检验的方法和检验统计量，并计算检验统计量。如果血糖值总体分布基本是正态分布，实验组与对照组的方差也基本稳定，那么样本间的均值差除以方差的开方值就满足标准正态分布，根据上面讲到的 μ 检验分布方法，即可确定检验统计量。如果实际样本较少（有些经验认为少于 30 个样本便认为样本较少），总体方差未知，样本方差的差距可能较大，μ 检验方法本身会引起不可忽略的偏差，这种情况下，t 检验就可以取代 μ 检验方法。

t 检验又分为单样本 t 检验和双样本 t 检验。

单样本 t 检验是检验一个样本平均数与一个已知的总体平均数的差异是否显著。当总体分布是正态分布，标准差未知且样本容量小于 30，那么样本平均数与总体平均数的离差统计量呈 t 分布。

单样本 t 检验的检验统计量为 $t=\dfrac{\overline{X}-\mu}{s/\sqrt{n}}$，$\overline{X}$ 表示样本均值，μ 为总体均值，n 代表样本数量，s 代表样本标准差（还记得贝塞尔校正么？）。如假设为真，该检验统计量满足 n-1 自由度的 t 分布。

双样本 t 检验是检验两个样本平均数与其各自所代表的总体的差异是否显著。双样本 t 检验又分为两种情况，一是独立样本 t 检验，独立样本 t 检验的两样本之间几乎不存在相关的关系，常用于检验两组非相关样本数据的差异性；另一个是配对样本 t 检验，用于检验匹配而成的两组样本数据或同一组样本在不同条件下所获得的数据的差异性，这两种情况组成的样本即为相关样本。

独立样本 t 检验的检验统计量为：

$$t=\frac{\overline{X_1}-\overline{X_2}}{\sqrt{\dfrac{(n_1-1)s_1^2+(n_2-1)s_2^2}{n_1+n_2-2}\left(\dfrac{1}{n_1}+\dfrac{1}{n_2}\right)}}$$

其中 s 代表样本标准差。如果假设为真，该检验统计量满足 n_1+n_2-2 自由度的 t 分布。

配对样本 t 检验的检验统计量为：

$$t=\frac{\overline{d}}{s_d/\sqrt{n}}$$

其中 $\overline{d}$ 为配对样本差值的平均值，s_d 为样本差值的标准差。如果假设为真，检验统计量满足 n-1 自由度的 t 分布。

在本例中，如果不涉及对照组，只将实验前后的结果进行配对比较，显然用配对样本 t 检验更合适；如果比较对照组与实验组的生理指标值是否一致，选择独立样本 t 检验就可以了。

- 根据检验统计量，计算 p 值，并根据 α 确定是接受该假设还是拒绝该假设。

在得到检验统计量后，就可以计算 p 值了。所谓检验统计量，一般情况下就是其检验方法对应的分布的横坐标，双边检验 p 值就是绝对值大于检验统计量绝对值的累积概率（单边 p 值就是大于正检验统计量或小于负检验统计量的累积概率），检验统计量的绝对值越大，p 值越小，接受 H_0 的概率就越小。

p 值的计算可以通过 t 分布的公式直接计算，也可以通过查表的方式进行比较。举例说明：如表 3-8 所示为 t 分布查阅表的一部分，如果自由度 n 为 6，α 取 0.05，并且假设通过第(3)步得到的检验统计量是 2.2，而在此表中 n 为 6，α 取 0.05 时对应的检验统计量是 1.9432。可以下定论的是：因为 2.2 大于 1.9432，所以 p 值一定是小于 0.05 的（同时 $2.2<2.4469$，所以 p 值大于 0.025）。如果在本例中，实验前后进行的比较，或是实验组与对照组的比较结果，p 小于 0.05（α），那就拒绝 H_0，接受 H_1，可以认为实验对生理指标产生了比较显著的影响。

表 3-8　t 分布查阅表（部分）

$n\backslash\alpha$	0.25	0.1	0.05	0.025	0.01	0.005
1	1.0000	3.0777	6.3138	12.7062	31.8207	63.6574
2	0.8165	1.8856	2.9200	4.3027	6.9646	9.9248
3	0.7649	1.6377	2.3534	3.1824	4.5407	5.8409
4	0.7407	1.5332	2.1318	2.7764	3.7469	4.6041
5	0.7267	1.4759	2.0150	2.5706	3.3649	4.0322
6	0.7176	1.4398	1.9432	2.4469	3.1427	3.7074
……	……	……	……	……	……	……

以上的比较均发生在两组样本间，或样本与总体间，如果是多组样本间的一致性比较，以上方法就不能直接使用了。例如，在多个批次的电灯中，想检验各批次电灯的寿命是否有显著的不一致。当然，能想到的方式是两两批次间进行 t 检验或 μ 检验，但如果批次太多（即样本分组数量太多），这样的工作量是极大的。此时，另一种假设检验的方式就派上用场了。这种假设检验的方式叫 F 检验，也叫方差检验。

因为 F 检验是假设检验的一种特例，除检验方法被指定，检验统计量也被具体化外，其他步骤与假设检验的基本方法并无太大不同。

假设有 3 个批次的电灯，分别命名为甲、乙、丙，在进行极端条件测试时，其寿命如表 3-9 所示。如何判断这 3 个批次的电灯在极端测试寿命是否有显著不同？

表 3-9　3 个批次的电灯在极端测试条件下的寿命

编号	甲	乙	丙
1	49	38	38
2	50	32	40
3	39	30	45
4	40	36	42
5	43	34	48

F 检验的检验统计量通过如下步骤计算得到。

① 计算 3 组值，分别为：

$$SST=\sum_{i=1}^{m}\sum_{j=1}^{n_i}(x_{ij}-\overline{x})^2$$

$$SSM=\sum_{i=1}^{m}\sum_{j=1}^{n_i}(\overline{x}_i-\overline{x})^2$$

$$SSE=\sum_{i=1}^{m}\sum_{j=1}^{n_i}(x_{ij}-\overline{x}_i)^2$$

其中 m 代表所有分组的数量，n_i 代表每个分组中的样本数量，n 代表所有样本的数量，$\overline{x}_i$ 代表每个分组的平均值，$\overline{x}$ 代表所有样本的平均值。在本例中，m=3，n_i 都等于 5，n=15。SSM 常常衡量的是各个分组之间的方差水平，所以被称为组间方差；SSE 衡量的是各个分组组内的方差水平，所以被称为组内方差。

② 如果假设为真，检验统计量 $F=\dfrac{SSM/(m-1)}{SSE/(n-m)}$，符合自由度$(m-1, n-m)$的 F 分布。

得到了检验统计量，接下来同样可以通过查表或计算的方式得到 P 值，对接受 H_0 或是拒绝 H_0 做出判断。

（3）卡方检验。

接下来回顾一下案例 2：有些社会调查机构常常会分析不同人群对一个相同的社会问题，是否有不同的看法；或某些事件发生在不同的人群身上是否会有不同的表现。例如，有的机构就会调查，不同性别的人认为转基因食品是否对身体有害的看法是否一致？或是调查坚持食用膳食纤维的人群，其血红蛋白、胆固醇、甘油三酯的分布比例与没有坚持食用膳食纤维的人群相比，是否会有显著的不同？

以上两个子问题，实质上是在比较两个分布是一致或是不一致：子问题 1 是在比较“男性认为转基因食品对身体有害与无害的比例分布”与“女性认为转基因食品对身体有害与无害的比例分布”这两个分布比例是不是一致；子问题 2 是在比较“坚持食用膳食纤维的人群的血红蛋白、胆固醇、甘油三酯的分布比例”与“未坚持食用膳食纤维的人群的血红蛋白、胆固醇、甘油三酯的分布比例”这两个分布比例是不是一致。应用于比较两分布是否一致的假设检验常用方法是卡方检验。

卡方检验同样也是假设检验的一种具体实践，它也遵循假设检验的基本方法，这里就不赘述了。接下来着重了解关于卡方检验独有的特点。

因为要比较两个分布是否一致，卡方检验的原假设 H_0 需要被格外提及一下。卡方检验的 H_0 假设直接表述为两个分布是一致的，这与两个值一致，或是之前讨论的两组值的统计特性一致还略有不同。因为卡方检验主要是用于比较离散值频数/频率的相似性，而之前讨论假设检验方法（μ 检验、t 检验、F 检验）均为连续数值属性规律的假设与对比，这还需要在概念上进行一些区分。

卡方检验最重要的部分就是检验统计方法的确定与检验统计量的计算了。

以子问题 1 为例，如果不同性别的人认为转基因食品有害与无害的分布如表 3-10 所示。

表 3-10　不同性别的人认为转基因食品有害与无害的分布

	认为转基因食品有害	认为转基因食品无害
男	15	45
女	25	55

额外说一句，这种两个不同属性各自均只含有两种属性值，而组织成的如上形式的表常被称为四格表。

言归正传。卡方检验的一般方法为：如果假设为真，在本例中即不同性别的人认为转基因食品有害与无害的分布一致（注：分布如果是一致的，也就是说性别与对转基因食品的态度并无相关关系），那么检验统计量 $\chi^2 = \sum_{i=1}^{k} \frac{(f_i - np_i)^2}{np_i}$。式子中的 f_i 代表的是观察值，np_i 代表的理论值，K 代表样本数，对于如上类似表格一样的组织方式，检验统计量满足自由度为（行数-1）×（列数-1）的卡方分布。

上面表格中的值即为观察值，理论值如何计算？认为转基因食品有害的男性占所有认为转基因食品有害的人群的比例为 15/（15+25），男性一共 60 人，男性占所有人群的比例 60/(60+25+55)，也就是说认为转基因食品有害的男性占所有认为转基因食品有害的人群的比例理论上应该与男性占所有人群的比例一致。因而认为转基因食品有害的男性的理论值为 (15+25)×[60/(60+25+55)]=17.14。同理得到两种属性理论值的表格，如表 3-11 所示。

表 3-11　不同性别的人认为转基因食品有害与无害的理论值

	认为转基因食品有害	认为转基因食品无害
男	17.14	42.86
女	22.86	57.14

有了理论值的表格，根据公式 $\chi^2 = \sum_{i=1}^{k} \frac{(f_i - np_i)^2}{np_i}$ 计算得卡方值为 0.657，自由度为 1，查表知 $P>0.05$，则在 a 取 0.05 的水平下，接受原假设 H_0。

子问题 2 的解法与子问题 1 几乎完全一致，读者可以尝试将其当作一个练习进行思考。

卡方检验的结论也常常用于两个离散变量（或是被离散化的连续变量）相关性的度量，这点在“相关分析”小节还会再次被提及。

（4）秩和检验。

接下来回顾案例 3：公司某团队推出一项制度。过了一段时间后该团队得出结论，通过对部分员工实行该制度，发现受该制度影响的员工比未被该制度影响的员工，平均每天的工作时长明显增加。怎么判断该团队的陈述是否准确？

不管是何种类型的制度，作为制度的制定者和推行者，一般在主观上对该制度实施的积极效果是有高估的冲动的，其中的一个表现，就是在对制度实施的效果进行汇报时，会提出很多相关的指标：*XXX* 提升了百分之 *M*，*YYY* 提升了百分之 *N*，*ZZZ* 降低了百分之 *P*……而这些指标是否有充分的说服力？假设检验可以提供比较可靠的证据支持。

根据前面介绍的内容，可以用 μ 检验或 t 检验的方法，比较受该制度影响的员工在制度实施前后的工作时长是否有显著不同，或是比较受制度影响组与未受制度影响组同一时间段内的工作时长是否有显著不同。但 μ 检验和 t 检验的使用有一些无法避免的限制。例如 μ 检验要求总体服从正态分布，且方差已知，限定的总体分布和分布参数，就让 μ 检验不能用于必要参数未知的分布或其他非正态形态的分布；t 分布虽然“解放”了方差这个参数（总体方差可未知），但 t 检验要求两组样本对应的总体方差一致，且常常用在小样本的业务范围。限制越多，可以应用的业务范围就越小。在本例中，如果员工的平均工作时长分布不满足正态分布，并且分布形式未知，那么 μ 检验或是 t 检验就不能发挥作用了。

μ 检验和 t 检验都依赖总体分布，如这样依赖总体分布的假设检验方式被称作参数检验。假设检验必须要依赖已知的总体分布么？不一定。例如，下文将要介绍的秩和检验，它摆脱了对总体分布的依赖，这一类假设检验被称为非参数检验。

秩和检验是经常被用到的非参数检验。“秩”可以暂时理解为名次、排名（当排名相似时，计算方式会有不同），因而“秩和”就是“排名加和”。

秩和检验同样属于假设检验，秩和检验方法同样要遵循假设检验的基本方法。与几种参数检验一样，秩和检验独有的部分还是在于具体检验方法与检验统计量的确定与计算。

本例中以受制度影响的员工（数量为 n_1）与未受制度影响的员工（数量为 n_2，且 $n_2>n_1$）进行比较。秩和检验的一般方法如下。

① 将两组员工中每人的平均工作时长整合，并由小到大进行排列，最小的数据秩次编为 1，最大的数据秩次编为 n_1+n_2。

如果在排列大小时出现了相同大小的观察值，则其秩的定义为次序的平均值。例如，抽得的样本观察值按次序排成［2，3，4，5，5，5，6］，则 3 个 5 的秩均为(4+5+6)/3=5。

② 把容量较小（即员工数量较少）的样本中各数据的等级相加，即秩和，用 T 表示。本例中，因为 $n_1>n_2$，即把受制度影响的员工的秩次进行相加得到 T。

③ 如果两组员工的数量的最小值比较小（一般认为数量小于等于 10 是比较小），此时可以借助秩和检验表，把 T 值与秩和检验表（见图 3-9）中某 a 显著性水平下的临界值相比较，如果 $T_1<T<T_2$，则两样本差异不显著；如果 $T<=T_1$ 或 $T>=T_2$，则表明两样本差异显著。

图 3-9 所示为秩和检验表（部分），如果 n_1=4，n_2=6，a 取 0.05，则 $14<T<30$ 时，两组员工的工作时长差异不显著；$T<=14$ 或 $T>=30$ 时，两组员工的工作时长差异显著。

	(2, 4)	
3	11	0.067
	(2, 5)	
3	13	0.047
	(2, 6)	
3	15	0.036
4	14	0.071
	(2, 7)	
3	17	0.028
4	16	0.056
	(2, 8)	
3	19	0.022
4	18	0.044
	(2, 9)	
3	21	0.018
4	20	0.036
	(1, 10)	
4	22	0.03
5	21	0.061
	(3, 3)	
6	15	0.05
	(3, 4)	
6	18	0.028
7	17	0.057
	(3, 5)	
6	21	0.018
7	20	0.036
	(3, 6)	
7	23	0.024
8	22	0.048
	(3, 7)	
8	25	0.033
9	24	0.058
	(3, 8)	
8	28	0.024
9	28	0.042
	(3, 9)	
9	30	0.032
11	29	0.05
	(3, 10)	
9	33	0.024
11	31	0.056

	(4, 4)	
11	25	0.029
12	24	0.057
	(4, 5)	
12	28	0.032
13	27	0.056
	(4, 6)	
12	32	0.019
14	30	0.057
	(4, 7)	
33	35	0.021
15	33	0.055
	(4, 8)	
14	38	0.024
16	36	0.055
	(4, 9)	
15	41	0.025
17	39	0.053
	(4, 10)	
16	44	0.026
18	42	0.053
	(5, 5)	
18	37	0.028
19	36	0.048
	(5, 6)	
19	41	0.026
20	40	0.041
	(5, 7)	
20	45	0.024
22	43	0.053
	(5, 8)	
21	49	0.023
23	47	0.047
	(5, 9)	
22	53	0.021
25	50	0.056
	(5, 10)	
24	56	0.028
26	54	0.05
	(6, 6)	
26	52	00.021
28	50	0.047

	(6, 7)	
28	56	0.026
30	54	0.051
	(6, 8)	
29	61	0.021
32	58	0.054
	(6, 9)	
31	65	0.025
33	63	0.044
	(6, 10)	
33	69	0.028
35	67	0.047
	(7, 7)	
37	68	0.027
39	66	0.049
	(7, 8)	
39	73	0.027
41	71	0.047
	(7, 9)	
41	78	0.027
43	76	0.045
	(7, 10)	
43	83	0.028
46	80	0.054
	(8, 8)	
49	87	0.025
52	84	0.052
	(8, 9)	
51	93	0.023
54	90	0.046
	(8, 10)	
54	98	0.027
57	95	0.051
	(9, 9)	
63	108	0.025
66	105	0.047
	(9, 10)	
66	114	0.027
69	111	0.047
	(10, 10)	
79	131	0.026
83	127	0.053

▲图 3-9　秩和检验表

如果 n_1 和 n_2 都比较大，那么秩和 T 可以认为满足均值为 $\frac{n_1 \times (n_1 + n_2 + 1)}{2}$，方差为 $\frac{n_1 \times n_2 \times (n_1 + n_2 + 1)}{12}$ 的正态分布。这样用 μ 检验的方法就可以计算 P 值，并和 a 进行比较，得出结论。因为脱离了总体分布的制约，非参数检验变得更灵活，适用范围也大了很多。似乎就可以和 t 检验或 μ 检验说再见了，这种想法是片面的。实际上，如果总体分布和参数上的条件被满足了，由于分布本身带有丰富的先验信息，t 检验和 μ 检验得出的结论说服力会更强一些。

（5）A/B Test。

对很多面向消费者（ToC）的互联网业务来讲，用户群体的喜好、习惯与偏向充满高度不确定性。因而，互联网产品的每一次迭代与升级，均可能对新上线的产品自我感觉良好，但用户却不买账，反而在滞留时长、活跃度等重要指标上表现出下降趋势。

一些功能上的增加与修改，是需要具有一定的预期性的。即便没有可靠的对照，从战略的角度来讲，也需要负责人对产品的未来有一个比较长远的规划。有一些非功能上的提升类设计或策略，其上线效果究竟如何，是非常不确定的。例如，UI 部门的某优秀设计团队，为某美妆类 App 设计了全新风格的页面，并调整了配色；或者，算法部门在历史数据集的基础上研发了一种新的推荐算法，这种算法可以提升某新闻资讯类 App 用户的平均在线时长……不管该设计团队有多么优秀的历史成果，也不管该算法部门研发的推荐算法在历史数据集上表现多么好，谁都不能保证新的 UI 或新的算法在上线后就一定能产生积极的作用。面对大体量、高不确定性的用户群，互联网产品每做一次变更之前，一定要慎之又慎，尤其不能想当然，就自作主张把新的变更全量上线。

减小诸如 UI 设计方案、推荐算法等不确定性较高的模块上线风险的一个有效方法，就是通过实验的方式对部分用户的表现与反映做出衡量，再根据这部分用户与未被实验影响的用户的对比表现比较，来确定方案或算法最终该不该全量上线。这种比较实验的方法，被称为 A/B Test。

A/B Test 的完整实验流程涉及较多的操作与较繁杂的理论，这里仅介绍比较重要与普遍使用的环节。

以提升用户滞留时长的推荐算法上线过程为例，A/B Test 的主要过程可以总结如下。

① 分桶。实质上是确定实验组与对照组的过程。在实验前，选择一部分用户作为实验组，放入一个“桶”；选择另一部分用户作为对照组，放入另一个“桶”。在进行分桶的过程中，一定要保证在实验前，两个“桶”的样本用户质量足够高，同时两个“桶”的用户特征差异要尽可能小。具体表现包括但不限于以下几点。

- 实验组与对照组的用户数量要足够多。
- 实验组与对照组的关键指标（如本例中的用户滞留时长）分布要尽可能一致。
- 实验组与对照组的用户特征（如性别、地域、偏好、行为习惯等）尽可能保持一致。
- 实验组与对照组的计划实验时间一定要足够长且足够同步（时间范围尽可能一致）。

……

有时，为了进一步保证统计上的公平性与客观性，在 A/B Test 前会进行一步 A/A Test，即采集两个“桶”的对照组，提前进行一次实验，两个对照组的指标表现没有足够大的差异，才能说明对照组真正可以起到对照的作用，样本数据才可以说是足够客观的。甚至，有的团队会为了进一步保证数据稳定，随着实验进行，这个新加入的对照组也会参与到与实验组的对比过程中，即整个实验过程进化为 A/A/B Test。

② 实验。即对实验组上线推荐算法，并充分采集关键指标。

③ 得出结论。充分采集实验组与对照组的用户滞留时长值序列，就可以利用之前讲到的

假设检验方法，验证实验组究竟对用户的滞留时长有没有产生显著的影响。由于受大数定理与中心极限定理作用，样本数量足够大时，样本均值（实验组与对照组在实验前的用户平均滞留时长）与总体均值（所有用户的平均滞留时长）几乎一致，并且无论单个样本分布如何，所有样本值的和满足正态分布。这样，直接应用最为直观的 μ 检验方法，就可以判断该推荐算法对用户平均滞留时长有没有显著的提升作用了。

A/B Test 是一种科学、有效验证产品效果，并可以极大可能地规避用户风险的效果预判与测试手段。尤其在互联网领域，A/B Test 在产品设计、运营活动、用户建模等多个流程均具有非常重要的参考作用。

（6）低功效实验。

很多情况下，由于样本数量较少，造成假设检验的统计实验功效较差，即造成检验判断错误发生的可能性会比较大。什么是实验功效？这可以通过功效曲线来理解。（以下示例来自《统计会犯错——如何避免数据分析中的统计陷阱》。）

设想有一枚不均匀的硬币。抛这枚硬币，正面向上或反面向上的概率并不是 50%，其中正面向上的概率为 60%。如果用这枚硬币赌博，一方宣称这枚硬币是公平的。但是另一方对此强烈怀疑，应该用什么方法来证明对手在行骗呢？不能简单地连续抛这枚硬币 100 次，然后以正面向上次数是否为 50 次来判断硬币是不是均匀的。事实上，即使是用一枚均匀的硬币来实验，也很难遇到恰恰是 50 次正面向上的情况。正面向上次数的概率分布曲线如图 3-10 所示。

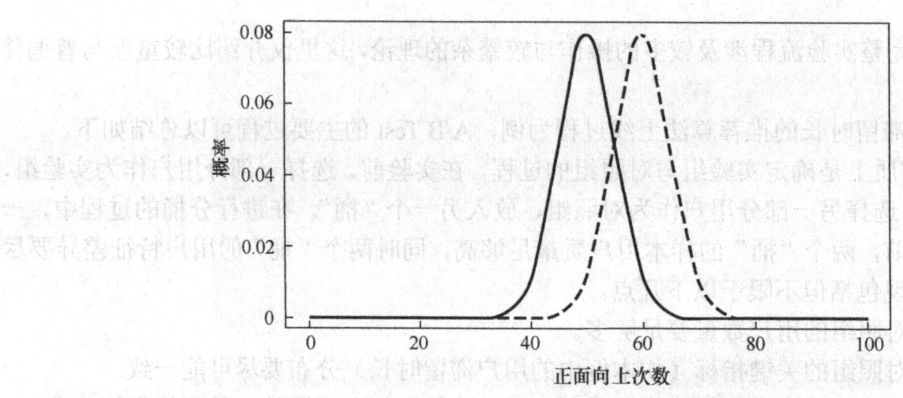

▲图 3-10　正面向上次数的概率分布曲线

实线为正面向上概率为 50%的硬币抛 100 次的正面向上概率分布曲线，虚线为正面向上概率为 60%的硬币抛 100 次的正面向上的概率分布曲线

对于一枚均匀硬币，抛 100 次，正面向上 50 次是最可能的结果，但其发生的概率也小于 10%。另外有略小的概率得到 51 次或 52 次正面向上的结果。事实上，当连续抛一枚硬币 100 次，正面向上次数落在[40,60]内的概率为 95%。换句话说，在这个区间之外的概率较小：只有 1%的概率得到正面向上多于 63 次或少于 37 次的结果，正面向上 90 次或 100 次几乎是不可能的。

一枚不均匀的硬币，其正面向上的概率为 60%。连续抛这枚硬币 100 次，所得正面向上次数的真实概率分布如图 3-10 中的虚线所示。均匀硬币的概率分布曲线和不均匀硬币的概率分布曲线有重合的部分，但是不均匀硬币与均匀硬币相比，更有可能得到正面向上 70 次的结果。

简单做一些计算。连续抛掷一枚硬币 100 次，统计正面向上的次数。如果这个次数不是 50 次，那么在这枚硬币是均匀硬币的前提假设下，计算产生该结果或者更为极端结果的概率，这个概率就是 P 值。如果这个 P 值等于或小于 0.05，我们就在统计上显著地认为这枚硬币是不均匀的。

利用 P 值的方法，有多大的概率发现一枚硬币是不均匀的？图 3-11 所示的功效曲线回答了这个问题，其中，横坐标轴表示硬币正面向上的真实概率，表示硬币不均匀的程度，而纵坐标轴是利用计算 P 值的方法，得到这枚硬币不均匀结论的概率。

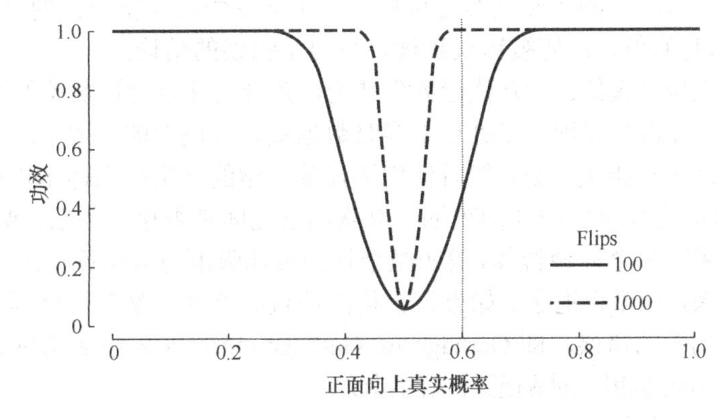

▲图 3-11　同样实验情况下的功效曲线

假设检验的功效是指产生统计显著性结果（$P<0.05$）的概率。对于一枚均匀的硬币，正面向上次数在［40，60］的概率为 95%，因此对一枚不均匀的硬币而言，检验功效就是指这枚硬币正面向上的次数落在区间［40，60］以外的概率。

偏差大小是影响实验功效的因素。如果一枚硬币轻微有偏，其正面向上的概率不是50%而是 60%，那么在连续抛 100 次后，通过假设检验的方法得到这枚硬币是非均匀硬币结论的概率为 50%，也即说，检验功效为 50%。有 50%的概率，得到正面向上次数少于 60 次的结果，从而不能判断这枚硬币是非均匀硬币。这表明，仅依靠 100 次抛硬币的数据，并不能把硬币的轻微不均匀与随机误差分割开来。只有当这枚硬币有比较严重的不均匀状况，例如正面向上的概率为 80%时，才能得到其为非均匀硬币的结论，此时检验功效为 100%。

增大样本容量可以提高检验功效。功效曲线中的虚线说明，如果连续抛硬币 1000 次，那么利用假设检验方法很容易识别出硬币是否均匀，此时检验功效明显高于抛硬币 100 次时的情形。这是因为，如果连续抛一枚均匀硬币 1000 次，正面向上次数位于［469，531］区间内的概率为 95%，而正面向上超过 600 次的概率很小，一旦出现该结果就认为这枚硬币是非均匀的，一枚正面向上概率为 60%的非均匀硬币却非常可能得到超过 600 次的结果，所以也就比较容易检测出来。

（7）P 值使用误区。

对 P 值使用过程中的误区，大概分为如下几类。

① 由于第一类错误和第二类错误的存在，有时得到的结论确实是错误的。

有些媒体有时会利用这些错误的结论，提出对假设检验理论的质疑。客观来讲，数据科学的使命之一就是对未知情况进行归纳与总结，并给出一个对结论的把握程度衡量。如果有 95% 的把握接受某结论，但把相同的实验连续进行 20 次，不出现第一类错误的概率为 35.8%；如果把实验连续进行 50 次，不出现第一类错误的概率为 7.7%。因此，在多次实验过程中，出现实验错误的可能性是客观存在的。即使不是多次实验，而是多个团队同时做一个实验，有的团队也可能在第一次实验就得到错误的结论。如果没有经过全面分析，仅拿这几次得到异常结论的实验来证明一个理论是错误的，这种观点显然是片面的，是不可靠的。反而，如果全面地进行分析，这些得到异常结论的实验其实是可以进一步支持假设检验理论的可靠性的。

② 由于样本本身有偏，P 值被错误解读，得出了错误的结论。

有些社会调查机构高调给出“P 值已死”结论，并给出社会调查实验的过程，显得有理有据。但仔细研究整个过程会发现，在进行采样时数据就是有偏差的。举个例子，某机构调查吸烟与喜欢读书之间是否有相关关系，然后他们选择某大学的学生作为样本进行调查，并得出结论。此时，如果该机构得到学生群体的吸烟与喜欢读书之间是否存在关系，或许有一定说服力，但要是把结论直接用在整个社会群体，说明整个社会群体吸烟与喜欢读书之间存在着某种关系或不存在相关的关系，就不合适了。如果该机构的调查对象就是整个社会群体，那么这个过程就犯了数据采样不均衡的错误，即 Garbage In, Garbage Out；如果想从这份数据中得到一些结论，那么就犯了 P 值被滥用、被随意解读的错误。

③ 异常值影响判断结论。

如果样本中存在一些过于大或者过于小的值，这些值会极大地影响样本统计值的大小，如果这些过于大或过于小的值本身又极其不稳定，那么这些个别值的变化，就很有可能影响最终结论被接受或拒绝。而一些机构或媒体在进行实验时，没有考虑到这些异常值的影响，得到的结论会比较随机。这其实是因为数据处理不当而导致的业务需求不能很好被翻译成对应的数据表达。说到底，得到没有说服力或是异常的结论并不是理论的问题，而是因为数据处理不当造成的，若是数据可以被正确处理，结论的可靠性会得到更大程度的保证。

④ 数据被采集后被人为不正确地处理过。

这同样是数据未被正确处理而产生的误会。例如，有些机构，会把数据中存在的空值或不正常字符均用 0 代替，而这些 0 值的加入，改变了数据分布，在没有明确业务需求，衡量可行性的前提下，贸然如此处理，得到异常结论的概率就被大大增大了。

假设检验不是完美的，在进行假设检验时常常需要考虑数据质量，需要考虑条件约束，也会存在一些如低功效一类的问题（下文会介绍）。但不能因为它不是完美的，就可以肆意诋毁它的积极作用。或许有一天，假设检验会被一种更有效、精简的理论方法所替代，但在那之前，被正确使用的假设检验仍然是不可被忽视的解决“一致，还是不一致”问题的数据科学方法。

（8）“××公司员工普查记录表”表中的假设检验。

如表 3-12 所示为“××公司员工普查记录表”的表头。

表 3-12 “××公司员工普查记录表”的表头

满意度	绩效评分	项目数	平均每月工时	司龄	是否有过工作事故	最近是否离职	最近是否晋升	部门	薪水水平

上文曾重点提到，对于一个数据分析或数据挖掘的业务来说，“和谁比”很大程度上要比“怎么比”更重要。同时，如果知道“怎么比”的方法论，反过来也可以对“和谁比”与“比什么”的问题产生一定的启发作用。

在“××公司员工普查记录表”中，如果要把假设检验的方法论用在任意两个属性之间，在操作上当然是可行的。例如，可以比较员工绩效评分和满意度之间的分布是不是一致；可以比较最近晋升和非晋升的人在做项目的数量上有没有显著的不同……不能一概而论这些比较有用，或者这些比较没用。有用或没用，根本是由业务目标决定的。除此以外，一些在数据之外的因素，有时也会成为影响分析结果的“那根具有决定性意义的羽毛”。

当然，在探索阶段，多用假设检验的思路去做一些尝试，有时也可以对业务有更深一层的理解。例如，通过分析各个部门员工的满意度的差异是否显著，及时发现管理中可能存在的问题；有些部门提出自己部门员工工作非常辛苦，就可以比较不同部门间的工作时长是否有显著不同来验证这类说法……

这样穷举起来显然有些烦琐。不同的人群，在不同的业务目标下，看到同样的数据，应该有不同的业务思考，也就应该有不同的分析维度。关于这点，在接下来的“多维分析与钻取分析”和“交叉分析与透视表”等内容中会进行讨论。

2. 深入一层，回退一步，还是到此为止？——多维分析与钻取分析

某电商网站某地区 2019 年 2 月用户搜索“背心”的热度示意图如图 3-12 所示。

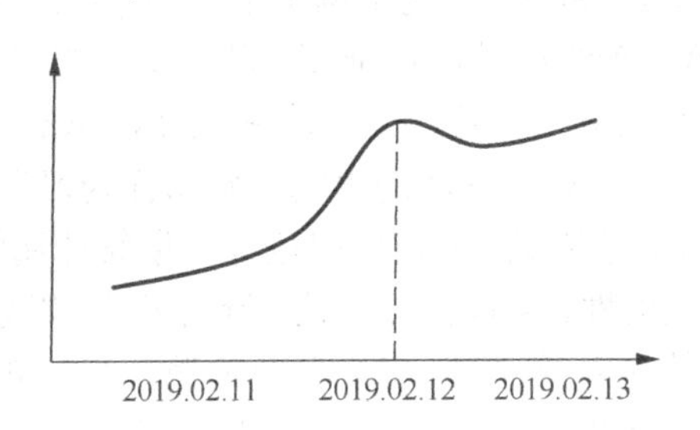

▲图 3-12 某电商网站某地区 2019 年 2 月用户搜索“背心”的热度示意图

（1）案例 1。

图 3-12 所示为某电商网站某地区 2019 年 2 月用户搜索“背心”的热度示意。总体来讲，“背心”这个词的搜索热度是逐渐上升的，但也可以比较明显地看到在 2019 年 2 月 12 日这天，“背心”的搜索热度有一个突增，而过了这天，“背心”的搜索热度又回到了之前的变化趋势水平上。那么该电商网站如何确定 2 月 12 日这天，导致“背心”搜索热度突增的原因是什么呢？

（2）案例 2。

一个公司的市场部接到一个任务：调查一下北京有多少厨师。市场部该如何制定市场调研

方案？

要解决上文讲到的两个问题，光看是没有用的，而闷头想也是没有用的，经验或许有些用，但经验不太好验证，带来的风险其实是不比“拍脑袋”决定要小。此时，更为理性与客观的方式，是借用数据来支持这些业务。最常用的方法，就是多维分析和钻取分析。

① 多维分析与钻取分析的基本含义。

多维分析，就是从多个角度或多个维度分析各个字段属性与业务目标之间的关系。钻取分析是从维度变化的角度考虑，扩大或者缩小分析粒度，以灵活的方式发现数据规律的分析方式。这里说到的“维度”，可以暂且先理解为数据表中的特征，即字段列、字段属性。

多维分析与钻取分析的方法，是契合了“分析”这个词的本义的。“分”和“析”均有把复杂事物精细化，把复合事物进行切分的含义。上文中也讲到过“比什么”的问题，“比什么”是个确定比较粒度与比较维度的过程，多维分析与钻取分析可以有效解决“比什么”这个问题。所以，多维分析与钻取分析可以同时支持“比什么”与“怎么比”。

② 多维分析。

多维分析是个开放性的解决问题的思路。

现实世界中的很多问题并不会像一道应用题一样，告诉你条件是什么，约束是什么，有哪些东西你可以用，而是仅给出一个现象或疑问。怎么解答这个疑问，如何发现这其中的原因或规律，并没有指引或限制，全靠负责解决该问题的组织或个人自行决断。既然要依靠数据解决类似的问题，多维分析就是不可绕开的分析方法。

上文讲到，一个典型的数据表格，每一行代表一个实体，每一列代表一个属性。多维分析的任务开端，就是找到用来进行分析与比较的属性。

以“背心”搜索量突增的断因案例说明，借助数据解决这个问题的第一步，就是找到所有与之相关或潜在相关的属性维度。例如，在这个例子中，可以从 3 个维度罗列这些可能导致“背心”搜索量的突增的属性。第一个维度是用户维度，可以罗列的用户层面属性有：搜索“背心”用户的性别、年龄、星座、注册地、使用的操作系统（iOS？Android？Windows？macOS？）、各种用户画像标签（如用户兴趣爱好、喜欢的食物、购物行为习惯等）等等；第 2 个维度是全量统计维度，即统计该网站的全站流量、全站访问量等全量统计属性；第 3 个角度是环境维度，其中既包含如天气等客观环境属性，又包含如舆论、新闻事件、娱乐热点等社会人文环境属性。

以调查北京地区厨师数量的例子说明，多维分析的第一步，也是先罗列所有与北京厨师数量的属性，如各种规模餐饮门店数量、餐饮门店类型、餐饮门店分布规律、人口密度等。

对一些业务数据化较好的组织或企业来讲，获得相关的数据支持难度会小很多。若是企业或组织数据化不够完善，又想借助数据解决这类问题，那么应该最先考虑的事，是如何获取这些支持业务的数据。一些数据公司的公开数据服务或是一些公开的数据集，或许可解“燃眉之急”。

多维分析的第一步是从开放的角度解决了“比什么”的问题，接下来的一步，就是“怎么比”了。

多维分析可以在不同对象的相同维度下进行比较，也可以在相同对象的不同维度下比较，这两种比较方式是比较常见的。不同对象在不同维度下进行比较也是有可能的，不过这样的比较需要有业务需求的支持。

落实到具体的方法上，在列出维度后，根据需要，可以直接比较数值，也可以比较占比，也可以先计算一些有意义的数值，再进行比较。比较的意义有多大，取决于比较背后的业务含义与业务意义。

举个例子来讲，某市某一年共发生100起交通事故，进行多维分析的第一步，可以列出许多与交通事故有关的属性，性别就是其中之一。以性别来进行比较，负主要责任的男性司机有80起，负主要责任的女性司机有20起。那么能不能得出“该市男性司机比女性司机更容易造成交通事故”这样的结论？答案是不一定。如果了解到，该市男性司机数量与女性司机数量的比例是4∶1，那么基于以上交通事故的性别比例，其实性别与交通事故的关系趋近于0。因为男性司机是女性司机的4倍，那男性司机引起的事故数量是女性司机引起的事故数量的4倍，也就比较正常了。这种情况下，用事故主要责任人的男女比例除以所有司机的男女比例，更能反映出事故与性别之间的关系。

有了多维分析的基本方法，不妨就以多维分析为手段，以上述两个案例为例，把反映数据分析本质的3个阶段组合起来，还原业务问题的数据分析全过程。

首先是案例1：关于“背心”的搜索量突增。

① 第1阶段：和谁比。

分析的对象是“背心”搜索量异常突增的2月12日的用户属性、环境特征等，首先要明确一个进行比较的参照。2月12日之所以被称为异常，是因为它与其他的日子不一样，才可以被称为“异常”。作为2月12日这个“异常”的参照，就应该是个“正常”的日子，因此可以拿2月11日这个“正常”的日子的用户属性、环境特征等作为比较参照，也可以拿2月13日这个同样“正常”的日子的用户属性、环境特征等作为比较参照，还可以把几个“正常”日子的用户属性、环境特征等综合起来作为比较参照……

② 第2阶段：比什么。

这一阶段要做的事情，上文已经提到了，就是罗列所有可能与搜索“背心”这个行为有关的用户层面属性（如搜索“背心”用户的性别、年龄、星座、注册地、使用的操作系统、各种用户画像标签等）、全量统计属性（统计该网站的全站流量、全站访问量等）、环境属性（如天气、舆论、新闻事件、娱乐热点等）。

③ 第3阶段：怎么比。

2月12日的总体搜索“背心”的行为是异常的，把2月11日的总体搜索“背心”行为看作正常，“异常”与“正常”表现应该是不一致的，那应该是哪个或哪些表现不一致呢？如果通过数据发现2月12日搜索“背心”的男性用户比2月11日搜索“背心”的男性用户多了很多，这能不能说明导致2月12日突增的原因是性别差异呢？显然不能。2月12日比2月11日总体搜索“背心”异常的表现就是12日比11日搜索“背心”的用户数量要多，所以细分到某一个子类别，12日的数量比11日多也属正常。

“异常”与“正常”不同的表现，不应该在数量上，而应该在分布差异上，或者说在比例上。也就是说，如果2月12日的男女比例与2月11日的男女比例基本保持一致，那么说明性别这一属性与“异常”或“正常”无关；反之，如果2月12日的男女比例与2月11日的男女比例差异较大，就可以认为性别是导致“异常”或“正常”的重要原因了。也可以说，如果2月12日搜索“背心”的男性用户占比与2月11日的男性用户占比基本保持一致，那么说明男性用户并不是造成“异常”的主要原因；反之，如果2月12日搜索“背心”的男性用户占比比2月11日的男性用户占比大了很多，则可以说明男性用户是造成“异常”的主要原因。

上文仅以性别这一项进行了举例，多维分析过程中的每一项都应该被进行诸如此类的比较：若是离散属性，可以用卡方检验来检验“异常”与“正常”的某些属性值分布是不是一致，也可以针对某一个属性值求“异常”与“正常”的占比差或占比商；若是连续值属性，可以用 μ 检验或秩和检验的思路来判断“异常”与“正常”的某些属性是不是一致。在一个To C公司的业务中，用户的画像属性往往包含大量的业务信息，这些属性均是值得细细品鉴的。

对每个属性均进行比较后，很有可能得到引起“异常”的原因不止一个，此时可以用刚刚得到的 P 值或占比差、占比商进行简单筛选，筛选出“异常”与“正常”差异最显著的几个属性或属性值。如果说排名第一的占比差与占比商远高于排名第二的相应指标，则可以认为该属性为导致“异常”的最主要原因。

该电商网站的数据分析师通过以上分析过程，最终得出的结论是：与其他属性相比，2月12日该市空气湿度达到一个峰值，与其他日子的湿度有最为显著的不同，进而推测：相比于其他已知因素，空气湿度是影响“背心”搜索异常的最主要原因。

再来看案例2：关于“北京有多少厨师”的调查。

① 第1阶段：和谁比。

案例2是个更为开放的问题，甚至连可以用到哪些数据都没有提供，解决这个问题的第一步，是以较小的成本，获得要进行比较的数据。

要调查北京全市的厨师数量，一个接一个地统计肯定不现实，但必要的采样还是需要的。可以想到的方案是，认为全市人口密度与厨师数量呈单调的正相关关系，在不同的人口密度的小范围地区进行实地调查，建立起人口密度与厨师数量的关系函数，再推广到全市范围，将各个小范围地区的厨师数量进行累加。直接调查获得厨师数量或许会遇到一些意外情况（如：某些餐厅拒绝合作，导致一个小地区的厨师数量偏差较大），不妨先建立起人口密度与餐厅饭店的数量关系，再通过“人口密度—餐厅—厨师”的关系，推测出厨师数量。还有一个问题就是人口密度怎么获得，可以借助互联网获得一些相关资料，如可以通过某些电子地图的API接口获得住宅与总户数数据。获取这些数据的方式非常多，希望读者不要设限，尽可能地释放自己的想象力。

② 第2阶段：比什么。

可以想到利用“人口密度—餐厅—厨师”的正相关关系来建立模型，进而辅助解决该问题。在建立这些关系模型时，为了尽可能全面纳入各个因素与属性的影响，应该考虑使用多维建模。例如，考虑餐厅的规模属性（小饭店？大酒店？）、类别属性（小吃？西餐？中餐？）、服务员数量等。

③ 第3阶段：怎么比。

目的是建立“人口密度—餐厅—厨师”的关系，很容易想到用回归的思路先建立“餐厅—

厨师”的关系，再建立“人口密度—餐厅”的关系，进而传递得到“人口密度—厨师”的关系。得到这些模型后，再根据获得的全市人口密度资料，分小区域进行计算，即可对全市的厨师数量有个大概的了解。

（3）钻取分析。

钻取分析是通过分析维度关系，改变分析粒度的方式，以更加深入或者更加宏观的角度审视数据并发现规律的分析手段。

钻取分析分为向下钻取与向上钻取。向下钻取就是以更细的粒度观察数据或属性关系的方法。如分析“××公司员工普查记录表”中的离职规律，先分析各个部门的离职率，发现HR部门的离职率是最高的，然后再接着分析HR部门中，不同薪水水平的员工的离职率，这样的操作就是向下钻取，简称下钻。多维分析的重点放在罗列与扩充分析的维度，而下钻分析的重心在不断组合这些维度，在更高的维度组合层面观察数据细节。

向上钻取与向下钻取相反，是用更大的粒度观察数据或属性关系的方法。为什么要以更大的粒度观察数据？这是因为有些时候，太小的数据粒度表现的规律可能会不太直观，反而不好观察。例如，观察某商品每天的售卖数量，可能不太好发现商品售卖的时间规律，但如果我们把粒度调整到以周为单位，这样观察该商品售卖数量的粒度更大一些，时序规律有时会逐渐显示出来。又如，比较几个高中生的成绩，学科主要有语文、数学、英语、物理、化学、生物、地理、政治、历史。如果觉得学科太多，粒度太小，可以把物理、化学、生物称为理科，地理、政治、历史称为文科，经过这样的上钻分析，可以减小分析复杂度，在一定的业务场景下，也可以直接节约业务成本。

“背心”的搜索量突增这个案例中，通过多维分析已经得知，空气湿度大时比空气湿度小时用户搜索“背心”要更频繁。基于这个基础结论，进而可以分析空气湿度大时搜索“背心”的用户中男女比例与空气湿度小时的男女比例有多大差别。如果空气湿度大时，男性用户搜索“背心”的频率要更高一些，还可以继续分析空气湿度大时，不同年龄段的男性用户的搜索“背心”行为是否与空气湿度比较小的时候男性用户对应年龄段有显著不同……

钻取分析是基于多维分析的细节挖掘或维度整合，它可以深入分析数据的细节，也可以去掉一些属性干扰。钻取分析是数据分析方法中比较常用与实用的选择。

（4）多维分析与钻取分析的现实成本。

除用于商务数据分析的领域外，多维分析与钻取分析的现实意义也是值得思考与品味的。

生活中、工作中、学习中，我们常常会听到很多所谓的“成功人士”在演讲、采访、谈话等公开场合传授很多所谓的成功经验。例如，某人分享经验说：“35岁之前，你一定要学会X技能，否则这辈子你注定一事无成。”听到这样的话，作为听众的你一定要明白一件事：演讲者讲出这样的话，是基于演讲者的所见所闻的结论，并非100%正确，只要能适用于大部分人，演讲者就有勇气说出这样的话。例如，演讲者见到过35岁前学会X技能的人一共有10个，8个人后来出了名，成为一个所谓成功的人。那么演讲者说出这样的话，适用于80%的人群，演讲的效果就算是不错了。而作为听众，如果掌握了多维分析和钻取分析的思路，就更可能不会被一些令自己不适的演讲内容所困扰。例如，某人35岁并未学会X技能，他真的就会一事无成么？他这辈子就注定是那20%了么？且慢，不妨我们扩展一下维度，再向下钻取一层，发现 35 岁如果不会 X 技能，但会 Y 技能，就会有 95%的人功成名就，而这个人正好擅长这个 Y 技能，此时他是不是更应该高兴，而不是沮丧呢？有些人认识到了这点，就觉得演讲者是骗子，说得不对。如果这样的听众多次通过类似多维分析和下钻分析的方式得到了更为可靠的结论，就会觉得所有的演讲者都是骗人的。其实大家都是根据自己的经验做出的结论，互相都应该更为客观和理性做出判断，而不应该盲目听从或反驳。

类似的例子是，一个优秀的学生在传授经验时，八成会说：大家一定要多努力。因为对于一个群体来讲，整体努力往往会获得较大的收益。但对于某一个特定的同学，如果造成他成绩不佳是因为基本功底比较差，那该优秀生传授的经验就应是夯实基础知识。

有一个非常好的简化模型，称作“X 亿+M+1”。这个模型的来历是：如果要问，某国有多少人？答案应该是 X 亿+M+1。X 亿代表某国的每一个实体人，M 代表着形形色色的不同人群分类（如根据年龄阶段分为少年、青年、壮年、中年、老年；根据不同职业划分为教师、工人、农民、商人等），1 代表的是某国所有人代表的公众这个群体。而与这 X 亿+M+1 的人沟通时，面对不同的人就应该说适合这个人群的话；面对每一个人，就应该结合这个人的经历进行沟通；面对那 M 个人群，就应该了解相应人群的特点后再与其沟通；在与那 1 个人交流时，如果你和他不熟，说话就要更加小心。如果你与他非常熟，那就可以根据你与他的共同经历开启话题。了解这些后，应该清楚，每一个公开做演讲的人所说的话，可能适用的是那个“M”代表的群体或是那个“1”代表的所有人，而面对这些人说的话往往会覆盖或适用这些群体的大部分人，而不是所有人。这些话并不一定适用于自己这个单一的实体人，到底是否适用于自己，通过基于自己的经历与特性的下钻分析才能得到更准确的结论。

多维分析的精髓在于罗列可能的维度（或称作特征），而更为具体的比较和分析手段则比较直接。钻取分析着重于把这些维度进行组合，更加立体地探索数据的价值。深层次的钻取分析，有助于更清楚地认识与了解数据。

一定深度的钻取分析有助于高效认识与了解数据，但在具备深度钻取分析的条件下，也并不是人人都愿意去进行钻取分析这样的操作。这很大程度上是因为钻取分析本身是具有风险和成本的。一张具有几十、几百个字段属性的表，其排列组合的数量是非常大的，人工进行所谓的钻取分析，会消耗不少的精力。有时，即使辛辛苦苦地进行了细致的钻取分析，也不见得会得到有价值的结果。因而，面对此类困境，要进行高效的钻取分析，需要有业务需求作为指导，定向、有目标地进行钻取，投入产出比才会更可控。

细细来看，多维分析与钻取分析的场景像极了生活。所谓的数据就是生活中的大大小小的人、事、物、景，钻取（尤其指向下钻取）好比深度的思考过程，面对生活中遇到的问题、困惑、新鲜事，有些人太容易人云亦云，而缺乏适当的思考。

一些显而易见的骗局，却屡屡得手；一些花哨的营销广告，屡屡让人买下自己其实并不需要的东西；一些哗众取宠的伪科学文章，却屡屡成为众人转发的对象……稍微多考虑一些因素，更进一步思考，即可以得知真相。但有些人却懒得去这样做。思考可以让生活更加明白，就如同多维分析与钻取分析可以让数据更加清晰一样。而阻碍人们去领悟生活真相的，很多时候并非没有办法去了解生活，而是因为人们不愿意去承担多维分析与钻取分析的成本，也即——懒。

（5）钻取分析的陷阱。

既然钻取分析（尤其是下钻分析）可以有助于认清数据，是不是下钻的层次越深越好？其实不然。因为当钻取的层次越深，符合在钻取过程中的复合特征的样本也越来越少，越来越少的样本，也代表着越来越高的风险，也导致越来越不可靠的结论。

例如，采用多维分析与钻取分析来分析“××公司员工普查记录表”中的离职员工规律。整个数据集中有 10 000 条样本，先以部门为下钻维度，发现 HR 部门 29%的离职率高居榜首，此时 HR 部门的 533 条样本被抽取出来，于是得出结论：HR 部门的离职率最高。第二次下钻以薪水水平为维度，得知 HR 部门中，中等收入的离职率占 45%，排名第一，此时样本数量剩下 175 条。于是得出结论：HR 部门中的中等收入人群离职率更高。而随着样本变少，经过分析得到的结论看似正确，但这样的结论可靠的越来越少，也越来越不能适用于更为普遍的情况。而如果得到的结论不能广泛适用，这样的结论的实用价值也就大大降低了。

关于下钻分析，还有一个问题值得关注，那就是下钻的顺序。在“××公司员工普查记录表”中，分析离职员工的规律凭什么要先以部门作为下钻维度？这些维度在下钻过程中的顺序应该如何被合理决定？要决定这个顺序，在下钻的过程中，就需要有一个标准来约束。例如，要分析离职员工的规律，那每一次下钻后，理想的情况应该是离职员工与非离职员工尽可能地被区分开，区分程度最大的下钻方式应该排在整个钻取过程的前面，优先执行。如何衡量这个区分度？这些就是下文将会讲到的“决策树”中的内容了。

继续钻取，还是到此为止？ 这也是在进行比较时要考虑的问题。

钻取分析过程中另外一个常见的陷阱是辛普森悖论。虽然该现象被发现与讨论得很早，但在 1951 年 E.H.辛普森发表的论文中，才被正式阐述，也即被称为辛普森悖论。

如表 3-13 所示，商学院男生录取率为 75%，女生录取率为 49%，男生录取率大于女生录取率；法学院男生录取率 10%，女生录取率 5%，男生录取率也是大于女生录取率的。但经过上钻后，合计的男生录取率是 21%，女生录取率是 42%，女生录取率大于男生录取率。男生录取率在各项分组中大于女生录取率，但总计却小于女生录取率。这种现象就是辛普森悖论的体现。

表 3-13 某学院男女生申请与录取关系表

学院	女生申请	女生录取	女生录取率	男生申请	男生录取	男生录取率
商学院	100	49	49%	20	15	75%
法学院	20	1	5%	100	10	10%
总计	120	50	42%	120	25	21%

在向上钻取过程中，总计的录取比例在两个分组（即两个学院）的录取比例之间，更靠近哪个分组，取决于哪个分组的基数较大。男生的法学院申请基数较商学院大，总计的录取比例就更靠近法学院的 10%；女生的商学院申请基数较法学院大，总计的录取比例就更靠近商学院的 49%。一来一往之间，总计的女生录取率就大于男生录取率。

在向上钻取的过程中，要多提防比例类属性的辛普森悖论现象的产生。

3. 横着看，还是竖着看？——交叉分析与透视表

交叉分析的思想在所有对比方法中是比较特殊的。

（1）多维表。

不管是上文讲到的假设检验、多维分析还是钻取分析，还是下文要讲的相关分析、回归分析等比较方式，再或是后面章节要讲到的函数模型，数据处理格式几乎都是一维表格式。

在一张一维表中，每一行代表一条完整的记录，或者可以说是一条完整的数据；每一列代表一个字段，即一个属性。例如在“××公司员工普查记录表”中，每一行表示一个员工的各种信息，如绩效、满意度、部门、薪水水平等，而一列表示一个属性代表的所有值，如“绩效”这一字段下，就是所有员工的绩效评分。一维表的最大优点是可以容纳更多的数据，让数据存储的丰富与翔实成为可能。不管有多少个属性或是多少个样本，对于一维表来说，多一个属性就是多了一列，多一个样本就是多了一行。一维表的这种特点，使它成为当前绝大多数主流数据存储的最基本格式，针对一维表的数据处理手段与操作技术也得到最为集中与快速的发展。

交叉分析的思路挣脱了一维表结构的束缚。这种分析方法，是将一维表扩展成二维表，从而可以实现从多个角度透视数据的效果。从观察数据的角度来说，用多维表来观察数据显然更加直观，如表 3-14 所示。

表 3-14　二维表

部门	平均值项：司龄		
	High（薪水水平）	Low（薪水水平）	Medium（薪水水平）
Accounting	3.22	3.44	3.68
HR	2.91	3.26	3.50
IT	3.07	3.44	3.56
Management	5.16	3.41	4.16
Marketing	3.51	3.53	3.63
Sales	3.55	3.46	3.61
Support	3.22	3.48	3.31
Technical	3.31	3.40	3.45

从表 3-14 所示的二维表中可以推断，在一张多维表中，一个属性的所有可能值共同构成一个维度（作为对比，在一维表中，所谓的唯一的一个维度是指所有的属性，而非属性值）。值得再次强调的是，一维表中每一列代表所有样本某一属性的所有值，而在多维表中，每一个维度实质上指某一属性中的所有可能出现的值。如表 3-14 所示的二维表中，其中一个维度为“部门”的所有可能值，另一维度为“薪水”的所有可能值。对于属性值是连续数值的字段来说，为了更好观察，把这些连续数值进行离散化是必要的操作。

（2）多维数据方体。

多维表的另一个特点为“样本”的抽象化。在一维表中，每一个样本是直观的，即表中的“行”。而在一个多维表中，每一个“样本”变得抽象起来。可以把多维表想象成一个多维空间中的数据方体，方体的每一条边就代表每一个属性，边上的每一个单位均代表该属性的每一个值。如果一个一维表中只有两列，即只有两个字段，那么这个多维空间的数据方体就是一个平面的结构，也就是一个矩形。如果一个一维表中只有 3 列，也即只有 3 个字段，这个多维空间的数据方体就是如图 3-13 所示的立体结构，也就是一个方体……如果一个一维表中有 N 个列，即有 N 个字段，这个多维空间的数据方体就是一个 N 维空间中的 N 维方体结构。在这样的结构中，每一个 N 维空间中的点，均可以代表一个样本，同时，有的位置上可能不存在样本，有的位置上可能有很多样本重叠在一起（几个样本的所有字段属性值均相等，在这样的高维空间中，样本就会重合）。而为了充分显示这些重叠样本的信息，可在一个完全展开的多维数据方体中的每个“点”上标一个数字，代表该位置上的样本数量。

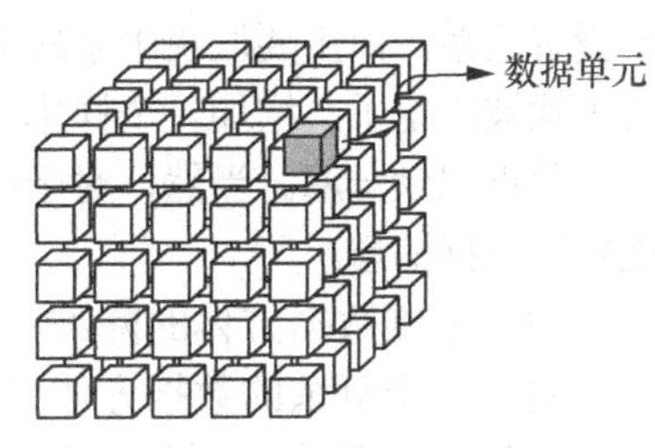

▲图 3-13　多维数据方体

以一个简单的二维表来说明数据方体的形态。

如果一个表只有两个属性 A 和 B，A 的可能取值有 A_1 和 A_2，B 的可能取值有 B_1、B_2 和 B_3，一个空二维表（空的数据方体）如表 3-15 所示。

表 3-15　属性 A 与属性 B 构成的空二维表

	B_1	B_2	B_3
A_1	0	0	0
A_2	0	0	0

如果要输入一条字段属性为［A_1, B_2］的样本，则表格形式变为如表 3-16 所示形式。

表 3-16　属性 A 与属性 B 构成的二维表中插入一条数据

	B_1	B_2	B_3
A_1	0	1	0
A_2	0	0	0

如果输入 10 000 条数据，数据形态可能表现为如表 3-17 所示的形式。

表 3-17　属性 A 与属性 B 构成的二维表中插入很多数据

	B_1	B_2	B_3
A_1	1000	2000	3000
A_2	2000	1400	600

多维表的完全展开，可透视整个数据集，数据方体的密度可以很直观地反映整个数据集的数据形态。不仅如此，相比于一维表，多维表极大地压缩了数据存储空间，表的大小与样本数量几乎没有关系，而主要取决于字段取值规模的大小，而一旦字段取值的规模被确定，表的存储大小几乎就被固定了。增加一个样本，要做的事仅是在某个位置上加 1，而不需要把该样本的每个属性全部再记录一遍。当然，对于连续属性比较多的数据集，虽然多维表压缩了存储空间，但也可能损失数据信息。

（3）多维数据方体的降维观察。

对于一个复杂的数据方体，理论上可以从各个角度来全方位观察数据。但在探索分析阶段，数据的展现对象终究还是一个活生生的人，人的眼睛对于观察三维空间的物体还是能够接受的，如果数据集的属性字段太多，数据方体的维度过多，直接观察整张多维表就不太现实。这个时候就需要对多维表降维后再进行观察。

多维表的降维，就是只选择多维表中的部分维度构造一个原数据方体的子数据方体，这些被选中的属性维度称作观察维。子数据方体中的每个“点”更加密集与紧凑，同时，这些“点”也有了多种多样的属性含义。这些属性，就是除观察维度以外的原数据方体中的其他维度，这些每个“点”的样本中包含的属性维度就称作属性维。属性维中的任何属性均可以在同样观察维的角度下进行观察。由于降维后，每个属性维代表了多个样本的多个属性值，因而在进行具体观察时，还需要确定对多个样本进行同一个属性下的聚合操作，如取和、取平均值、取最大最小值、取中位数等。

再来看看如表 3-18 所示的二维表。

表 3-18　薪水水平、部门与司龄关系的二维表

部门	平均值项：司龄		
	High（薪水水平）	Low（薪水水平）	Medium（薪水水平）
Accounting	3.22	3.44	3.68
HR	2.91	3.26	3.50
IT	3.07	3.44	3.56
Management	5.16	3.41	4.16
Marketing	3.51	3.53	3.63
Sales	3.55	3.46	3.61
Support	3.22	3.48	3.31
Technical	3.31	3.40	3.45

该二维表中的观察维就是“部门”和“薪水”，而选择的属性维就是“司龄”，选择的聚合操作方式是取平均值，这样观察到的结果是各个部门、不同薪水水平的员工的平均司龄存在的差异。

更高维的表也可以进行折叠，在平面上扩展两个以上的观察维。如表 3-19 所示。

表 3-19 薪水水平、是否晋升、部门与司龄关系的三维表

部门	是否晋升	平均值项：司龄		
		High（薪水水平）	Low（薪水水平）	Medium（薪水水平）
Accounting	0	3.06	3.41	3.67
	1	5.00	8.00	4.17
HR	0	2.93	3.26	3.41
	1	2.50	3.00	6.27
IT	0	3.07	3.44	3.57
	1		3.00	3.00
Management	0	4.87	3.42	4.07
	1	6.33	3.29	5.24
Marketing	0	3.39	3.52	3.61
	1	5.40	3.73	3.89
Sales	0	3.55	3.46	3.62
	1	3.50	3.70	3.46
Support	0	3.22	3.48	3.31
	1		3.57	3.38
Technical	0	3.32	3.39	3.45
	1	3.00	3.92	3.00

表 3-19 所示的三维表中，同样是分析司龄，但观察维有 3 个，通过在行或列并排扩展维度的方式，可以把高维表放在平面上进行观察。剩下的问题仅是分析者是想“横”着看这张表，还是“竖”着看这张表了。

有了数据方体的概念，对以下几种常用的分析操作便有了直观的认识：下钻、上钻、切片、切块、旋转。

下钻与上钻，在上文多维分析与钻取分析的部分已经介绍过它们的具体含义。以数据方体的结构来介绍，下钻和上钻就是观察维的扩充与缩减。如果把观察维规模进行扩充（即观察维变多），就是向下钻取；如果把观察维规模进行缩减（即观察维减少），就是向上钻取。

切片就是切取数据方体的一片，也就是在一个维度上观察数据方体其他各个属性的形态与规律。切块就是切取数据方体中的一个子块，也就是在多个维度上观察数据方体的其他各个属性的形态与

规律。

旋转也很好理解，就是对数据方体进行观察角度的变化，相当于把数据方体在高维空间进行旋转。以多维表的形式说明，就是把行列属性进行位置上的变化和调整，其中可以是把原来作为行的属性转换到从列的角度观察，也可以是把原来作为列的属性转换到从行的角度观察，还可以是把原来行列上的几个属性进行顺序上的调整等。

（4）交叉分析。

交叉分析就是基于以上的多维表结构和数据方体结构，由浅入深，多角度、立体地观察与比较不同字段属性，以发现属性间的一致规律、不一致规律或其他相关规律。

在交叉分析的方法中，把上文提到的多维表称作透视表。这是因为一般情况下，数据表中的属性会很多，数据分析者并不会展开一个一维表中的每一个属性，而是仅展开自己感兴趣的属性作为观察维，观察一些与业务息息相关的属性维，这样得到的结果其实是一个数据方体的切块，是一种对数据方体的透视观察。

一张透视表中的任意一个数据单元可以是一个字段属性下的取值，但如上文所述，这样的取值实际上是一些样本聚合后的结果，每个值在本质上是多个样本的某一字段属性在特定观察维下的取值集合，如表 3-20 所示。

表 3-20 薪水水平、部门与司龄关系的二维表

部门	平均值项：司龄		
	High（薪水水平）	Low（薪水水平）	Medium（薪水水平）
Accounting	3.22	3.44	3.68
HR	2.91	3.26	3.50
IT	3.07	3.44	3.56
Management	5.16	3.41	4.16
Marketing	3.51	3.53	3.63
Sales	3.55	3.46	3.61
Support	3.22	3.48	3.31
Technical	3.31	3.40	3.45

Management 部门与 High 薪水水平相交的司龄值，是所有管理岗位且薪水较高的员工的平均司龄，这 5.16 年的平均司龄是许多人的司龄集合的代表。

在对比任意几个数据单元的数值时，就涉及一个问题：这些差别是否显著？例如，Marketing 部门的 Medium 薪水水平员工与 Sales 部门的 Medium 薪水水平员工在司龄表现上是否有显著的不同？平均司龄相差 0.02 年，但这点差距究竟是否显著？此时，上文讲到的如 t 检验、μ 检验、秩和检验一类的假设检验方法就是提供概率证据的得力工具。

也可以以行或列为角度，总体评价属性维取值是否存在分布上的一致性。如，可以对比该表中 HR 部门员工与 IT 部门员工的司龄在不同薪水水平下的分布是否一致。或者找出哪些部门不同薪水水平下的司龄分布与其他大部分部门不一致，如果不一致的情况十分显著，就值得再进一步了解其中的原因。这些场景下，卡方检验则会对分布是否一致提供宝贵的参考证据。

交叉分析的意义不止于此，它更重要的意义，是让一份复杂的数据可以并行地被多角度、多立场地分模块对比与观察。在实际的业务中，不同身份的业务参与者以他们熟悉的角度和姿态，给出对同一份数据的不同解读，有助于组织里的决策者全面了解各个领域的细节与特征，分清轻重缓急，做出最为全面与明智的决策。

还是以“××公司员工普查记录表”为例，如果发现最近公司的员工离职率上升，公司的各个职能单元就会以他们擅长的领域的角度透视这份数据，给出他们分析得出的结论。例如，负责薪酬管理的人员会从薪酬的角度，选择其他一些属性作为观察维，透视观察公司的员工离职率，得到不同部门，或是不同司龄阶层，或是不同绩效评分的员工等在不同薪水水平下的离职率，并给出如“*XX* 部门低薪水水平的员工离职率最高，应该格外重视”，或“*XX* 绩效评分中等薪水水平的员工离职人数最多，应该引起重视”等结论。同样，行政人员会从部门的角度，选择其他一些属性作为观察维，将员工的离职率作为属性维，交叉分析得到引起不同部门间离职率的不同因子或离职率突出的字段属性值。工会会以满意度为切入角度，结合不同属性交叉分析离职率；人力发展相关人员会以晋升作为切入角度，结合不同属性交叉分析离职率……

每个人群都有不同的立场，每一群人都有自己的道理，哪些是主要矛盾？哪些是次要矛盾？这些都是决策者需要做出判断的。在做出这类判断时最重要的两个参考依据，一个就是假设检验可以提供的概率证据，另一个就是公司与组织的总体、长远的发展战略了。

4. 控值域，还是控规模？——秩次比较

案例：交通拥堵问题是影响城市生产与生活效率的几个非常重要的问题之一。近些年来，像“智慧城市”“城市大脑”等立足用数据的力量解决城市问题、提高生产生活效率的工程或项目，均把解决城市的拥堵问题看作不可忽视的内容。

为解决城市拥堵问题，各个解决方案的提出者面临着几乎同样的窘境：拥堵的道路在时空上来说规模太大，一个城市不同时间段内常常会有不同的道路处于拥堵状态；可以动用的资源相对较少，如局部区域的信号灯，或是效果充满不确定性的诱导屏等；提升效果不好说明，即便是一条路上的通行效率提升幅度很大，也总会有人在抱怨这条道路的拥堵，这样就不得不投入精力去解释方案是如何起作用的，加重了解释成本……

面对如此“资源有限，不足以解决所有问题”的场景，秩次比较的思路就会有较大的借鉴的意义。

（1）秩次比较。

“秩”的概念在介绍假设检验中的秩和检验中解释过，它可以被理解为名次、排名。秩次比较的核心方法，就是在分析比较某些属性或指标时，不直接比较属性或指标的绝对值大小，而比较各个样本或各个比较对象的秩次。以秩次为主要参照，对属性值或指标值的实际效果做出准确的判断。

这一比较方式几乎从每个人上学的时候开始就被见识了。每次考试结果出来后，每个班的每个人除了自己的绝对分数外，还会有一个全班的排名，这个排名的指导意义有时更甚于绝对分数。如果一个学习成绩优异的学生，大多数的考试中分数均为95分以上，而突然在某次考试中只考了80分，能说明他这次考试考砸了么？不一定。如果该学生在上次考试中考了95分，名列全班第二，因为这次考试题目难度变得特别大，虽然考了80分，但名列全班第一，那把该同学在这次考试中定义为“考得更好”是更容易被接受的。

每到像高考、研究生入学考试之类的考试，考试结果公布后，教育部门与各个学校或学院均会公布自己的入学分数线或复试资格分数线。这个分数线不会在考试前确定，会在已知每个考生的考试结果后确定，因为这个分数线其实是对学生成绩进行排序后，根据学生意愿与学校、学院的计划招生人数规模，灵活确定的一个最低分数。

（2）优先解决主要矛盾。

秩次比较给出了“虽然资源有限，不足以解决所有问题，但可以优先解决最主要的矛盾”这一指导思想。如果终极目标是解决一个城市所有道路的拥堵问题，但当前资源有限，那就先关注拥堵最严重的几条道路，基于这些道路的可以表明拥堵状态指标的变化情况（如平均车速上升比例、平均车辆延误时间下降比例、平均排队长度下降比例等）来说明方案的可行性和局限性，再进行后续方案设计；如果一个公司中存在各种影响公司效率的问题，但公司的人员和精力有限，无法在短期内解决所有的问题，那就先解决影响最严重的几个问题……

秩次比较以公司、组织、个人可以施加影响的具体资源多少为依据，以排名的方式，达到“好钢用在刀刃上”的目的。

当然，秩次比较并非只关注排名，而忽略排名背后的具体指标。秩次比较提供应该被关注的最大规模。这个规模的数据样本被选择出来，被施加影响后有多么大的改善，还是需要用指标来说明。对于城市拥堵道路治理问题，选择车辆在道路上延误时间最长的几条道路进行优化，最终可以取得什么样的效果，还是要落脚到这几条道路的车辆延误时间减少的程度上。

以哪些属性来取秩次，也是在秩次比较时要考虑的问题。还是以城市道路拥堵治理为例，如果选择了车辆在道路上延误时间最长的几条道路进行优化，这看似合理，但在城市交通的管理者看来，如果这些道路仅是一些乡间小路或是车流量非常小的道路，即使优化效果非常好，实际的受益人群也并不大。在秩次比较时，应该把流量与延误时间统一起来，必要时还应该考虑可以预估的单位车辆改善效果。

通过秩次选择的样本范围，应该具备较强的整体代表性，能代表整体的程度越大，秩次选择就越为合理。一个城市中有100条道路，可以通过延误时间选择10条道路，这10条道路所有车辆的总体延误时间和占所有道路车辆延误时间和的30%；也可以通过路口排列长度选择10条道路，这10条道路的车辆排队长度和占所有道路车辆排队长度和的20%。那么以延误时间取秩就比以排队长度取秩更具备整体代表性。国内某云服务提供商常说，在国内，自己领域内的市场占比已经超过了第二名到第五名的和。这就是一种通过秩次与秩次代表性全面展示该厂商实力的生动说明。

“××公司员工普查记录表”中怎么体现秩次比较的存在感呢？其实这也很明显。公司每年的优秀员工评选，就是对员工绩效、价值观等因素的综合打分，然后排序选择。

秩次可以让分析工作中的样本数值增添样本总体的信息，让一个数值更加立体，也让“规模”的概念得到进一步丰富。

5. 比数值，还是看相关？——相关分析

在与数学有关的理论中，相关和相关分析的概念是有比较严格的定义的。但在生活中，或是在各种业务场景下，“相关”这个词常常出现，似乎这也是一个“大家都知道它是什么意思，却又说不出它的含义”的词语。本书中，“相关分析”是比较广义的概念，泛指在数据分析、挖掘建模等数据科学相关业务场景下和相关生活场景中的所有“相关”的对比方式。本节案例以“××公司员工普查记录表”为主，如表 3-21 所示，为方便阅读，复制样本表格在此。

表 3-21 “××公司员工普查记录表”

满意度	绩效评分	项目数	平均每月工时	司龄	是否有过工作事故	最近是否离职	最近是否有过晋升	部门	薪水水平
0.79	0.7	4	96	4	0	0	0	Marketing	Medium
0.34	0.7	5	120	2	1	0	0	IT	Low
0.15	1	2	108	2	0	0	0	Sales	High
0.48	0.4	3	100	3	0	0	0	Support	Low
0.91	0.8	4	96	4	0	0	1	IT	Medium
0.5	0.6	4	98	3	0	0	0	Sales	Low
0.91	0.6	6	97	4	0	0	0	Sales	Low
0.33	1	5	99	3	0	0	0	Support	Medium
0.4	0.5	4	105	2	1	1	0	IT	Low

（1）连续属性之间的相关分析。

① 皮尔孙相关系数。

如果说两个连续属性存在相关关系，比如“××公司员工普查记录表”中的“平均每月工时”（简称“工时”）和“绩效评分”（简称“绩效”）相关，其表现为，如果“工时”值很大，那对应“绩效”的统计值也很大；如果“工时”值很小，那对应“绩效”的统计值也很小。在定义“很大”或“很小”时，需要一个参照，平均值很自然地就成了这个参照。于是，以下这个公式就可以被用来直接地衡量两个连续属性值的相关性大小：

$$E[(X-E(X))(Y-E(Y))]$$

X 代表所有样本的其中一个属性字段，Y 代表所有样本的另外一个属性字段，$E(X)$表示对 X 属性取平均值，$E(Y)$表示对 Y 属性取平均值，$E[(X-E(X))(Y-E(Y))]$就是对 $X-E(X)$和 $X-E(Y)$的

乘积取平均值。若 X 属性比较大（或比较小）的值与 Y 属性比较大（或比较小）的值对应得比较好，最终的结果就会比较大；反之，如果 X 属性比较大（或比较小）的值与 Y 属性比较小（或比较大）的值对应较好，最终的结果就会为负值，得到的数值就比较小；如果 X 属性的大小关系与 Y 属性的大小关系对应关系不明显，则该值接近于 0。

$E[(X-E(X))(Y-E(Y))]$经过变换，可以表示为$E(XY)-E(X)E(Y)$，两者是等效的，被称作协方差。协方差最原始的作用，是衡量两个变量的总体误差，后来也被用于衡量两个变量的直接相关关系。该值为正，X 值相对于平均值较大或较小时，Y 值也对应着较大或较小，X 与 Y 的关系记为正相关；该值为负，X 值相对于平均值较大或较小时，Y 值对应着较小或较大，X 与 Y 的关系记为负相关；该值接近于 0，X 值相对于平均值较大或较小时，Y 值并无明显的大小对应关系，记为零相关。

协方差虽然可以衡量相关性大小，但由于属性量纲的存在,以及属性值大小范围不确定，协方差的数值大小在直接比较的两个属性之间是有意义的，但若在多个属性的两两比较得到多个协方差，而多个协方差之间的比较是没有意义的。于是，一个更加统一的解决方案——又名“归一化的协方差”的皮尔孙（Pearson）相关系数——就可以“大显身手”了。

$$\rho_{XY}=\frac{E[(X-E(X))(Y-E(Y))]}{\sigma_X\sigma_Y}$$

以上为皮尔孙相关系数的计算公式，σ_X 和 σ_Y 代表 X 与 Y 各自的标准差。皮尔孙相关系数将“相关”定义在-1～1，相关系数越接近 1，则两属性的正相关性越强；相关系数越接近-1，则两属性的负相关性越强；相关系数越接近 0，则两属性的相关性越弱。

皮尔孙相关系数用在实际的业务场景中常以 0.2 为间隔进行分箱，以定义相关强度。$|\rho_{XY}|$在 0.8～1.0 内称为极强相关；在 0.6～0.8 内称为强相关；在 0.4～0.6 内称为中等程度相关；在 0.2～0.4 内称为弱相关；在 0.0～0.2 内称为极弱相关或无相关。

在“××公司员工普查记录表”中，“工时”与“绩效”的皮尔孙相关系数为 0.35，属于弱的正相关。说明“工时越长的员工，绩效就越高”或是“绩效越高的员工，工时就越长”这两种说法并没有太大的数据支持。

② 斯皮尔曼等级相关系数。

皮尔孙相关系数的大小与每个样本的属性值有关，是一种参数指标。而斯皮尔曼（Spearman）等级相关系数是非参数指标，它只与每个样本的属性值的秩次（排序序号）有关，而与属性值本身无关。换言之，如果一个样本的某个属性值有变动，只要没影响到它的秩次大小，斯皮尔曼等级相关系数也就不会发生改变。

斯皮尔曼等级相关系数的数学公式如下。

$$\rho=1-\frac{6\sum d_i^2}{n(n^2-1)}$$

其中 d_i 代表两组字段对应属性值的秩次差，n 代表样本数量。

举例来说，“××公司员工普查记录表”中取出 9 个样本的“平均每月工时”与“绩效评分”，如表 3-22 所示。

表 3-22 工时与绩效关系（部分）

绩效评分	平均每月工时
0.7	96
0.9	116
1	108
0.4	111
0.8	100
0.6	98
0.2	99
0.3	103
0.5	97

计算各个字段属性的秩次与秩次差，得到如表 3-23 所示的工时与绩效秩次关系。

表 3-23 工时与绩效秩次关系

绩效秩次	工时秩次	秩次差（绩效秩次-工时秩次）
6	1	5
8	9	−1
9	7	2
3	8	−5
7	5	2
5	3	2
1	4	−3
2	6	−4
4	2	2

这 9 个样本绩效与工时的斯皮尔曼等级相关系数为：

$$\rho = 1 - \frac{6 \times [5^2 + (-1)^2 + 2^2 + (-5)^2 + 2^2 + 2^2 + (-3)^2 + (-4)^2 + 2^2]}{9 \times (9^2 - 1)} = 0.23$$

斯皮尔曼等级相关系数的取值范围也是−1～1。虽然说在定义方式上斯皮尔曼等级相关系数与皮尔孙相关系数不同，但在使用方法上，二者并无明显的差异。

斯皮尔曼等级相关系数可以避免皮尔孙相关系数在计算过程中，可能由于个别过于大的或者过于小的异常数值对整体相关系数结果产生的误导性影响，是非参数思路确定相关系数的一种常见方法。

③ 肯德尔相关系数。

另一种非参数思想确定的相关系数方法是肯德尔（Kendall）相关系数。

肯德尔相关系数的定义如下：两组字段属性，其中一个字段属性值按秩次排序（即升序），另一个字段属性值的秩次排序是乱序。此时，对另外一个字段的各属性值两两进行秩次判断：如果秩次排序为升序，则记为同序对；如果秩次排序为降序，则记为异序对。最终，同序对数量和异序对数量之差与总对数的比值即为肯德尔相关系数。

同样以“××公司员工普查记录表”中的 9 个样本的工时与绩效数据为例，按照绩效秩次排序后，结果如表 3-24 所示。

表 3-24 绩效与工时贡献同序对关系

绩效秩次	工时秩次	贡献同序对
1	4	5
2	6	3
3	8	1
4	2	4
5	3	3
6	1	3
7	5	2
8	9	0
9	7	0

共 9 个样本，两两可对比的样本对数量为 9×(9−1)/2=36 对。按照绩效秩次排序后，绩效秩次为 1 的样本与其他 8 个样本进行工时秩次的比较，共可获得 5 个同序对（分别为 4—6，4—8，4—5，4—9，4—7）；绩效秩次为 2 的样本因为已经与秩次为 1 的样本进行了比较，所以它只需要和余下 7 个样本比较即可，可以获得 3 个同序对（分别为 6—8，6—9，6—7）……依此类推得到上表。同序对一共为 5+3+1+4+3+3+2+0+0=21，异序对共有 36−21=15 对，所以肯德尔相关系数即为(21−15)/36=0.17。

与皮尔孙相关系数、斯皮尔曼等级相关系数一样，肯德尔相关系数取值范围同样是−1～1，接近−1 代表负相关，接近 1 代表正相关，接近 0 代表零相关。

拿一般性的经验来讲，如果连续值属性基本上满足正态分布，或是取值集合中的相同值较少并且没有偏离明显的“异常值”，皮尔孙相关系数具备相对更好的优越性；如果要对比的两个字段均为定序尺度衡量的属性，抑或连续属性值的分布较异常或有个别离群的“异常值”，斯皮尔曼等级相关系数或许是个不错的选择；如果要对比的两个字段有一个为定序尺度衡量的属性，另一个是连续属性，抑或连续属性值的分布较为怪异或存在个别离群的“异常值”，肯德尔相关系数就可以派上用场了。

（2）离散属性之间的相关分析。

① 基于卡方检验的相关分析。

从上文的分析中可以看出，面对定序尺度衡量的离散属性，斯皮尔曼等级相关系数或肯德尔相关系数也可以有比较好的衡量相关性的效果。但是面对像定类尺度衡量的字段属性，若要衡量其属性间的相关性大小，就需要另想办法了。

如果两个字段均为定类尺度衡量的属性或是一个字段为定类尺度衡量、另一个字段为定序尺度衡量，评价它们的相关性可以从属性值的分布特征“做文章”。比如“××公司员工普查记录表”中的“最近是否晋升”（简称“晋升”）和“薪水水平”相关，如果 “晋升”与“薪水水平”有较强的相关关系，那么晋升员工的薪水水平分布与非晋升员工的薪水水平分布应该有比较显著的不同。

如何判定这种离散属性值分布差异呢？在“假设检验”这一节讲到的卡方检验，就是一种可行的解决方案。虽说卡方检验大多用来衡量观察分布与理论分布的差异大小，但引申到检验两个离散属性值的分布差异是否显著，也是有同样的统计理论基础的。这类作用恰好可以用于对离散属性分布的差异衡量。“晋升”与“薪水水平”有较强的相关关系，意味着晋升员工的薪水水平分布与非晋升员工的薪水水平分布差异显著，卡方检验的卡方值较大，p 值较小；“晋升”与“薪水水平”有较弱的相关关系（即薪水水平与晋升与否没有关系，或晋升与否与薪水水平没有关系），意味着晋升员工的薪水水平分布与非晋升员工的薪水水平分布大致一致，卡方检验的卡方值就会较小，p 值较大。

② 基于熵思想的相关分析。

利用信息熵的思想，是进行离散属性相关分析的又一个方法。在了解具体的方法之前，几个重要的概念还是需要先明确一下的。

- 自信息：$I(x)=-\log_n p(x)$，$p(x)$代表一个事件发生的概率，log 代表取对数操作，如果为 2，那么自信息的单位就是 bit。可以看到，$p(x)$的取值范围为 0～1，取对数计算后是小于等于 0 的值，再加负号取相反数，得到自信息是大于等于 0 的；同时也可以看到，发生概率越小的事，自信息量是越大的。

- 熵：熵的定义为$H(X)=-\sum p(x)\log_n p(x)$，是一组关联事件的加权平均自信息，是不确定性的综合衡量。如果一个事件发生的概率是 $p(x)$，该事件不发生（一个事件不发生也可以视作另一个事件）的概率是 $1-p(x)$，这组关联事件的熵就是$-[p(x)\log_n p(x)+(1-p(x))\log_n(1-p(x))]$。如果一个事件发生的概率是 0.5，该事件不发生的概率为 1-0.5=0.5，代入公式计算其熵为 1 bit；如果一个事件发生的概率是 1，该事件不发生的概率即为 0，代入公式计算其熵为 0 bit；如果一个事件发生的概率是 0，该事件不发生的概率即为 1，代入公式计算其熵为 0 bit。对于多个关联事件（即这些事件发生的概率和为 1），当其中一个事件发生的概率是 1，其他事件发生的概率是 0，熵会取到最小值 0 bit，表示不确定性最小；当每个事件发生的概率是平均的（即 M 个关联事件中每个事件发生的概率为 $1/M$），熵会取到最大值（$M\log_n M$），表示不确定性最大。

基于熵的思想衡量离散属性，可以用每个属性值的样本占比表示该属性值的概率，于是每个属性都有自己的熵。此时，如果一个属性 X 与另一个属性 Y 有较强的相关关系，意味着如

果以 X 各个属性值为依据，重新切分 Y，各分组内的属性 Y 的熵，在加权求和后会有较大的变化（事实上，熵只会减少）；如果属性 X 与属性 Y 没有强的相关关系，意味着以 X 各个属性值为依据，重新切分 Y，各分组内的属性 Y 的熵，加权求和后不会有太大变化。

举例来说，如果有 10 个样本，其晋升与薪水水平数据如表 3-25 所示。

表 3-25　晋升与薪水水平数据

晋升	薪水水平
1	Medium
0	Medium
0	Low
0	Low
0	Medium
1	High
1	Medium
0	Low
0	Medium
1	High

“晋升”这一字段属性的熵为 $-[0.4\times\log_2(0.4)+0.6\times\log_2(0.6)]=0.97$ bit，“薪水水平”这一字段属性的熵为 $-[0.3\times\log_2(0.3)+0.5\times\log_2(0.5)+0.2\times\log_2(0.2)]=1.49$bit。如果以是否晋升的角度来分析薪水的熵的变化情况，晋升员工一共 4 位，占所有员工的 40%，这 6 个员工的薪水水平两个是Medium，两个是High，所以晋升员工的薪水熵是 $-[2/4\times\log_2(2/4)+2/4\log_2(2/4)]=1$bit，加权熵为 40%×1bit=0.4bit；非晋升的员工一共 6 位，占所有员工的 60%，这 6 个员工的薪水水平中有 3 个是 Medium，另 3 个是 Low，所以非晋升员工的薪水熵是 $-[3/6\log_2(3/6)+3/6\log_2(3/6)]=1$bit，加权熵为 0.6bit。根据晋升情况分组后，薪水水平的加权熵的和是 0.4bit+0.6bit=1bit，相比于未根据晋升与否分组时的薪水水平熵 1.49bit 来说，减少了 0.49bit。可以直接用减少的 0.49bit 作为依据判断晋升与否和薪水水平的相关性，也可以用熵的综合变化率（即 $0.49/\sqrt{0.97\times1.49}=0.41$）来衡量晋升与否和薪水水平的相关性。不管使用了哪个值，只要该值是较小的，即可以说明晋升与否和薪水水平的相关性较弱，如果该值较大，则晋升与否和薪水水平的相关性较强。

如果把晋升与否这组事件统一记为 X，薪水水平所有可能取值的这组事件记为 Y，则“晋升”属性的熵记为 $H(X)$，“薪水水平”属性的熵记为 $H(Y)$。根据晋升与否对薪水水平的值进行分组后（即以晋升为作条件，对薪水水平进行计算），求得的熵的加权和（1 bit）则为 $H(Y|X)$，该计算过程得到的值被称为条件熵。得到分组前后薪水水平的熵的差（0.49 bit）被称为互信息，被记为 $I(X,Y)$，表示 X 对 Y 施加影响后，Y 信息的减少量。同时，该值与“Y 对 X 施加影响后，

X信息的减少量”是一致的，即 $H(X)-H(X|Y)=H(Y)-H(Y|X)=I(X,Y)$。

（3）连续属性与离散属性之间的相关分析。

如果离散属性是定序的，那么就可以选择肯德尔相关系数进行相关性大小的衡量。如果离散属性是定类的，各个属性值之间并无大小之分，就得另想办法了。

关于连续属性与离散属性的相关性，可以这么理解：如果一个离散属性与一个连续属性有较强的相关性，那么意味着，两个不同离散属性值对应的连续值集合应该尽可能不同（可能是均值不同，也可能是分布不同）。对比两个连续值集合是否一致，同样在“假设检验”的内容中介绍过几种方法。考虑到对不同离散属性值进行连续属性值的分组后，连续属性数值数量多少不确定，同时连续数值分布的不确定性较大，所以使用限制更少、“兼容性”更好的秩和检验会更受青睐。

如果离散属性的取值有 N 个，对应的连续属性值的集合就有 N 个。N 个连续值集合两两之间进行秩和检验，就会有 $N(N-1)/2$ 次对比。其中有显著差异的检验结果如果有 M 对，那就可以用 $\frac{M}{N(N-1)/2}$ 来表征离散属性与连续属性的相关性强弱。如果该值接近于 1，则表示两属性的相关性较强；如果该值接近于 0，则表示两属性的相关性较弱。

举例来说，根据全部 10 000 条样本分析各个部门与满意度之间的相关性大小，先按照“部门”可能的 8 个取值（IT、Support、Sales、Marketing、Accounting、Management、Technology、HR）对满意度进行分组，可以分成 8 组。这 8 组数据两两之间进行秩和检验，共进行 $8\times(8-1)/2=28$ 次试验，其中有 6 次试验的满意度有显著的差异，则“部门”与“满意度”的相关指数为 $6/28\approx0.21$，如表 3-26 所示。

表 3-26　满意度与部门数据（部分）

满意度	部门
0.24	Marketing
0.49	IT
0.81	Sales
0.67	Support
0.60	IT
0.33	Sales
0.45	Sales
0.21	Support
0.91	IT

与定类尺度衡量的属性有关的相关性衡量方法，其相关性大小的取值范围常常为 0~1。不

同相关性衡量方法之间能否等效进行比较，这需要根据实际的业务场景做出判断。

（4）时序相关。

时序相关是相关分析的一个特例。

时间，是许许多多的业务场景都要考虑的重要因素。一个时变属性（即随着时间推移而变化的属性），随着时间推移，属性值就会留下一串的时序记录。把这些属性值进行前后时移，相当于形成一连串新的属性值记录，把时移前后属性值序列根据以上讲过的相关性衡量方法进行计算，可以得到一个属性值在不同时移单位下的相关性强弱，这常被称为自相关（严格意义上的自相关仅指：对时序序列数值，使用皮尔孙相关系数计算方法得到的相关系数值）。例如，某气象站记录了某日6时—7时每隔1分钟的温度值，将这些数值与前一日6时—7时每隔1分钟的温度值进行相关系数计算，得到的相关系数较大，即意味着气温这一属性有较强的时序相关性。自相关常用于某一特定属性的周期性规律发现、时间因果关系发现等。

不同的属性，其各自的属性值时序记录，在不同的时移条件下也可以被用来计算相关性的强弱，这常被称为互相关（同样，严格意义上的互相关仅指对不同属性的时序数值基于皮尔孙相关系数计算方法得到的相关系数值）。互相关的思路与方法，以跨时空的角度，可以帮助分析者更加立体地发现更为广阔的现实规律。例如，某些调查发现，M月某地气温升高，N个月后另一地的蝗虫数量就会上升；某小型电商平台发现，计算机销售量出现波动，过一段时间鼠标与键盘的销售量也会跟着计算机销量波动的趋势出现同样的波动趋势；某社会调查机构发现，经济指数发生下降，一段时间后，口红的销量逆势增长……这些均是基于互相关而得的现实价值。

（5）“强相关”不等于“因果”。

在很多生产生活场景中，强相关常常会引起关于“因果”的判断，很多判断乍看上去感觉还挺有道理。但事实上，如果没有其他关键前提或条件加入，从强相关性是不能直接得到因果关系的。举例来说，“××公司员工普查记录表”中，如果得到员工的每月工作时长与绩效有强相关关系，能得到什么结论？是工作时长越久的员工绩效就越高，还是绩效越高的员工更喜欢更长时间的工作？如果员工的“晋升与否”和“是否发生事故”有较强的负相关关系，是员工晋升导致了工作事故较少，还是工作事故少的人越容易得到晋升？在没有其他信息支持的条件下，以上哪个问题都不能明确地回答是对还是错。

可见，因果关系可能会造成强相关，但“强相关”并不一定是因果关系造成的。造成“强相关”的原因有很多，例如，如果事件A会导致事件B的发生（即A与B是因果关系，A为因，B为果），同时事件A会导致事件C的发生，那么B和C的某些属性就很有可能有较强的相关性。某地警局发现，一旦该地冰激凌销量上涨，犯罪率也会跟着上升，二者表现出极强的相关性。为了降低犯罪率，就应该禁止冰激凌的销售么？这听起来也不知道是好笑，还是神奇。最终得到的真相是：随着夏天到来，温度升高，导致冰激凌销售上升；白昼时间变长，人们的生产生活活动范围变大，时间也变长，犯罪活动较其他时节显得更加频繁。

关于“强相关”不等于“因果”，历史上有一场非常著名的争论，即吸烟究竟会不会导致肺癌？生物与医学研究者坚定认为吸烟是导致肺癌的重要原因，并以大量的实验数据，得出的极为显著的统计结果作为证据。但大量烟草厂商却以“强相关”不等于“因果”为由，始终坚持没有证据可以证明吸烟会导致肺癌。直到后来，生物与医学研究者在一个重要的实验中发现：烟草焦油中的一种致癌物——苯并芘。这才让“吸烟是导致肺癌发生的重要原因”的论点得到更为有力的支持。

（6）因果关系。

如何从相关关系中提炼出因果关系？这就需要在除相关关系以外，再找出一些有说服力的支撑。时间先后顺序就是一个有力支持：如果样本的属性 A，在时延 T（$T>0$）后与属性 B 的相关程度达到最大，就更有理由去相信属性 A 是因，属性 B 是果。更全面地，可以借助格兰杰因果定义来确定因果关系。

在时间序列情形下，两个字段属性 A、B 之间的格兰杰因果关系定义为：在同时包含 A、B 的过去信息的条件下对字段属性 B 的建模预测效果，强于单独由字段属性 B 的过去信息对 B 进行的建模预测效果，即字段属性 A 有助于解释字段属性 B 的将来变化，则认为属性 A 是引起属性 B 的格兰杰原因。

格兰杰因果关系的大小可以用两种情形下的预测误差来衡量。设只基于属性 B 的历史信息对属性 B 做出预测的均方误差是 σ_B^2，基于属性 A、B 的历史信息做出对属性 B 的预测均方误差是 σ_{AB}^2，则因果系数 $\rho_{A\to B}=1-\frac{\sigma_{AB}^2}{\sigma_B^2}$。该值越接近 1，$A\to B$ 的因果性就越强；该值越小，$A\to B$ 的因果性就越弱。

需要注意的是，进行格兰杰因果关系检验的一个前提条件是时间序列必须具有平稳性，否则可能会出现虚假回归问题。因此在进行格兰杰因果关系检验之前首先应对各指标时间序列的平稳性进行单位根检验。关于平稳性与平稳性检验，感兴趣的读者可以自行查阅相关资料学习。

6. 几个点，还是一条线？——回归探索

很多时候在研究业务问题时，人们总喜欢把与业务相关的属性、因子或是特征等称作变量。“变量”这个词在数学或计算机科学中出现得比较多，但人们发现，如果把变量研究的思想引入复杂业务问题的处理与求解过程，会在极大简化对问题的认识的同时，达到不错的业务效果。例如，某社交网络平台，对各个用户“最喜欢什么样的聊天话题”感兴趣，就可以把“用户最喜欢的聊天话题”当作一个（或几个）变量，而把用户在该社交平台的各种行为（如用户对各个话题内容的驻留时间、用户关注的各个话题的内容数量、用户对各个话题是否有评论留言等）也归纳为一些变量。那对于研究用户“最喜欢什么样的聊天话题”这一业务问题，就转化成研究一些变量之间关系的问题了。一旦把问题转换成研究变量间的关系，数据科学及数据科学的基础理论知识（如数学等）就可以“大显身手”了。

在研究问题时，有一些变量是可以轻易获得的，或是容易被观察到的，它们被视作不被约束的自由变化的变量，这些变量就被称作自变量。还有一些变量，它们不会被轻易获得，或是很难被观察到，这些变量常常来自业务要解决的复杂问题，它们虽然也在变化，但并不被视作没有约束的自由变化，而是被当作因其他变量（自变量）的变化而发生变化的变量，它们被称作因变量。

回归分析就是研究自变量和因变量之间数量变化关系的一种分析方法。它主要是通过建立

因变量与影响它的自变量之间的变换关系，衡量自变量对因变量的影响能力，进而可以对这些不易获得或是不好观察的因变量进行估计与预测。

在刚刚说到的社交网络平台研究“用户最喜欢的聊天话题”这个业务问题中，“用户最喜欢的聊天话题”这个变量就是因变量，各种用户行为就是自变量，回归分析的目的，就是建立从自变量到因变量的尽可能切合实际的映射关系，从而在已知用户行为的情况下，对用户喜欢什么样的聊天话题及时感知，以便提供给用户更为优质的体验。

本章介绍回归分析是带有探索性质的，是以让人了解数据为目的的。在“建模”这一章中还会介绍到回归，并且会介绍更多如何以回归的方式让数据驱动解决问题的思路与方法。

（1）相关与回归。

回归分析与上一节讲到的相关分析是有着一定的相似性的，它们均为研究两个或两个以上变量的关系的方法。但它们也有着比较明显的区别，具体表现如下。

① 相关分析研究的对象均是自由变量，并不区分因变量和自变量；回归分析研究的变量要根据业务场景定义自变量和因变量。

② 相关分析主要是描述两个变量的相关关系的密切程度，并不涉及变量与变量间的映射计算过程；回归分析会着重关注自变量对因变量的作用，并试图建立从自变量到因变量最佳映射关系。

在很多时候，业务上会使用相关分析的方法选择与业务目标（常以“因变量”的形式存在）“相关”的变量作为自变量，再用回归分析的方法进一步建立这些自变量到因变量的最佳映射方式，对业务目标进行低成本的观察估计或可靠预测。

根据回归用到的数学模型的不同，回归分析的方法可以分为线性回归和非线性回归。其中，线性回归是被广泛使用的、简单高效且更容易被人理解的回归方法。

（2）线性回归。

设自变量为 x_1，x_2，x_3，…，x_n，因变量为 y，线性回归的目的是建立从 x 到 y 的如下关系。

$$y = a_1x_1 + a_2x_2 + a_3x_3 + \cdots + a_nx_n + b_0 + e$$

其中 a_1，a_2，…，a_n 被称为回归系数，b_0 被称为截距，e 为误差。对于数量很多的数据样本来说，就会有很多的 x 取值和对应的 y 取值（一个样本对应一组 x 和一个 y），所有的数据样本共享 a_1，a_2，…，a_n 和 b_0，我们把这些样本共享的决定回归结果的数值称作参数。每个样本在进行 $a_1x_1+a_2x_2+a_3x_3+\cdots+a_nx_n+b_0$ 的计算过后，会得到一个回归值，记为 $\hat{y}$。e 就是 y 与 $\hat{y}$ 的差值，每个样本确定一组 x 变量后，可以计算得到 $\hat{y}$，y 与 $\hat{y}$ 求差，就会得到每一个样本独自的 e，因而 e 不是各个模本共享的，而是每一个样本在每次计算后均会得到一个 e。回归是建立由 x 到 y 的尽可能接近的映射关系，这个过程就是调整参数 $a_1,a_2,\cdots,a_n$ 和 b_0，以达到使总体的误差水平最小的过程。

衡量总体误差水平就是衡量所有样本 e 的综合误差水平。很多衡量误差水平的标准会被提起，比较直接的方式，通过调整参数大小，使 $\sum|e|$ 达到最小。这种思路简单直接，稍有些复

杂之处（尤其是在计算机数值计算还未大面积普及之前）就是绝对值符号的引用，让求导过程显得略微有些麻烦。更为普遍的标准，是通过调整参数的大小，使 $\sum e^2$ 达到最小。

确定了回归要达到的目标，接下来最重要的问题就是如何确定这些参数值的大小了。

不管以哪种总体误差评价作为标准，让总体误差达到最小是有一套成熟的方法论的，这些方法大多隶属数学中的最优化理论。其中包括非常常见的数值方法，如经典的梯度下降法，把总体误差的评价标准作为目标函数，通过对参数求梯度（导数）的方式，沿梯度下降的方向一步一步接近目标函数的极小值，目标函数达到极小值时的参数值，即为回归模型的公式中最终确定的参数值。当然也包括符号计算方法，如把误差标准定为使 $\sum e^2$ 达到最小，通过数学符号推导过程进行求解最优参数的方法，被称作最小二乘法。

线性回归问题是各种回归问题中的子问题，因而基于最优化理论的确定参数的方法毫无疑问是适用于线性回归问题的。如果线性回归问题中的所有参数用向量 $\boldsymbol{\beta}$ 来表示，基于最小二乘法，可以将线性回归的参数计算总结成如下矩阵公式。

$$\boldsymbol{\beta} = (\boldsymbol{X}^{\mathrm{T}}\boldsymbol{X})^{-1}\boldsymbol{X}^{\mathrm{T}}y$$

$\boldsymbol{X}$ 为所有样本的特征表示的矩阵，y 为所有的样本对应的观察真值。

（3）回归效果评价。

以一元回归为例，如果样本散点如图 3-14 所示，图中所画出的直线就会是一条可以令人接受的回归曲线（直线是曲线的特例）。

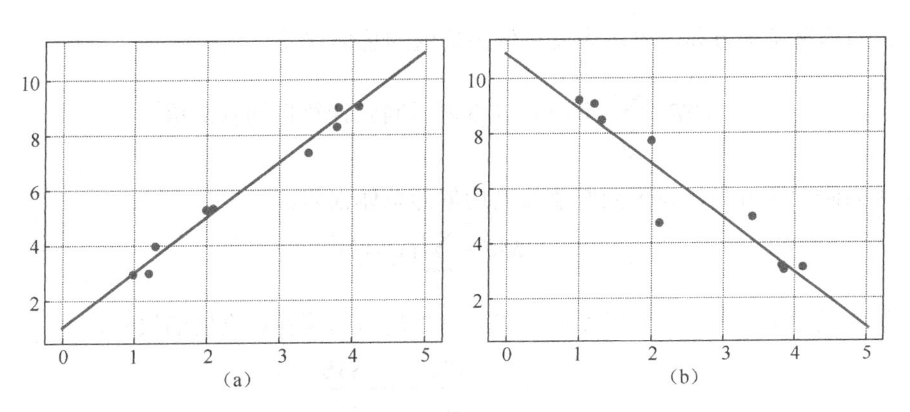

▲图 3-14　线性回归示意图

但如果样本散点如图 3-15 所示，样本观察值显得杂乱无章，但通过线性回归确定参数的方法，依然可以确定出一条曲线实现“回归”效果。显然，这样的回归效果是比较差的。那如何评价回归效果呢？

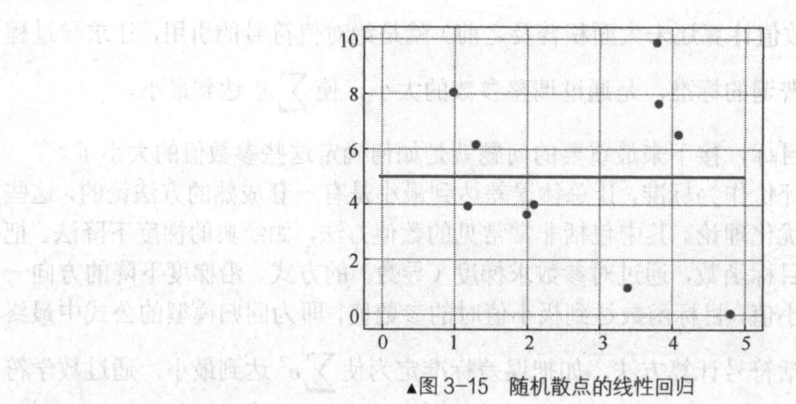

▲图 3-15　随机散点的线性回归

以回归时采用的最小误差的衡量标准可以评价回归效果。但最小误差经计算后得到的仅是一个没有上界的数值，如果没有一个合适的参考，这个值是没有实际意义的。

决定系数（常用 R^2 表示）是被广泛使用的评价回归效果的表征。

明确如下一些定义：

$$\overline{y}=\frac{1}{n}\sum_{i=1}^{n}y_i$$

$\overline{y}$ 表示所有因变量的平均值。

$$SST=\sum_{i}(y_i-\overline{y})^2$$

SST 称为总离差平方和，表示因变量偏离均值的总体误差。

$$SSR=\sum_{i}(\hat{y}-\overline{y})^2$$（$\hat{y}$ 表示回归计算后的预测值）

SSR 称为回归平方和，表示回归值偏离均值的总体误差。

$$SSE=\sum_{i}(y_i-\hat{y})^2$$

SSE 称为残差平方和，表示经回归计算后得到的值与因变量真值的误差大小。

$$R^2=\frac{SSR}{SST}=1-\frac{SSE}{SST}$$

如果回归计算后得到的误差（SSE）相比于因变量总体的偏离程度（SST）小，回归系数就接近于 1，这也意味着回归值与因变量真值比较接近，可以认为这样的回归效果相对较好（也称拟合优度较好）；如果回归计算后得到的误差相比于因变量总体的偏离程度大，回归系数就接近于 0，这也意味着回归值与因变量真值相差较远，这样的回归效果就比较差（也称拟合优度较差）。

图 3-14 所示的，拟合的曲线逼近了所有散点的均值 $\bar{y}$，在计算决定系数 R^2 时，SSE 接近 SST，R^2 接近 0，因而可以认为这样的回归效果是比较差的。

在多元线性回归问题中，由于自变量数量增加，直接使用决定系数 R^2 得到的值会随着自变量数量的增加而不断变大，拟合优度的判别度会降低。此时常用校正的决定系数来代替决定系数对拟合优度进行判定。校正的决定系数形式如下。

$$R^2{}_{\text{adjust}} = 1 - \frac{SSE/(n-k-1)}{SST/(n-1)}$$

其中 n 代表样本数量，k 代表自变量的数量。

（4）线性回归的一致性检验。

决定系数 R^2 和校正的决定系数 R^2_{adjust} 以得到的回归模型出发，检验它与因变量真值的贴近效果。另外一种检验因变量真值与自变量线性关系的方式，在从假设检验的角度，判断因变量真值与模型回归值的线性关系的显著性。

基于假设检验的方法检验自变量与因变量的线性显著关系可以分两个阶段进行。

第一阶段为从总体的角度，检验因变量真值与某些自变量间是否存在线性关系。即：

$$y = a_1x_1 + a_2x_2 + a_3x_3 + \cdots + a_nx_n + b_0 + e$$

中所有的 a_i 是否不全为 0。极端情况下，如果所有的参数 a_i 均为 0，则表示自变量 y 与任何一个 x_i 均不存在线性关系。

这一阶段的原假设 H_0 为 $a_1 = a_2 = a_3 = \cdots = a_n = 0$；备择假设 H_1 为 a_i（i=1，2，3，…，n）不全为 0。

这一阶段用到的检验方法是 F 检验，统计检验量为 $F = \dfrac{SSR/k}{SSE/(n-k-1)}$，服从自由度$(k,n-k-1)$的 F 分布。

根据设定的显著性水平 a，如果接受原假设 H_0，则认为因变量 y 与任何一个自变量之间不存在线性关系；如果接受了备择假设 H_1，则认为因变量 y 与某一个或某几个自变量之间存在线性关系。

第一阶段是验证因变量与自变量集合是否存在线性关系。第二阶段则是检验每一个自变量与因变量之间是否存在显著的线性关系。如果一个自变量与因变量不存在显著的线性关系，那该自变量是否应该保留在模型中，就应该被打上问号。

这一阶段得到统计检验量过程略嫌烦琐。

因 $Cov(\hat{a}) = \sigma^2(X'X)^{-1}$，记 c_{ii} 为 $(X'X)^{-1}$ 对角线上的第 i 个元素，于是参数估计量的方差 $Var(\widehat{a_i}) = \sigma^2 c_{ii}$，$\widehat{\sigma^2}$ 为随机误差项的方差，用以下表达式代替 $\widehat{\sigma^2} = \dfrac{\sum e_i^2}{n-k-1}$。最终，每个自变量均有一个检验统计量，统计量为 $t = \dfrac{\widehat{a_i} - a_i}{\sqrt{c_{ii}\widehat{\sigma^2}}}$，满足自由度为 $n-k-1$ 的 t 分布，原假设 H_0 为 a_i=0。如果接受了原假设，则自变量 x_i 与因变量 y 不存在显著线性关系，就应该充分评估自变量 x_i 是否还有必要存在于模型中。

（5）探索回归分析的一般过程。

根据上文阐述的分析方法，可以将在数据探索阶段，以人容易理解的业务为目的的回归分析步骤总结如下。

① 确定回归分析的目标，即因变量。

② 选取所有可能影响因变量的疑似自变量。

③ 可能的前提下，将自变量与因变量的关系以图的形式表示出来，大致确定回归分析的选型，或是简单回归分析的可行性。

对于多元线性回归（或对某些变量转换后可以以线性回归的方式处理的回归手段，如因变量与自变量呈指数关系，那对自变量进行对数运算后，与因变量就有了线性关系），接下来有两种可以选择的回归分析的思路。

- 简化的方式。计算各个自变量（或转换后的自变量）与因变量的相关系数，选择相关系数较大的自变量（或转换后的自变量），将这些自变量（或转换后的自变量）与因变量联系建立回归模型。
- 建立因变量与所有自变量的线性回归关系，然后使用 F 检验验证回归的整体线性显著性，用 t 检验剔除不显著的自变量。

④ 使用最终成型的回归模型进行预测。

（6）线性回归与因子分析。

如果通过线性回归分析方法得到了比较可靠的结果，那线性分析的结论有助于分析者判定与因变量关系最为密切的因素或因子。

在回归后的线性关系中，某自变量参数如果比较大，那么对自变量进行同样尺度变换的条件下，该自变量会引起因变量更大程度的变化，那么这个自变量就是与因变量关系较为密切的因子；如果自变量参数比较小，那么对自变量进行同样尺度的变换后，该自变量引起的因变量变化程度就比较小，自变量与因变量的关系就不那么密切了。

通过类似的方式，就可以提取对因变量产生影响的一个或几个主要因子了。

上文说到，回归分析的目的是建立从自变量到因变量的尽可能切合实际的映射关系。再进一步探究它的根本，其实回归就是在试图通过简洁的方式，用最小的处理代价（参数数量），尽可能表征更为繁杂的事物与更为复杂的现象。线性回归（包括多元线性回归）是容易观察、容易理解的回归方式，更多时候，自变量与因变量的关系或许并不是太直接，它们之间可能是高阶非线性的关系，也有可能是用几个公式都表示不了的关系。理解这些复杂的关系，仅凭人的思维模式会有些吃力，而把这类工作交给机器完成，就是一个不错的选择。在“第 6 章模型”中会着重介绍如何用机器理解回归以及更多关于回归模型的知识。

7. 分散开，还是聚起来？——自由分组与归类

面对复杂的、不能在短时间内了解的事物，人们通常喜欢通过分组或归类的方式简化对复杂事物的认知。例如，地球上的生物种类数量庞大，为了简化对生物的认识，人们就把这些生物进行归类，并以不同范围的尺度，以“界门纲目科属种”来划定生物的类别；人类面对新生事物，同样喜欢归类，例如，当面对之前人们并不熟悉的“人工智能”之类的概念，就会有不

同领域的人对这些热门领域进行归类。有人把“人工智能”按用到的技术进行分类依据，分为视觉智能、自然语言智能、语音智能、逻辑智能等；也有人按照“人工智能”应用领域，分为工业智能、农业智能、商业智能等；还有人按照“人工智能”的发展阶段和“智能”水平，分成弱人工智能、强人工智能和超人工智能等。

大量多维度的数据，以及这些数据背后代表的社会中各种生产生活实体与行为，也是一个极其复杂的存在。分组与归类也是认识这些数据的常见方法。

（1）分组与归类的原则。

在一个典型的一维数据表中，每一行均代表一个样本，每一列是一个字段，代表一个属性。属性与属性间的相似与不同可以借助上文介绍的相关分析方法与回归分析方法衡量。本节研究的是面对大量样本时，如何将这些样本进行分组与归类的问题。目的是以简洁的方式，充分发挥数据作用的同时，充分体现业务价值。

在一份数据集中，通常会有一些样本的分类字段，如在一个用户信息表中，会有像“职业”“性别”之类的划分了类别的分组，这些分组有效地从社会属性、生理属性等不同角度对不同用户群体进行了区分。不过这些分组与归类方式并不能完全满足于实际的业务需要（如果可以满足，也就没有必要增加额外的分组与归类了）。业务中需要根据每一个样本的行为特征，以业务的角度对样本进行分组与归类，既可以了解当前样本的特点，也可以为未来的业务方向提供指引。

虽然说分组与归类过程看上去是比较自由的，似乎不需要什么约束与指引，但这只是表象。在进行有目的分组与无目的的归类时，有一个非常重要的原则在指引这个过程，这个原则可以概括为：同一分组或类别下的样本实体应尽可能相似，不同分组或类别下的样本实体应尽可能不同。一个好的分组与归类方法必然是契合这一原则的。

“性别”这种人群的分组与归类方式，之所以很少有人质疑，是因为经“性别”区分的不同人群，其生理特征差别是很明显的，同时同一个“性别”人群中的每个个体相似性也是显而易见的。同样，通过文字聊天内容判断用户的情绪状态，如果把带有“高兴”“喜悦”这类词的肯定语句划分成“喜”，把带有“生气”“愤怒”这类词的肯定语句划分成“怒”，一定程度上也是一种可以接受的分组与归类。

一个不好的分组与归类方法在践行这一原则时的表现一般是糟糕的。这些糟糕的表现有两种。一种是经分组或归类后，同一类别内的相异性较强。例如，将每天花 1 小时以上时间在某电商平台上浏览运动鞋的人群称作运动鞋发烧友，但如果在该平台上，每天浏览运动鞋时间为 1 小时以上的人群有很大一部分人每天花 6～7 个小时在这个电商平台，而浏览运动鞋仅是他们网购行为中比较小的一部分，那么这些人就不应该划分为真正的运动鞋发烧友。另一种是经分组或归类后，不同类别间的相似性较强。如根据每天上班时间是否超过 8 小时将员工分为优秀员工或不优秀的员工，此时，很多每天混时间或工作效率不高的员工就被分为优秀员工这一类，而工作效率高、工作速度快的员工就被划入不优秀员工这一类。显然，这种分组归类的方式是糟糕的。

即便将分组与归类的界限划分得极其明确，出现一些错误分类或是不明不白的“灰色地带”也是有可能的。即便是像“性别”这种已经被人们广泛接受的分组归类标准，也会有像“第三性”这样的案例出现；像“高兴”这样的词，也会出现在如“是啊，你偷偷用我的装备去打怪，这可真是件让人高兴的事呢！”这样表示气愤的句子里。出现了类似的错误分类或灰色定义区间，在找到一种更可靠的分组与归类方式前，不应该完全否认这种分组归类方式，一方面是这些分组归类方式本身是具备很强的指导意义的，另一方面也确实很难有另一种分组归类方式比它划分得更明确、更简洁、更容易被人接受。

（2）提供样例的分组与归类。

原则毕竟是原则，“原则”的特点就是概括性强、覆盖面大、运用灵活，这也意味着在每一个具体的场景中，把该原则进行落地，就会有不同的表现形式。在落地过程中，最关键的一点在于：如何衡量分组内的相似性与不同分组间的相异性。

衡量相似性与相异性有两种主要的思路：一种是根据事先提供各个分组的典型样例，提炼这些在同一分组内的样例相似特征和不同分组内的样例的相异特征，进而确定分组与归类的标准。另一种是不提供典型样例，而先确定样本与样本间的相似性的衡量尺度，互相接近的样本看作一个分组或类别，互相远离的样本看作不同的分组或类别。

根据提供的样例进行分组与归类就是通过可以获得的确定分组或类别样本，来归纳分组与归类的方法或依据的过程。

人们认识未知概念的一般过程其实正是基于这个模式。以一个比较朴素的话题举例：如何识别“好人”和“坏人”？

大部分情况下，人们并非由别人告诉自己一套区分“好人”和“坏人”的方法来区分这两类人，而是通过一个个样例来认识“好人”和“坏人”的。读了雷锋的故事，知道雷锋是好人；读了秦桧的故事，知道秦桧是坏人；看到小明扶残疾人过马路，大家都夸小明好，知道小明是好人；看到小强恃强凌弱，欺负社会弱势群体，知道小强是坏人……见识多了各种“好人”和“坏人”，自然就可以总结一套区别“好人”和“坏人”方法论，比如：扶残疾人过马路的，愿意帮助别人的就是好人；欺负别人，背地里陷害别人的人就是坏人。

当然，这些区分“好人”和“坏人”的方法的正确性，最终还是需要经过实践的检验的——用总结的方法或特征去区分更多的“好人”和“坏人”，并验证其正确性，反思区分“好人”和“坏人”的方法或特征的优劣。如果某天发现小军帮着别人偷东西，根据“愿意帮助别人的就是好人”这一特征，认为他是好人，但他实际被定义成坏人，那么自己总结的方法或特征或许是有问题的。

如果分组与归类时发现了划分错误的样例，通常有以下3种情境或处理方式可供参考：一是把新的样例加入分组与归类时提供的样例集合，调整区分“好人”和“坏人”的方法，直到新方法的区分效果更好；二是如果之前区分“好人”和“坏人”的方法或特征已经起到了不错的效果，可以暂时不调整，三是虽然之前的方法或特征已经可以正确区分出大多数样例，但仍有一些错误的区分结果，不过暂时找不到更为有效或简洁的区分办法，也可以先继续观察。

（3）无样例的分组与归类。

另一种分组与归类的方式是不参考（或者不存在）已被分组的样例，通过样本相似性的衡量把相互间相似的样本划为一个类别，不同的样本划分为另一个类别。

样本与样本间的相似性怎么衡量？这又是一个问题。用相关性或回归的思路显然是不能衡量样本间的相似性的，而数据方体的概念模型则可以提供非常好的借鉴意义。

在一个数据方体中，方体中的每一维均代表一个属性，每一个样本均可以映射到数据方体中的一个点。如果属性是连续值，在数据方体对应的该维度上就是一条连续坐标轴；如果属性是离散值，在数据方体对应的该维度上就是一些散点，当然，也可以看作一条离散值坐标轴。暂时不考虑定类尺度衡量属性的话，样本与样本间的相似性，就可以用在数据方体中，样本与样本之间的距离来表征了。如果两个样本间的距离比较短，那这两个样本是相似的；如果两个样本相距比较远，那这两个样本是相异的。借助绘图工具，有时可以很直观看出区分样本的边界。如图 3-16 所示为两个连续值维度下数据方体中的样本表示，很直观地把样本分为 3 类（还有一些异常值）。

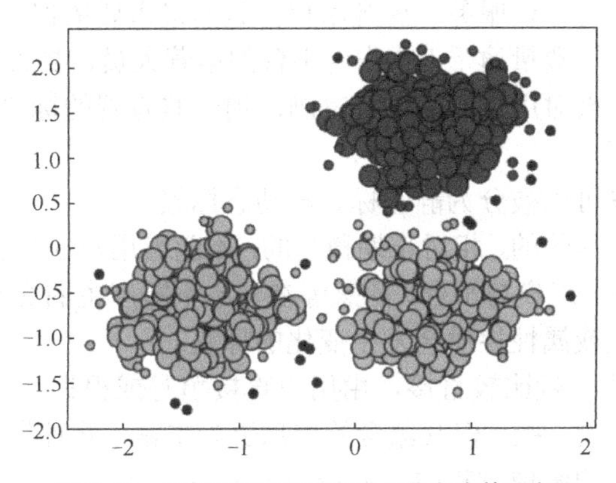

▲图 3-16　根据样例距离进行分组与归类的示意图

当然，还有很多细节问题需要解决，不同维度间的距离衡量尺度不一致该如何处理？高维数据如何可视化？如何借助算法自动化进行这样的无样例分组与归类？后续将会继续讨论。

上文提及的“提供样例的分组与归类”方法和“无样例的分组与归类”方法是以可控与逐渐认知的角度来解析的，是面向业务的。如果直接用数据本身的信息，结合算法完成以上过程，就是当下常见的监督学习模型（对应“提供样例的分组与归类”方法）和非监督学习模型（对应“无样例的分组与归类”方法）了。暂且不讨论，下文再介绍。

8. 听业务的，还是听数据的？——用户画像

以分组与归类方式为手段，以探索数据规律为目的的最典型数据应用是画像技术。画像技术常用在对互联网用户进行特征刻画，这被称为用户画像。当然，只要数据资源丰富，画像技术可以用于各种实体，如在交通领域中，就可以对车辆的行为进行画像，简单高效地对车辆属性（如网约车）和出行目的（如购物、探亲等）进行认知与识别。用户画像的应用范围广泛，这得益于互联网中极其频繁的各种交互行为，交互过程中会产生特别繁杂且丰富的数据资源。画像可以在这些数据与人的属性之间建立起联系，从而以用户的角度认识这些宝贵的数据资源，为构建更丰富的数据应用与

建模场景提供有力的支持。

关于用户画像，有两类定义：User Persona 和 User Profile。User Persona 多是产品设计者、运营人员从用户群体中抽象出来的虚拟用户群体；User Profile 则指根据每个人在产品中产生的用户行为数据，产出描述用户的标签的集合。本节研究的用户画像指 User Profile，即根据用户相关的数据资源，刻画用户概貌并对典型的标签属性进行标识。

本节以一个外卖平台为例，阐述利用数据资源构建用户画像的几个关键点。

与一个外卖平台相关的参与者大致上可以被分为三方：消费者（用户）、餐饮提供者（商家）、外卖服务提供者（外卖小哥）。用户不断在平台上浏览、选择、下单，就会与许多商家产生交互；外卖小哥根据下单地点与商家的位置，被分配或者选择接单，就会与商家和用户有交互；所有参与方，都会与外卖平台有交互……这些交互的存在就会产生大量的数据，这些数据也就成了外卖平台用来优化平台服务、提升用户体验的最重要依据。

平台上每天活跃的用户数量逾千万，作为平台的运营人员，要清楚地了解这些用户，很自然地想到了使用画像技术来对用户概貌进行刻画，用一些直观的标签属性来对用户进行标识，认识用户群体的各种特征。

用户画像产出的标签可以被分为静态标签与动态标签。

静态标签指用户本身具体的，相对长期稳定的，不随着用户在平台上的行为的变化而变化的标签；动态标签则指随着用户与平台、商家等参与方不断产生的交互过程与用户自身的行为的变化过程，其属性强度或属性性质会发生变化的标签。

获得静态标签的方式一般比较直接，由用户直接填写或根据用户提交的信息进行解析即可。获得动态标签难度会大一些，但其蕴含的信息更为丰富，并且与平台业务息息相关，因而生成可靠的动态标签是用户画像过程中投入精力最大的部分。

从目前各种尝试的方式来看，生成动态标签的主要方式有两个：业务主导型与数据主导型。生成动态标签的方式不同，数据的使用方法也就不一样。

（1）业务主导型的动态标签。

业务主导型的动态标签生成方式一般由产品经理、产品运营人员等业务代表方提出与推动，这些业务代表方根据公司的长远规划、使命愿景、直接或潜在业务目标等因素，以数据资源为参考，确定可能对公司业务有促进作用，并容易被集体或社会接受的标签。

如该外卖平台的产品经理负责根据业务需要推动用户画像的建设工作，他把用户画像的建设思路总结如图 3-17 所示的示意图。

如图 3-17 所示的用户基本属性、社会属性、等级属性均为静态标签，平台可以通过用户注册时填写的内容和其他比较直接的方式来获得。行为属性属于动态标签。该产品经理通过自己的聪明才智或是团队的头脑风暴，罗列了非常丰富的可以从用户在该平台上的行为数据中获得的、对业务理解与业务提升有潜在帮助的标签。接下来就是数据分析工作者的工作时间，可以使用平台的数据生成这些标签。

生成这些标签看似容易，但真正落实时，还是会有很多问题的。以生成用户“最喜欢的口味”为例，可以很直白地理解成用户下单菜品中，涉及的最多的口味就是“最喜欢的口味”。事实果真如此么？

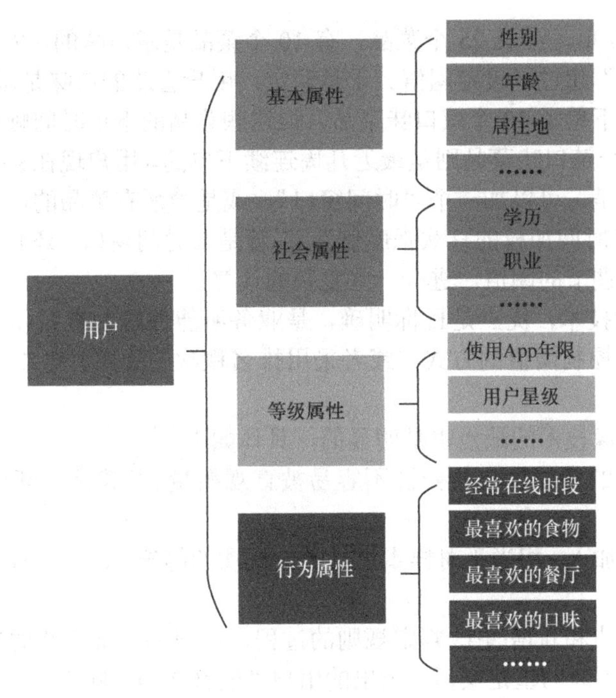

▲图 3-17　某外卖平台的用户画像建设思路示意图

为简化说明过程，把所有菜品的口味分成酸、甜、苦、辣、淡、咸 6 类。如果用户下过 10 单，这 10 单中有 25 个菜品，其中 20 个都是咸口味，那该用户喜欢的口味就是咸口味。这样的结论能以很大概率说服大多数人。

如果用户只下过 1 单，这一单只有一个菜，是咸口味的，能说明用户就是喜欢咸口味的菜品么？当然不能。只根据一个样本下结论，不确定性太大，这样的样例作为业务参考，有较大的概率不能支持业务。或者更糟糕的，会对业务产生负面效应。因此，人们想到加一个阈值限制：历史订单中总计少于 5 个菜品的用户就不产生这个标签。为什么要把这个阈值设为 5？从理论上来讲，需要根据所有用户的订单数量分布，考虑置信度和期望中的标签数量规模来确定。“拍脑袋”来决定这个阈值可能也有“瞎猫碰上死耗子”的概率，但从数据分析工作者的角度来看，这是不提倡的。

如果用户下过 10 单，涉及 25 个菜品，有 8 个菜品是咸口味的，是所有菜品口味中最多的那个，能说明该用户最喜欢的菜品口味是咸口味么？不一定。试想，如果这 25 个菜品中，同时有 7 个是辣口味的菜品，虽然说咸口味菜品最多，但相比于辣口味菜品来说，咸口味菜品并没有领先太多。可以用一个“喜欢强度值”来反映用户对口味喜爱的强度，喜欢咸口味菜品最多，占比 32%，那就认定该用户最喜欢的口味是咸口味，喜欢强度为 32%。同时，把最喜欢口味的“低强度”的标签摘下，保留真正“高强度”的口味当作用户真正的喜好。这样就又多了一个阈值选择的问题。假设检验可以用在其中，帮助产品经理或运营人员选择合适的阈值，并确定选择该阈值带来的误判风险。

如果用户下过 10 单，涉及 25 个菜品，有 10 个菜品是咸口味的，7 个菜品是辣口味的，咸口味“喜欢强度值”超过了设定阈值。于是认定：用户喜欢的口味是咸口味无疑了！稍等，此时发现，用户虽然下单了 10 个咸口味菜品，但这些菜品的下单时间顺序都比较靠前，是几个月前下的单，而 7 个辣口味菜品则是最近几周连续下单的。用户现在喜欢的口味似乎更应该是辣口味才对……于是，可以加一个“时间窗口”，或是给所有菜品的口味加一个“时间衰减因子”，进而求一个“时间加权的喜欢强度值”。不管是取时间窗口，还是取时间衰减因子，总之，又要加一个人工调节的阈值，进行一些复杂的计算了……

业务驱动的画像技术，优点是目标明确，是业务所能理解并直接使用的。基于业务做用户画像，常常会通过控制阈值的方式，或者采用排名秩次的思路，限制产出规模或控制产出质量。

但业务驱动的画像技术的缺点也是明显的，具体如下。

- 同类别标签下的相似性与相异性不容易被直观衡量（尤其是逐渐加入一些额外的规则后）。
- 一个个阈值的加入，相当于对样本进行了一次次的筛选，这个过程很有可能也限制了数据本身价值的发挥。
- 一次次调整阈值和新增/更改判定规则的过程，产出的“最喜欢的口味”的定义也一直在变化，很有可能在不断的重定义后，产出的用户“最喜欢的口味”与人们所理解的“最喜欢的口味”已截然不同。
- 业务驱动的画像还有可能让产品经理、运营人员等业务代表方纠结于一些数量并不大的个例，而忽视了判断“这些个例究竟是不是主要矛盾”的思考。

在以业务角度定义“最喜欢的口味”的时候，应该让数据分析发挥选取阈值、确定规则可用性的作用，但很多业务人员觉得这么做的投入产出比不高（或者“懒”得进行这些操作），就给标签的可靠性带来很大的隐患。

（2）数据主导型的动态标签。

数据主导型的动态标签生成方式一般由数据分析师、数据算法工程师或数据挖掘工程师等数据工作代表方提出与推动。这些身处“前线”的数据工作者，以数据资源为根本，以业务目标为导向，深度挖掘数据表现出的显著特征作为用户画像的标签。

外卖平台的数据挖掘工程师根据用户对各种口味的菜品下单的比例，在更高维度上观察数据，并根据聚集效果，确定标签内容。观察高维数据比较抽象，为方便说明这一过程，6 种口味中先只保留咸口味与辣口味。

图 3-18 所示为以用户下单的咸口味菜品占比与下单的辣口味菜品占比作为坐标绘制的散点图。图中的横坐标（Hot/%）代表用户下单菜品中辣口味的菜品占比，纵坐标(Salty/%)为用户下单的咸口味的菜品占比，图中每一个点代表一个用户在咸口味与辣口味菜品中的选择倾向。该图中左下角的点代表用户对咸口味和辣口味菜品下单比例均不高的用户（可能选择了其他口味菜品）；右下角的点代表下单菜品中辣口味占比比较大的用户；左上角的点代表下单菜品中咸口味占比比较大的用户；因为所有口味菜品占比和不会超过 100%，所以右上角的部分不会出现散点。

从图 3-18 中可以看出，最大量的点并非出现在咸口味占主导的区域或是辣口味占主导的区域，而是咸口味下单比例与辣口味下单比例均为 30%左右的位置。因此，数据分析工作者把这一区域提出来，作为用户画像标签，一旦用户一段时间内的下单菜品口味分布点落入该区域，则给该用户贴上此标签。

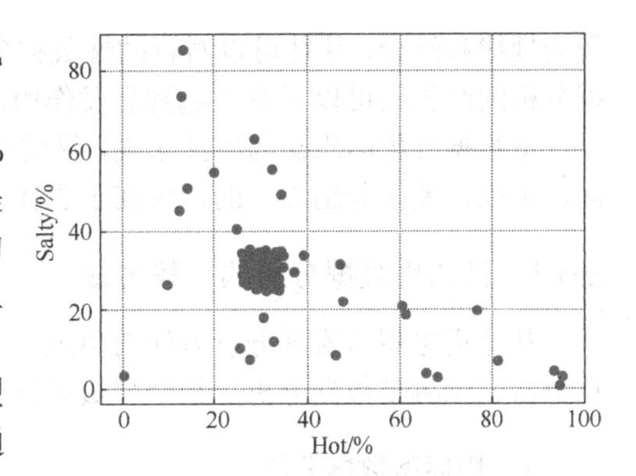

▲图 3-18　辣口味与咸口味的菜品比例示意图（Salty—咸，Hot—辣）

数据主导型的用户画像会不会遇到业务主导型的用户画像过程中相似的问题呢？也是可能的。通过阈值控制也是其辅助手段之一。但也可以把一些需要额外考虑的因素（如时间等）制作成特征，这就相当于在观察数据时增加了一个维度。

数据主导型用户画像的优势之一，是可以充分发挥数据体现的价值。在本例中，如果按照辣口味或咸口味单一口味进行画像，把“喜欢强度值”设得太高（如把咸口味喜欢强度值的阈值设为 40%），召回的用户规模就会比较小；把“喜欢强度值”设得太低（如把咸口味喜欢强度值的阈值设为 30%），召回的用户纯度就不会太高（“咸口味喜爱者”的群体中，混入大量同时喜欢辣口味的用户，所谓的“咸口味喜爱者”就不够纯粹）。而数据主导型用户画像，直接召回用户聚集的特征区域，召回得到保证的同时，纯度也得到保证。

但数据主导的用户画像也有它的问题，就是得到的这些属性标签的业务含义很有可能比较模糊。本例中得到的标签，该如何表述，是同时喜欢咸口味与辣口味的人群吗？在咸口味或辣口味占比相当的情况或许可以这么定义。那如果标签反映的人群咸口味占比在 50%左右，辣口味占比在 20%左右，又该如何表述？因为业务含义模糊，把数据意义转换成大家都能听懂的业务含义，就要付出更多的沟通成本。有些时候，得到的标签或许会与印象和直觉的不一致，推行这样的结论，就更需要费些口舌了。

3.6 目的性数据分析

目的性的数据分析，即带着一个特定的、具体的目标进行的数据分析。目的性的数据分析与探索性的数据分析并不是并列的、平行的或相对的关系，而是“你中有我，我中有你”的关系。笔者更愿意把这两者看为让数据发挥价值的不同角度与不同场景，而非相斥的存在。

探索性数据分析的根本作用，是服务业务的，“探索”本身就是一种目的，只是这种目的并不是太明确；同时，在不断认识数据各个组合特征的过程中，也需要不断总结归纳，设定小目标，确定接下来要探索的方向。在目的性的数据分析中，目的本身就是业务的直接反映，但要达到目的，也需要不断地探索，从数据中寻找达到目的的“物料”。

目的性数据分析是直接服务业务的，很多探索性分析工作也是在业务目的的推动下完成的，但是很多人都忽视了探索性数据分析的作用，以为数据资源等到“需要的时候再拿来用就好”。这种做法一定程度上抑制了数据价值的发挥，是不可取的。一方面，探索性数据分析发现的规律和结论，往往可以对目的性数据分析带来意想不到的指引作用；另一方面，探索性数据分析的结论还可以对业务起到启发作用，促使业务目的的丰富与发展。

拿数据分析的思想与方法来说，目的性数据分析与探索性数据分析几乎没有什么不同。因而，可以说能区分出二者的，仅在于总体的观察角度与原始的业务驱动来源了。

3.6.1 目的性数据分析的一般方法

从分析思想与宏观分析方法的角度，目的性数据分析可以分为描述型数据分析、诊断型数据分析、预测型数据分析、指令型数据分析。

1. 描述型数据分析

描述型数据分析通过对数据多方面的描述，了解业务主体或业务相关参与方的真实状态。这种分析方式表面上是对数据的阐述与说明，实际上是以表现的数据规律为途径，进而了解不确定、复杂的业务、事件或实体。

描述型数据分析聚焦于解释“发生了什么”，或者表述复杂的实体“是什么”。描述型分析可以很详细，尽可能地把数据可以体现得更多、更细节的规律，转换成业务含义，从而达到较为全面了解真实业务详情的目的。描述型分析也可以很简洁，用最精炼的指标或特征，来包含尽可能丰富的、准确的信息内容与业务规律。

描述型数据分析思想，经常会借助多维分析、钻取分析、交叉分析、相关分析、回归分析、自由分组与聚类的分析方法落地。

举例来说，一家企业，想了解企业自身的经营情况，就需要依靠数据来做精确的表述。制作财务报表就是描述一段时间内企业自身经营情况的方式，通过对资产负债表、利润表、现金流量表、所有者权益变动表、报表附注这5个部分的数据进行描述，企业可以从最重要的几个维度，了解企业资产与负债情况、利润情况、可用现金流与潜在现金流情况、股东等相关利益方的权益分配与变化情况等与企业经营息息相关的信息。除了静态快照式的表述外，企业也常常从时间的角度，了解这些关键指标随着时间而变化的趋势，并结合相关分析等方法，了解企业各个经营指标的发展趋势以及与趋势密切相关的潜在影响因素。

画像技术也是支持描述型分析的常用手段。为了解用户等实体的形态，画像技术以分组与归类的思想为主导，调动数据的丰富表现，与业务紧密靠拢，是通过数据描述业务的典型应用。

除此以外，类似使用用户交互数据描述用户活跃度与用户属性、使用店铺流水描述店铺营业状态或盈利能力“潜力”等的场景，均为描述型数据分析的应用范围。

描述型数据分析与探索型数据分析虽然都有了解数据，或通过数据了解业务的目的，但它们在关注点上还是各有侧重的。描述型数据分析时，目的是比较单一与明确的；探索性数据分析时，没有一个非常明确的方向，每一个数据可能反映的规律，都有可能是探索性数据分析的关注点。

2. 诊断型数据分析

诊断型数据分析是通过对细节特征的关注与对特征之间关系的研究，了解与判断业务现象背后的起因或业务实现、现象之间的关系。

诊断型数据分析着眼于解释“为什么会发生”，或是提供“发生的证据”。诊断型数据分析是针对某种特定现象进行的“断因”式分析，对业务感兴趣的现象，诊断型分析以这些现象的数据化表达为基础，可以从两个方向入手诊断：一是不限定于某些字段属性，从所有可能的字段属性中，探求与业务关注的现象相关或有直接因果关系的因子；二是先根据业务场景做出猜测，提出与现象相关的“嫌疑”字段属性，再一一证明这些字段属性与业务现象之间是否真的存在有说服力的关系。

诊断型数据分析常用的分析手段包括假设检验、相关分析、多维分析等。

如果要探求某现象与某些特征的因果关系，或许仅通过类似相关分析的分析方法得不出非常充分的结论，因此要诊断因果关系可能要借助更多维的分析与支持才可以得出一个可靠的结论。人们常用时间的先后顺序或是公理逻辑上的推演，来从相关关系中提炼出对业务来说价值更大的因果关系以及必要的理论支持。格兰杰因果检验就是一种常用的因果检验方法。

举例说明诊断型数据分析的应用场景，某互联网公司，某一天的用户活跃度突然上涨，基于时间的活跃度曲线在该日的波形非常陡峭，显得非常突兀。造成这一天用户活跃度异常的原因是什么呢？解决这样的问题当然可以提出像“最近有什么重大事件发生”，或“最近进行了某些营销活动”之类的猜测，但缺乏证据支持的猜测显得非常虚空。更为“数据”的方式，是先以多维分析列出所有可能与异常的活跃行为有关的属性维度（如性别、年龄、终端设备类型、单个用户当日活跃度等），再以相关分析或是假设检验的方式“诊断”并“确定”活跃度异常的直接原因，然后进行更深层次的溯源分析。

例如，某条道路常年拥堵，造成这条道路常年拥堵的原因是什么呢？从数据分析的角度来说，寻找原因常常以罗列可能的因素（多维分析）开始，这些因素的数据表现就包括一维表的某些字段。这些因素可能包括道路属性、道路上游的拓扑结构、人们的出行规律等。然后通过相关分析等方法找到拥堵现象与这些因素间的关联性，再通过假设检验，为一些猜测的结论或是经分析得到结论提供证据支持。

当然，这通常并不是一件容易的事。困难之处并不是使用什么方法，或如何使用这些方法，而是罗列尽量全面的可能的因素。如果导致某个现象的真正原因或主要原因已经被很好地数据化了（最好的情况，是可以直接用一个字段属性表示），那通过探索或建模的方式，可以大概率分析出导致该现象发生的原因。而现实是，很多导致某些现象（如拥堵问题）的真正原因或主要原因，不完全是可以被数据化的，而是很抽象的、很难被数据化的，或因为当前发展程度还不足以支持这些相关业务的数据化。解决这样问题，需要产业信息化、数据化等方面的持续发展与建设，从根本上促进生产生活效率的提升。

3. 预测型数据分析

预测型数据分析是通过对数据的剖析，对未知的事物与事情状态进行预测。典型的预测行为包括预测一件事情发生的概率或预测一个可量化的值，抑或预估一件事情发生的时间点。

预测型数据分析着眼于评估“会发生什么”。这里的预测并不仅指在时间维度上的提前判断。它可能是基于时序的提前预判，即根据待预测属性的历史值，或再加上一些其他属性值，预测该待预测属性的量化取值或形态状态。例如，很多人热衷的股市大盘走势预测，常见的方式就是根据大盘历史值和一些外界因素，对未来走势建立模型，做出预测。预测型数据分析也可能不是时序的，而是通过一些容易得知准确值的属性，预测另外一个或一些属性的取值。例如，在金融服务系统中，根据用户或客户的身份特质、信用状态、贷款数目、金融行为等，预测用户或客户在参与贷款或其他金融行为中，失信、逾期归还的概率有多大。

预测型数据分析常用到的分析手段包括交叉分析，回归分析，以及大部分的监督学习模型等。

4. 指令型数据分析

指令型数据分析是指基于对历史规律的认识、对当前情况的感知和对未来可能发展趋势的判断，评估接下来如果采取某几种措施或方案可能起到的效果或造成的后果，并最终决定采用哪种措施或方案。

指令型数据分析着眼于确定“需要做什么”或“该怎么办”。它一般不是单独存在的，而是与其他分析方式（如描述、诊断、预测 3 种常见的目的性分析方式）组合使用的。

在指令型数据分析中，所谓的“指令”是这一阶段分析任务的落脚点。这里的“指令”可以是一项政策、一个执行方案，或一种具体的落实手段。

这些“指令”可能是比较“现实的”，没有被数据化、被嵌入数据系统的，或者这些“指令”的效果不能及时给予反馈。这样就需要针对“指令”的历史效应对“指令”最终被采纳实施后的效果进行分析评估。或者，也可以通过实验的方式，把“指令”提前对一小部分受众下发，从这一小部分受众的反应与他们的行为表达的效果，来评估“指令”的效果。A/B Test 就是类似的指令型数据分析的应用。除此以外，公共政策的试点实行、互联网公司中促进用户规模增长的不同尝试等，均属于此类非数据化“指令”的应用。

“指令”也可以是数据化的，“指令”的效果也可以以简洁、直接的方式反馈给分析者或者数据系统、数据模型的。这种情况下，分析者或自动化的处理机制、数据模型可以非常及时地根据反馈、基于总体目标，及时调整“指令”形态，或者索性切换其他“指令”。电商平台、生活服务平台、内容分发平台、视听娱乐平台等的推荐系统，就是这样的指令型数据分析应用场景。如何为用户分配内容，就是一个个“指令”，平台会根据这些“指令”历史产生的效果和上线后得到的反馈，演化自己的策略与模型，不断提升用户体验。除此以外，名噪一时的 AlphaGo 也是这么一套指令型数据系统，每一次投下棋子这个动作（即“指令”）的背后，是 AlphaGo 对成千万上亿盘棋局中，在不同“指令”的作用下，综合分析这些“指令”最终得到的结果，来决定在当下棋局中，在哪个地方投下一枚棋子获胜的概率最大。AlphaGo 是一个接收输入，分析建模，输出结果，下达指令，得到反馈，并回归到影响模型策略的一个全自动、全数据化闭环系统。达到这个数据系统目的（即赢得围棋博弈的胜利）的所有影响因素均包含在历史棋局中，同时这个系统的所有可用“指令”也均为数据化的表达形式。在系统层面上“考虑充分，反应迅速”，正是 AlphaGo 如此“强大”的原因。

3.6.2　目的性数据分析的意义

目的性数据分析的最原始驱动，是一个比较明确的任务。当人们对某些产品、对服务对象的秉性、对一些更复杂的事物认识不清晰时，就需要通过对数据的描述，间接达到刻画产品、服务对象（用户或客户）、复杂事物形象的目的；当人们对某些现象产生的原因感到疑惑时，就需要借助数据，来寻求导致这些现象发生的推动力与证据；当人们意图先人一步，提前反应或布局时，需要借力于对琢磨不定的未来的情形的准确洞知，这就得依靠数据，进行“归纳与总结”，对未来的情形做出尽可能准确的评估；当人们了解了足够的信息，但对接下来采取哪种措施才能得到最佳效果感到疑惑时，就有必要听听“数据”的意见，根据过去的经验，来对每一种措施最终会产生什么样的效果做出评估。

上文讲到的目的性数据分析方法并非单独使用的，大多数情况下是把这些分析方法统一起来，以“组合拳”的方式全面剖析并解决问题：首先，利用描述型数据分析的方法，了解“发生了什么”；然后，利用诊断型数据分析的思路，掌握“为什么会发生”；紧接着，利用预测型数据分析，判断接下来“会发生什么”；最后，落脚于指令型数据分析，评估可以采用的实施方案及其效果后，选择方案并下发实施。

目的性数据分析是业务数据化的直接体现，虽然说一个个看似零散细碎的分析任务显得有些“随性”，不成体系，但这些“目的”正是现实世界的生产生活活动中，各种需求本来的样子，这些需求对数据科学的发展有重要深远的影响。数据分析的诞生与发展，就是由一个个带有目的的业务推动的；数据的价值，也正是在一次次带有目的的尝试中被人们发现的。如今，有关数据的开发技术、管理技术、挖掘技术、建模技术等百花齐放，从根本上讲，就是一个个带有目的的业务，不断地把现实世界的需求反馈到数据科学的各个领域，才“雕琢”了今天数据科学各个环节、各个领域。

3.7　本章涉及的技术实现方案

本章涉及的内容为以认识数据规律为主的探索性数据分析和以直接解决问题的目的性数据分析。

两种分析体系的原始驱动力不同，但用到的分析思想与方法是具有高度相似性的。二者在整体方面均可以使用“和谁比”“比什么”“怎么比”的数据分析基本思路，在更为具体的分析手段方面，也均用到假设检验、多维分析、钻取分析、交叉分析、秩次比较、相关分析、回归分析、分组归类（分类/聚类）分析等方法。

作为本章最后一节，简单介绍将上文所述的思想与方法落地的可选技术方案。还是那句老话：数据分析的技术方案选型千千万万，这里的介绍仅供各位参考。

3.7.1　数据分析软件

数据分析实践落地最为方便快捷的方案，就是直接使用一款成熟的数据分析软件。在所有的数据分析软件中，Excel 是每个数据分析工作者一定要掌握并熟练使用的。

Excel 自诞生之日起，就因为简洁的操作性与适配数据分析业务的易用性，很快击败了其他同类软件，占据了“市场霸主”的地位。

Excel 不需要操作者编写代码，操作者只需要通过菜单、按钮、列表等常用的可视化交互组件，就可以实现数据分析的大部分方法了。Excel 几乎涵盖一般简单业务需求的数据分析场景的绝大部分功能，如从排序筛选到函数计算、从数据透视到可视化图表等，Excel 均可以实现，如图 3-19 所示。

▲图 3-19　Excel 的"数据"功能

Excel 中大部分的数据分析功能以函数和功能组件的形式提供，具体对应情况如下。

假设检验：Excel 函数库中的 Z.TEST、F.TEST、CHISQ.TEST 等，如图 3-20 所示。

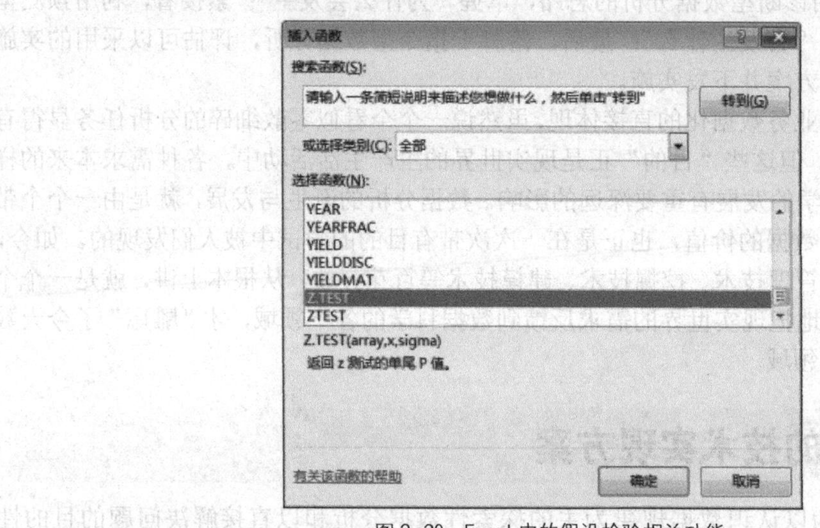

▲图 3-20　Excel 中的假设检验相关功能

多维分析、钻取分析、交叉分析：数据透视表等，如图 3-21 所示。

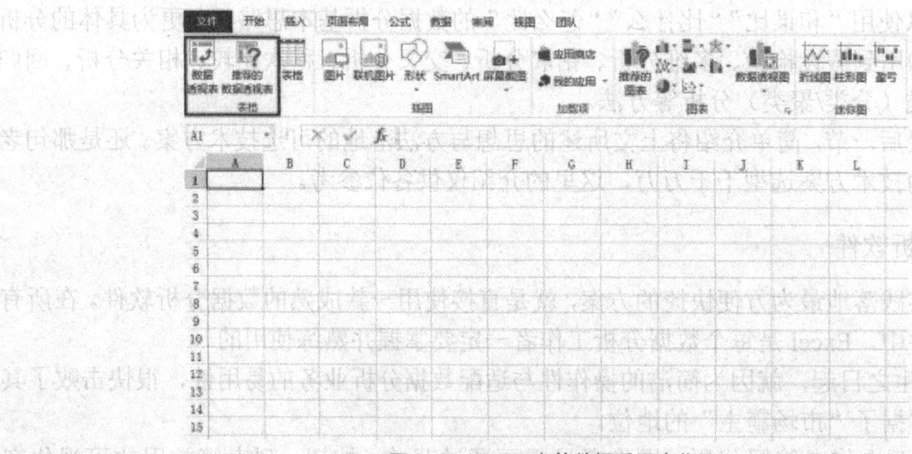

▲图 3-21　Excel 中的数据透视表位置

秩次分析：排序功能等。

相关分析：函数库中的 PEARSON 等。

回归分析：回归分析需要借助 Excel 的数据分析库，在“文件—选项—加载项—转到”一系列操作（见图 3-22（a）后，即可在“数据”中显示“数据分析”，如图 3-22（b）所示。点击“数据分析”，即可找到“回归”这一项，如图 3-22（c）所示。

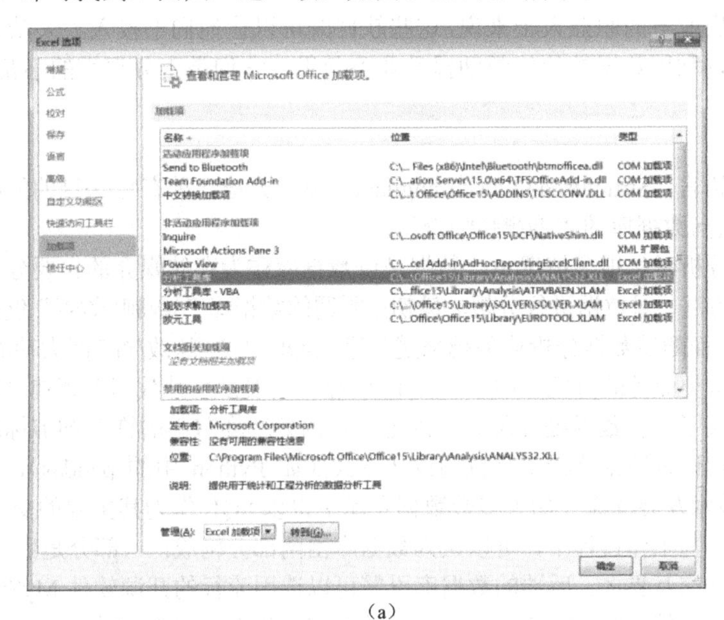

（a）

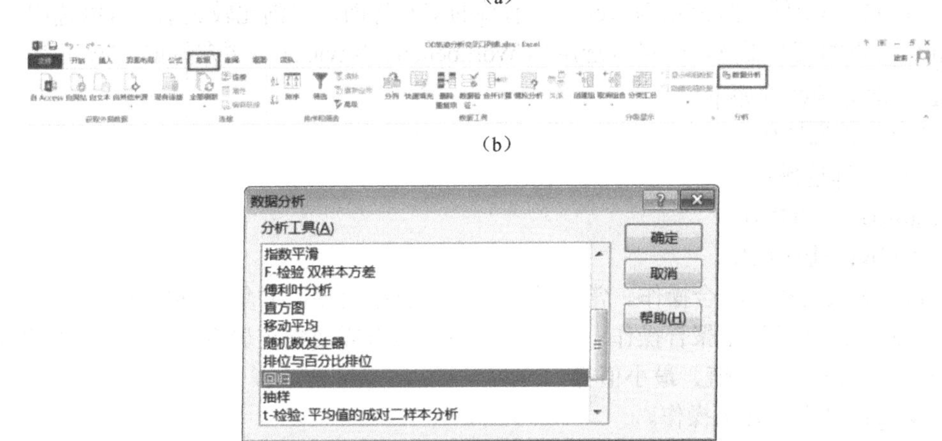

（b）

（c）

▲图 3-22 Excel 中的回归

分组与归类（分类与聚类）：Excel 直接进行数据驱动的建模是比较困难的，这些功能大多需要通过 Excel 的一步一步的子操作间接完成。

除 Excel 以外，如 SPSS、SAS 等集成了更多复杂或适用于统计数据分析功能的数据分析软件是另一个选择。相比于 Excel，这些软件集成了更多更专业的统计功能模块与建模模块，虽然学习成本变高了，但若是业务需求比较复杂，Excel 解决起来比较复杂或烦琐，这些数据分析软件就派得上用场了。

数据分析软件可以方便快速地对小批量数据（至少是单机内存装得下的数量）进行各种面向业务问题的不同层次分析。对于一些如产品经理、产品或活动运营人员、市场营销/拓展人员等直接面向基层业务的职业人士来说，这些软件既可以让他们不投入太大精力在太过于细节的操作上，又可以利用数据的价值帮助提升业务效果，它们是十分得力的小帮手。

3.7.2　SQL

结构化查询语言（Structured Query Language，SQL）是一种有特殊目的的编程语言，这种“特殊目的”即面向数据库的“增/删/改/查”。

在进行数据分析时，很多情况下，数据是以数据库作为存储媒介的。要分析数据，就要依靠数据库的操作方法，对数据进行分析。最初，所谓的数据库“增/删/改/查”仅是维护数据的需要而设计建立的。而随着数据分析业务越来越频繁，SQL“增/删/改/查”四大功能（尤其是“查”）被注入了许多分析类业务的特色。如今，SQL 已经并不仅是一种数据库查询语言，或一种数据操作语言，它代表了一种数据处理思想，确定了数据处理环节中的许多细节标准。这些标准影响了很多其他编程语言数据分析工具包的设计方式（如 Python 中的 pandas），也影响着数据分析/处理/管理的技术发展潮流（如大多数数据仓库中也以 SQL 作为其主要的交互操作标准）。

在一般的学习与工作过程中，可以认为数据库由两部分构成：一部分是后端的数据库引擎，另一部分是前端的交互界面。后端的数据库引擎可以选用流行的开源软件 MySQL，也可以选用成熟的商业数据库引擎，如 SQL Server 等。前端的交互界面选用则比较灵活，可以选用 MySQL 等开源软件自带的交互工具，也可以选用如 Workbench、NaviCat 等更友好的 IDE 工具。

SQL 中常见的操作如下。

- select：查询操作。
- where：筛选操作。
- distinct：去重操作。
- order by：排序操作。
- join：多表拼接与集合操作。常见的集合操作包括交集、并集、补集等。
- group by：多条记录聚合操作。一般情况下，聚合需要指定聚合方式，常见的聚合方式包括如平均、加和、最大值、最小值等。
- having：聚合后筛选操作。
- 逻辑操作：包括如 and、or、like、between 等常用逻辑操作。
- 函数操作：如 len、round、substr 等各种内嵌的可以灵活使用的函数。
- 表操作：insert、update、delete 等对表整体进行的操作。

SQL 是数据分析工作者必须要学会的技能。可以说，没有掌握 SQL，就不能被称为一个合格的数据分析工作者。

3.7.3 Python

掌握一门编程语言，对数据分析工作者来说，是如虎添翼的。虽然一般的数据分析软件已经可以提供非常多的适用于各种数据分析场景的功能，但若遇到更复杂的数据分析任务，或是业务需求极其灵活，这些预置的功能模块可能会显得有心无力。此时，编程语言极其灵活的组织与操作方式，以及极其强大的扩展组合能力就可以“大显身手”了。

数据分析领域中，最常用到的两种编程语言是 Python 与 R。此外，近几年，一种面向科学计算的编程语言 Julia 也开始逐渐发展起来，成了数据分析的又一“利器”。

Python 本身可以做很多事情（如 Web 制作、抓取、运维脚本等），可以认为数据分析是 Python 的一项特长。

Python 有关数据分析的支持主要以工具包的形式，重构底层数据结构与计算逻辑，达到性能与灵活性的统一。这些工具包包括：

NumPy：Python 本身的数据结构（如 list、dictionary）是灵活的，但有得就得有舍，为了灵活，也就放弃了一部分计算性能与存储效率。NumPy 为更好支持科学计算，以 C 语言为基底，重构了数据结构（如 array），支持大规模矩阵的存储，也支持性能更高的科学计算。

SciPy：SciPy 是基于 NumPy 定义的数据结构与基本操作发展而来的科学计算工具包。SciPy 提供的功能不仅包括常用的统计分布、统计功能，还包括很多数值计算、信号处理等科学计算场景中需要的功能。SciPy 中的常见模块功能说明如表 3-27 所示。

表 3-27 Scipy 中的常见模块功能说明

模块名	功能
scipy.io	输入/输出
scipy.stats	统计
scipy.cluster	向量计算
scipy.constants	物理、数学常用常量
scipy.fftpack	傅里叶变换
scipy.integrate	积分程序
scipy.interpolate	插值
scipy.linalg	线性代数
scipy.ndimage	图像包
scipy.odr	正交距离回归
scipy.optimize	优化
scipy.signal	信号处理
scipy.sparse	稀疏矩阵
scipy.spatial	空间数据结构和算法
scipy.special	一些特殊的数学函数

pandas：pandas 是基于 NumPy 发展起来的面向业务数据分析的工具包。pandas 定义了数据分析时的两种基本结构：Series 和 Dataframe。基于这两种数据结构，借助 SQL 分析与处理数据的思想，对于数据分析工作者来说，pandas 是非常容易上手的 Python 数据分析工具。对于本章讲到的从假设检验到业务型的分组归类分析，使用 SciPy 加上 pandas 即可以直接调用接口实现其中的大部分分析功能。

上文所述的 Python 数据分析的工具包，读者可以使用搜索引擎，找到对应的官网学习其功能。

3.7.4　大数据分析解决方案

在数据量不是很大，数据维度也不是很多的时候，单个客户端或服务器就可以完成多样的数据分析与处理任务。但在如今这个大数据时代，常常会对数据量极其大，数据维度极其多的数据集进行分析，一台计算机的资源往往就捉襟见肘了。此时，不管是牺牲时间资源，还是牺牲空间资源，最终牺牲的，还是数据本身的价值。基于分布式大数据方案的分析方式就应运而生了。

说到分布式大数据处理架构，就不得不提 Hadoop。Hadoop 架构中最重要的组成部分为两个功能模块：HDFS 确定了分布式存储的基本形态；MapReduce 确定了分布式计算的基本框架。这两个功能模块逐渐形成两种分布式存储与计算的原则，影响后来很多开源软件的发展方向和数据应用程序的开发模式。

基于 Hadoop 存储与计算框架，支持数据分析存储与处理操作的 Hive 也衍生出来了。Hive 以 HDFS 为底层存储框架，以 MapReduce 为底层计算方式，重新调整并组织中间代理逻辑，并以 SQL 形式与用户交互。这样，广大的数据分析工作者就可以用 SQL 来处理大数据和分析大数据业务了。

除 Hive 数据仓库外，基于 Hadoop 还发展了从数据采集/导入（Flume），到数据抽取/传输（Kafka、Sqoop），再到建模输出（Mahout）等一系列生态组件，可以比较完整地支持大数据分析与应用的大部分场景，如图 3-23 所示。

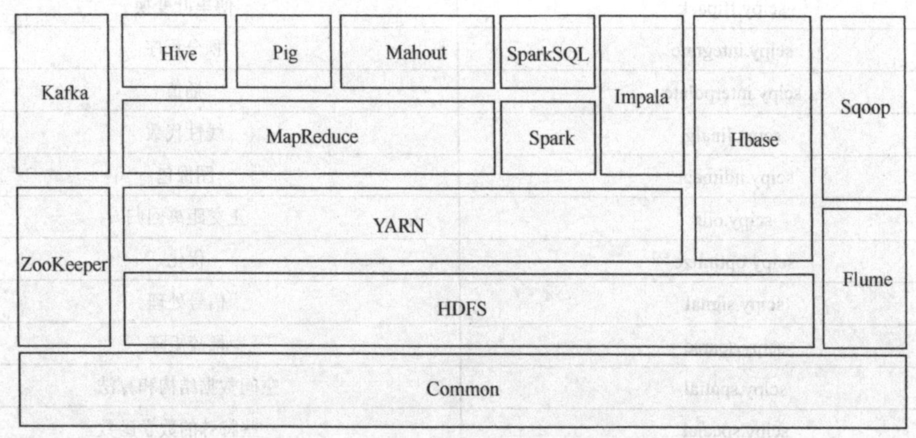

▲图 3-23　Hadoop 体系下的大数据开发工具

除 MapReduce 以外，Spark 也是一种常用的计算框架。与 MapReduce 不同的是，Spark 在取用数据进行计算时的整个过程大部分是在内存中完成的，不像 MapReduce 会借助磁盘来完成计算过程中的数据存储功能。Spark 在底层计算逻辑上与 MapReduce 不同，但它的另外一个优点是把数据分析与处理过程中的常用操作均封装成了接口形式。基于这些接口，Spark 也可以发展出如 SparkSQL 等更高层次的应用，如图 3-24 所示。

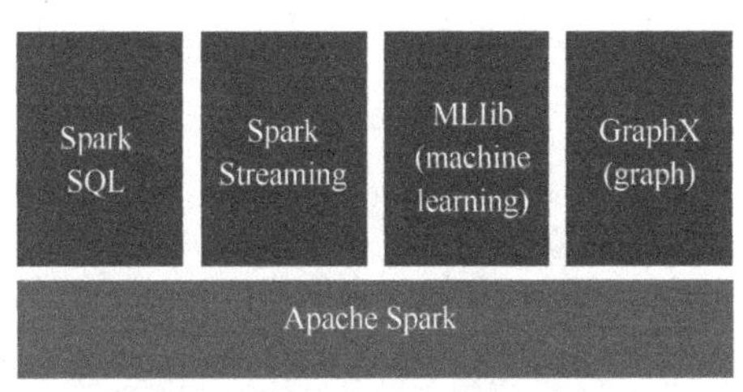

▲图 3-24 Spark 体系下的数据分析工具

随着实时性分析任务的需求越来越多，上文所述的平台与工具也遇到了不小的挑战。这些任务要求平台或系统从接收数据到给出分析结果的时间间隔尽可能小，接近实时。这样就促进了近几年如 Stream、Spark Streaming、Flink 等实时流计算平台巨大的发展。

MapReduce 计算框架的原生编程语言是 Java，Spark 计算框架的原生编程语言是 Scala。如果要通过 Python 或 R 来使用这些大数据框架，就需要借助 Python 或 R 的适配转换工具包。

第 4 章　展示信息的推荐方式——可视化

4.1 数据可视化

数据可视化最初只是作为数据分析的辅助，帮助人们在分析数据时以图形化的方式，直观了解数据形态。而随着人们发现可视化这种"以图会友"的方式可以大大减小记忆成本和数据的转译、理解成本，数据可视化便在数据分析体系中，也有了独有的特点，甚至可以自成一派，在数据科学领域中独树一帜。

数据可视化以图形化、图表化等形式为手段，以清晰、有效地传达与沟通信息为目的。数据可视化终究属于数据科学的子集，因而使用数据可视化的过程，也需要数据科学的一般方法论作为指引。

目前，数据可视化主要有以下两个作用。

（1）辅助数据分析。

在探索性数据分析的过程中，数据可视化可以减小分析者的思考成本，用图表的形式，展现人可以理解的最为丰富的内容。在探索数据规律的过程中，数据可视化是一种能让人认识数据的最为直接与容易的方式，可以让探索数据规律事半功倍。在目的性数据分析的过程中，数据可视化同样可以极大提升描述、诊断、预测、下指令的效率与准确性，帮助分析者以最小的代价与成本，实现自己的目的。

（2）作为一个独立的可视化项目工程。

因为图表所具备的强大解释力，数据可视化还常常作为一个独立的项目工程，以图表、图示作为项目工程的最终产出。这些产出常常出现在一些公众文案里，如当今很多新媒体运营者会以数据可视化的方式，向公众传达新闻信息；这些产出也会出现在一个个业务强相关的场景中，尤其是一些面向企业（To B）或一些面向政府单位（To G）类型的场景。这些场景中，客户当事人大多对业务本身是比较了解的，他们掌握了非常丰富的业务经验，数据资源对他们而言起到的并非指导或引领的作用，而是辅助业务的作用。例如，只需要知道一个指标的历史发展曲线，一些资深业务人士马上就可以看出这些指标的变化反映出哪些业务上存在隐患和问题。对他们来讲，及时知道业务信息才是最重要的。因此，数据可视化就是这些业务的不二之选。

可以说，数据可视化是理解数据、达成业务目的最简洁的方式，也是面向业务的最佳产出形式。正因为如此，越来越多的数据科学工作者开始关注数据可视化的价值。甚至，很多人开始把数据可视化当作一门艺术，在版面、布局、字体、颜色、样式、组合等艺术元素做起了文章。有这些艺术元素加持，数据可视化也开始走出数据科学领域，在公众传播、基础教育、方案展示、市场宣传，以及其他更加复杂的学科分析等方面，展现出影响力。

4.2 常见的图表类型与应用场景

可视化图表展现的是数据形态和数据与数据之间的关系，而数据形态和数据相互间的关系又是业务中实体属性或实体之间的关系的反映。所以，可视化图表的展现形式是需要充分考虑业务意义，并充分体现业务意义的。

充分考虑业务中常见的各种数据关系，可以把反映这些数据关系的常用图表总结如图 4-1 所示的几类。

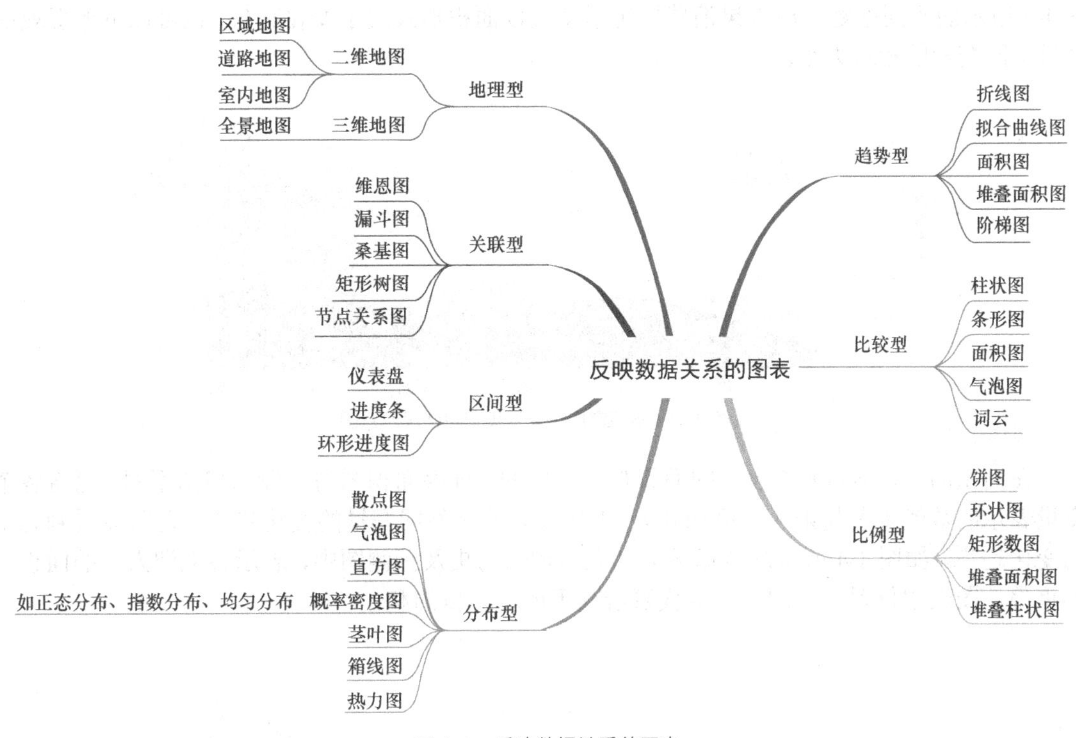

▲图 4-1 反映数据关系的图表

4.2.1 趋势型

趋势型图表反映的是某一变量（或几个变量）随另一变量的变化趋势。

常见的趋势型图表包括折线图、拟合曲线图、面积图、堆叠面积图、阶梯图等。

很多业务都会比较关注一些变量随时间变化的趋势，就非常适合使用趋势型图表。如图 4-2 所示为电压（voltage）与时间（time）的变化关系图。

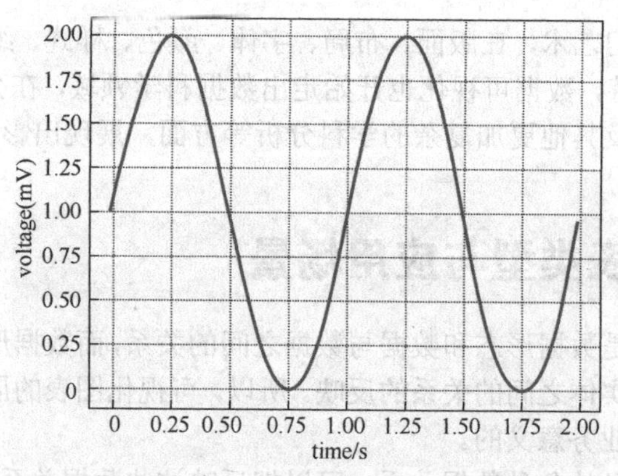

▲图 4-2　电压（voltage）与时间（time）的变化关系图

折线图可以非常直接地展示数值的变化过程，在此基础上，可以添加丰富的渲染效果，如图 4-3 所示的不同家庭一周水果消费情况示意图以面积形式展示变化趋势，也可以更加直观地显示不同变量的相对大小。

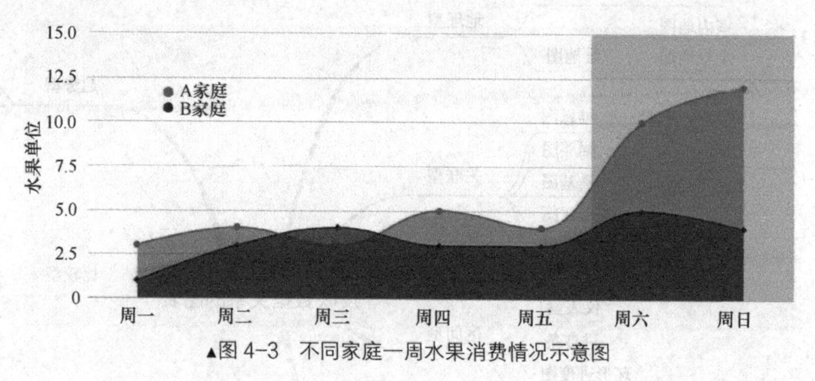

▲图 4-3　不同家庭一周水果消费情况示意图

在面积图中，不同变量表示的面积是有重叠的。堆叠面积图与一般面积图不同，它将各个变量表示的数值堆叠起来（数值加和），不仅可以看到不同变量的变化趋势，还可以看到总量的变化趋势。如图 4-4 所示的全球各大洲人口增长历史及预测图中，表示各大洲人口的面积并不重叠，图表中位置靠上的曲线值代表着其下所有变量的和。

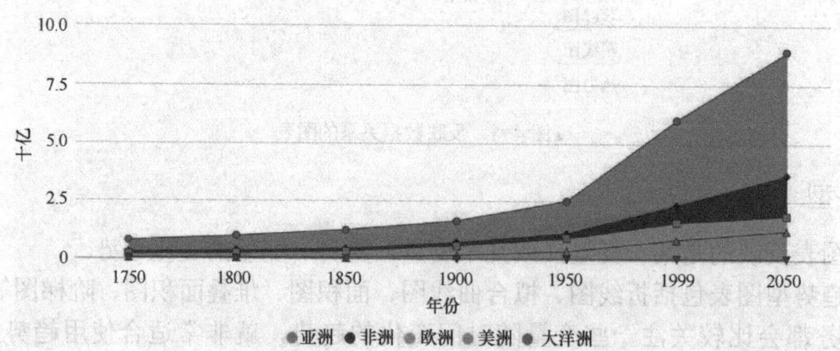

▲图 4-4　全球各大洲人口增长历史及预测图

堆叠面积图还可以进行归一化操作，任一阶段的总量均视为“1”，这样就可以得到如图 4-5 所示的全球各大洲人口占比图一样的堆叠占比面积图。堆叠占比面积图可以直观地表现各个变量的占比是如何发展变化的。

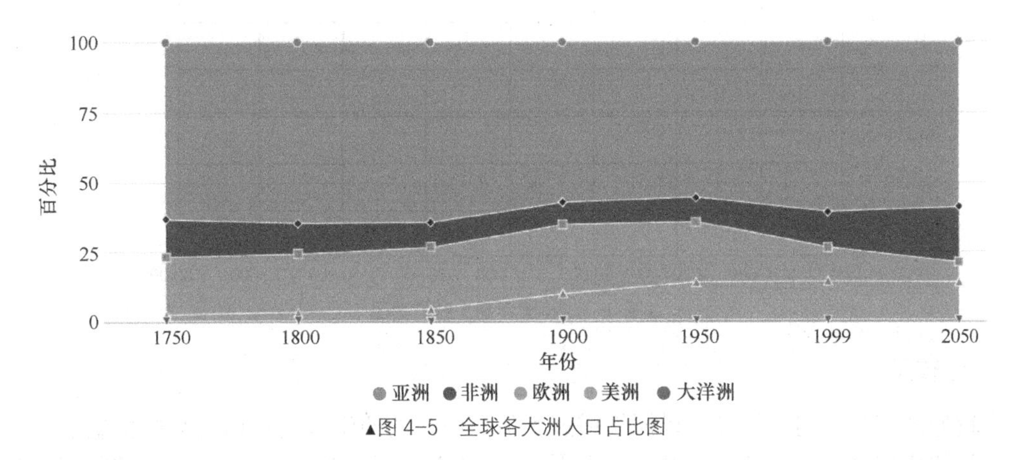

▲图 4-5　全球各大洲人口占比图

回归分析是研究因变量随自变量变化关系的分析方法，这与趋势型图表的理念不谋而合。在回归分析的场景下，将散点结合回归曲线的方式进行趋势展示，就可以构成如图 4-6 所示的拟合曲线图。

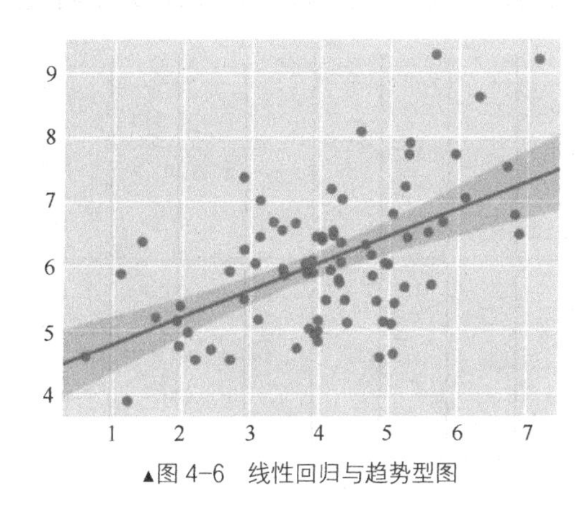

▲图 4-6　线性回归与趋势型图

趋势型图表中的“自变量”也可以是离散值，或是一些离散时间点的记录值。针对这些自变量离散化的数据关系，可以借助阶梯图真实、直观地展现这些数据关系与变化趋势。如图 4-7 所示为 2018 年新个税方案图。

趋势型图表不仅可以适用于各个变量随时间变化的趋势，还可以表示各个变量与其他业务关注指标的变化趋势。如研究种子存活率与温度的关系、研究 App 用户下单数量与用户活跃度的关系、研究居民幸福感与社区人口规模的关系等。

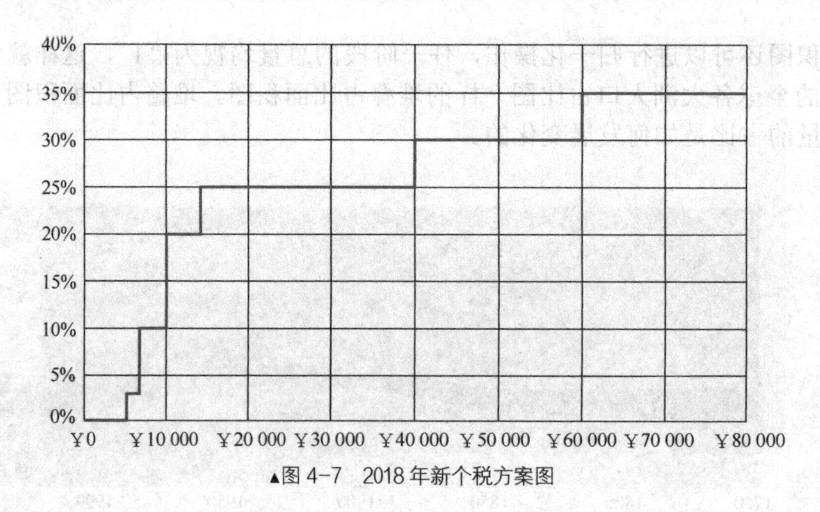

▲图 4-7　2018 年新个税方案图

4.2.2　比较型

比较型图表常常用来将经过以属性或属性值分组后的两组或两组以上数据变量进行比较。

常见的比较型图表包括柱状图（条形图）、雷达图、词云等。趋势型的面积图、分布型的气泡图等有时也可以用来作为对比型图表来使用。

柱状图（条形图）是最为直观的对比型图表，它直接将各个分组的值以柱状图（条形图）的高度或长度表示，放在一张图表中进行比较。如图 4-8 所示为不同大洲不同时间的人口条形图。

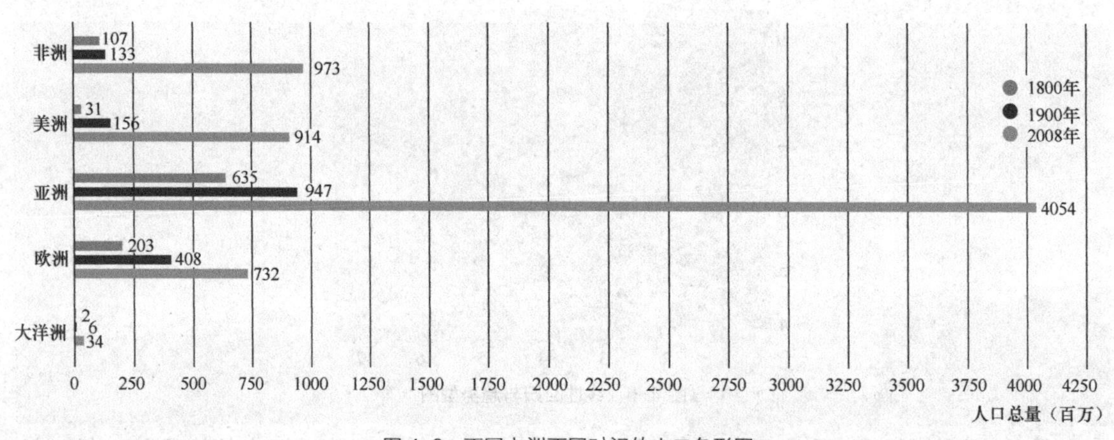

▲图 4-8　不同大洲不同时间的人口条形图

可以认为瀑布图是一种比较特殊的柱状图。它是将绝对数值与相对于绝对数值的变化数值结合的方式，表示某些数值的尺度变化关系和数值变化关系。如图 4-9 所示为道琼斯指数变化示意图。

雷达图（也称作蛛网图）是一种极坐标图，它常用来比较不同维度下的相对均衡水平。除不同维度的值大小表示各个维度的强度大小外，雷达图的几个维度围成的面积大小也可以表示总体评价水平。如图 4-10 所示为预算与支出雷达图。

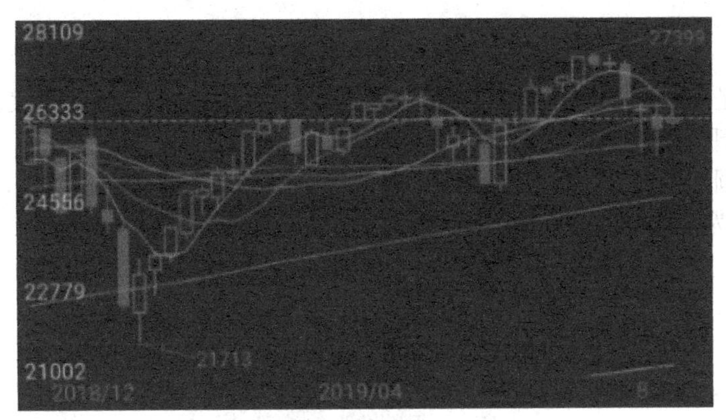

▲图 4-9　道琼斯指数变化示意图

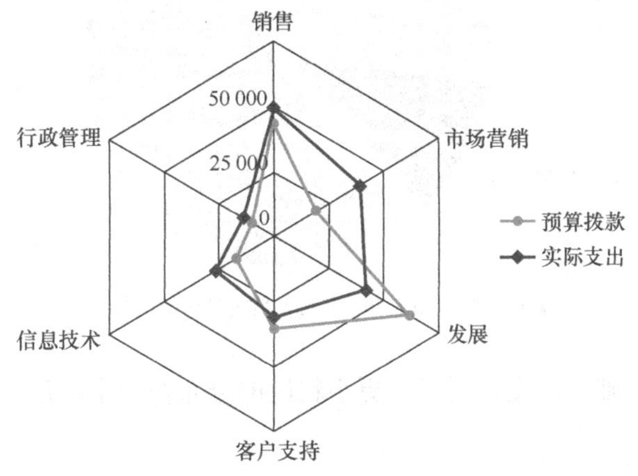

▲图 4-10　预算与支出雷达图

词云是一种比较特殊的比较型图表，它是通过每个单词、词组的大小来对各个单词、词组出现的频次进行比较。图 4-11 所示为数据科学的概念词频图。

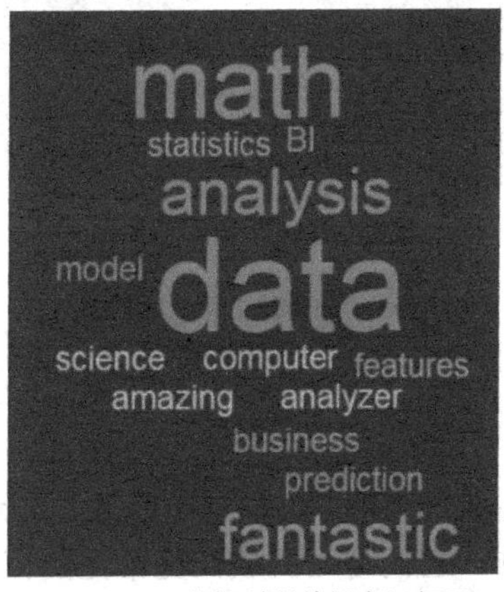

▲图 4-11　数据科学的概念词频图

4.2.3　比例型

比例型图表是用来表示数据总体与各个构成部分之间的比例关系的图表。

常见的比例型图表包括饼图、环状图、堆叠图等。

饼图以一个圆作为整体，用扇形表示部分的比例型图表，扇形面积越大，所占比例也就越大。图 4-12 所示为 2018 年 1 月浏览器市场份额示意图。

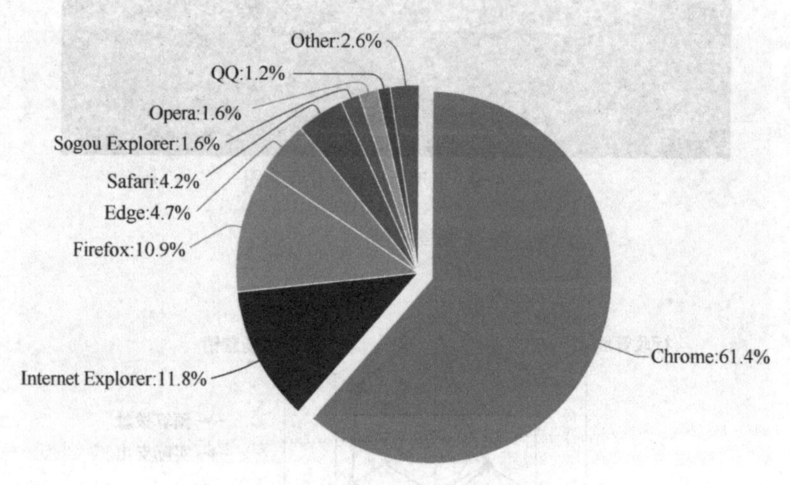

▲图 4-12　2018 年 1 月浏览器市场份额示意图

环状图在饼图的基础上，支持更多、更小粒度的分布在一个环形中同时展示，如图 4-13 所示。

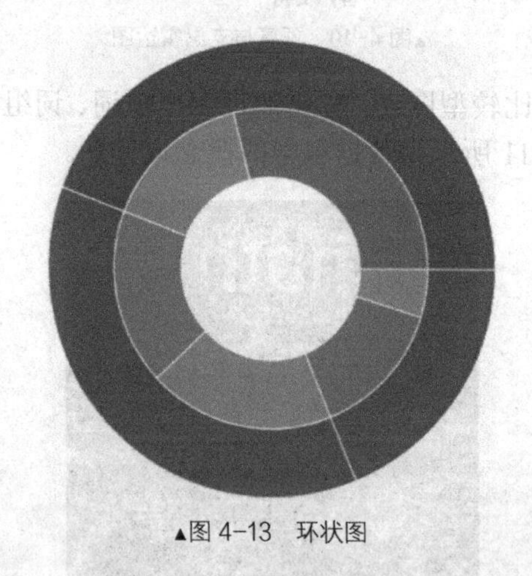

▲图 4-13　环状图

堆叠图包括面积堆叠图和柱状堆叠图。不论是面积堆叠图还是柱状堆叠图，不像饼图或环状图一样在极坐标系下展示数据，它们将比例放在更常见的笛卡儿坐标系下展示。图 4-14 所示为不同人的不同水果消费总量堆叠图。

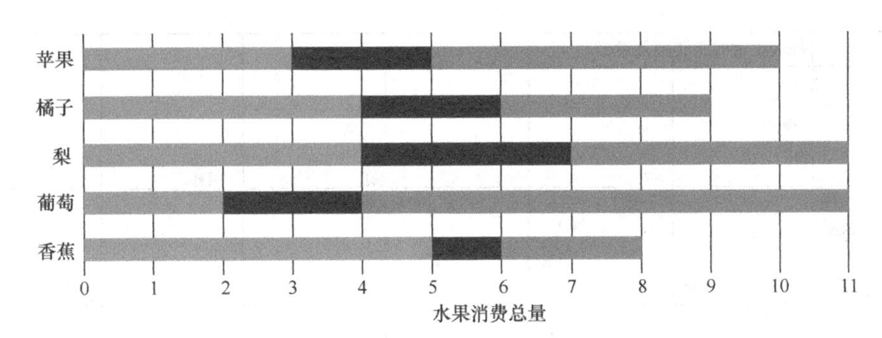

▲图 4-14　不同人的不同水果消费总量堆叠图

4.2.4　分布型

分布型图表，是通过各种各样的形式展现数据分布情况的图表。

常见的分布型图表包括散点图、气泡图、直方图、概率密度图、箱线图、热力图等。

散点图就是直接把表示样本的坐标点，标示在地图上。如果把样本当作数据方体中的一个点，那么散点图就可以理解成根据数据方体中的点绘制的图形。图 4-15 所示为 507 人按性别划分的身高和体重分布。

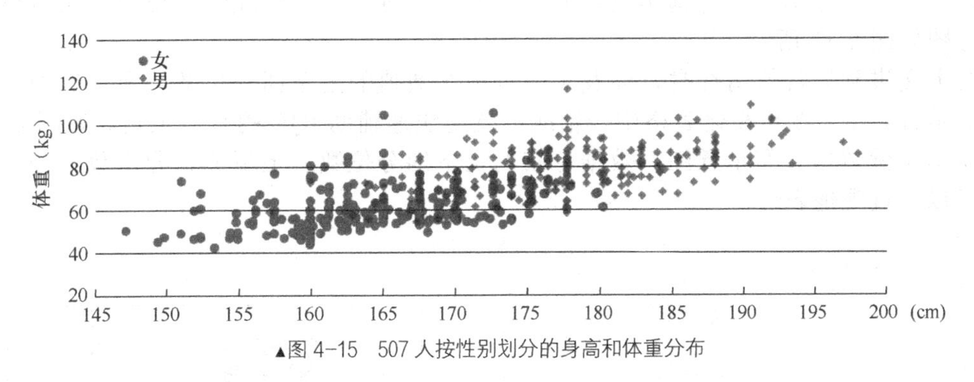

▲图 4-15　507 人按性别划分的身高和体重分布

气泡图在散点图的基础上，增加了一个维度，以气泡大小来表示另一维度数值的大小。如图 4-16 所示的不同国家（地区）糖和脂肪的摄入量示意图，横轴代表每天脂肪摄入量，纵轴代表每天糖摄入量，气泡大小代表该国家（地区）肥胖人群的占比。

直方图虽然和柱状图（条形图）的表现形式可以高度一致，但它们的内涵还是有些不同的。柱状图（条形图）常用来对比离散属性间的频数，而直方图则用来表示连续属性间的频数与区间。正因为如此，直方图与柱状图会有如下几点不同。

第一，在柱状图（条形图）中，每个矩形的长度是有意义的，表示每个分组类别的频数。但是矩形的宽度是没有意义的。而在直方图中，每个矩形除长度（代表频数）有意义外，宽度也有意义，代表每个分组的取值区间大小。

第二，直方图的各个矩阵通常连续排列，而柱状图的各个矩阵可以按照展示需求设定间隙。

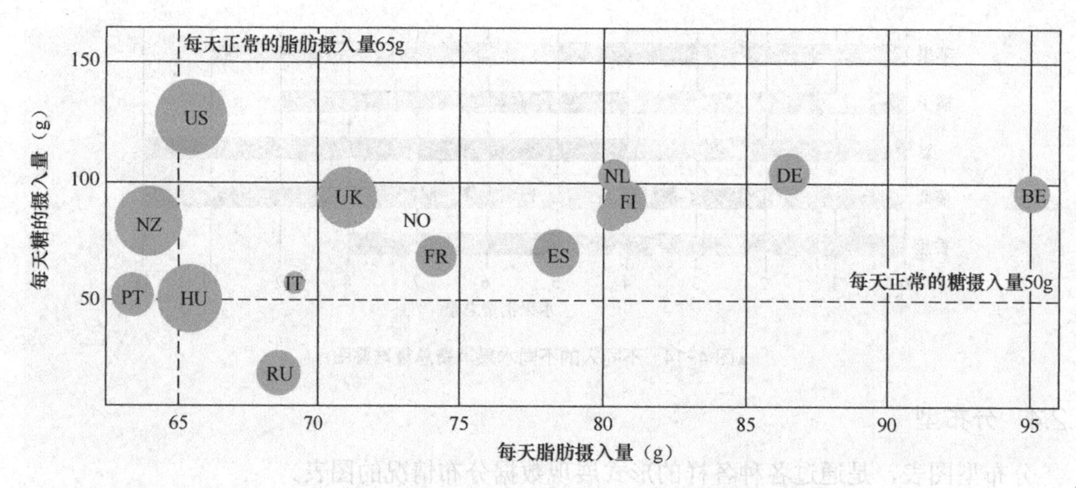

▲图 4-16　不同国家（地区）糖和脂肪的摄入量示意图

第三，直方图的纵轴可以表示频数，也可以表示频率。如果在一张频率直方图中，自变量间距取无穷小，频率直方图就成了概率密度图。频率直方图和概率密度图可以成对使用，频率直方图可以看真实离散分布，概率密度图可以看连续的拟合分布效果，频率直方图如图 4-17 所示。

在上文讲到异常值清洗时，涉及了通过连续数值的上下四分位数与上下界的方式判断数值是否异常。在可视化表格中，箱线图就是快速辅助 IQR 的有力工具。如图 4-18 所示的账单全额数据分布示意图，数据分布的上下四分位数、上下界、异常数值分布与规模都可以被直观地表达。

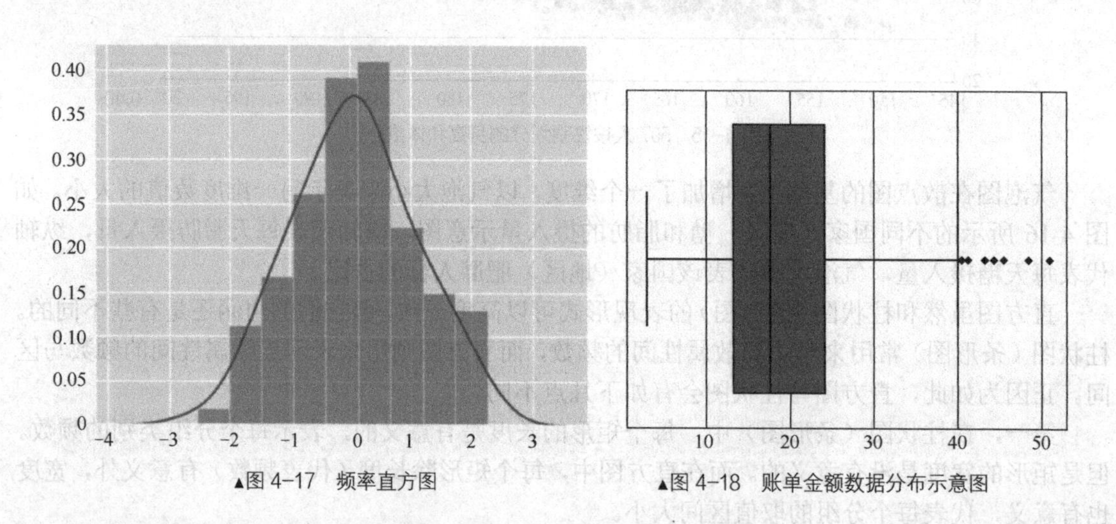

▲图 4-17　频率直方图　　▲图 4-18　账单金额数据分布示意图

热力图是一种常见的用不同颜色区分比较对象的分布型图表。图 4-19 所示为某商店不同店员每周销售商品数量示意图。

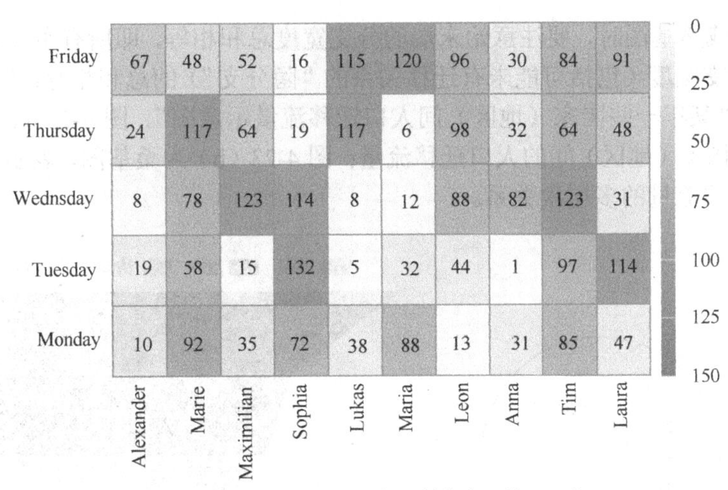

▲图 4-19 某商店不同店员每周销售商品数量示意图

4.2.5 区间型

区间型图表是显示同一维度上值的不同分区差异。

常见的区间型图表有进度条、仪表盘等，图 4-20 所示的是区间型图表中的进度条。

▲图 4-20 区间型图表中的进度条

4.2.6 关联型

关联型图表用于直观表示不同数据的关系，如包含关系、层级关系、分流关系、联结关系等。

常见的关联型图表有维恩图、漏斗图、和弦图、桑基图、矩形树图等。

维恩图是把不同属性的与每一个属性值相关的样本群体看作一个集合，而通过这些集合的交集、并集、补集，了解不同群体样本数据之间的包含、相交等关系。图 4-21 所示为快递的“不可能三角形”示意。图中的 3 个圆分别代表快递服务质量好、价格便宜、物流速度快，通过如图 4-21 所示的维恩图，可以说明在选择快递服务时，这三者不可得兼。

漏斗图适用于有顺序、多阶段的流程分析。通过各流程的先后顺序与数值变化，以及初始阶段和最终目标的两端漏斗差距，定位流程中的关键环节。图 4-22 所示为某 To B 平台网站各个流程用户数量示意图。该网站展现给客户的产品，点击产品的客户占了一部分；点击了产品的客户中，访问详情的只占一部分；访问详情的客户中，咨询的只占很小一部分；咨询的所有客户中，最终下了订单的又是一部分。这些环节中，展现到点击、访问到咨询这两个过程流失的客户较多，所以想增大平台订单量，要在这两个关键环节做文章。

和弦图和桑基图是比较特殊的流程图，常常用图中延伸的分支的宽度对应数据流量的大小。绘制和弦图或桑基图时，要注意始末端的分支宽度总和相等，即所有主支宽度的总和应与所有分出去的分支宽度（包括可能未有迁移关系的“隐分支”）的总和相等，保持能量的平衡。图 4-23 所示为“某年一些国家（地区）间人口迁移流量示意图”。图 4-23（a）圆形的图是和弦图，表示一些国家（地区）间的人口迁移流量；图 4-23（b）为桑基图，表示了一些国家（地区）间的人口迁移流量的多层次关系。

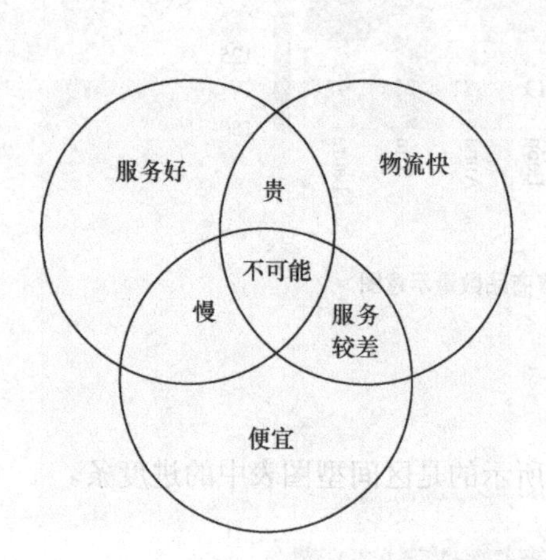

▲图 4-21 快递的不可能三角形示意图

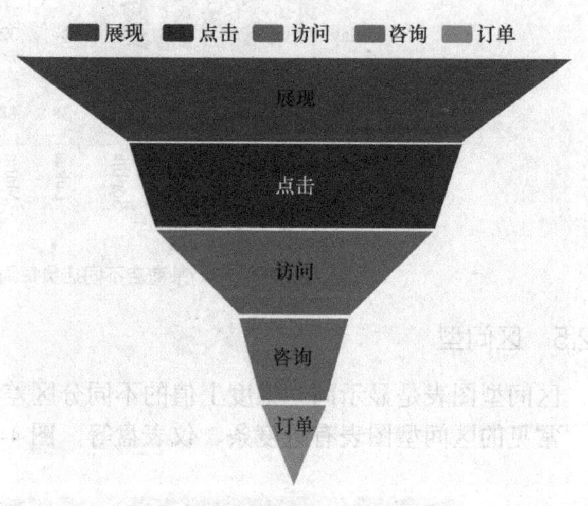

▲图 4-22 某 To B 平台网站各个流程用户数量示意图

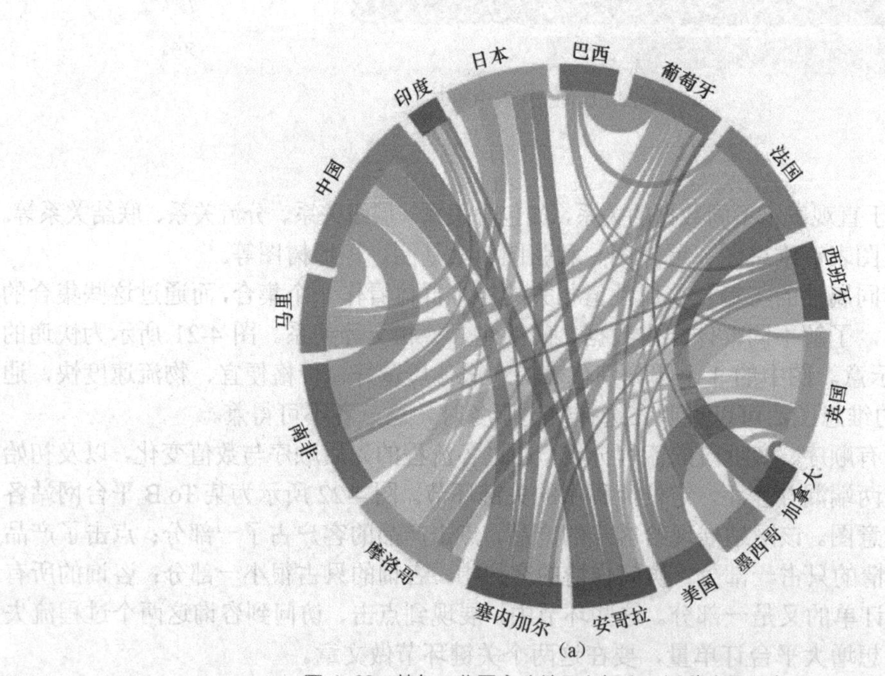

▲图 4-23 某年一些国家（地区）间人口迁移流量示意图

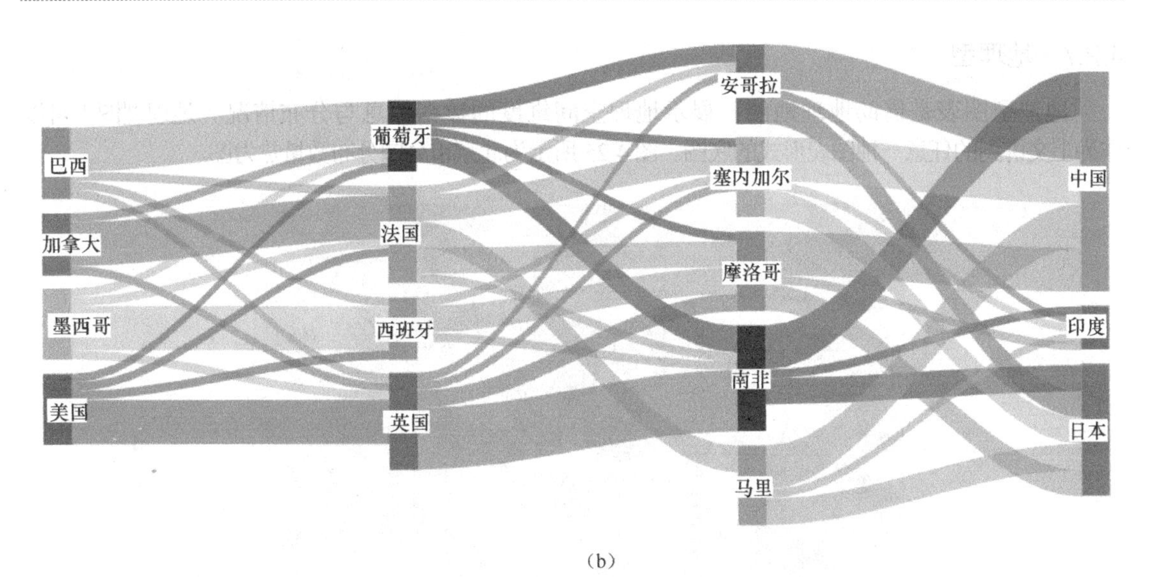

(b)

▲图 4-23 某年一些国家（地区）间人口迁移流量示意图（续）

矩形树图适合展现具有层级关系的数据，能够直观体现同级之间的比较结果。矩形树图将一个树状结构转化为平面空间矩形的状态，不仅可以表达树状结构可以表现的层级关系，还可以将每个节点的比例、分布信息也表达出来。如图 4-24 所示的某包子品牌在全国一些地方的销售情况示意图，各个色块大小代表每个城市的销售量，树形关系分区则可以反映各种口味包子在每个城市的销售占比大小。

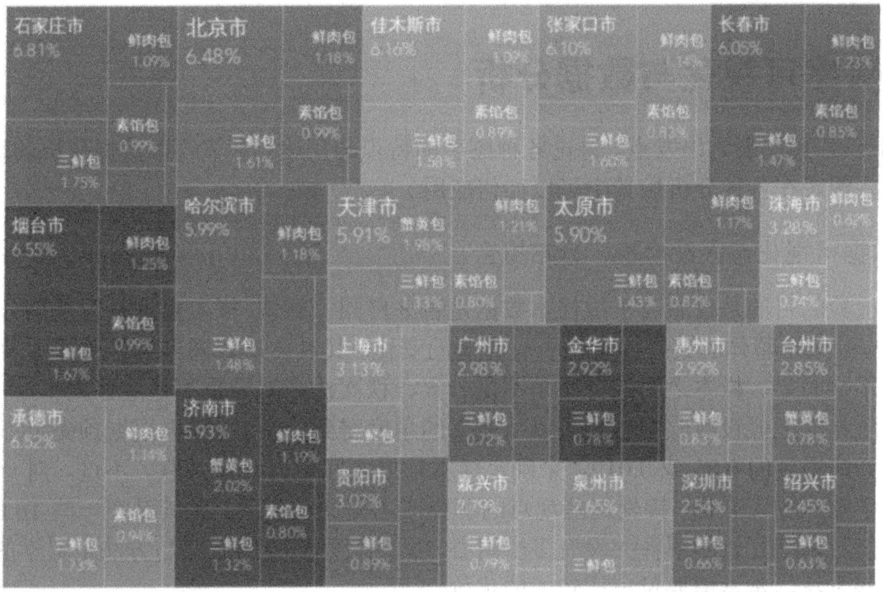

石家庄市 6.81%
鲜肉包 1.09%
素馅包 0.99%
三鲜包 1.75%
北京市 6.48%
鲜肉包 1.18%
素馅包 0.99%
三鲜包 1.61%
佳木斯市 6.16%
鲜肉包 1.09%
素馅包 0.89%
三鲜包 1.58%
张家口市 6.10%
鲜肉包 1.14%
素馅包 0.83%
三鲜包 1.60%
长春市 6.05%
鲜肉包 1.23%
素馅包 0.85%
三鲜包 1.47%
烟台市 6.55%
鲜肉包 1.25%
素馅包 0.99%
三鲜包 1.67%
哈尔滨市 5.99%
鲜肉包 1.18%
三鲜包 1.48%
天津市 5.91%
蟹黄包 1.96%
鲜肉包 1.21%
三鲜包 1.33%
素馅包 0.80%
太原市 5.90%
鲜肉包 1.17%
三鲜包 1.43%
素馅包 0.82%
珠海市 3.28%
鲜肉包 0.62%
三鲜包 0.74%
承德市 6.52%
鲜肉包 1.14%
素馅包 0.94%
三鲜包 1.73%
济南市 5.93%
鲜肉包 1.19%
蟹黄包 2.02%
素馅包 0.80%
三鲜包 1.32%
上海市 3.13%
三鲜包
广州市 2.98%
三鲜包 0.72%
金华市 2.92%
三鲜包 0.78%
惠州市 2.92%
三鲜包 0.83%
台州市 2.85%
蟹黄包 0.78%
贵阳市 3.07%
三鲜包 0.89%
嘉兴市 2.79%
三鲜包 0.79%
泉州市 2.65%
三鲜包
深圳市 2.54%
三鲜包 0.66%
绍兴市 2.45%
三鲜包 0.63%

▲图 4-24 某包子品牌在全国一些地方的销售情况示意图

4.2.7　地理型

地理型图表是借助地理地图，展示地理空间维度的数据信息与分布情况。地理型图表可以作为上文讲到的任意一种图表形式的底图。图 4-25 所示为北京市公园分布数量热力图。

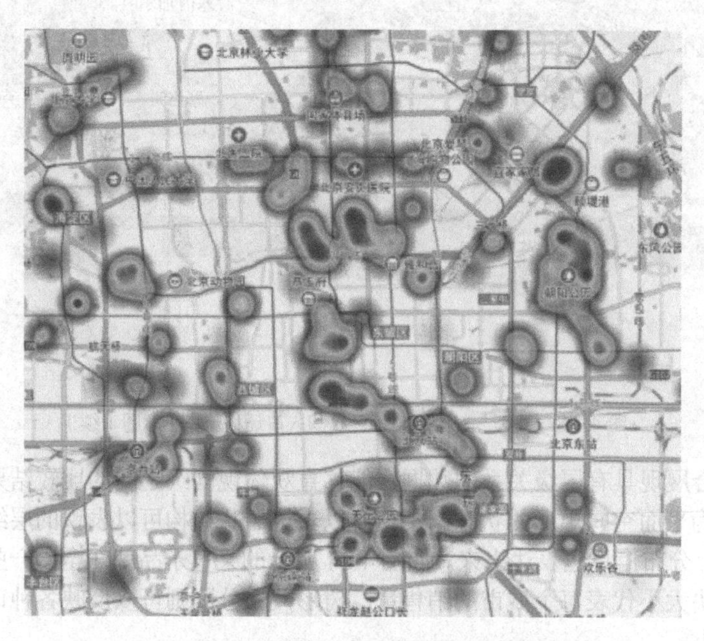

▲图 4-25　北京市公园分布数量热力图

4.3　数据可视化与数据分析

4.2 节以各种图表为出发点，讨论各种图表的特点与用途。本节将以数据分析的场景出发，来看看这些图表在各种分析场景中可以如何应用。

4.3.1　数据可视化与假设检验、分布拟合

假设检验的目的是检验若干组样本数据是否来自同一整体，样本数据是否是部分与整体的关系，或检验来自整体的某些样本是否有显著的变化。其具体形式通常为检验样本数据间的均值差异是不是明显、样本之间的分布是不是一致、秩次排序差异是不是足够大。

采用统计学上假设检验的方式可以从概率的角度得到一个 p 值，再根据预先定下的置信标准（如常会被用到的 0.05 或 0.01），来确定样本数据之间是否存在关联。不过，对一个缺乏数学与统计学知识的人来说，接受这些观点的解释成本是比较高的。尤其是在一些 To B 业务中，业务方可能对这些冗长的解释并没有多少耐心，虽然假设检验的思路与方法是科学的，但让对方采纳这些方法，常常需要付出比较大的代价。

借助可视化图表来间接支持假设检验，可以达到事半功倍的效果。一方面，把各个样本的

分布以可视化图表的方式展现，图表显示的差异大小对业务造成的潜在影响，可以由业务方自行判断。这样避免了业务方直接接触数学与统计学的细节知识，也可以充分发挥数据的辅助与支持价值，让业务方能自行根据当时发展形势、业务领域知识快速做出决策；另一方面，借助可视化图表，先让业务方看到样本数据之间的分布差异，再进一步说明 p 值的作用与功效，业务方对数学、统计学等专业理论知识的接受程度会更大。

图 4-26 所示为“××公司员工普查记录表”中，不同薪水水平下的满意度的分布示意图。

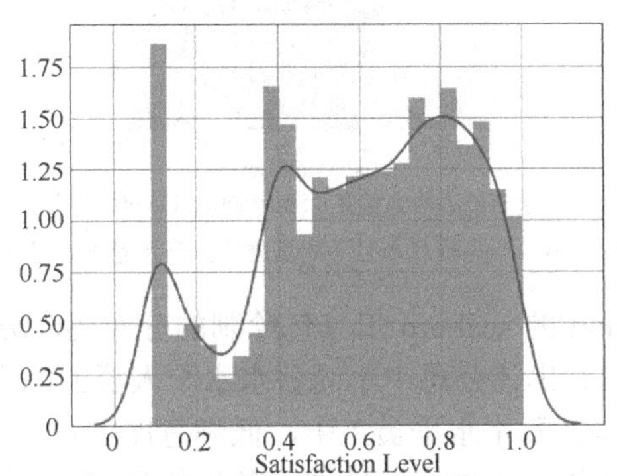

（a）低水平薪水员工（Salary-Low）的满意度（Satisfaction Level）分布

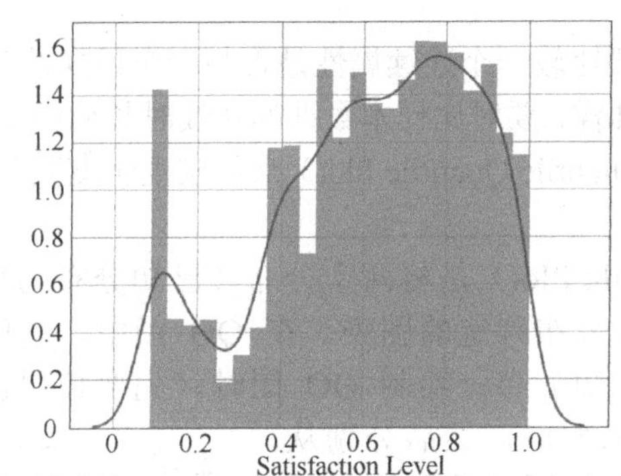

（b）中水平薪水员工（Salary-Medium）的满意度（Satisfaction Level）分布

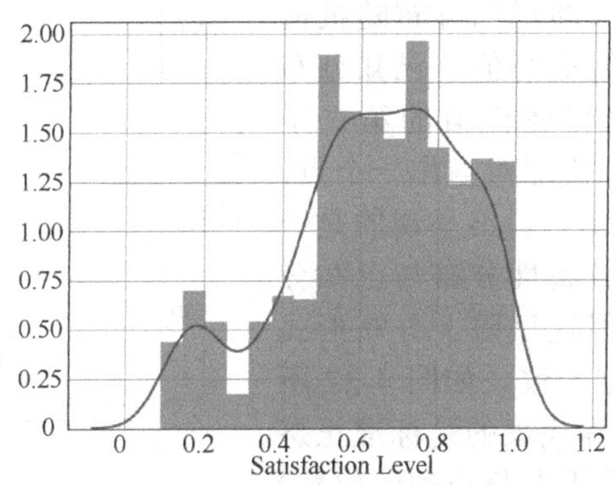

（c）高水平薪水员工（Salary-High）的满意度（Satisfaction Level）分布

▲图 4-26　不同薪水水平下的满意度分布示意图

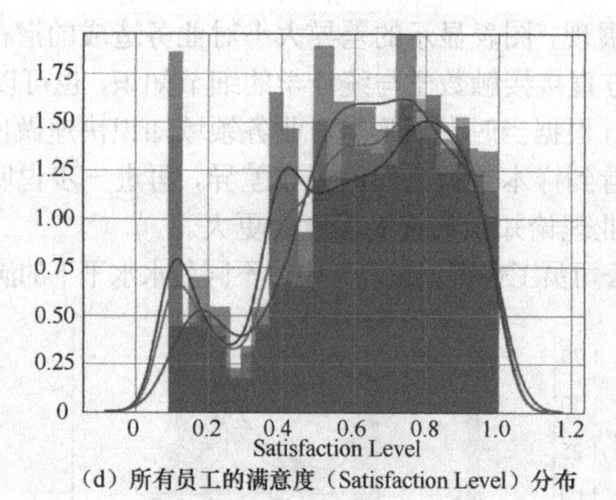

（d）所有员工的满意度（Satisfaction Level）分布

▲图 4-26　不同薪水水平下的满意度分布示意图（续）

图 4-26 所示为使用 Python 的 seaborn 工具包绘制的分布图，分布曲线为根据数值分布密度进行推算拟合得到的。可以看出该公司中不同薪水水平人群的满意度较好的部分，分布比较一致。但是，在中薪水水平与低薪水水平员工中，低满意度的员工人数占比要多出很多。

借助可视化图表的方式可以尽可能全面地展示数据信息，有力支持以分布的角度比较样本的相关业务场景。

在一些业务场景中，需要比较一个连续属性是否与一个已知的分布形式一致。例如，在一些互联网 App，对全体用户抽样，要对比样本数据的在线时长曲线是否符合正态分布或二项分布。此时可以借助 QQ 图（Quantile Quantile Plot）来从宏观角度判断样本数据分布与已知分布是否一致。

QQ 图（Quantile Quantile Plot）是将两个分布（已知分布与用来对比的属性分布）的对应分位数绘制于图中进行分布判定的图表。在 QQ 图中，其中一个坐标轴为用来对比的属性，另一个坐标轴为已知分布。绘制 QQ 图时，先要按照已知分布形式生成与待比较属性样本数量相同的随机数值，然后分别从小到大排列随机数值与待比较属性值，以两个属性相同秩次的值做对应（即已知分布随机值最小数对应待比较属性值的最小值，已知分布随机值第二小值对应待比较属性值的第二小值，依此类推），将这些对应值配对当作一个点，绘制到 QQ 图中。如果 QQ 图中最终呈现的是一条直线，则可以说明待比较属性分布与已知分布的分布形式是一致的。但这仅限于分布形式一致，分布参数却并不一定一致。如图 4-27 所示的 QQ 图为例，如果横坐标代表的是标准正态分布，横坐标轴的 0（即标准正态分布的中位数）对应的待比较属性中位数为 150（大约），考虑

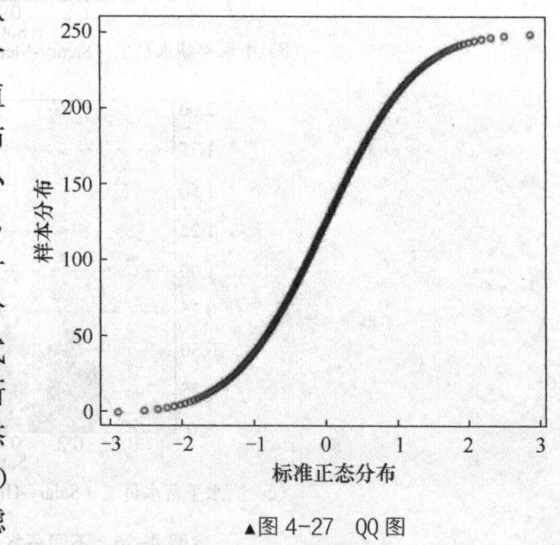

▲图 4-27　QQ 图

到以上 QQ 图的直线效果不错，可以认为待比较属性的平均值为 150（大约）。x 的标准差为 1（标准正态分布标准差为 1），但对应的待比较属性的标准差却并非为 1（接近于该图中的斜率）。

PP 图与 QQ 图的思路基本一致。只是在 QQ 图中，已知分布与待比较分布以相同的分位数进行对应；而在 PP 图中，已知分布与待比较分布的对应方式换成了累计概率值。如果两个分布一致，那么 PP 图中的图形应该为一条过（0，0）和（1，1）的线段。

除比较连续属性分布与已知分布是否一致外，PP 图和 QQ 图也可以用来比较两个连续属性值的分布是否一致。

当然，可视化图表是一种较为感性的判断方式，在差异较大时，可视化图表可以很明显地展现这些差异。但如果遇到一些模棱两可的、不是一眼能辨识清楚的差异，还是要用更为深入、理性的方法来解决遇到的业务问题。

4.3.2 数据可视化与多维分析、钻取分析、交叉分析

多维分析与钻取分析的方法，其实就是按照不同的属性维度对数据进行罗列，以不同的角度对数据进行认知与分析的过程。

用柱状图（条形图）和直方图就可以表示多维分析想要表示的几乎全部信息，依次遍历一份数据集所包含的每一个字段属性，根据字段属性是连续还是离散，采用柱状图（条形图）或直方图对这些属性的值域与值域统计进行展示，就是多维分析的可视化表示了。

钻取分析作为多维分析的一种具体操作，可以通过在每一维度上叠加进行更多维度的展示（下钻）或聚合多个维度的属性值统一展示（上钻）。

不同大洲不同时间的人口条形图就是一个多维分析与钻取分析的可视化实例，如图 4-28 所示。在纵坐标轴上标明的是不同大洲与不同时间信息，横坐标轴则显示不同大洲不同时间的人口总量。

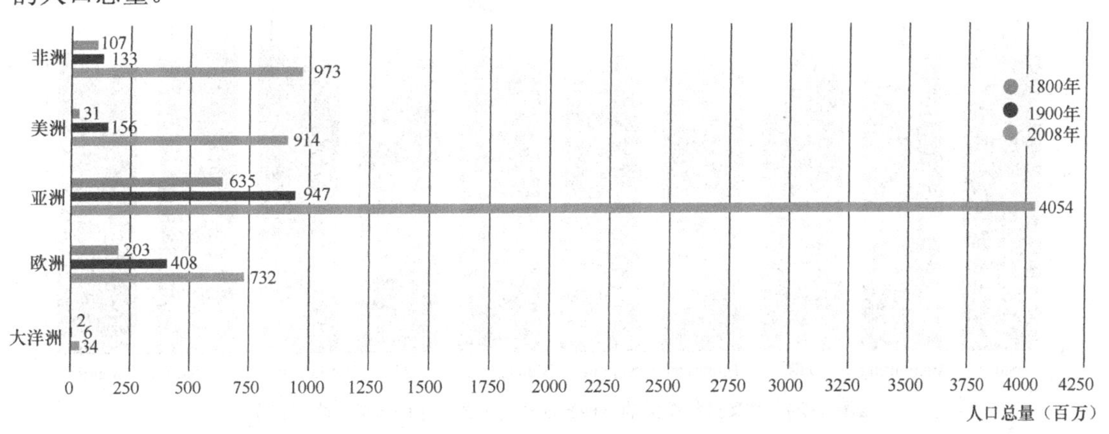

▲图 4-28　不同大洲不同时间的人口条形图

图 4-28 所示的图形展示方式，与交叉分析中用到的“透视表”是比较类似的。透视表是高维数据方体的二维透视展示形式，如表 4-1 所示的部门、薪水水平与司龄的二维表。

表 4-1　部门、薪水水平与司龄的二维表

部门	平均值项：司龄		
	高（薪水水平）	低（薪水水平）	中（薪水水平）
Accounting	3.22	3.44	3.68
HR	2.91	3.26	3.50
IT	3.07	3.44	3.56
Management	5.16	3.41	4.16
Marketing	3.51	3.53	3.63
Sales	3.55	3.46	3.61
Support	3.22	3.48	3.31
Technical	3.31	3.40	3.45

如果把所有的观察维均只放在行或列，属性维的聚合形式就是一个单值，可视化表示就不同大洲不同时间的人口条形图一样，所有观察属性都在行或列上，而列或行的大小（代表被分析与关注的属性值）直接用矩形长度来表示。

对于交叉分析来说，保持透视表的二维透视形式也是一个可选项。此时，可以选择用三维图表的形式展示，如图 4-29 所示；也可以直接以散点图、气泡图的形式来展示。

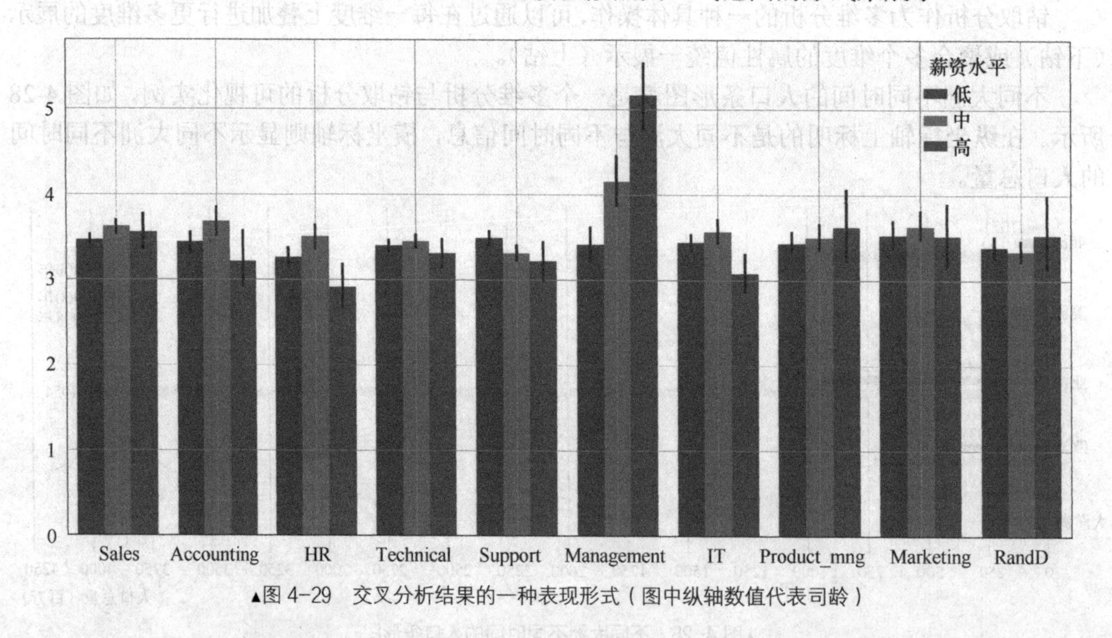

▲图 4-29　交叉分析结果的一种表现形式（图中纵轴数值代表司龄）

图 4-30 所示为账单与小费关系图，该图可以展示账单与小费的相关关系。同时，它也可以从交叉分析的角度，分维度展现数据分布特点与对比属性（通过点的疏密程度说明）。

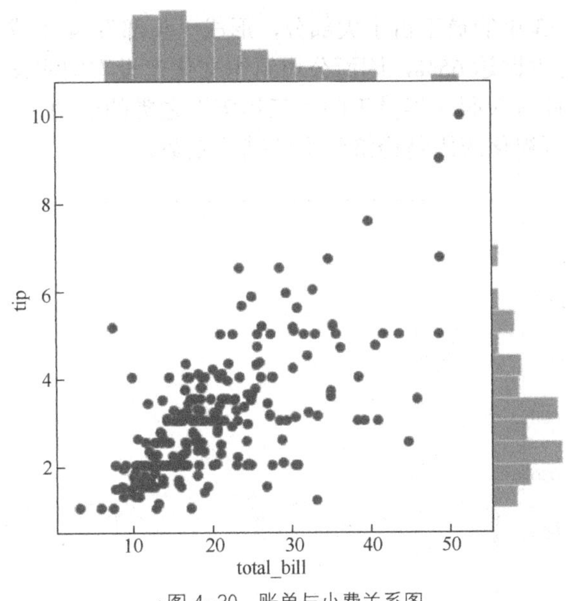

▲图 4-30 账单与小费关系图

4.3.3 数据可视化与秩次分析

秩次分析是以排序的方式，分析某些属性与特点或属性与属性的相互关系的方法。由于常常会考虑到分析目的的明确性，秩次分析中最为关注的部分通常集中在排名靠前的“头部数据”和所有排名较后的“长尾数据”。可视化图表可以非常直观地展示与发现这些“头部数据”和“长尾数据”，以及了解“头部数据”与“长尾数据”的规模大小和在整体范围内研究这些样本的影响强弱。

还是以“××公司员工普查记录表”为例，如果公司要嘉奖某些员工，要裁员，或者要举行一些文化活动，需要确定目标人群，就需要以一定的规则对员工进行排名，然后设定阈值对员工进行筛选，作为接下来行动的指南。常见的筛选标准是按照绩效评分或是员工司龄进行评价筛选。在筛选时，第一步就是确定秩次（即排序），根据绩效评分或员工司龄对所有员工排序。接下来就可以绘制图表，全局观察高评分或高司龄员工、低评分或低司龄员工占整体的比例和对整体的影响大小了。

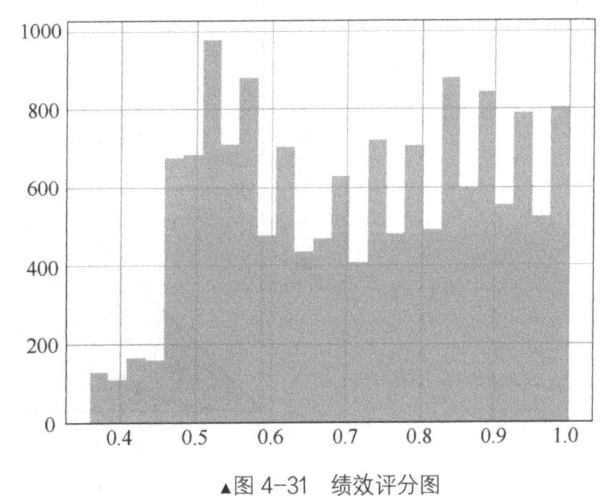

▲图 4-31 绩效评分图

在图 4-31 所示的绩效评分图中，可以看到在评分 0.45 分附近时有个较大的评分差，小于 0.45 评分的员工占比不是很大。而高评分的员工中，评分差距并不是非常大，如果要对员工嘉奖，严格遵守预算限制就可以，增加或减少预算的影响不会有过于剧烈的振动。

在图 4-32 所示的员工司龄排序图中可以

发现，公司中司龄为 2～3 年的员工占了大部分，形成“头部”；4 年或 5 年以后的员工逐次递减，形成“长尾”。头部占比达 65%，因而公司组织文化建设方向应该重视这部分人的感受与意见。例如，举办一些针对入职 3 年员工的“三年庆”之类的活动。

另一个秩次分析的可视化应用是经济学上的基尼系数。

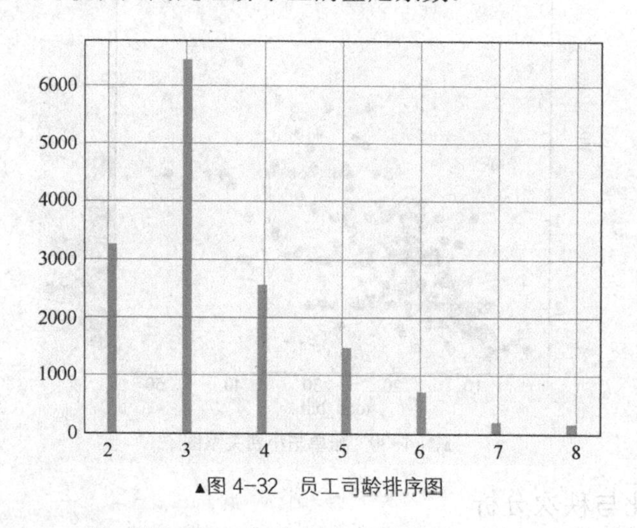

▲图 4-32　员工司龄排序图

基尼系数源于图 4-33 所示的一张可视化图表。假想把一个国家所有人口按照收入情况排序，收入低的排在前面，收入高的排在后面。遍历一次该人口收入排列，以累计人口百分比作为横坐标轴，以对应的累计收入百分比作为纵坐标轴，就会做出一条曲线（这条曲线称作洛伦兹曲线）。假想人人收入均等，也可以作一条曲线（这条曲线实际上是一条直线），称作绝对平等线。这样就得到了图 4-33 所示的一张图。图中面积比 $\frac{A}{A+B}$ 就被称为基尼系数。基尼系数常用来反映一个国家或地区的贫富差距大小。基尼系数越大，则表示贫富差距就越大。

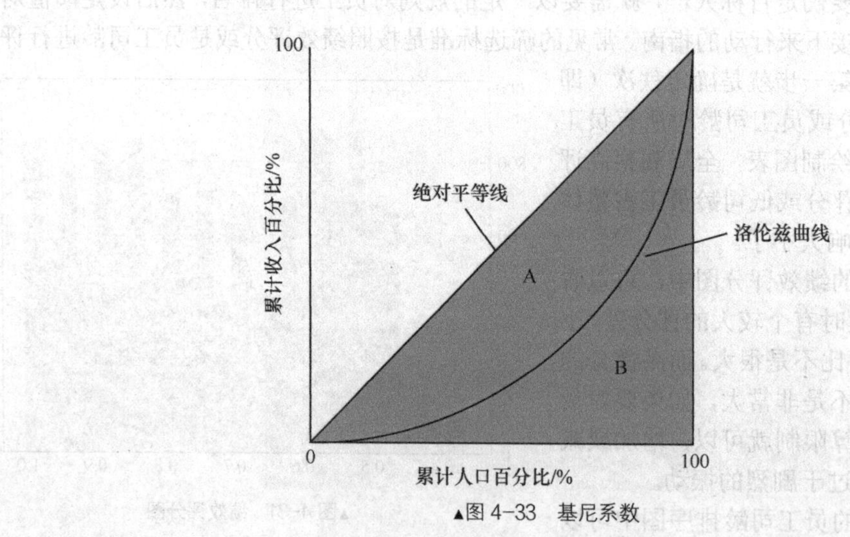

▲图 4-33　基尼系数

基尼系数是一项被广泛接受的秩次分析可视化应用指标。

除用柱状图（条形图）和折线图支持秩次分析以外，还可以使用如阶梯图的形式来支持秩次分析。比较典型的应用是评价机器学习模型效果的 ROC 曲线，这一点下文再介绍。

4.3.4 数据可视化与相关分析、回归分析

相关分析重在研究变量与变量间是否存在“我涨你也涨，我降你也降”的相关关系，这种关系的量化表现就是各种相关系数的计算方法。借助可视化方法，同样可以把多个变量的趋势关系展现在图表上，可以非常直观地说明“相关”这个词代表的含义。相关分析可以用趋势型图表来表示说明，也可以借助分布型图表来表示说明。

通过时序变化的趋势展示，可以用来说明两种事件的信号之间是否存在相关关系，如图 4-34 所示。

通过散点分布图的形式，展示账单与小费之间的相关关系，如图 4-35 所示。

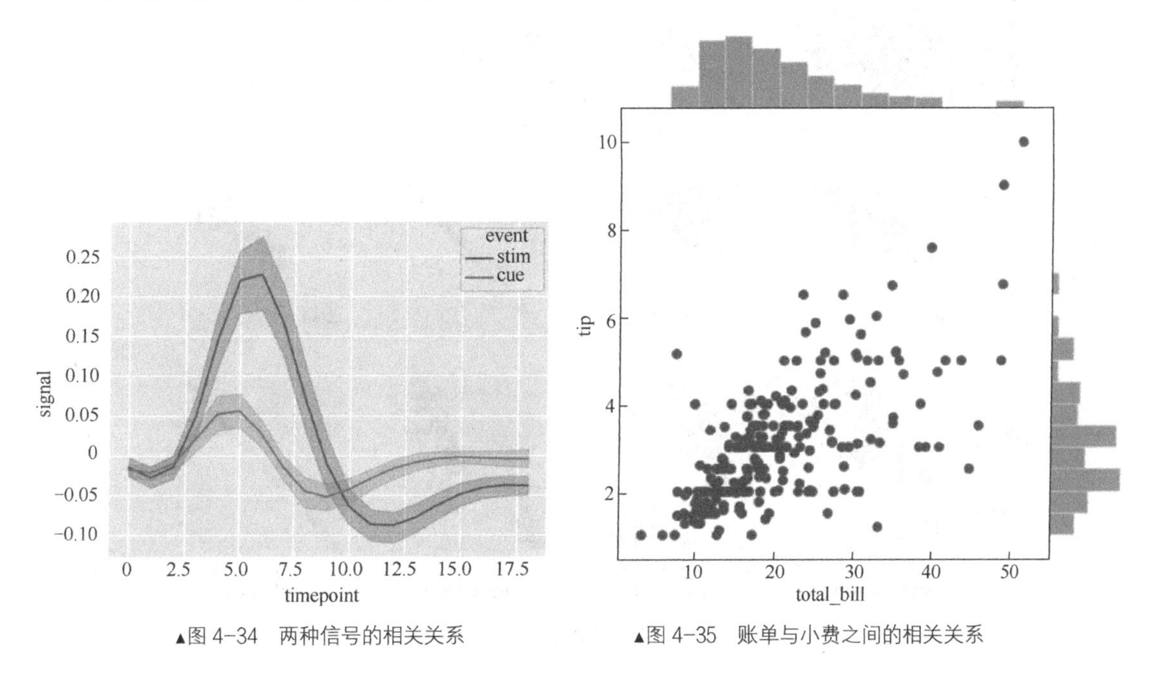

▲图 4-34 两种信号的相关关系　▲图 4-35 账单与小费之间的相关关系

回归分析是将所有变量区分出自变量和因变量后，研究自变量与因变量之间数量变化关系的分析方法。回归分析主要通过建立因变量与影响它的自变量之间的回归模型来实现。

如上文所述，回归分析与相关分析是有部分相似的问题解析方式的，因而用于相关分析的可视化图表解决方案大多数是可以用于回归分析的。常见的方式，是将自变量与因变量均当作坐标轴，把每个样本在此坐标轴上的散点绘制出来，重点观察因变量随自变量的变化趋势是否符合一定的规律。从理解数据的角度来看，回归分析的目的之一是以尽可能少的参数、尽可能简单的形式表示自变量与因变量的关系。而所谓的“简单的形式”的一种表现，就是“一眼便可知”，用可视化图表的方式可以帮助数据分析者尽可能快速地找到这些比较明显的映射关系。

当然，这并不意味着不能“一眼便可知”的映射关系不重要（数据工作者应该永远敬畏数据的力量），但拿实践经验来看，简单形式的回归更容易被更多人（包括业务方、合作方、数据分析节点上下游等）所接受，可视化图表在这个过程中就是一个非常重要的“推手”了。发现简单形式的回归关系常会用到的一种绘图方式叫配对绘制，如图 4-36 所示。

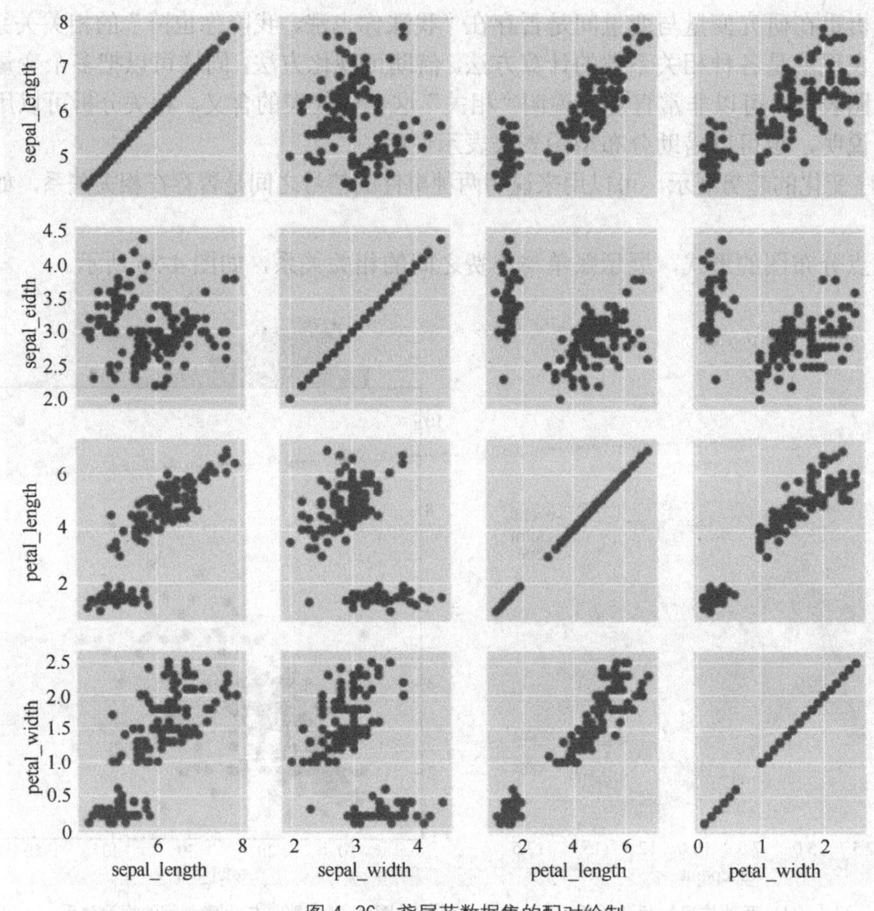

▲图 4-36　鸢尾花数据集的配对绘制

上例使用的数据集是经典的“鸢尾花数据集”。该数据集共收集 3 类鸢尾花、共 150 条记录，每类各 50 条数据，每条记录都有 4 个特征：花萼长度、花萼宽度、花瓣长度、花瓣宽度。图 4-36 中绘制的是所有记录 4 个特征两两之间对比的散点图展示。从中可以感性地发现花瓣长度与花瓣宽度的比较强的相关关系，也可以发现花萼长度与花瓣长度的比较强的相关关系。

关于“鸢尾花数据集”这份数据集值得多说两句，这份数据集用来练习数据分析的常用方法是非常合适的。因为这 150 条记录代表 3 种类型的鸢尾花，这份数据集常常被用来练习各种监督学习与非监督学习。图 4-37 所示为用分布型图表绘制的 3 种鸢尾花各个特征的关系，从这些关系中可以得到哪些信息，可以得到什么结论，留给读者自行思考。

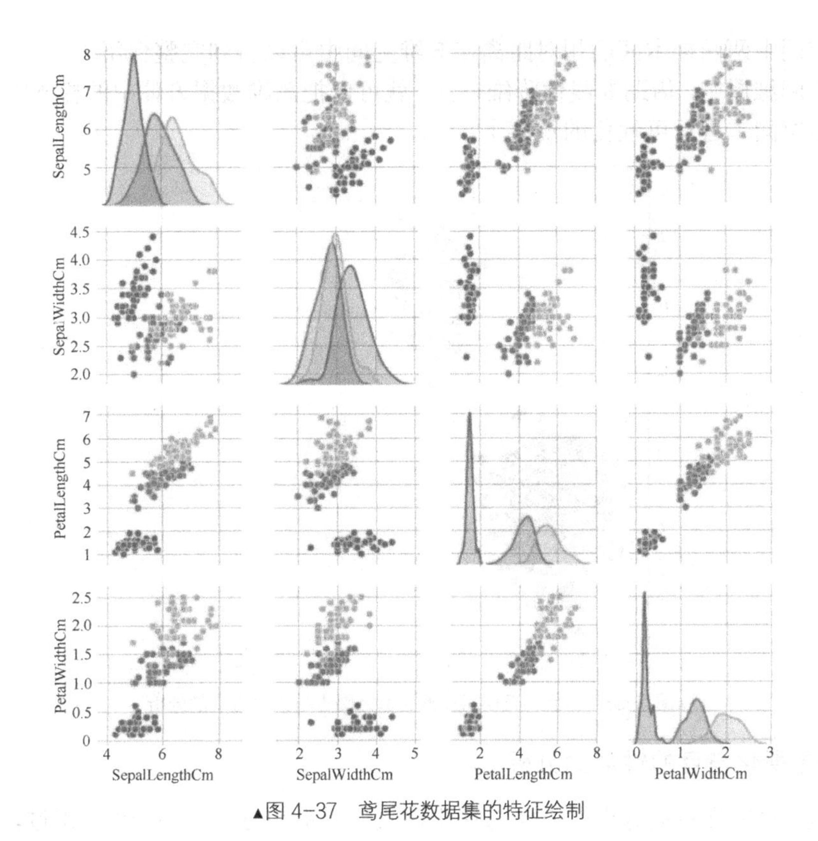

▲图 4-37 鸢尾花数据集的特征绘制

4.3.5 数据可视化与分组归类

分组与归类是从业务角度对复杂事物的概括。这种概括方式以给样本贴上分组或归类的标签为主，同时要遵循一个非常重要的原则：同一分组或类别下的样本实体应尽可能相似，不同分组或类别下的样本实体应尽可能不同。

可视化图表支持分组与归类是非常直观、方便、迅速的，只要把这些数据样本以散点的形式展示在图表中，哪些样本比较靠近，哪些样本相距比较远，是很容易被发现的。如图 4-38 所示。

但就如上文所述，在面对更为复杂的数据形式时，把样本数据绘制到图表中面临两个问题：一是高维数据的低维化，即把具有更多维度的数据样本绘制到二维或三维这类通过肉眼可以直接观察到的空间中；二是不同维度的衡量尺度问题，即不同属性的衡量标准、值域与分布形式不同，它们常常不具备直接的可比性。第二个问题可以通过特征工程中的归一化和标准化方式解决，而第一个问题要更加棘手一些。

高维数据样本的低维表示的一种思路是通过非线性映射的方式实现。其中比较常见的算法包括 SNE、t-SNE、Large-Vis，有兴趣的读者可以查阅相关资料阅读细节。如果没有太多的时间，可以通过这些算法的原则来了解它们的根本目的：如果两个数据样本在高维数据空间（即数据方体或特征方体）中离得较近，那么在低维数据空间中它们也应该离得比较近；如果两个数据样本在高维数据空间中相距较远，那在低维数据空间中它们也应该离得比较远；降维的目的，是高维空间中两两样本间的相对距离在低维空间中可以得到完整保留。

有了以上降维原则，借助非线性降维方法，就可以把高维数据方体中的样本映射到二维平面或三维立体空间中进行可视化的观察了。

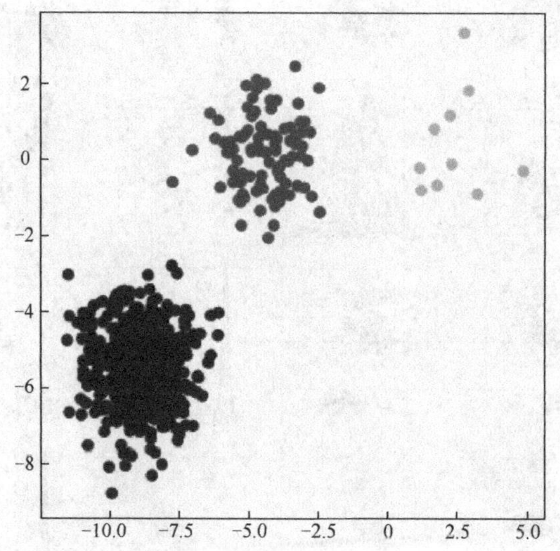

▲图 4-38　分组与归类可以通过散点图进行比较直观的分析

4.3.6　数据可视化与目的性数据分析

上文讲到，目的性数据分析的方法与探索性数据分析的方法大多一致。不过，目的性数据分析针对特定问题的研究、分析角度也会有其独特的一面，在将繁杂的可视化方案运用在面对不同目的的场景下，方案选型的优先级也就会有差异。

描述型数据分析重在描述数据背后代表的业务形态，因而分布型、比例型、比较型图表（地理相关业务中可能会用到地理型）是从不同角度描述业务的最直接形式。关联型、比例型图表可以从空间和时间维度，对数据关系进行更为深层次的描述。可视化方案是多样的，面对的问题和目的是多变的，因而可视化方案的选型（有时需要根据具体问题改造）应该是灵活不受限的。

诊断型数据分析以“断因”为出发点，与之相关的可视化方案多与诊断时采用的具体方法相关。诊断型数据分析时最常用到多维分析、钻取分析、假设检验、交叉分析、相关分析等，因而与之相匹配的比较型、分布型、关联型、趋势型图表也应该随之被组合使用。

预测型数据分析常以时间或某些属性的规模为自变量参考，推测随着自变量变化因变量有什么样的变化趋势，因而趋势型图表是最常用到的选择。

指令型数据分析为整个目的性分析过程的最终落脚点，需要评价不同方案的可能效果与结果。因而，比较型、关联型图表会作为最常被用到的选型，分布型、预测型图表则常常作为辅助或备选。

4.4　可视化数据交互

从上文所述可见，可视化图表可以极大程度地展示数据中包含的信息，不论是对探索性数据分析还是目的性数据分析，都会起到极大的作用。可视化图表可以将有限样本（或是大量样本的抽样）的有限数据特征在低维空间中游刃有余地展示。受限于人所能接受的三维空间，可视化图表很少会考虑把极大数量的数据集全量展示，也很少考虑直接在比三维更高维度的空间中渲染。一般情况下，在一张可视化图表中，最多显示的特征维度以三维为宜，通过如散点大小、颜色深浅等控制手段，可以适当多显示一些维度信息，但增加的显示维度不应该太多，否则容易使得一张图表内容过于繁杂，达不到清晰地观察数据的目的。

如果业务需要把更多样本数量的数据，或者是很高维度数据空间中的数据进行可视化展示，一般有以下 3 种处理思路。

（1）将大量的数据样本进行进一步抽样，使业务需要的和数据意义上比较重要的表现特征得到保留；或是把高维数据空间中的数据进行低维映射，在低维空间中观察。如 PCA 变换、LDA 变换等线性变换以及 SNE 等非线性变换。

（2）把一张图表的展现空间，分成多张图表进行观察。比较常见的操作是把一张图表以行列切分，分成几张子图，在不同的子图中呈现不同参数、不同分组的数据图表。

（3）通过交互组件和交互操作的设计，实现可视化界面与数据的动态交互。这也是最为灵活可以保留全部数据信息的方式。

如图 4-39 所示，这是一个开源电影数据库（OMDB）记录的几千部电影及其特征属性示意图。直接在一张图表中显示或是分成有限几张图表展示显然是不现实的。通过对左侧交互组件的操作，可以对整个电影数据库进行非常灵活的筛选，例如，可以根据票房阈值、发行时间等因素，观察不同时期的电影票房规律和不同时期的热门电影特征等。当然，根据不同人关于电影的不同兴趣点，可以有更多样、更广泛的数据选择方式，在这些交互组件的帮助下完成这一切并不是一件难事。

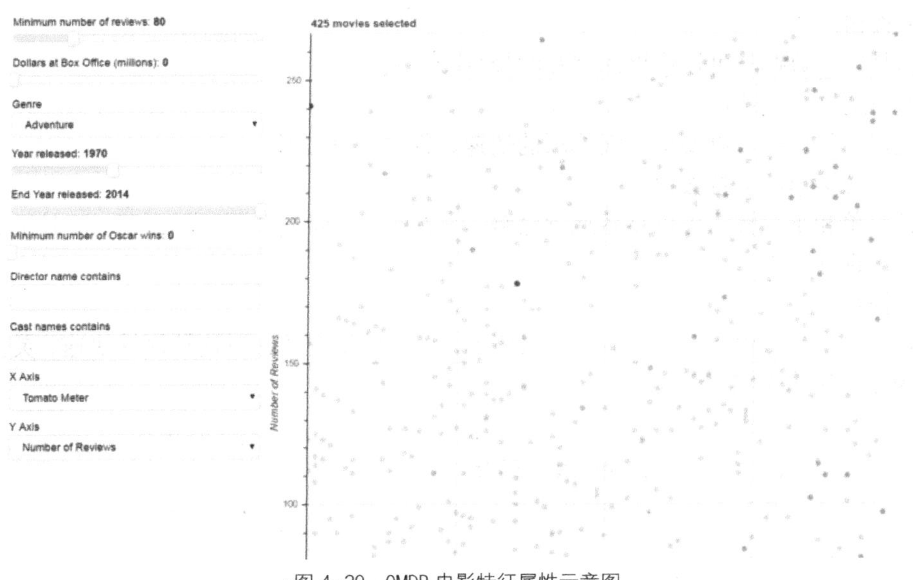

▲图 4-39 OMDB 电影特征属性示意图

4.4.1　交互式可视化的流程

在无交互的可视化图表显示方案中，常常是以提取数据的指令开始的。这些提取数据的指令通常为业务所驱使，以 SQL 或其他编程语言语法或工具（如 Python 中的 pandas）为主要实现形式。获得目标数据后，再选择合适的图表，在图表中显示这些数据。这个过程一般是单向的，或者是一个个独立的任务，或以管道和数据流的形式，不断显示与更新图表中的形状与数值，如图 4-40 所示。

在可视化的图表显示方案中，整个过程常常会以交互行为开始，交互组件会将选择数据的维度与参数传递给负责提取数据指令的运算单元，运算单元根据需求提取数据指令，将数据回传到显示图表的面板，用图表进行展示。交互不断地进行，这个过程也就会不断进行。这个过程是双向的：用户界面（各种交互组件）向数据端传递指令，数据端向用户界面（显示面板）传输数据，如图 4-41 所示。

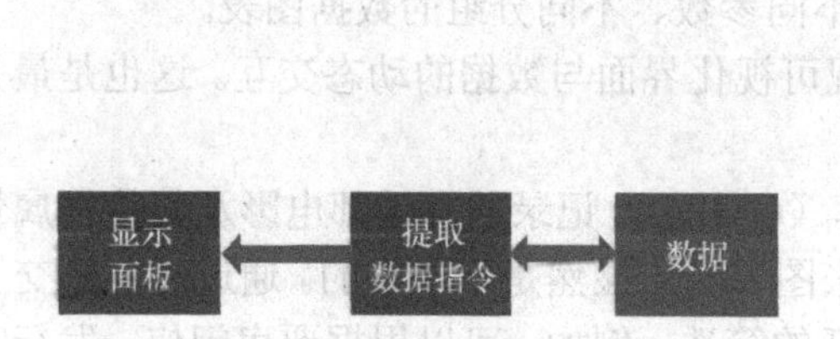

▲图 4-40　无交互可视化方案的抽象流程示意图

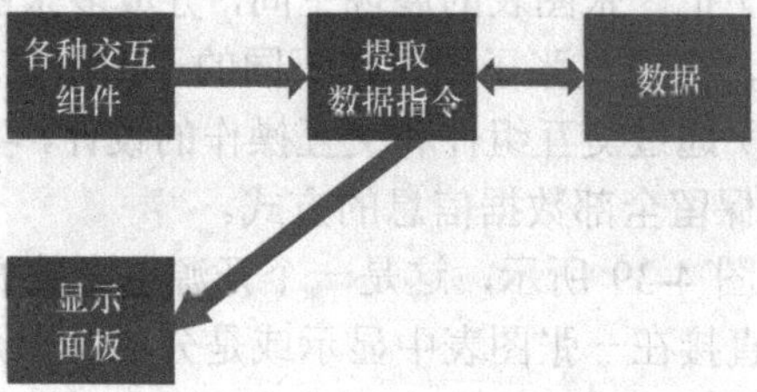

▲图 4-41　交互式可视化方案的抽象流程示意图

4.4.2　常见的数据可视化交互组件

常见的可视化交互组件大概有以下几类。

（1）按钮。

按钮是发起数据与可视化界面交互的最直接方式。

（2）单选框与复选框。

单选框与复选框可以实现有限选项的快速、简单选择功能。

（3）下拉菜单、下拉按钮。

下拉菜单和下拉按钮可以将备选项隐藏，一方面进一步简化了显示界面，同时又支持较多有限选项的选择功能。

（4）滑块。

滑块可以在确定值域（最小值到最大值的区间）的情况下，对连续属性快速、灵活地进行取数值操作，如图 4-42 所示。

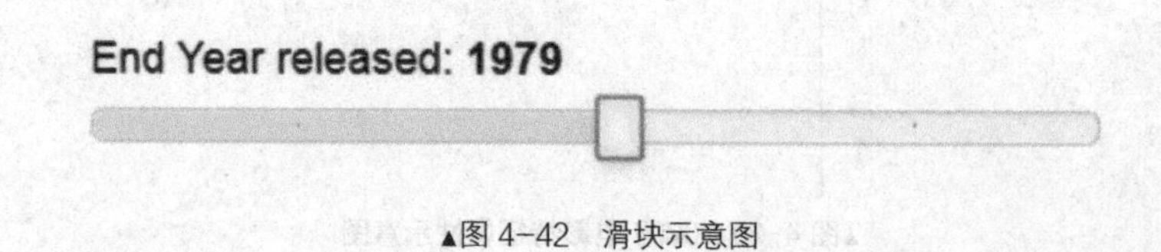

▲图 4-42　滑块示意图

（5）选项卡。

选项卡可以实现在不同子图表之间灵活切换的功能。主页面只显示一张子图，而其他子图则隐藏在各个选项卡后。

（6）输入文本框。

直接将要交互的内容、特征值、参数等输入文本框，也是一种与数据的交互方式。这种交互方式显得有些不够灵活（相比于像滑块、选择框一类的组件，输入字符操作显得笨拙得多），但交互内容的丰富性和多样性是其他交互组件比不了的。

（7）鼠标指针交互。

通过鼠标指针的掠过、悬停与点击、双击、右键单击等事件，可以实现即时的交互操作，也是一种可以让人不脱离关注区域就能够与数据端交互的方法。

4.5 可视化设计

根据各种不同类型图表的特点，结合数据的业务含义，就可以绘制出形形色色的可视化图表。但这并不是数据可视化的全部，完整的数据可视化流程还要将可视化设计视为重要的一环。

可视化设计是指把可视化信息的内容根据业务需要和美学设计理念，科学、合理、充分、优美地构建可视化图表元素的样式风格、布局可视化图表的整体结构，达到以更容易被人所接受的方式、高效传递数据信息的目的。

为什么要进行可视化设计？这是因为在当下各个领域（如金融、政务、交通、医疗、社会治安、商务等）大数据工程持续建设的环境下，数据可视化是这些业务最佳的表现形式之一，也是同步组织信息的最便捷、最高效的方式，尤其是在 To B 和 To G 相关的业务中，数据可视化发挥的作用是不可替代的。在提升效率、展示政企形象、有力宣传等多方面复合要求下，传统单一形式的可视化图表显示已经让人感觉到审美疲劳，单纯的图表堆砌展示已经不能满足用户对数据可视化的视觉需求。更美、更合理、更高效的可视化设计就尤为重要。

美与高效，是可视化设计的基本原则。

4.5.1 可视化设计的美学原则

践行可视化设计的美学原则可以从以下几方面入手。

1. 构图

构图强调可视化设计的全局考量。这里的“全局”不仅包括空间上的全局，还包括时间上的全局。

可视化设计的全局构图讲究“稳定”即可。在空间方面，不同部分的元素差异性（包括色彩、色调、样式风格、字体、主题等）最好不要太大，应尽可能保持稳定；在时间方面，如果有界面切换或是动画展示的需求，也应该尽可能保证时间前后的不同展示内容的差异性尽可能小，主题、风格、色彩要尽可能连续、渐变，不让观察者有过于剧烈的波动体验。

2. 布局

布局强调可视化设计的元素与元素间的排列、组合考量。

可视化图表的布局应尽量有序规则，不要过于紧凑，也不要过于宽松，尽可能以人可以更容易理解信息内容的角度去安排布局。

合理的布局除了可以提升美感外，对提升可视化信息传递效率也起到举足轻重的作用。

3. 色彩

在数据可视化设计中，色彩是非常重要的、必须要考虑的设计因素。优秀的配色方案可以极大发挥可视化图表的表达效果，并充分调动观察者的情绪。

配色方案的选择，可以参照生活经验，也可以依据色彩心理学的理论。如红色常常代表着喜庆、热情等，也可以表示警告、灾难、愤怒等；蓝色可以给人以友好、和谐、宁静等感受，也会给人以冷酷、忧郁等感觉；很多人喜欢用紫色、蓝色等配色方案表现科技感与科幻感，也有人喜欢用黑色、灰色、渐变、光照等表现高端质感。

4.5.2　可视化设计的高效原则

践行可视化设计的高效原则可以从以下几方面入手。

1. 主次得当

可视化图表可以展示非常丰富的数据内容，在展示这些内容时，一定要根据展示的目的和业务的需求，区分出哪些内容是重点，哪些内容是次重点，哪些内容是非重点。越是重点要展示的图表，就越要在尺寸、样式、色彩等表现形式上有所照顾与倾斜。例如尺寸加大、字体加大和加粗、色彩更加明亮等。

2. 信息密度要适当

可视化图表并非展示的内容越多越好，可视化图表最终呈现的受众是人，过多的内容展示不仅不会起到有效传递信息的作用，还会让真正重要的信息得不到良好的表达，起到反作用。

合理的信息密度是多大？在一屏界面中，放置多少图表比较合适？这些均没有一个固定的标准，但与信息接收者、信息重要程度等息息相关。一般情况下，观察者对业务了解越是深入，要展示的重要信息越多，一屏界面中可以放置的信息展示单元就可以适当更多一些。

如果一屏界面中在合理的密度范围内不能展示业务需要的全部信息，可以借助动画、滚屏、可视化交互等方式动态调取感兴趣的信息进行展示，而不应该仅通过简单堆叠图表的方式“为了展示而展示”。

3. 注重图表间的关系

一屏界面的图表与组件布局对可视化可以表达的信息效率是非常重要的。格式塔原理在对其有非常重要的借鉴意义。

格式塔原理是20世纪20年代由奥地利和德国心理学家提出的视觉知觉原理，它建立在一个“有组织的整体，大于其各部分之和”的理论基础上。格式塔原理将人观察事物的过程总结成如下4个关键的思想基础。

（1）出现：人们倾向于通过物体的粗略轮廓来识别它们，如图4-43所示。

（2）物化：人们可以识别物体，即使它们有部分缺失，如图4-44所示。

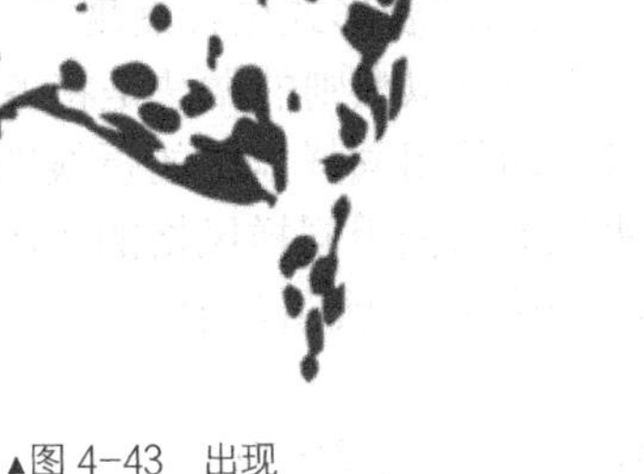

▲图4-43 出现

▲图4-44 物化

（3）多稳定性：人们常常会用不止一种方式来解释模棱两可的事物，如图4-45所示。

（4）不变性：人们在识别简单物体时，不会受到它被旋转、缩放、变形的干扰，如图4-46所示。

▲图4-45 多稳定性

▲图4-46 不变性

格式塔原理应用于视觉设计与可视化设计可以总结成如下几个准则。

（1）邻近。

排列比较靠近的元素被认为比那些放置得更远的元素更加相关。

在进行数据可视化设计时，应该把在业务上相关性比较强的指标、趋势、分析项集中布置，而把相关性不是很强的内容分开放置（或在同一个界面中间距大一些，或可以使用线条、框、色彩等元素将这些不同的内容属性的部分区分开）。

可视化布局时，所谓的“相关性”衡量应该是业务上的相关性，而不应该是形式上的相关性。例如，设计一个气象监测显示大屏，符合邻近准则的做法是将各个气象因子，如温度、湿度、能见度等指标的实时监测值、历史指标、预测指标、统计指数等按各指标的实际含义监控布局，而不应该把所有的柱状图放在一起，把所有的折线图放在一起，把所有的饼图放在一起。

（2）共同区域。

与邻近准则类似，即将放置在同一区域内的元素视作相似元素。

（3）相似。

与不具有相似视觉特征的元素相比，具有相似视觉特征的元素被认为更加相关。这些相似的视觉特征包括形状、配色、风格、形式等。

在进行数据可视化设计时，除根据邻近准则把业务相关的显示指标进行汇聚外，还可以通过这里提到的相似准则，把相同的展示目的以相似的图表形式进行展现。

例如，同样是设计一个气象监测显示大屏，符合相似准则的做法是将各个气象因子里表示趋势的指标（如历史温度趋势、历史降雨趋势等）均使用同样风格的折线图表示；表示结构组成的指标（如最近一个月高低温占比、强降雨占比）均使用同样风格的饼图表示；表示分布情况的指标（如近一月的降水分布、气温分布等）均使用柱状图表示。

（4）闭合。

闭合准则是指把一组元素视作一个单独的可识别形式或图形。

在进行数据可视化设计时，可以借鉴闭合准则，将一些零散的表达进行整合，用有限的表现空间和人脑的自动补全，构造完整的要表达的信息。

例如，在气象监测大屏中，可以通过词云的形式表示近一个月的阴/晴/雨/多云等气象状态的构成与比例，还可以通过词云的整体造型（如将阴/晴/雨/多云等大小不一的词构成“热”字），来表达近一个月天气的整体结论。

（5）对称。

对称的元素往往被认为有归属关系，并给人牢固、简单、和谐、有序的感觉。

在进行数据可视化设计时，应该考虑对称这种形式带来的积极作用，并把对称准则合理用于可视化图表的设计布局过程。

例如，在气象监测大屏中，显示今年 1～6 月的气温变化，并与去年 1～6 月的气温进行对比时，就可以以对称的方式，把今年与去年的气温变化按照月份对应，对称显示，在整体上就会多一分美感。

（6）延续。

延续准则是指排列在一条曲线中的元素被认为比那些随机排列或排列在一条更粗曲线中的元素更相关。

在进行数据可视化设计时，可以考虑以对齐、排列等形式，布局相关性较高的图表或组件。

例如，在气象监测大屏中，可以将所有的预测类示意图以相同的间隔布置在同一行或同一列中，表达这些图表在功能上的相似作用。

（7）简单。

表示个体元素的最小单位应该尽可能简洁。

4. 高效隐喻

在可视化图表中加入一些隐喻技巧，可以起到锦上添花的效果。例如，展示一个班级中的不同性别学生比例，可以通过男生/女生的图标代替文字标注在图表中；在一张图表中展示某些濒危物种近几年的数量变化，可以直接将各个物种的图标放置在图表中，这样省去了从图例中寻找图表折线含义的过程。

4.5.3 可视化交互的一些准则

数据的可视化交互组件可以让观察与分析更大规模数据的方式变得简单，用 4.4 节介绍的一些常见组件，可以支持或完成绝大多数的数据探索与目的性数据分析的任务。灵活性是交互组件带来的优点，但因为过于灵活，似乎无论怎样都可以与数据交互，也可以把图表显示出来。例如，交互界面要向数据提取单元传递一个筛选阈值，既可以通过文本写入的方式实现，也可以通过滑块选择的方式实现，还可以通过下拉菜单的方式实现。所以，要在满足交互必要信息的基础上进一步提升数据处理效率，一些有意义的可视化交互设计准则还是需要引起数据分析者的重视的。

1. 尽可能不使用文本输入

文本输入的方式是最灵活的交互方式，也正是因为最为灵活，输入的文本常常会因为不符合数据格式的约束而出现异常。例如，根据某连续数值的阈值筛选样本，如果阈值填入一个字符，就会出现异常，需要不断交互更正，这降低了分析效率。

2. 通过组件设置交互约束

通过组件的有限值域输入来约束用户的输入范畴，是可视化交互设计的一种聪明的办法。例如，通过滑块、下拉菜单等，直接限制了用户可以选择输入的阈值范围。

3. 交互流程尽可能直观、精简

交互组件的设计尽可能清楚明了，让人一眼便知每个组件的作用；同时交互过程应该尽可能精简，提升交互效率。例如，人们一般在通过下拉菜单选择筛选阈值后再点击“提交”按钮，那么索性在通过下拉菜单选择阈值后自动触发“提交”操作，会更加高效一些。

4.6 可视化工程

如上文所述，可视化图表最基本的应用是被当作观察数据形态的有力工具。为满足不同角度、不同方式观察数据，辅助判断分析的目的。在不断地数据分析任务的推动下，可视化图表也不断演化，衍生出各种各样的图表表现形式。可视化图表在表达信息方面展露出的优点也被越来越多的人意识到，人们便想到发挥可视化图表的优势，以可视化为主要内容与表现形式，将其当作一个专门的项目或工程来做。让数据资源可以以最简洁的方式被大家接受，为业务助

力赋能。

To B 场景与 To G 场景中的政企单位数据化建设进程中，可视化工程常常作为这些组织数据化建设进程的第一步。毕竟，要想很好地使用数据，就一定要先很好地了解数据。这些组织的数据可视化常见的落地场景包括参观视察、展会宣传、办公决策等。

可视化工程是一个极其贴近业务的建设工程，一般情况下可以分成如下 4 个过程实现。

4.6.1　确定主题

明确可视化工程的目的，确定可视化工程的展示主题，是整个数据可视化工程的第一步。与作为数据分析的辅助不同，可视化图表作为主角，通常是要直面公司企业或政府部门遇到的问题或要推动的业务。这些问题和业务对接下来可视化图表的数据依赖、选型、设计等具有非常重要的指导意义。所以这也是整个数据可视化工程中指明接下来工作方向的一个步骤。

举例来讲，对于一个正在进行数字化改造的城市交通管理部门，数字化工程的最初推动力来自于该城市交通管理部门各项业务的需求。一般来讲，对数据资源更深远的应用场景不太清楚的情况下，交通实时状况与态势的感知通常会被当作第一项数据工程来做，这项工程的最佳实现形式就是可视化。基于此，可视化工程的主题就是展示城市交通表现（如车流量、车速、出行需求等），包括城市总体交通表现、重点区域与道路交通表现等。

再比方说，某电商举办了一次促销活动，想通过大屏的形式展示大促进行过程中的“实时战果”。这也变相确定了可视化工程的主题，即电商平台的交易情况展示。

4.6.2　提炼数据

不管用于哪种场景，可视化的图表的背后归根到底起作用的还是数据。可视化效果做得再炫酷，也是为体现数据价值而服务的，如果不能达到这个目的，炫酷的界面效果只是一套空把式而已。

在为可视化图表提炼数据的过程中，有以下几个要点是需要着重思考的。

1. 要展示哪些数据，要计算哪些指标

可视化图表最直接的应用就是展示数据内容或形态。而作为一个工程项目，就要事先明确要对哪些数据进行展示，对一些同一分组下的大量数据，也要确定接下来该如何对这些数据进行聚合。

还是以交通管理部门的交通态势可视化为例，在明确了大方向后，接下来就要研究该展示哪些内容在交通态势的总体界面（最常见的情况是一个尺寸比较大的电子屏或 LED 屏）。交通管理部门可能对道路的车流量、车速等比较感兴趣，也会对每个路口的排队长度等感兴趣，那这些指标就应该被展示在大屏上。对于一些重点区域的交通指标，如展示一个行政区域的车速，就要考虑使用加权平均、中位数等方式，把多条道路的指标合成一个区域的整体指标。

2. 明确数据内部与数据的相互关系

可视化图表可以表现丰富的数据规律的另一个表现，就是它可以把数据内部和各个属性之

间的相互关系进行清晰的展现。在提炼数据时，也应该考虑不同属性间的相互关系是否存在价值，以及这些关系该如何得以展现。

数据的内部关系和数据与数据之间的相互关系常见于如下几种：趋势型、比较型、比例型、分布型、区间型、关联型、地理型。

3. 确定客户或客户关注的重点指标

如果可以与业务代表客户沟通清楚客户关注的指标或内容，这一步就显得好办一些。但大多数场景中，业务方对于可视化要展示的指标和内容并不清晰，但对于不展示什么指标和内容则有很明确的判断，这就需要数据工作者自行选择要展示的数据内容了。

在这个过程中，不妨试着问自己两个问题：第一个问题，如果整个大屏界面只能展示一个重要的信息，应该是什么？第二个问题，展示整个大屏界面的各个图表的理由是什么？（或者，要是被客户或用户问起展示各个图表的原因，该怎么回答？）想清楚这两个问题，对如何选择要展示的内容有非常重要的启发作用。

4.6.3 选择合适的图表

可视化图表是数据、数据内部关系、数据之间关系的反映。如上文所述，数据内部和数据之间的关系可以大致分为趋势型、比较型、比例型、分布型、区间型、关联型、地理型 7 种，可视化图表对应于这 7 种关系就会有 7 个大类的表现形式。这些数据关系的代表性图表形式已经在上文中介绍过了，读者可以自行翻阅。

再回到交通管理部门的态势可视化案例中，展示全市重点区域与道路的态势指标，最清晰的表现形式是地理型图表，这是因为地理型图表不仅可以显示这些指标，还可以反映道路、区域的实际地理关系，有助于业务方更直观地了解数据内容与数据关系。对一些如历史车速等趋势类的指标，或车型分布等分布类的指标，应该考虑到这些指标背后的数据关系，选择适用于它们的趋势型或分布型指标进行可视化展示。

4.6.4 可视化设计

主题、数据、图表均已确定，最后一步，就是遵循美学原则与效率原则，设计美观又高效的可视化界面，给整个可视化工程添上画龙点睛的一笔。

4.7 本章涉及的技术实现方案

本章所用到的所有图表，来源于以下可视化组件或可视化方案的官网或应用案例：Matplotlib、seaborn、Bokeh、Highcharts 和高德地图开放平台。

4.7.1 Python

Python 中的最基本的数据可视化包是 Matplotlib，它依赖的基本数据格式是 NumPy，可以提供如折线图、散点图、柱状图、3D 图等多种多样的图表样式。

seaborn 绘图库以 Matplotlib 为底层绘图逻辑，封装了图形美化风格和更多种类的图表样式，可以实现更为丰富的图表绘制选择。

Bokeh 也是一个美观易用的可视化包，也可以实现多种多样的图表绘制。除此以外，Bokeh 还支持非常丰富的可视化交互组件与操作，同时也可以实现一套完整可视化方案从前端到后端的一体化设计与落地，可以大大提升数据分析者整个可视化流程的设计、分析与开发效率。

Plotly 是一款用来做数据分析和可视化的在线平台。它提供很多编程语言的接口，如 Javascript、R 等，当然也包括 Python。Plotly 生成的图表可以以在线或离线网页形式展示，在展示的同时，也支持一些如放大、拖曳等简单的交互操作，方便分析者对关注的数据细节进行观察。

除专用性较强的以上可视化套件外，数据分析包 pandas 中也集成了很多常用的可视化接口，借助这些接口可以帮助用户快速实现数据可视化探索过程。

4.7.2　开源可视化 API

本章借鉴当作演示案例的 Highcharts 是一款功能非常强大的开源可视化组件。通过 Highcharts 提供的 Javascript 接口，可以实现 Highcharts 提供的极为丰富的可视化图表。

类似的实现方案还有很多，如 ECharts 等。

4.7.3　商业化

Tableau 是一款比较成熟的数据可视化产品。使用 Tableau 的拖放界面可视化任何数据，探索不同的视图，甚至可以轻松地将多个数据库组合在一起。Tableau 有大众可以轻易使用的 Desktop 版，提供分布式的综合数据管理与可视化方案——Server 版。

DataV 是阿里云研发的数据可视化产品方案，它通过简单的调动方式和友好的图表样式风格设计，在商业可视化应用领域占有较高的优势地位。

第5章　特征工程

5.1 变量、字段、属性、维度和特征

在介绍数据科学领域里非常重要的特征工程之前，这几个概念是需要首先明确与区分的。变量、字段、属性、维度、特征这几个概念在上文中不断被提及，似乎这几个概念是相通的，但既然有不同的名称，那这些概念也一定有着不同的内涵。

变量，用最简单的方式来解释，就是数值可以变化的表示量。例如，不断变化的温度、体重、时间、空间位移、心情状态等，均可以看作变量。变量的概念是从数学中普及开来，泛化一些，变量可以代表任何现实世界中的变化事物与关系。如果坚持“唯一不变的是变化”这个普适原理，那可以认为世间任何抽象与具体的表达都是变量。

字段是变量的结构化表达，在计算机科学、数据科学、业务处理等相关领域中，变量均是以一个一个字段的形式被记录与组织。以一维表为例，每一行代表一条关于实体的记录，而每一列代表的是关于各个实体的一方面“主题”。字段可以指代关于这些“主题”的概括，也可以指代每一条记录在某个“主题”下代表的变量值。

字段是与数据相关的业务处理过程中的最基本单位，同时它不能脱离数据组织这个主体而单独存在。如果信息被以一维表形式组织，那表格中的每一个单位都是每条记录的字段，表格中的每一列都是针对某一变量被结构化表达的字段。如果没有数据组织的整体表达，也就不会有字段的概念了。

字段当然不仅存在于一维表，像是一些 key-value 表示的数据结构、JSON/XML 等形式表达的数据组织，其最基本的粒度同样是字段，代表相同含义的字段也是关于某一指定变量的表达。任何数据组织形式的基本单位，均为字段。

属性是有业务意义或认知意义的字段。属性本身是指对某具体事物的某一方面刻画。在数据科学领域，不论是原始的纸张、记录板等实体记录方式，还是当今的计算机记录，数据处理的起始步骤就是数据的结构化表达。数据被结构化表达后，就是一个“事物”，“事物”某一方面的具体表达，就是属性。

字段是因为变量被结构化记录而诞生的，这也决定了“字段”本身的存在是没有现实意义的，“字段”的任务是结构化地记录信息，每一个列只要用一个可以区分的符号区分开，就完

成了字段的使命。例如在学生成绩表中，只要每一列的标识是不同的（不论是 A、B、C 这样的字符标识，还是 1、2、3 这样的数字标识，再或是任何可以枚举的标识），那这就是一张完成的数据表格。

属性与字段的不同之处在于，属性更强调字段背后代表的现实意义或逻辑意义。当然可以用 A、B、C 这样的字符标识区分一个表中的不同字段，但只有用语文、数学、英语这样的标识，才能让人（或者更多的人）轻易理解一个表列代表的现实内涵。属性实现了与字段一定程度上的解耦，这种解耦恰好把变量的概念分成技术与业务分别去理解。对于数据开发工作者来说，工作重心会放在数据平台开发、数据流的贯通等，在处理这些问题时，他们更重视的是一个个字段是否完整无误；对于业务工作人员（如产品经理、数据运营员等）来说，工作重心是通过数据去赋能现实业务，他们不关注数据是如何处理的，只关注与业务相关的属性，以及这些属性之间有什么样的关系。字段与属性恰似从技术面与业务面分别看待一份数据的两个角度。

维度在数学中又被称为维数，统指相互独立的变量的个数。更广义地说，维度指有联系的概念的数量。而在数据科学领域，维度可以指看待一个事物的不同思维角度，也可以指在数据分析过程中的不同分析角度。在介绍“交叉分析”时引入的数据方体是以维度的方式理解数据的典型运用。在数据方体中，方体的每一条边就是一个对数据的观察角度，就是一个维度。

维度与属性在一定程度上是等效的，只是用在不同的数据观察场景中。不过，维度与数据方体这样的抽象表达，让数据可以像一个空间方体一样存在，对空间的操作与计算（如旋转、尺度伸缩等空间变换）也就可以用在对数据的操作上。如下文要讲到的主成分分析方法，就是对数据方体进行空间变换，区分出与业务相关的重要因子（属性或属性的加权组合）与不重要因子，提取头部引子，可控地去掉长尾因子，就可以达到数据处理与业务需求的平衡（这里说到的因子，是维度的另一种表达方式）。可以认为维度是在空间尺度下的属性表达，但维度不只如此，维度也可以指在空间观察角度下，经过不断地变换过程，对各个属性进行空间操作（加权组合）后的结果。

当然，属性与属性的组合也被视为属性，那么属性与维度的区别就只存在于对数据的认识角度方面了。

最后说到的，是这一章的主角，特征。

特征是在分析与解决问题的过程中，对目标达成有积极作用、有促进意义的属性。无疑，特征是属性的子集。从这个定义中，可以看出特征具有的两个重要特点。一是特征总是与一个业务目标息息相关，不论这样的目的是分类、预测，还是聚类、关联。如果没有一个特定的目的，就不会有“特征”这样的说法。二是特征一定是要对达成目的有积极作用，如果一个属性对解决问题、达成目的没有促进作用，它也不会是一个特征。

有的时候，一个属性究竟有没有用，很难直接看出来，在尝试解决问题、达成目的的过程中，会把所有的使用到的属性均称为特征，其中起到重要作用的属性被称作显著特征，作用不是太明显的特征被称作非显著特征。

不同特征的组合通常也是特征，数据科学中常常以原始特征与组合特征这两个概念对组合前后的特征进行区分。

举例来说明以上关于特征的表述：一张一维表记录着某电商 App 用户的登录时间、注册时间、上次购买的物品、经常购买的物品。如果要对用户下次购买的物品做预测，某数据分析人员认为上次购买的物品和经常购买的物品是非常重要的判断依据，这两个属性就被视为特征。登录时间或许对预测用户下次购买的物品有不明显的帮助作用，就把它当作非显著特征。而该数据分析人员认为注册时间对预测用户下次购买的物品没有丝毫作用，就不把它当作特征，仅当作属性。

又如，要根据一句话来判断用户在说这句话时的心情。一句话中有很多字词，某些字词对判断用户当时的心情是有帮助的，这些字词就是特征。

再如，要在计算机视觉领域中根据一幅图片识别人脸。在不明确哪些像素点会对判断人脸起作用时，把所有像素均看作特征。把数据灌入深度神经网络模型进行训练，会产生大量的中间层（这些中间层被称为Feature Map），这些中间层对识别人脸有更加直接的作用，因而也是特征。

变量、字段、属性、维度、特征各有不同的特点，以科学严谨的角度来看，使用这些概念时应该根据使用场景区分不同的词汇。不过在实际的日常使用过程中，这些概念往往被混用。在促进不同人群相互流畅沟通的前提下，或是某些数据定义界限不明朗的情况下，这么做是可以理解的。但本书还是强烈建议读者注意并区分这些概念的异同，做一个专业、有规范的“数据人”。

在数据科学领域，变量、字段、属性(维度)特征的关系图如图 5-1 所示。

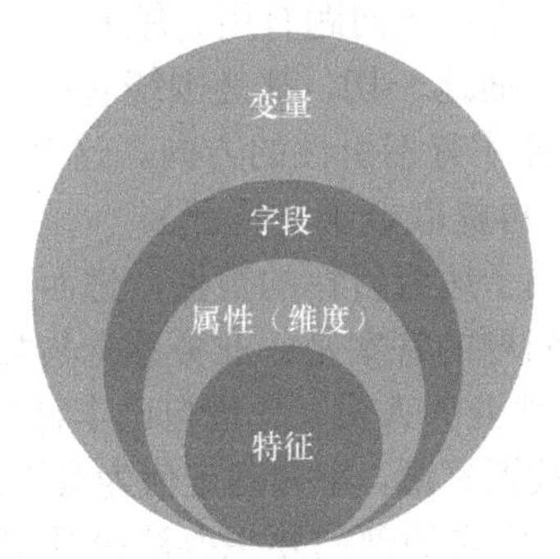

▲图 5-1　变量、字段、属性(维度) 特征的关系图

5.2 特征工程的内涵

利用数据科学领域的相关知识来寻找、提取、创建对解决数据相关业务问题、达成业务目标的特征的过程，被称为特征工程。总的来说，特征工程就是一个把原始数据转变成特征的过程，这个过程的输入是一个个的属性，输出是一个个的特征。这些特征可以是属性原本的模样，可以是属性经过一些变换后的模样，也可以是属性与属性的组合或变换后的组合。特征一方面可以以最小的代价与成本描述数据、达成目的，同时也可以让接下来的建模过程变得容易，让模型的性能达到最佳。

有两句相似的表述被数据科学工作者广泛接受。一句是“好的数据胜于好的特征，好的特征胜于好的算法”，另一句是“数据和特征决定了机器学习的上限，而模型和算法只是逼近这个上限而已"。这两句话充分表明了特征工程对解决一个业务问题的重要性。很多数据科学的学习者会把大部分精力花在模型的学习上，这一点并没有错，毕竟各种模型的学习难度与理论深度都是很大的。但学习者也一定要注意特征工程的重要性，特征工程做得不好，模型再复杂，再"高大上"，对解决实际问题也起不到太大的帮助。

因而，"找特征"这个事很重要，并且也不简单，它需要被当作一个工程去做。

系统剖析特征工程，可以大致将特征工程划分成如下 3 个过程：特征获取、特征处理与提取、特征监控。

5.3 特征获取

特征获取这一阶段主要解决如下几个问题：获取用于提取特征的数据、特征的可用性评估、从特征的角度清洗数据。

5.3.1 获取用于提取特征的数据

特征来自属性，属性来自字段，终其根本，是数据。要稳定获取有效、可用的特征，就要从特征的源头——数据——说起。

上文多次提到，特征是指对解决业务问题有用、有意义、有价值的属性，要获取这些属性，就要获取到蕴藏这样属性的数据。而这一切，都是围绕着业务问题（或业务目的）展开的。在确定业务问题后，找寻数据和特征才有指引性的方向。这个过程就像是要得到金子（目标），就要先找到金矿石（数据），然后再提取金子（特征）。

确定目标后，如何去锁定有助于达成目标的数据，进而获取数据中蕴含的特征呢？在数据没有被比较完整地打通前，这个问题的答案是：业务感觉与数据分析。这个过程需要业务代表（如产品经理、运营人员等其他一线业务人员）凭借自己丰富的业务经验去尝试与推进，也需要数据分析工作者根据可以获得的数据资源，来为确定何为有用的数据资源提供证据支持和参考。

举例来讲，某 App 负责投放广告的部门要想办法提升某一食品广告的点击通过率（即，广告的实际点击次数/广告的实际展现次数 CTR），如何锁定对提升该食品广告 CTR 最有用的数据资源是哪些呢？对于一个业务人员，根据自己敏锐的业务感，可马上想到很多大学生用户平时会频繁食用这类食物，这一类的用户点击这类广告的可能性非常高。所以他们会把目光放在一些掌握大学生用户消费数据的电商、超市、小商店身上，并伺机同这些企业、机构合作，获取他们的数据、并挖掘特征。而数据分析人员可能会走另一条路，它们从 App 用户与平台交互的行为中分析与点击此类广告（同一类，或者相似类）用户的高相关性因子，如晚上的用户点击这类食品广告的概率较高，或经常去健身房的用户点击这类食品广告的概率较高等。有了这些依据，数据分析工作者会提出与健身房合作，或在健身房开展扫码活动，获取可以提取丰富用户行为的数据资源。

从带有目的的角度来说，有了目的就可以去不断尝试各种数据与解决问题究竟有没有联系。但很多时候，人们面对的往往是"'数'到用时方恨少"的窘境。所以，越来越多的企业、组织重视数据积累与长期存储。数据还是要有的，万一有用呢？

5.3.2 特征的可用性评估

当获取具有潜在价值的数据后，接下来要剖析业务需求，初步确定数据中蕴含的特征，并评估这些特征的可用性。

可以从以下两方面评估特征的可用与否。

（1）一是评估特征可否持续获得，长期支持业务提升。

特征根据是否可以即时获得，可以分为实时特征与非实时特征。实时特征为即时就可以获得的特征。例如，要预测 10 分钟后某条路会经过多少辆车，那么这条路当前有多少辆车就是一个实时特征。对诸如此类的预测型任务来讲，实时特征可以发挥的作用非常巨大。又如，猜测某新闻资讯 App 的用户接下来会浏览哪些方面的资讯，那么此时此刻该用户浏览的资讯内容就是实时特征。

相反，非实时特征就是不是实时可以获得的特征，这些特征包括一些静态属性，如性别、颜色、种类等，也包括历史数据的统计特征与行为特征等。

事物、事情的发展很少有时序上的阶跃，大多数情况都是时间连续的，并且时间间隔越小，事物规律就越明显。因此实时特征是极其有价值的，对很多业务都有立竿见影的作用。但实时特征并不是那么容易获得的。有时在分析数据规律时，可以非常明显地看出实时特征可以起到的作用，但这些实时特征可能在技术上没有办法实时获得，数据提供商、合作伙伴不愿意提供这些宝贵的资源，或获取这些特征的成本过于庞大……总之，并不能把这些特征纳为己用，这些特征也就不应该用在与预测等时间严格的业务中。

（2）二是评估获取特征是否经济高效。

有些特征是可以从数据表中的属性直接转化而来的，甚至很多时候都不需要做什么改变。而有些特征，人们明知道是包含在数据中的，但真的把这些特征提炼出来，成本却显得相对高很多，并且还不一定真正见效。比较典型的是自然语言特征。许许多多的互联网公司开始重视从热点新闻、用户评论、网络知识等自然语言信息中挖掘对公司业务发展有益的特征。语言中蕴含的特征非常多，简简单单一句“你长得真好看”就可以提炼出：这是一句赞美的话、此时“我”的心情应该是愉悦的、“你”长相具有优势等多种多样的信息。在提取这些语言信息时，会加入很多数据本身并不能体现的信息，这些信息起到的作用是积极的还是消极的，需要不断地分析与验证。这个过程，就加大了人力与时间的投入。最终的投入产出比是何种状况，是一件非常不确定性的事。近几年人工智能的概念“火”起来后，人们便想到让 AI 去完成提取自然语言特征这件消耗人力的事。基于这样的思路，一些优秀的公司已经取得了非常让人惊喜的成就。

5.3.3 从特征获取的角度清洗数据

清洗数据可以从字段和属性的完整性与完备性方面入手，保证每一条记录代表的实体可以被比较全面地表达出来。

清洗数据也可以从特征获取的角度入手。既然特征是指在一定的目的下比较有用的属性，那数据该不该清洗，取决于数据的各个属性，以及每个属性下的各个枚举值是不是有用。比较典型的例子是，如果某个属性的值为空，从实体的完整性表达考虑，这一类数据记录就很可能被清洗掉；从特征的角度考虑，这一类记录应该被保留。某气象采集站发现，遍布在某山区的湿度采集器，一旦回传数据均为空，该处有山火的可能性就非常高；某电商 App 发现，填写个人资料信息不完整的用户，常常有一种偏于保守的购物风格……这些所谓的空值，在具体的监测山区异常状态、推测用户购买行为等场景中，就会起到十分重要的作用，不应该轻易地对这些数据进行清洗。

除了空值外，很多情况下，重复值、乱码等看上去是异常的字段，也会包含着在一定目的下的有用信息，需要根据实际业务场景考虑包含这些字段的数据是否应该被清洗。

5.4 特征处理与提取

在系统评估并确定特征可以持续、准确获得之后，就正式为了达到目的进行分析总结或建模之前，需要将属性进行一定程度的处理，形成最终可以为做出准确判断而需要的特征。特征蕴藏在属性中，但它并非总是显而易见、拿来就可以用的，有时它必须要经过或简单、或复杂的处理，才能以较低成本的方式使用。这些正是特征处理与提取阶段的目的。

特征处理与提取是个烦琐、细致和比较庞大的工作，也是把属性转换成特征的关键过程。大致上它可以被分成 5 个不严格区分顺序的 5 个过程：数据清洗、特征选择、特征变换、特征抽取、特征衍生。

5.4.1 数据清洗

又一次提到了数据清洗。

上一节内容是从特征获取的角度来判断哪些实体是需要被清洗的对象，而本小节则重在实操，关注怎么处理这些所谓的“待清洗对象”。

数据清洗的相关内容，在第 3 章的“异常值与数据清洗”相关内容中已经有过介绍，这里简单回顾一下。

异常值是指数据字段属性值中的重复值、错误值、干扰值、无效值、缺失值等各种对业务分析或建模产生负面影响的数值，也就是对解决问题“没有用”或起负作用的属性值。数据清洗的主要对象，就是这些数值或包含这些数值的记录或实体。

对于这些“没有用”的属性值，常用的清洗策略包括丢弃（如重复值去重、空值丢弃、去掉最大值或最小值等）、其他值指代（如默认值指代、平均值指代、插值等）等。对于连续属性中，偏离大多数数值太远的属性值，常用 IQR 分析法将包括异常值的实体去掉或用其他值（如边界值）指代异常数值。

5.4.2 特征选择

特征选择是指从所有待处理的属性中，选择或组合这些属性，形成特征的过程。

为什么要进行特征选择？把更多的属性看作特征不是更好么？

其实不然。

在介绍到数据方体的概念时谈到，每个属性（或是最终确定的特征）均为数据方体中的一个维度，也就是一条边。如果一份数据只有 3 个字段，那么经转换成数据方体后，它就是一个三维立方体；如果一份数据的字段越多，转换成数据方体后，它的维度就越多，空间范围就越大。若是空间维度太多，空间范围太大，甚至数据量相比于数据方体的空间维度都相形见绌，在进行分析与建模时可选择的解释空间就越大，就越容易出现过拟合的风险，分析与模型的泛化能力就会降低。常常把这种因为数据维度太大导致的算法模型性能越来越差、过拟合现象越来越严重、泛化能力越来越弱的现象称作维度灾难，如图 5-2 所示。

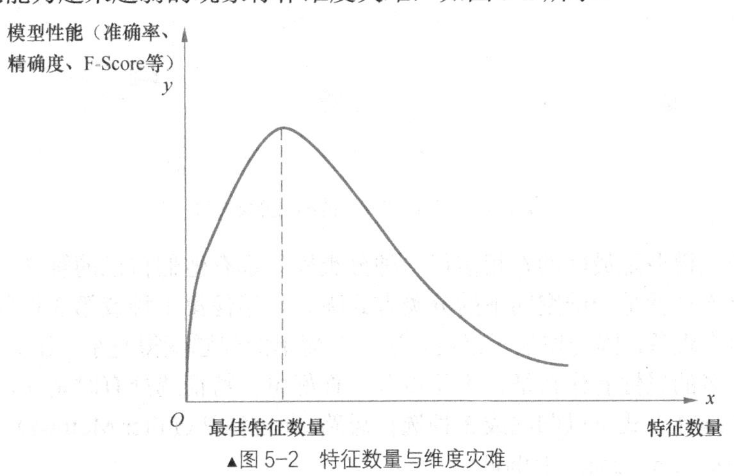

▲图 5-2　特征数量与维度灾难

举一个简单的例子。在图 5-3 所示的分类任务中，只有一维空间（即只有一个特征）。把方形类与圆形类区分开的方法很简单，即以 A 点坐标为界，小于 A 点为方形类，大于 A 点为圆形类。

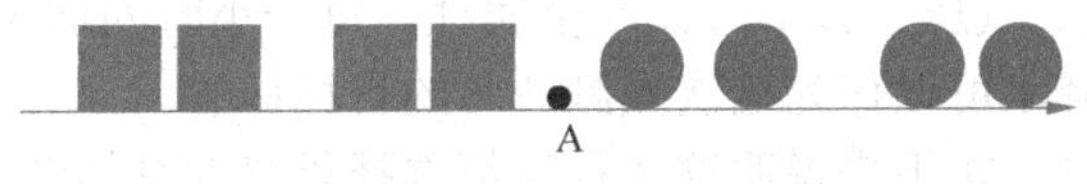

▲图 5-3　一维空间分类

如果在二维空间下（即引入一个维度的特征），方形类与圆形类分布如图 5-4 所示。

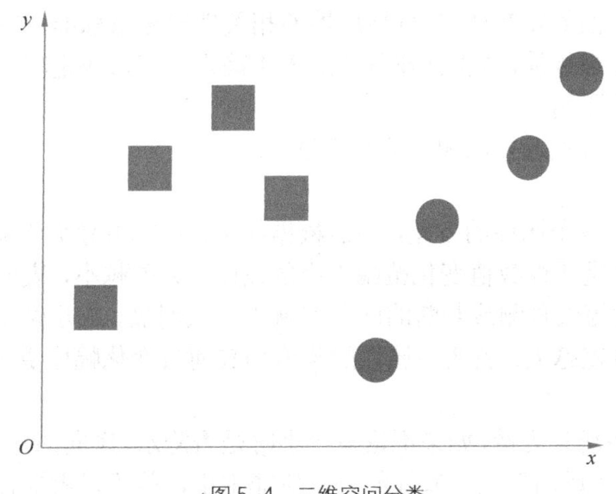

▲图 5-4　二维空间分类

此时要把方形类与圆形类区分开的方法就多了。如图 5-5 所示为一些示例的分类方法，虽然复杂度有大有小，但根据图中的切分方法，均可以把方形类和圆形类区分开来。

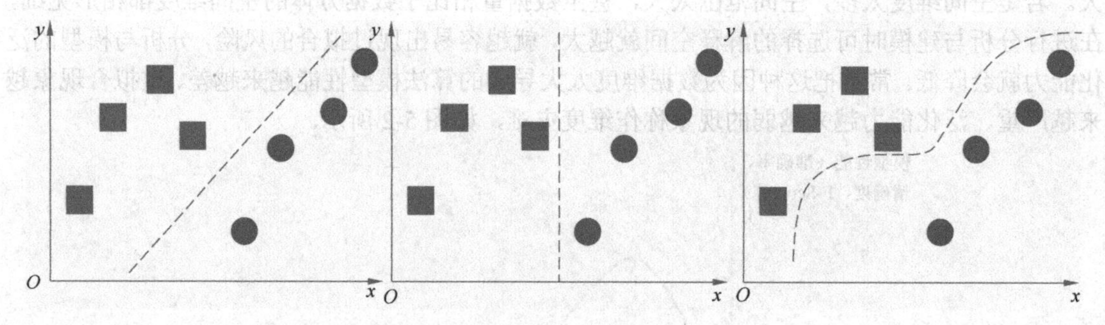

▲图 5-5 二维空间下的不同分类方法

以上哪种分类模型是最好的？相信每一种分类模型都有他们自己的解释，谁都有道理。但如果真实的分类方式就是一维空间下的分类方式呢？显然像第 1 种或第 3 种分类方式，就出现了极严重的过拟合现象。因为增加了维度，让一个简单的问题变得复杂，让算法模型也不再可靠。可见，把更多的属性看作特征，不见得是一件好事。特征选择有时是非常必要的操作。

常用的特征选择方式可以归纳成 3 种选择思路，即过滤法（Filter Mothod）、包装法（Wrapper Method）、嵌入法（Enbedded Method）。

假设有如下的业务场景：某气象站根据近 3 个月的气象规律，预测下一个小时的降水概率。该气象站记录了近 3 个月每个小时的温度、湿度、能见度、风力、风向（以正北方向为 0 度，顺时针角度值）、降水量、气压、云量共计 8 个属性。每个小时的这 8 个属性值均可以看作潜在特征，下一小时是否降水可以作为这次预测任务的目标标签。

以上述业务场景为例，接下来说明这 3 种特征选择思路的具体含义。

1. 过滤法

过滤法是指按照属性的发散性、与目标属性的相关性等衡量标准，评价各个属性的“评分”，根据业务可以接受的处理规模，或根据业务考虑人工确定的阈值决定哪些属性应该留下作为特征，哪些属性应该滤除不用。

常用的过滤法包括方差选择法和相关性衡量法。

（1）方差选择法。

方差选择法先计算各个属性的方差，然后根据阈值，选择方差大于阈值的特征，去掉方差小于阈值的特征。方差是属性数值变化范围大小的反映。方差越小，表明该属性的数值更加趋于稳定，依靠该属性建模做预测或判断的区分度就不会太明显，或是做出判断带来的风险太高（如导致过拟合等）；方差越大，表明该属性的数值相较而言变化幅度更大，更有可能有更好的区分能力。

以降水预测的业务场景为例，如果不论下一小时是否降水，风向的角度值总是趋于一个值，即风向是非常稳定的，“风向”这一属性的方差值非常小，就可以考虑在建模时将该属性值去掉，不能作为要预测下一小时是否降水的特征。

（2）相关性衡量法。

相关性衡量法先计算各个属性与目标标注的相关性，将相关性较强的属性进行保留，作为特征，将相关性较弱的属性去除。

相关性衡量法中的“相关性”衡量标准可以是灵活的。在第3章“相关分析”相关内容中介绍到的相关性衡量方法均可以用于该过滤思想对于特征的判断过程中。常见的相关性衡量方法包括：卡方检验、相关系数、互信息。

借鉴卡方检验，将各个属性与目标标注进行卡方检验计算，得到的 p 值作为衡量相关性大小的依据：p 值小于显著水平（常取0.05或0.01），则认为属性与目标标注之间存在相关性；p 值大于显著水平，则认为属性与目标标注之间不存在相关性。

常见的相关系数计算方法包括皮尔孙相关系数、斯皮尔曼等级相关系数、肯德尔相关系数等。相关系数的绝对值接近1，代表属性与目标标注之间存在相关性或相关性较强；相关系数接近0，代表属性与目标标注之间不存在相关性或相关性较弱。

互信息常用于离散属性与离散标注间的相关性衡量。如果 X 记为属性，Y 记为目标标注，互信息记为 $I(X,Y)=H(X)-H(X|Y)=H(Y)-H(Y|X)$。互信息越大，代表属性与目标标注之间存在相关性或相关性较强弱；互信息越小，代表属性与目标标注之间不存在相关性或相关性较弱。因为互信息并不是归一化的，因而也有人用 $I(X,Y)/\sqrt{H(X)H(Y)}$ 来将基于互信息相关性的衡量归一化处理。

还是以降水预测的业务场景为例。在方差选择法中，特征选择仅考虑单个属性的方差，没有参照目标标注。在相关性衡量法中，要考虑8个天气属性与目标标注——即下一个小时是否降雨——的相关性强弱。以皮尔孙相关系数作为相关性大小的衡量标准为例，如果温度、湿度、能见度、风力、风向、降水量、气压、云量这8个属性与“下一小时是否降水”这个目标标注在全部数字化后，得到各个属性与目标标注求皮尔孙相关系数：风力、降水量与“下一小时是否降水”的相关系数大于 0.8，则保留这两个属性作为特征；风向、温度与“下一小时是否降水”的相关系数小于 0.2，则在后续的建模与分析过程中可以去掉这两个属性；其他与“下一小时是否降水”相关系数在0.2～0.6的属性，则可以尝试保留，在模型调优阶段考虑是弃是留。

2. 包装法

包装法是指将所有的疑似特征属性看作一个整体，借助一个全局的目标函数（常常以损失最小化作为目标），使用一部分样本数据属性和样本标注逐步筛选特征。

包装法最常见的实现方式为递归消除特征法（Recursive Feature Elimination, RFE）。

递归消除特征法是使用一个机器学习模型（常称为基模型）多次迭代来帮助进行特征选择的方法。该方法借助部分样本和标注（样本量较小时，可以使用全部的样本和标注），通过指定的基模型来进行多轮训练。每轮训练后，消除若干权值系数对分析与建模影响较小的属性，再基于新的属性集进行下一轮训练。

以降水预测的业务场景为例，选择最简单的多维线性模型作为基模型，将温度、湿度、能见度、风力、风向、降水量、气压、云量这 8 个属性看作自变量，将“下一小时是否降水”这个目标标注看作因变量。递归消除特征法的使用过程如下。

（1）明确自变量属性（每小时的 8 个气象属性，用 x 表示）与因变量属性（下一小时是否降水，用 y 表示），并确定用来选择特征的数据集。

（2）建立从自变量映射到因变量的多维线性模型。即建立 $a_1x_1+a_2x_2+a_3x_3+a_4x_4+a_5x_5+a_6x_6+a_7x_7+a_8x_8+b=y$ 的回归关系。

（3）根据设定的规模阈值或参数阈值，决定是否将参数最接近 0 的对应属性去除。如果决定去除该属性，则在去除该属性后，回到步骤（2），重新训练模型。在以上训练过程中，如果发现“风向”属性（x_5）对应的参数（a_5）绝对值最小，且接近于 0，则可以去掉该属性，回到步骤（2），以另 7 个属性作为自变量，“下一小时是否降水”作为因变量，重新建立多维线性模型。

（4）步骤（2）与步骤（3）不断迭代。如果规模达到阈值限制或绝对值最小的参数达到阈值限制，停止迭代过程。剩下的属性即为特征。

多维线性模型是非常简单的基模型。但因为基模型简单，适用场景就不会太丰富。实际情况中，常常会选用一些更复杂的模型（如 SVM 等）作为基模型，此时在选择保留哪些属性或去掉哪些属性时，或许不是很直观，选择特征的难度也会更大一些。

与 RFE 类似的包装法是 RFECV，这种方法是在 RFE 方法基础上，借助交叉验证帮助最终决定选择哪些属性作为特征的方式。例如，回归任务中，对于一个数量为 m 的属性的集合，所有的非空属性组合的子集的个数是 2^m-1。指定一个基模型（如 SVM），通过该模型算法计算所有非空子集的验证误差，选择误差最小的那个子集作为挑选出的特征集合。

3. 嵌入法

嵌入法是指先将所有属性当作特征，使用某些带有权值系数的机器学习算法和模型进行训练，得到各个特征的权值系数，根据训练收敛后的系数从大到小排列，进一步选择特征。

嵌入法与过滤法有相似之处，只是不通过相关性或方差来直接判断各个属性的重要程度，而是通过算法模型的训练来确定这些潜在特征的优劣。同时，嵌入法与包装法也有相似之处，二者都用到了额外的算法模型，只不过包装法是通过迭代，逐步淘汰表现不佳的特征，或逐步逼近表现最佳的属性集；嵌入法则根据某些模型自身就可以反映特征重要性大小的特性，反过来辅助选择最终用来建模的特征。

介绍递归消除特征法时，说到在多维线性回归模型辅助解决降水预测的特征选择的例子中，多维线性回归模型各个参数值就是判定模型中各个特征重要性的依据。使用 RFE 方法时，是通过逐步建模淘汰的方式获得最终的特征集；使用嵌入法时，只根据样本数据建模一次，即可根据准特征的重要性选择合适的特征集合。

类似多维线性回归模型的还有逻辑回归（Logistics Regression，LR）模型。不过为更直观体现特征的重要性，同时也保证模型中各个参数的整体稳定性，更常用的方式，是在建模时加一个正则项（正则项的内容下文会讲到）。这个正则项可以是 L_1 正则项，或是 L_2 正则项。正则项的加入，可以直接根据正则项中各个参数的表现大小（L_1 正则项中是参数的绝对值，L_2

正则项中是参数的平方）来判定各个属性的重要程度。

正则项带来的另一个好处，是可以扩大基模型的选择范围。很多复杂的模型，本身不能反映输入特征的重要程度，但可以把与特征直接相关的参数抽取出来，作为正则项，通过正则项就可以间接判断各个特征或准特征的重要程度了。

需要注意的是，如果正则项选择得不好，没有通过正则项被选到的特征并不代表不重要。其中的一个原因是几个具有高线性相关的属性，在正则项中可能只保留了一部分。

除了多维线性模型、LR 模型外，树形模型（决策树、随机森林、提升树等）也具备对建模特征进行打分评价的特性，这些特征均可以用于辅助进行特征选择。

嵌入法的优势在于直接、快速、高效，但模型参数调节等问题，还需要一些更加灵巧的经验。

5.4.3 特征变换

特征选择常常用在当属性数量较多、实体记录较少的数据集（也可以表述成特征空间较大，样本空间较小的数据集）。如果遇到属性数量较少、实体记录较多的数据集（同可以表述成特征空间较小，样本空间较大的数据集），或是特征空间虽然也不小，但不能简洁准确表述数据特性的数据集，就需要用到特征变换的操作，把可以反映数据特性的特征显现出来或更加突出。这样在接下来分析或建模时，会非常有效地降低处理复杂度和难度，同时也可以达到更加优秀的表现性能。

特征变换的方式是灵活的、没有限制的，理论上可以有无穷种变换方式。接下来介绍一些工业实践中经常用到的特征变换方式。这些特征变换方式包括：对指化、Box-Cox 变换、离散化、最小最大化与归一化、标准化、数值编码（标签编码与独热编码）、正规化。

1. 对指化

对指化就是指对特征进行取对数或对指数的变换，如图 5-6 所示。

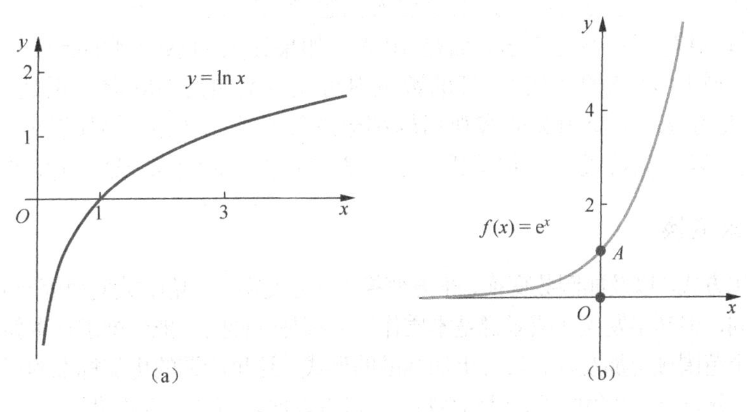

▲图 5-6 对指化

在对数函数大于 1 的范围，x 相差一个单位，y 的差距小于一个单位，并且随着 x 的绝对值变大，这个差距越来越小。这一个特性在指数函数 x 小于 0 的部分也同样适用，只不过是在指数函数小于 0 的部分，值域的边界是明确的（不小于 0）。

在指数函数大于 0 的范围，变换方式与对数函数大于 1 范围内的特性正好相反，x 相差一个单位，y 的差距大于一个单位，并且随着 x 的绝对值的变大，这个差距越来越大。这一特征在对数函数小于 1 的定义域内（即 $0<x<1$）也同样适用。

为什么要进行对指化？

举个例子，对于“收入”这个属性来说，不同人群的差距可能会非常大，有人年收入 10 万元，有人年收入 20 万元，有人年收入 1000 万元，有人年收入 10 亿元……在一些预测或估测业务中（如征信评价、信用评估相关业务），如果不经转换直接使用这些属性值，首先是计算机处理过大的数值会有溢出的风险，其次是过大的数值变动可能会带来不必要的干扰（例如，1000 万与 1010 万相差 10 万，对征信评价等可能造成不了较大影响，但如果用这些数值建模，就有很大可能导致模型对这 10 万差距是否起作用而感到“困惑”了）。如果经简单线性变换（如最小最大化变换），把数值限制在一定的范围内，对业务可以起到巨大作用的“小数”特征则可能变得不再明显，对模型的要求就会高很多。为了权衡这些因素，变换后的范围如何选择，又是一个需要花时间、花精力去解决的问题。

此时，如果使用对数化操作，对所有数值取一个以 10 为底的对数替代原数值，10 万就成了 5，100 万就成了 6，10 亿就成了 9……还可以考虑进一步提升精度，在取对数后可以再进行比例放大，如以 10 为底取对数后，再乘以 10，10 万就成了 50，100 万就成了 60，10 亿就成了 90……经过对数化变换后，数值被不成比例地压缩，可以非常方便地比较“大数”与“小数”。

很多有关心理感受与感觉的属性，都可以用对数化的方式将属性转换，得到更适合体感线性感受的指标。

心理学上有一个费希纳对数定律。这个定律的内容是指心理量是刺激量的对数函数，即当刺激弱度以几何级数增加时，感觉的强度以算术级数增加。举个例子：如果一个屋子里有 1 盏灯，人们会感受到这个灯的亮度；如果要想人们感受到的亮度提升 1 倍，那屋里应该放多少盏同样亮度的灯？很有可能不是 2 盏，而是 10 盏。如果让人们感受到的亮度再增加 1 倍（即，感受的亮度提升到初始状态的 3 倍），灯的数量很可能得增加到 100 盏。正是因为该定律反映的现实，很多与人的心理感受相关的客观指标都会进行对数化转换，例如以分贝为单位的衡量声音强度的方式、以里克特氏（简称里氏）震级为单位的表示地震强度的方式等。

2. Box-Cox 变换

对指化的变化方式，以及如倒数变换、平方变换、开方变换、三角函数变换等一般函数映射方式，虽然表现形式不同，但其出发点（或者说是本质作用）都是一样的：把数据进行重新归整，改变数据的原始分布到一个范围域更加友好、形态更加标准的形式。这里所谓的更加标准的形式，其代表是正态分布形式。正态分布由于其集中性、对称性特点，可以以比较简单的方式描述数据分布的各种性质。同时，正态分布也是客观世界最为常见的分布方式。这也是为什么很多数理统计方法（如假设检验方法、线性回归方法）均把数据的正态分布作为这些方法的前提，甚至很多的数理统计方法索性就是根据正态分布定制的。可见，正态分布可以以统一数据分布的方式，最大限度简化算法模型复杂度，并扩大算法模型的选择范围。

各种数学函数变换方式目标都是向贴近集中、对称的形式靠拢，但终究变换的落地实施方式不同，在具体变换前，就必须先探索一遍属性值的分布情况，再选择具体的变换形式。那有没有一种方法，可以把所有的形式统一起来，即可以将大多数的属性值分布形态以一种方式向具有集中性、对称性、正态性的分布形态转变？Box-Cox 变换就是实现以上需求的一种选择。

Box-Cox 变换是由两位统计学家博克斯和考克斯于 1664 年提出的。这种变换方式在改善数据的对称性、正态性、方差相等性等特性的同时，也保留了数据之间的全部相对定序信息，对改善与统一数据形态，优化如线性模型中的残差正态问题等模型问题具有非常积极的促进与推动作用。

Box-Cox 的变换形式如下。

$$y(\lambda)=\frac{y^{\lambda}-1}{\lambda},\lambda\neq 0$$
$$y(\lambda)=\ln(y),\lambda=0$$

在 Box-Cox 变换中，要求待变换的属性 y 中的所有值都要大于 0。如果属性中有小于 0 的值，可以将所有的属性值正向平移一定距离，让所有的值均大于 0 即可。从上式中也可以看到，Box-Cox 变换中有一个 λ 参数，如果该 λ 为 0，Box-Cox 变换就成了对数变换。可见，不同的属性值分布形态下，就会有不同的最优 λ 值。确定最优的 λ 值，除了依靠经验外，也可以依靠偏态系数是否接近于 0 来判断对称性，依靠标准化后的峰态系数是否接近于 0 或 3（两种峰态系数的判别公式中，0 与 3 均代表标准正态分布的峰态系数）来判断正态性，辅助最优 λ 值的选择。

λ 取值不同，具体的 Box-Cox 变换形式还是不同，但在数学表示形式上已经可以得到统一，这有利于数据处理的连续性与一贯性。

图 5-7（a）所示为 Box-Cox 变换前的原始分布和回归线，右图 5-7（b）所示为 Box-Cox 变换前的回归残差分布。

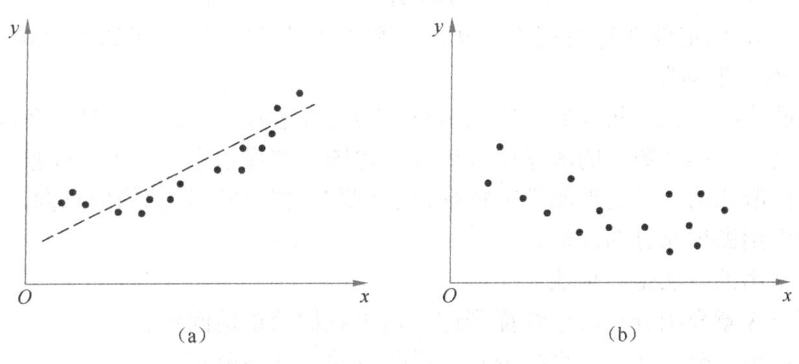

▲图 5-7 Box-Cox 变换前的回归与残差

其中图 5-8（a）所示为 Box-Cox 变换后的分布和回归线，图 5-8（b）所示为 Box-Cox 变换后的回归残差分布。可见，经 Box-Cox 变换后，回归残差的正态性得到了很好的体现。

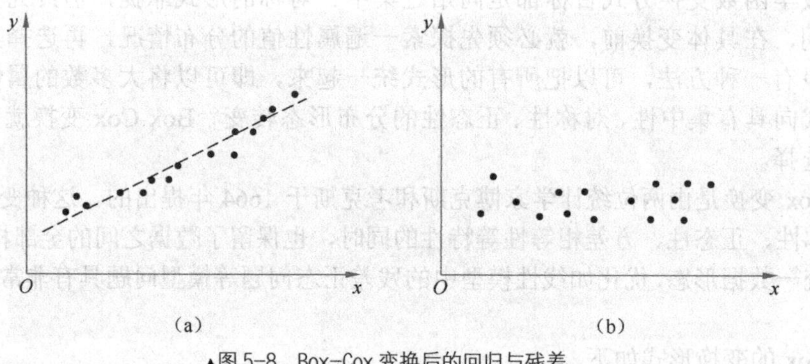

▲图 5-8 Box-Cox 变换后的回归与残差

3. 离散化

离散化是将连续属性转换成有限离散属性的变换方式。

看上去，连续属性要比离散属性包含的信息量更大（事实上也如此），将连续属性离散化，会丢失一部分信息。既然这样，为什么要离散化呢？

总结起来，可能的原因有以下几个。

（1）从计算效率的角度考虑：离散特征的存储与计算的效率更高，扩展也比较容易。

（2）从数据中信息利用的角度考虑：第一，连续属性离散化后，连续属性中原来的缺失值，可以作为独立的一个枚举值，这个枚举值本身就可以被当作特征；第二，离散化后的属性对一些原来连续属性中存在的噪声和异常有比较显著的过滤作用；第三，离散化的属性可以交叉，由 $M+N$ 个变量变为 $M\times N$ 个变量，可以更方便地引入非线性，提升特征的表达能力；第四，如果所有的属性都经过了离散化的操作，那所有属性都被变换到相似的衡量尺度上，属性之间就具有更好的可比性了。

（3）从建模的角度考虑：第一，离散特征的增加和减少都很容易，易于模型的快速迭代；第二，特征离散化后，同一个区间内的属性值在该区间内变动，对应的离散值不会变动，这样让模型的稳定性变得更优秀；第三，特征离散化以后，起到了简化模型的作用，减小了模型过拟合的风险。

虽然说离散化有以上一些好处，毕竟离散化的过程牺牲了一部分信息，在属性数量可观，同时数据量远远大于属性数量的场景中（如高精地图、图像识别、超大规模推荐系统等），若是要考虑使用离散化的方式处理属性或特征，还是要对这些被牺牲掉的信息向最终完成业务目标可以起到的作用做出充分的评估。

离散化最常用的方法是分箱法。

分箱法在第 3 章介绍分布时已经提到过，这里我们简单地回顾。

分箱的思路可以分为 3 种：直接分箱、最优分箱、业务分箱。

直接分箱有两种分箱方法，即常见的等深分箱和等宽分箱。将连续值转换为离散值后，每一个离散值代表的连续值区间就是一个分箱，这个分箱的连续值数量就是这个分箱的深度，这个分箱的连续值区间就是这个分箱的宽度。等深分箱的标准就是保证每个分箱里深度（属性值的数量、样本数量）是一致的，等宽分箱的标准就是保证每个分箱覆盖的区间是一致的。

直接分箱没有参考任何其他先验信息，甚至连属性值本身的分布特性都没有参考。最优分箱则借鉴了其他数据信息进行的分箱思路。虽说是“最优”分箱，但所谓的“最优”本身评价方式就比较多样，因而最优分箱的具体落实方法还是比较多样的。其中一种常用的方式是根据数据本身的聚集程度进行类似聚类的分箱；另一种最优分箱的方式是借助另一列导向属性（即目标标注）确定“最优”判断的原则。

业务分箱是指在进行分箱操作时，引入一些业务上已经成熟的理念、知识、习惯等，直接确定分箱点。

秩次分位法是业务分箱中的一种常用方法。秩次分位法的基本思想是：将待离散化的属性值进行排序（即计算秩次），然后根据业务需要，进行灵活的分位切割。例如，公司将所有员工的绩效评分进行从高到低的排名，排名前 30%的员工定为 3.75 或优，取排名 30%到 90%的员工定为 3.5 或良，排名 90%到最后的员工定为 3.25 或差。

最优分箱与业务分箱分别借鉴了数据属性值以外的信息辅助进行分箱操作，前者依赖数据，后者依赖业务。

4. 最小最大化与归一化

最小最大化是指将属性值进行尺度变换，使得所有的数值均在一个人工限定的范围内。如果这个人工限定的范围最小值是 0，最大值是 1，那这样的最小最大化操作也被称作归一化。

对于属性 X 来说，归一化的转换操作如以下公式所示。

$$x^* = \frac{x - x_{\min}}{x_{\max} - x_{\min}}$$

式中 x 代表转换前的原始值，$x_{\min}$ 为该属性所有数值中的最小值，$x_{\max}$ 为该属性所有数值中的最大值，x^*代表转换后的值。在经过该转换后，不管属性 X 原来的值域是多少，转换后的值域均为[0，1]。

归一化的方式把一个属性所有的数值统一缩放到 0～1，保留了所有样本在该属性下的相对大小和相对大小差距。

归一化更为重要的意义，是消除多个属性的不同量纲对数据分析、处理、建模过程中起到的影响。

在进行广义上的数据分析时，常常需要将不同的属性进行综合性的处理、融合、分析。而不同属性由于其衡量量纲不同，通常是不具备可比性的。例如，通过身高与体重来判断一个人是不是肥胖。身高的单位是长度单位（常见的如厘米，即 cm），体重的单位是质量单位（常见的如千克，即 kg），量纲不同，属性间的比较就没有太大的意义。例如，180cm 的身高值相比于 50kg 的体重是大是小，并不能有一个让大多数人信服的答案。因为不同量纲间的属性不能比较，不同属性间的计算其实也是没有意义的。需要注意的是：没有意义并不代表直接拿这些数值进行建模或分析不能起到作用，而是指在建模或分析时，大概率会因为不同属性的值域范围或分布形态不同，导致不同属性在分析时起到的作用的强弱有所偏倚，最终的结果很难达到最优。例如，属性 A 的取值范围是100~200，属性 B 的取值范围是100～4000，因为两个属性的值域范围大小不同，同样变动10个单位，对属性 A 和属性 B 来说，意义也是不同的，在建模时两个属性作为特征后，参数变动的影响也就不一样，这无疑对整体提升模型性能，提高准确度与精确度是不利的。

归一化是一种较好的统一量纲的变换方案。该操作将不同属性的值域统一到 0~1，一个直接的好处就是让原本不同量纲的属性具备可比性。例如 180cm 的身高在样本空间内归一化后是 0.8，50kg 体重在样本空间内归一化后是 0.2，这代表在这个样本空间内，身高在值域中位于 0.8 的位置，体重在值域中位于 0.2 的位置，该样本的身高相对于体重来说，是“比较”大的。

归一化将量纲统一带来的另一个好处是：因为统一的各个属性的值域，在接下来的分析与建模过程中，各个属性对应的权值参数的同样尺度的变化，对属性值的影响大小也是一致的，不会因为值域的不同而受到区别对待。这样对于接下来提升模型的收敛速度与提高模型的精度，都有非常积极的作用。

但是，归一化也有它的问题。其中最大的问题是，如果属性中存在一些特别大或特别小的异常值，这些异常值会极大地压缩许多“正常值”空间，让“正常值”过于紧凑，影响区别与识别能力。再拿“收入”这个属性来说，如果样本空间中大部分样本的收入均在10 000～50 000之间分布，而样本集中混入了一个收入为10 0010 000的样本，在归一化后，10 000～50 000的范围仅分布在0～0.000 4。这样其实并没有起到归一化的作用，对于分析与建模而言，反而没有降低难度，做了无用功。这种情况下，用 IQR 分析法清理一些异常值，可能会是一个不错的选择。

5. 标准化

除最小最大化以外，标准化转换也是数据分析与特征工程中常用的消除量纲影响、集中属性值分布的转换方式。

标准化也被称作 z 分数规范化，其转换过程如下。

$$x^* = \frac{x - \bar{x}}{\sigma}$$

式中 x 代表转换前的原始值，$\bar{x}$ 为该属性的均值，σ 为该属性的标准差，x^* 代表转换后的值。在经过该转换后，原属性被转换为均值为0，标准差为1的分布。

问题来了，既然有归一化这么有效直接的方式去除量纲、统一不同属性的值域范围，标准化是不是就没有存在的必要了呢？其实不然。除归一化固有的受异常值影响比较大的缺点外，属性在被归一化后，各个样本各个属性间的相对大小差距也被统一了，这相当于将相对大小差距这一有时非常重要的信息滤除了。这样，在比较依赖相对大小差距的场景中（类似的场景还是比较常见的），采用归一化的特征处理方式显然会增加建模的难度，影响模型的精度。

什么是相对大小差距？举个例子：如果你所在的班级或部门有 30 个人，你的身高有 180cm，其他 29 人都是 160cm，局势会如何发展？可能大家会给你取个如“长颈鹿”“大个子”之类的昵称。这是因为与大伙比起来，你实在是太高了。而如果你的身高有 180cm，全班有另外 14 个人和你一样，也是 180cm，其他 15 人的身高为 160cm，还会有人说是你“大个子”么？极有可能不会。此时虽然你很高，但因为有了 14 个人和你一样高，你已经不“显得”高了。可见，你的身高没变，班级或部门的身高值域也没有变，但可以给人们两种感觉，并有两种反映与发展。

用归一化的方式来计算，第一种情况你的身高会被变换成 1，其他人的身高会被变换成 0；第二种情况你的身高也会被变换成 1，其他 160cm 的身高也是被变换成 0。两种情况下，你与 160cm 身高的差距均为 1（变换后）。用标准化的方式来计算的话，第一种情况，你的身高会被变换成 5.385，其他人的身高被变换成-0.186，差距是 5.571；第二种情况，你的身高会被变换成 1，其他 160cm 的身高会被变换成-1，差距是 2。

可见，标准化虽然没有把属性值的值域固定，但对于衡量属性值相对差距大小的能力，它显然更胜一筹。

6. 数值编码

根据上文的介绍，要把数据字段进行尺度衡量，有 4 种常见的尺度衡量方式：定类尺度、定序尺度、定距尺度、定比尺度。不管是什么样的任务或目标，数据是通过计算的方式体现其在具体业务中的价值的。对于用定距尺度衡量的属性和定比尺度衡量的属性，进行计算的方式是比较直接的，几乎所有的数学运算方式都可以用于这两类属性的计算过程。而定类尺度衡量的属性和定距尺度衡量的属性则不是那么直接。例如，红、绿、蓝一类的颜色，学生、工程师、数据科学家一类的职位，或像是尺寸大、中、小的相对体积大小等，都不能直接用来计算。如果把这些属性置之不理，显然会丢失大量宝贵的信息。因此，需要用数值编码的方式，将这些表示类别的属性值转换成可以计算的数字形式，让这些宝贵的信息也可以参与到分析与建模计算过程中。

最常见的数值编码方式有两种：标签编码和独热编码。

标签编码是将定类尺度衡量或定序尺度衡量的属性中的每一个枚举值都用一个数字代替，数字一般从 0 开始，间隔为 1，到属性值集合数量减 1 为止。这种方式一般用在定序尺度衡量的属性中。例如说衡量尺寸的大、中、小，就用 2、1、0 这些数字标签来指代，用这些标签指代后，属性值就可以使得各种数学运算的方式参与计算了。

定类尺度衡量的属性使用标签编码是有比较大的风险的。这是因为属性在被标签编码后，各个标签值之间有了大小和大小差距。例如，把表示颜色属性的红、绿、蓝编码成 0、1、2，蓝色就比绿色要“大”，红色就比绿色要“小”。这些信息在用定类尺度衡量时，是不存在的。带入的这些额外信息对分析与建模有多大影响，一般情况下很难说。

独热编码（One-Hot Encoding）的方式为定类尺度衡量的属性提供了数值化的方案。独热编码又称一位有效编码，具体方法是用 N 个属性来指代一个类别属性，其中 N 为待编码属性的值的集合的数量。在进行 N 位编码后，每个属性都有独立的表达状态，并且在任意时候，其中只有一位有效。

举例来说，如果表示颜色的属性仅有红、绿、蓝 3 种值，如果采用独热编码的方式，颜色这个属性将被去掉，而用“是否是红色”“是否是绿色”“是否是蓝色”3 个属性指代。相应的编码方式如表 5-1 所示。

表 5-1　颜色与独热编码

	是否是红色	是否是绿色	是否是蓝色
红	1	0	0
绿	0	1	0
蓝	0	0	1

独热编码后，每一种颜色不再是一维表示，而是三维表示，在这个三维表示的空间内，3 种颜色之间的距离是一致的，这既没有偏离定类尺度衡量的属性的特征，又实现了属性的数值化处理。使定类尺度衡量的属性可以在不增加额外信息，也不丢失信息的前提下，很方便地参与到模型的计算过程中。

有的时候，如果定序尺度衡量的属性，并不能确定其相对的大小信息是否对分析与判断有用，也可以选择独热编码的方式作为其数值化的方案。

独热编码后，属性的数量会增加，数据的维度会被扩大。像是颜色（假设仅红、绿、蓝）、职业（假设仅学生、工程师、教师、医生）、是否未成年这样的三维属性表，独热编码后会扩充到 9 个维度。[红，工程师，否]这样的属性值组合，会被编码成[1，0，0，0，1，0，0，0，1]这样的形式。于是，很容易就能想到，要是表示类别的属性太多，或者某几个表示类别的属性的枚举值太多，那独热编码后的新表中，属性数量就会急剧变大。同时，这个膨胀的数据表中大部分属性值都是 0。要是把这张表看作一个矩阵，那这个矩阵就是一个稀疏矩阵。在这样的表中，信息密度就会显得过于小，分析与处理数据时，对存储、计算、协同等资源的需求也大幅提升。

降低独热编码后维度特征数量的一种方式被称作嵌入（Embedding）。

嵌入的方式通常是通过一个称作嵌入矩阵的结构完成的。

假设一张一维表中只有定类尺度度量的属性和定序尺度度量的属性，这些属性共计 N_{before} 个。它们都被独热编码后，属性数量由 N_{before} 个扩充到 $N_{one\text{-}hot}$ 个（$N_{one\text{-}hot} > N_{before}$）。如果样本数量一共有 M 个，那独热编码前，整个一维表就是 $M * N_{before}$ 维的矩阵，独热编码后，变成了 $M * N_{one\text{-}hot}$ 维的矩阵。这个新矩阵中，每一行均有 $N_{one\text{-}hot}$ 个 1，其余的元素均为 0。

嵌入矩阵是一个 $N_{one\text{-}hot} * N_{after}$ 的矩阵，其中 $N_{after} < N_{one\text{-}hot}$。$M * N_{one\text{-}hot}$ 维的数据矩阵乘上这个嵌入矩阵，就成了 $M * N_{after}$ 维的矩阵。这个 $M * N_{after}$ 维的矩阵就是降维后的矩阵，相比于独热编码后的矩阵，此矩阵从 $N_{one\text{-}hot}$ 维度减少到 N_{after} 维。接下来，就是把这个 $M * N_{after}$ 维的矩阵当作一张新表，进行分析计算就可以了，如图 5-9 所示。

ID	颜色	职业	成年
1	R	学生	否
2	G	教师	是
3	B	医生	是
4	R	工程师	是

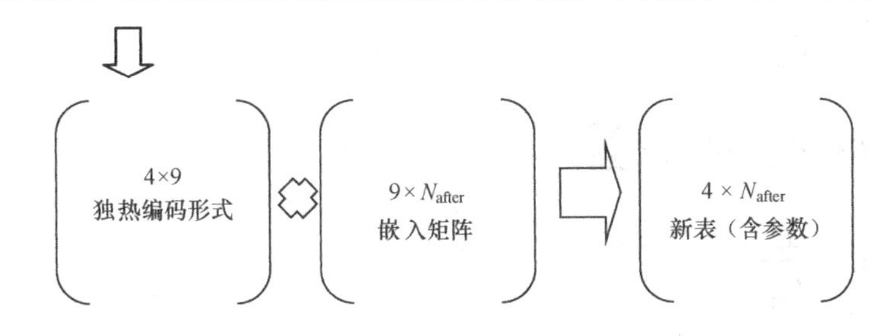

▲图 5-9 独热编码示意图

但有一个重要的问题没有解决：如何确定 $N_{one\text{-}hot} \times N_{after}$ 维嵌入矩阵中的值？经常用到的处理方式，是将嵌入矩阵中的值看作参数，直接用在模型的训练过程中。跟随着模型的训练过程，嵌入矩阵的每一个参数值也在不断调整，直到最终的目标收敛稳定，嵌入矩阵中的值也就被固定下来。

嵌入这种方式可以用在表示种类类别的属性比较多的场景下。自然语言处理中的很多情况下，也会用嵌入的方式构造较低维空间下的词向量。试想，要把一句由单词或汉字构成的句子处理成数字形式，独热编码是可选的方案之一。但单词或汉字的数量是巨大的，直接处理维度如此多的矩阵显然是不现实的。因而，就有了词嵌入的表示方法。词嵌入表示就等效于将句子中所有可能出现的单词或汉字进行独热编码后，再乘嵌入矩阵后的效果。

避免独热编码后维度特征数量过多的另一种方式是参数化。即跳过独热编码，把每一个属性中的每一个值都当作一个参数来处理。例如在上文的例子中，颜色（仅红、绿、蓝）、职业（仅学生、工程师、教师、医生）、是否未成年组成的三维属性表中，如果颜色为红色，就替换成一个参数 p_{red}，如果职业是学生，就替换成一个参数 $p_{student}$……这样，相当于把 3 个属性转换成了 9 个参数。这 9 个参数在分析与模型训练中可以不断调节，以达到总体目标的最优。当然，属性值的参数化要想发挥作用，需要在设计模型时多费些精力。

7. 正规化

正规化是一种比较特殊的特征变换方式。

上文讲到的几种特征处理方式，都是从“列”的角度来处理属性的。也就是在将属性变换成特征时，都是处理所有样本的同一个属性。而正规化通常作用的对象，是数据表中的“行”，也即作用于每一个样本的各个属性。

在正规化的概念中，每一个样本不再是数据方体中的一个点，而是一个有向向量，正规化就是将每一个向量伸缩或拉伸到单位范数向量的过程，等效于样本中的每一个属性都除以了一个规范化因子。这个因子被称作正规化因子。正规化因子随着单位范数的定义不同而有所不同，常用的正规化因子定义如下。

L_1 正规化因子：$Z_{L_1} = \| X \|_{L_1} = \sum | x_i |$

L_1 正规化：$x_i^* = \dfrac{x_i}{Z_{L_1}}$

L_2 正规化因子：$Z_{L_2} = \| X \|_{L_2} = \sum x_i^2$

L_2 正规化：$x_i^* = \dfrac{x_i}{Z_{L_2}}$

L_{inf} 正规化因子：$Z_{L_{\text{inf}}} = \| X \|_{L_{\text{inf}}} = \max(| x_i |)$

L_{inf} 正规化：$x_i^* = \dfrac{x_i}{Z_{L_{\text{inf}}}}$

式中 X 代表由各个属性构成的样本向量，x_i 代表某一属性值。

因为在进行正规化时考虑了一个样本的各种属性，为避免各个属性不同量纲与范围对正规化造成的偏倚，正规化常常在归一化或标准化后使用。

正规化可以带来哪些其他变换方式不能带来的信息？还是举例来说明。

例如，你的身高是 180cm，你的体重是 75kg，你同班或同部门的一个朋友小明的身高是 165cm，体重是 65kg。分别对全班或全部门的人的身高和体重归一化后，你的身高是 0.8，体重是 0.8，小明的身高是 0.3，体重是 0.7。接着再进行 L_1 正规化，你的身高是 0.5，体重是 0.5，小明的身高是 0.3，体重是 0.7。此时，变换后的小明的体重值大于你的体重值，这意味着什么？这意味着小明的体重相比于自身全部其他属性来说，出现了失衡的情况。失衡的这一个属性，构成了小明的“特点”。对于你来说，你的身高和体重都是 0.5，非常平均：你身高越高，体重就越重，这个趋势很正常。而小明不是，小明的体重相较而言（这个例子相比较的当然是同样身高的其他人啦）是偏大的，也就是说，小明更有可能较胖。换言之，小明的身高值相较而言（这个例子相比较的那就是同样体重的其他人身高了）是偏小的，也就是说，小明更有可能较矮。至于小明究竟是较胖还是较矮，则取决于身高和体重的标准化差异哪个大了：如果体重的标准化差异较大，那小明被大多数人认为较胖的可能性就越高；如果身高的标准差差异较大，那小明被大多数人认为较矮的可能性就高。当然，归一化和标准化后，如果数据量足够大，通过组合几乎也可以得到类似的结论，但这也不能忽略正规化在突出这类“特点”特征时所起到的作用。

关于正规化中的正规化因子的计算方式，常常在模型中引用，被用来计算模型参数的正规化因子，此时，这个“正规化因子”被称作正则项。关于正则项，在第 6 章中会介绍。

5.4.4 特征抽取

特征抽取与上文提到的特征选择都属于特征降维。

特征降维就是降低属性或特征的维度，使在分析与建模时得到最大的便捷性，同时也要尽可能不牺牲分析与建模的准确性，要是对防止过拟合还有促进作用，那就是意外收获了。

特征选择在上文已经介绍过，它的目的，就是把与目标相关性不高的，或属性自身并没有太大变化，几乎不携带信息的属性直接去掉，这样，特征的维度就被降了下来。

特征抽取的降维思路与特征选择不同。它是通过变换的方式，将高维属性或高维特征经过组合计算的方式，浓缩到更低维度的特征上。这些被抽取后得到的特征中，大部分都包含抽取前的多个属性或特征的信息。于是，特征数量少了，方便分析与建模，同时抽取前的原表信息也被极大地保留下来。

特征抽取分为线性抽取与非线性抽取。线性抽取就是将原属性或原特征经过线性变换，得到新的特征的过程。典型的线性特征抽取的方法包括主成分分析（Principal Components Analisis，PCA）变换、奇异值分解（Singular Value Decomposition，SVD）变换、线性判别分析（Liner Discriminant Analysis，LDA）变换等；与之对应的，非线性特征就是将原属性或原特征经过非线性变换，得到新的特征的过程。典型的非线性特征抽取方式包括如 SNE、t-SNE、Large-Vis 等变换方式。

从上文得知：特征抽取的总体方略，就是将高维的一些特征进行组合变换，变换成一些低维的特征。在这个原则的指导下，在具体的变换过程中，总是要遵循一定的规则的，而就是这些规则的不同，塑造了这些最常用的特征抽取方法的最基本模样。

因为涉及比较多的属性或特征的组合计算，在理解这些概念时，要是有一个比较好的空间观，对特征抽取（也称特征提取）的认识会非常直观与深刻。什么叫空间观？其实就是上文提到多次的数据方体认识模式。如果你已经熟悉了把每个属性都当作一个高维空间中的一条边，把每个样本都当作这个空间中的一个点，那可以说你已经具备理解接下来的内容需要的空间观，就可以放心地学习接下来的内容了。

1. PCA 变换

PCA 变换的理念就是将高维空间的数据映射到低维空间时，降低抽取后的维度之间的相关性，并且使这些维度的方差尽可能地大。

如图 5-10（a）所示，维度 A 与维度 B 的观察角度下（其实就是一个二维的数据方体），有如下分布的样本。PCA 变换后，维度变成了 A' 与 B'，如图 5-10（b）所示。在空间几何的概念下，这相当于是坐标轴发生了变化。在原维度下，维度 A 与维度 B 有较大的相关性，即如果一个样本 A 维度较大，那该样本的 B 维度也比较大（这个结论虽然不适用于每一个样本，但总体来说是相对满足的）。而在新的维度下，各个样本在维度 A' 与维度 B' 下的相关性减小了，即属性 A' 如果比较大，属性 B' 大小分布比较均匀，反之亦然。而且，在维度 A' 与

维度 B' 的观察角度下，各样本的各属性在满足相关性较弱的前提下，方差也达到了最大化。

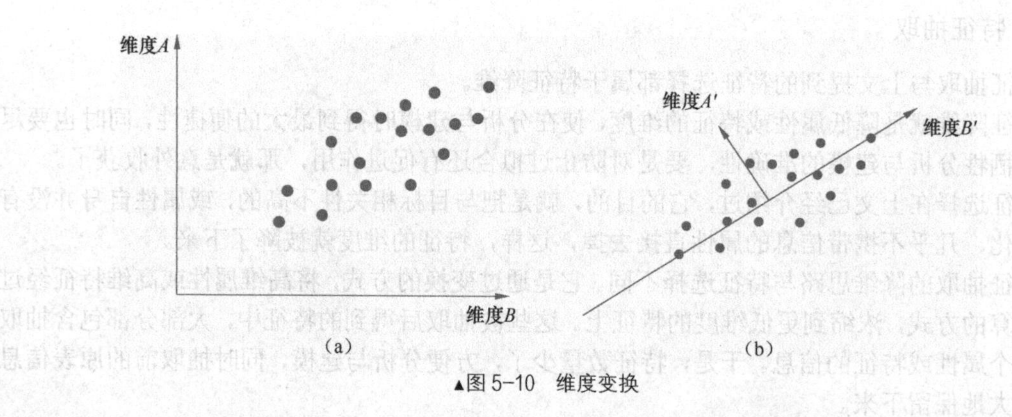

▲图 5-10　维度变换

在 A' 与 B' 维度下，在各个维度上的每一个单位长度对数据集也有了新的意义。以上例中，对该样本集来讲，样本在 B' 维度上的区分度更高，可以反映的样本信息更加丰富，因而在分析与建模过程中发挥的作用也就更大一些。

PCA 变换的具体过程，实际上就是通过线性变换的方式，找出以上类似的维度 A' 与维度 B'。

PCA 变换的操作步骤如下。

（1）将原始一维表数据看作一个矩阵。

（2）将每个属性均进行零均值化处理，即每个属性值都减去该属性的均值。

（3）求出零均值化后矩阵的协方差矩阵 $\boldsymbol{C}$。

（4）求出协方差矩阵 $\boldsymbol{C}$ 的特征值与特征向量。

（5）此时得到的特征值即可以视作降维后的各个新的维度的重要性大小。将这些特征值从大到小排列，取前 k 个特征值对应的特征向量，按列组织成矩阵 $\boldsymbol{P}$。

（6）将原数据构成的矩阵乘矩阵 $\boldsymbol{P}$ 得到降维后的数据表，该表中有 k 个维度。

特征值的大小可以表示各个新的维度对应的重要性，也可以代表对原表的保留信息的相对大小。因而，保留下的 k 个维度的特征值的总和占所有特征值总和的比例，可以认为就是对原表信息的保留比例。

2. SVD 变换

SVD 变换，即基于奇异值分解的变换。它的原理与 PCA 变换基本一致，都是将代表原数据的矩阵，在进行线性变换后，保证各个维度上的相关性最弱的前提下，同时让方差最大化。SVD 变换与 PCA 变换一样，都是将方差变化最大的方向当作最终要分析的特征。但 SVD 分析简化了计算机的计算过程，提升了数值计算方面的效率。

SVD 变换的形式是 $\boldsymbol{P}=USV^{\mathrm{T}}$。其中 $\boldsymbol{P}$ 是原数据矩阵，共有 M 个样本，N 个属性，即 $\boldsymbol{P}$ 为 M 行 N 列的矩阵。SVD 变换要将 $\boldsymbol{P}$ 转换成一个单位矩阵的转置矩阵 $\boldsymbol{U}$ 与一个对角矩阵 $\boldsymbol{S}$

（奇异值矩阵，对角元素为奇异值，均大于等于 0）和另一个单位矩阵 ***V*** 的乘积形式。其中 ***U*** 矩阵为 *M* 行 *M* 列，***S*** 矩阵 *M* 行 *N* 列，***V*** 矩阵 *N* 行 *N* 列。

SVD 变换是个比较复杂的数学过程，对于数据分析来讲，暂且不去了解这个求解过程，感兴趣的读者可以自行查阅相关资料。

SVD 分解用于降维的思路，是把某个奇异值的大小看作变换后该列维度的重要度大小，降维的方式就是保留几个重要的奇异值和对应的行列。举例来说，如果原表中有 2000 个样本，500 个属性。经奇异值分解后，***U*** 是 2000 行、2000 列，***S*** 是 2000 行、500 列，***V*** 是 500 行、500 列。如果要降维到 100 个维度，***U*** 取前 100 列，变成 2000 行 100 列的矩阵。***S*** 取前 100 行，变成 100 行，500 列的形式。***V*** 取前 100 列，变成 500 行 100 列的形式。因为 ***S*** 也仅是在行标与列标相等的地方有值，其他位置均为 0，所以可以等效为 ***S*** 取 100 行 100 列，***V*** 也取 100 行 100 列。这样，最终可以得到一个 2000 行 100 列的新表，这张新表即为降维后的表。

3. LDA 变换

在本书中，LDA 的全称是 Linear Discriminant Analysis，即线性判别分析。LDA 还是另一种自然语言处理中常用到的稳狄利克雷分布（Latent Dirichlet Allocation）模型的简称，与本节要讲到的 LDA 并非一致。

PCA 变换与 SVD 变换的方式均是将变化最大的正交方向作为了表现最突出的特征。但有的时候，这些方向代表的特征并非对分类任务最为友好的表达，如图 5-11 所示。如果图中的两个颜色的圆形代表两个类，按照 PCA 或 SVD 变换的方式，会得到实线坐标轴代表的新维度。但在这个新维度下，要区分出两个类还是不够简洁。相比之下，如果在虚线方向上有一个维度，仅通过该维度即可将两个类别轻松分开，如图 5-11 所示。

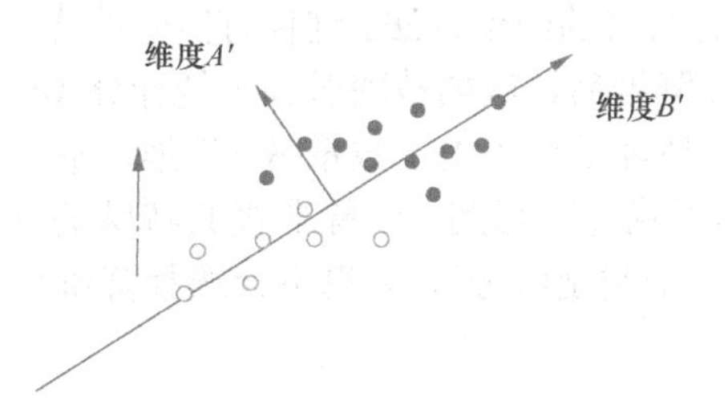

▲图 5-11 LDA 算法下的维度变换示意图

如何确定对分类而言最优的维度方向呢？这里就涉及一个把类区分开的重要原则，即好的分类维度，应该让类内的间距足够小，类间的间距足够大。这也是 LDA 遵循的原则。LDA 就是通过线性变换的方法，达到在变换后的维度下“类内的差距足够小，类间的差距足够大”的目的。

LDA 是把各类内部的方差和当作类内差距大小的衡量，而把各类之间均值差的平方当作类间差距大小的衡量。而经过一系列数学计算后，这两类衡量以类内散度矩阵和类间散度矩阵的形式进行表达。

LDA 方法中定义如下矩阵为类内散度矩阵。

$$S_w = \sum_{\bar{x} \in X_i} (x - \mu_i)(x - \mu_i)^T$$

类内散度矩阵衡量各类内部离散度的大小。其中 x 为 n 维的列向量，代表样本的 n 个维度；μ_i 代表第 i 个类的均值向量，即第 i 个类各个维度的均值构成的向量；S_w 就是一个 $n \times n$ 的矩阵。

定义如下矩阵为类间散度矩阵。

$$S_b = \sum_{i=1}^{C} m_i(\mu_i - \mu)(\mu_i - \mu)^T$$

类间散度矩阵衡量各类之间的离散度的大小。其中 μ 为所有样本的 n 个维度均值构成的向量，m_i 表示第 i 类样本的数量，S_b 也是一个 $n \times n$ 的矩阵。

设 ω 为线性变换参数，LDA 就是最大化 $\dfrac{\omega^T S_b \omega}{\omega^T S_w \omega}$ 的过程。根据一定的数学推导，可以将 LDA 降维的方法总结如下。

（1）计算类内散度矩阵 S_b 与类间散度矩阵 S_w。

（2）计算 $S_w^{-1} S_b$。

（3）计算 $S_w^{-1} S_b$ 的 d 个特征值对应的特征向量，d 为要降维的维度数。将这些特征向量按列排列组成投影 W。

（4）将原矩阵右乘 W，得到降维后的矩阵，即为降维后的新维度构成的数据表。

与 PCA 变换和 SVD 变换相比，LDA 变换因为引入了标注（即上文说到的分类标签），降维有了目标与方向，是一种有监督的降维方法。这种有监督的降维思想也是可以用到分类任务中的。可以说，在经过 LDA 降维后，数据被映射到了统计分类性能最好的投影方向。

不过，LDA 降维常常选择降维到“类别数量减 1”维，不常会降到比类别数量少 2 个及以下的维度数量上（举个例子就容易想到了：除非极其特殊的分布形态，一条直线上只分割 1 次，不会把这条直线上的 3 个类别区分开），也不会选择降维到大于等于类别数量的维度空间上。

5.4.5　特征衍生

特征衍生也叫特征构建，指使用现有的属性，进行分解、解析或组合的方式，生成具有业务含义的新特征。可见，特征衍生是制造新的特征，扩展更高维度的过程。

特征衍生是特征工程整个环节关系中非常重要的一环。因为各种限制，获得的最原始数据的字段或属性数量会比较少，或者形式比较复杂，不能很方便地提取应用。特征衍生就是突破字段和属性在形式上与数量上的限制的一个特征处理思想。还有可能，采集到的原始数据，其属性代表的特征并不能完全体现数据的全部信息，需要通过已有的数据组合来发现新的意义。这些新的意义，很有可能会对分析和建模的结果有着举足轻重的影响。

特征衍生从操作的角度来看，可以分为两种类型：特征扩展和特征交叉组合。

1. 特征扩展

特征扩展是直接将一个属性进行业务意义上的计算或解析，得到新特征的过程。

很多属性以字段的形式存储在表格中，但属性代表的含义其实并不容易直接获得。此时，需要人为地将这些字段代表的业务含义提取出来，当作特征进行计算分析。

举例来说，如果一个表中包括一个业务日期字段，如“2019-10-26 18:41:25”，直接把它当作一个字符串处理，显然是不方便并且没有重点的。但如果可以把它解析成月份、日、季度、小时、周几、是白天还是晚上、季节是什么、是哪个星座等，该日期的业务属性就丰富起来，做数据分析或建模挖掘也更加直接。

另一个常见的例子是关于用户评论的解析。现在不少的手机 App，不管是电商 App，还是资讯 App，再或者是外卖平台的 App，都会有用户评论的功能。用户评论不仅可以让其他用户看到你对该商品或新闻的评价态度，还可以通过这些评论挖掘出许许多多如用户画像、社群民意等非常丰富的业务意义。一条评论蕴含什么样的信息，可以从自然语言处理的角度，提取关于评论的“画像”。更直接的方式，是从特征衍生的角度，解析其中与业务相关的信息。例如，在一个外卖平台的用户评论中，想挖掘各个用户对各个店家食品的满意度，就可以把评论中“不错”“好吃”“满意”等关键词当作用户满意的标签，把“不好吃”“难吃”“不满意”等关键词当作用户不满意的标签，统计每个店家食品两类标签的分布，大致就知道用户群体对店家的总体态度和各个食品的主要问题了。当然，这么简单粗暴的提取特征的方式一定是有问题的，比如像“这能让人满意吗？”，其实是表示“不满意”的评论。这一方面需要评估这些异常案例（Bad Case）的规模，也要评估更加精确给评论贴标签的策略，以及提升准确度要付出的成本。这些都需要业务人员与数据工作者不断分析、细化并进化。

很多时候，尤其是在一些专业领域的数据分析场景中，还有很多字段本身包含非常丰富的业务知识和信息。例如，体检表中的每一项指标都有什么含义等。要得到这些信息，就需要非常专业的人士的宝贵意见了。

2. 特征交叉组合

特征的交叉组合是指将不同的属性或特征进行如数学运算、笛卡儿积等交叉组合计算的方式，得到新的特征的过程。

数学运算一般用在连续值的属性之间的特征衍生，离散值的属性之间常用笛卡儿积等组合方式实现衍生。连续值与离散值之间常要先将离散值变换成连续值，或是先将连续值变换成离散值，再进行计算或交叉组合。

举例来说，如果一张数据表中有一个属性是价格，还有一个属性是重量，就可以将每个样本的价格与重量进行相乘（或相加、相减、相除等，都可以。不过一般情况下，很少用加减的方式），得到一个新特征。这个特征代表什么含义？确实，新生成的这些特征并不一定有可以直接看出来的现实意义，但这些特征可能会对发现数据规律，高性能建模有意想不到的作用。至于有没有用，可以通过上文介绍的特征选择或特征抽取的方式来处理。

再举个例子：如果一张表中有一个属性是颜色，只有红、绿、蓝3种值。另有一个属性是季节，有春、夏、秋、冬4种值。那将颜色与季节进行笛卡儿积运算，可以得到一个新的特征，这个特征共有（红，春）、（红，夏）、（红，秋）、（红、冬）、（绿，春）、（绿，夏）、（绿，秋）、（绿、冬）、（蓝，春）、（蓝，夏）、（蓝，秋）、（蓝、冬）这12种值。

很多作用十分显著的组合特征都是原属性或特征的高阶组合。以上两例分别为连续值属性的高阶组合与离散值属性的高阶组合。或许读者会有疑惑：这些组合的特征不能通过构建模型的方式来显现出来么？也就是说，如果在第二个例子中，颜色与季节对模型效果有益，或者颜色与季节真的存在关系，那在构建模型时，这样的组合特征应该是会被找出来的。不错，如果在数据维度非常大，数据足够多，模型足够高阶复杂，这样的组合特征会在模型中被体现出来。但交叉组合这种特征衍生的方式至今还在被高频使用，主要的原因有以下两点。

（1）这些组合而来的高阶特征可以大大简化建模过程，让模型变得简单。

如果想通过模型让这些高阶特征体现出来，那一定要在模型中有一些把原始特征高阶化的“模块”，这样，很多直观性好、解释性强的模型就不能被使用。而如果通过交叉组合的方式把这些组合特征进行“强调”，模型的选择空间就大了很多，模型也会变得很简洁。

（2）在数据量或数据维度有限的情况下，这些高阶特征可能有效，但不一定会被训练出来。

在高阶模型中，如果想把这些高阶特征训练出来，同时还要防止过拟合，就必须有更多的“证据”（即数据）证明这些特征的有效性。而遇上数据量或数据维度并不是很丰富的场景，要把这些高阶特征凸显出来，同时还要不过于凸显这些特征而忽视其他特征，就非常困难，这通常会考验特征与模型的泛化能力，这无疑增加了分析结果的不确定性。把高阶特征直接提取出来，在数据量或维度有限时，也可以观测到这些高阶特征，并用于模型训练中，有时可以起到事半功倍的效果。当然，这些组合得到的新属性并不都是有效的，需要进一步甄别。但如果其中真的存在非常有效的特征，那对于没有进行特征衍生的建模，损失将是非常大的。

3. 寻找更高阶的特征——核函数

既然交叉组合可以得到原始属性或特征的高阶形式，高阶属性和特征可以从更高维度的层次上去观察数据并高效分析与建模，那如何生成更高阶的特征，就是一个值得思考的问题。由于在数学运算中的高阶函数操作更加丰富和灵活，因此下文中，也假设离散特征已经被数值化处理了。

以交叉组合的方式得到的新特征，实际上得到的是属性A与属性B的乘积形态。由于每类属性均为一阶，两个属性进行相乘后，就得到了二阶属性。这里的阶数，与数学中的未知数的指数是对应的，所有属性的最高阶数，就是该表的维数。

从高阶维度去观察属性与特征可以让建模变得简单，如图5-12所示。如果在 x 轴代表的维度与 y 轴代表的维度下，样本点的分布如图5-12(a)，那用一种简单的线性分类方式（在二维空间中，线性分类方式就是直线），是无法将图中的两类进行区分的。但如果引入一个新的维度：x^2+y^2。此时样本点的分布变成如图5-12(b)所示，通过线性分类方式（在三维空间中，线性分类方式就是平面）就可以轻易将两个类别进行区分。

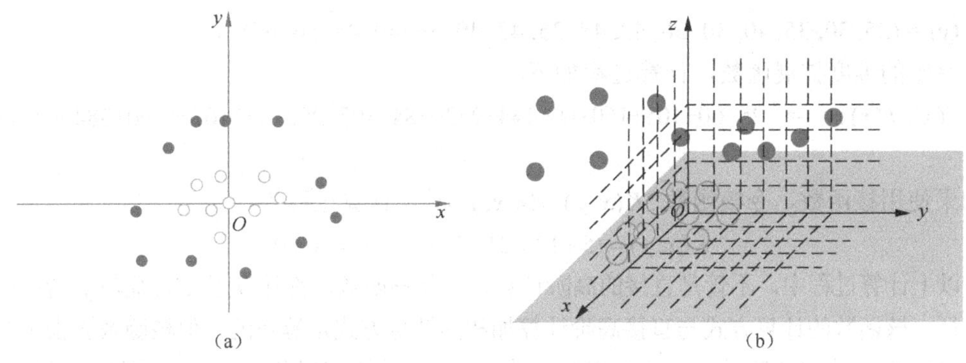

▲图 5-12 升维可使空间线性可分

这里新增的第三维空间形式是 x^2+y^2，为什么是这个形式，其他二阶形式不可以么？答案是可以的。在该例中，如果新增的第三维是某些其他二阶表达形式，如 xy、x^2+y^2+xy、x^2+y 等，也可以用线性模型或低阶非线性模型将两个类别区分开。本例中是以方便理解与区分的角度特意选择了 x^2+y^2 这个第三维的高阶组织形式，实际情况中，在不知道每个样本标注的前提下，如何映射到高维空间是不明朗的（对于分类任务来说，如果知道如何将其属性线性可分地映射到高维空间，那其实已经可以分出类别了）。映射到高维空间仅是让高维特征表现出来，至于具体这些高维特征的“系数”如何，大多数情况下并不是太重要。

直接用乘积的形式扩展维度，很常见地会发生因为扩展维度而导致的维度灾难问题。举例来说：如果原数据表中有 2 个属性维度（用 x_1 和 x_2 代表），要扩展所有的二阶维度，则扩展后会得到共计 5 个特征（x_1，x_2，x_1^2，x_2^2，x_1x_2）；如果原数据表中有 n 个特征，那扩展所有的二阶维度后，共会得到 $n+(1+n)\times n/2$ 个特征；如果 2 个特征要扩展所有的三阶维度，扩展后会得到共计 9 个特征……维度扩展得相比于原表中的特征数量太多，维度灾难就会影响到分析与建模结果的性能与可靠性。

所以，在特征工程的理论中，很少会直接用高阶维度或交叉组合的方式得到更高阶的特征。获取更高阶特征常常是通过核函数实现的。

什么是核函数？

核函数 K（Kernel Function，也叫 Kernel Trick）是低维特征空间的数据向高维特征空间映射的一种简便方式。在形式上，$K(\boldsymbol{x},\boldsymbol{y})=<f(\boldsymbol{x}),f(\boldsymbol{y})>$，其中 $\boldsymbol{x}$ 和 $\boldsymbol{y}$ 是 n 维特征的输入值，f 函数是可以将 n 维特征空间映射到更高维特征空间的函数，$<\boldsymbol{x},\boldsymbol{y}>$ 是 $\boldsymbol{x}$，$\boldsymbol{y}$ 的内积。

不使用核函数时，常用 $<f(\boldsymbol{x}),f(\boldsymbol{y})>$ 的方式实现低维空间向高维空间的映射，但它的计算过程可能是比较烦琐的。

举例来说，如果令 $\boldsymbol{x}=(x_1,x_2,x_3,x_4)$， $\boldsymbol{y}=(y_1,y_2,y_3,y_4)$；

令函数

$f(\boldsymbol{x})=(x_1^2,x_1x_2,x_1x_3,x_1x_4,x_2x_1,x_2^2,x_2x_3,x_2x_4,x_3x_1,x_3x_2,x_3x_3,x_3x_4,x_4x_1,x_4x_2,x_4x_3,x_4^2)$；

代入几个简单的数字看看是什么效果：$\boldsymbol{x}=(1,2,3,4)$；$\boldsymbol{y}=(5,6,7,8)$。那么，

$f(\boldsymbol{x})=(1, 2, 3, 4, 2, 4, 6, 8, 3, 6, 9, 12, 4, 8, 12, 16)$;

$f(\boldsymbol{y}) = (25, 30, 35, 40, 30, 36, 42, 48, 35, 42, 49, 56, 40, 48, 56, 64)$ 。

用原始的维度扩展函数，计算过程如下。

$< f(\boldsymbol{x}), f(\boldsymbol{y}) > = 25+60+105+160+60+144+252+384+105+252+441+672+160+384+672+1024=4900$。

如果使用核函数，令核函数 $K(\boldsymbol{x},\boldsymbol{y}) = (<\boldsymbol{x},\boldsymbol{y}>)^2$，计算过程为，

$$K(\boldsymbol{x},\boldsymbol{y}) = (5+12+21+32)^2 = 70^2 = 4900$$

在以上计算过程中，不管是直接的高阶计算，还是核函数，都计算了 $\boldsymbol{x}$ 特征与 $\boldsymbol{y}$ 特征的一个高阶特征，核函数的计算方式与直接高阶计算加和的计算方式是等效的，但核函数省去了更多的在高维空间中烦琐的计算过程，也可以将低维空间的数据映射到高维空间。同时，由于 $f()$ 可能将低维空间映射到无限空间进行高维计算不太可能，而核函数也解决了无限维空间无法计算的问题。

当然，不是所有的函数都可以被当作核函数。那什么样的函数可以当作核函数呢？Mercer 定理提供了一种有效核函数的判断方法。

如果有 n 个训练样本($\boldsymbol{x}_1, \boldsymbol{x}_2,\cdots, \boldsymbol{x}_n$)，每一个 $\boldsymbol{x}_i$ 是一个代表特征的向量。可以将任意两个 $\boldsymbol{x}_i$ 和 $\boldsymbol{x}_j$ 代入函数 K 中，计算得到 $K_{ij}=K(\boldsymbol{x}_i, \boldsymbol{x}_j)$。$i$ 从 1 遍历到 n，j 也从 1 遍历到 n，把所有的 K_{ij} 按照 i 与 j 作为矩阵索引，建立起一个 $n\times n$ 的矩阵，这个矩阵被称作核函数矩阵。Mercer 定理告诉我们：如果以上的映射均是在实数域的，K 函数是一个有效核函数，当且仅当对于训练样本($\boldsymbol{x}_1, \boldsymbol{x}_2, \boldsymbol{x}_3,\cdots, \boldsymbol{x}_n$)构成的核函数矩阵是半正定的。

Mercer 定理可以提供一种判断一个函数是否可以作为核函数的方法，但要找到这些有效的核函数，就需要依赖一些经验了。

经常会用到的核函数有如下 4 种。

（1）线性核函数。

线性核函数也是形式上最简单的核函数，它的数学表达形式为：$K(\boldsymbol{x},\boldsymbol{y}) = \boldsymbol{x}^{\mathrm{T}}\boldsymbol{y}+C$（其中 C 为常数项）。

（2）多项式核函数。

多项式核函数的数学表达形式为：

$K(\boldsymbol{x},\boldsymbol{y}) = (\alpha\boldsymbol{x}^{\mathrm{T}}\boldsymbol{y}+C)^d$（其中 a 为斜率参数，C 为常数项，d 为多项式的度，也就是阶数）

（3）指数核函数。

指数核函数的数学表达形式为：

$$K(\boldsymbol{x},\boldsymbol{y}) = \exp(-\frac{\|\boldsymbol{x}-\boldsymbol{y}\|}{2\sigma^2})$$（其中 σ 为参数）

（4）径向基核函数。

径向基核函数的数学表达形式为：

$$K(\boldsymbol{x},\boldsymbol{y}) = \exp(-\gamma\|\boldsymbol{x}-\boldsymbol{y}\|^2)$$

γ为径向基核函数中的一个重要参数，这个参数对该核函数在实际应用时的性能有非常大的影响。如果γ被过高估计，指数函数将几乎退化为线性函数，高维映射将失去其非线性特性；如果γ被过低估计，该核函数被使用时，非常可能会对训练数据中的噪声高度敏感，容易过拟合。

径向基函数的另一种表达形式是$K(\boldsymbol{x},\boldsymbol{y})=\exp(-\frac{\|\boldsymbol{x}-\boldsymbol{y}\|^2}{2\sigma^2})$，被称作高斯径向基核函数。

有了核函数，就可以尝试把数据表中的特征升阶扩维，从不同的角度去观察数据和分析数据。升阶扩维后，除了上文说到的分类任务（第 6 章中讲到的 SVM 模型，就高度依赖核函数），还可以尝试增加一些新维度进行降维，很可能会得到一些非常频繁的或与目标非常相关的“奇形怪状”的属性组织形式。这些特征带来的“惊喜”效果，尝试过才体会得到。

5.5 特征监控

有效持续地获得了特征，并持续加工处理了特征，就可以对其进行分析，或者建模上线了。但这并不是特征工程的结束。如果经过分析或建模，已经从数据转化的特征中得到了结论，并不意味着这样的结论是一成不变的。随着时间的推移，客观世界的变化，之前分析或建模的对象，也有可能会发生变化。要保持分析与建模的结论长期稳定或有效，就一定要进行特征监控。

举个例子：如果某电商公司搭建了一个推荐系统。在根据数据建模时，男女人数比例约为 1:1，平均年龄大概为 25 岁，高频下单用户占到 5%左右。在推荐系统上线过后的一段时间，男女人数比例变成了 1∶3，平均年龄升到 26 岁，高频下单用户占到 15%左右。此时，由于用户特征的分布形态与分析和建模阶段的分布形态发生了比较显著的变化，应用之前的结论或模型非常有可能发生效能下降或无法达到最佳效果的情况。此时，可能需要重新建立模型或重新分析得到最新的结论。但什么时候重新分析，是需要依靠特征监控来确定的。

特征监控，就是将结论或模型要作用的特征，与经过分析得到结论或由训练数据得到模型之前输入的依据特征或训练特征进行比较与监控，以反映当前结论或模型对当前作用特征的可靠性与有效性。

特征监控有两个最主要的含义：一是监控当前线上特征是否与依据特征或训练特征一致；二是监控是否有新的特征可以对数据分析或挖掘建模的性能有提升或促进作用。

5.5.1 监控已有特征

监控已有特征，就是观测将已有的结论或模型用于从当前样本中获得的特征，并判断是否存在风险的过程。

1. 合适的样本范围是保证比较结果准确有效的前提

要把得到结论或模型依赖的样本特征与线上要作用的对象样本特征的差异进行比较，要保证线上样本与训练样本的统计尺度与样本环境大致相似。

例如，如果在分析数据或训练模型时使用了近一个月的所有样本的统计值或样本行为特征，那么在用线上样本特征与之进行比较时，要保证线上样本特征也是从近一个月的样本中按照相同的抽样方式获得的。

2. 监控已有特征要从最重要的特征入手

在特征获取与特征处理后，可以根据这些特征，运用一些规则或逻辑，得到用于描述、预测或诊断之类的结论或模型。得到结论或模型的方式不同，各个特征在结论或模型中显示的，重要性也不一样。拿线性回归模型来举例，可以认为绝对值最大的参数对应的特征，其重要性也最强。定位这些尤其重要的特征，是监控已有特征的第一步。

特征的重要性的判断方式因分析手段或模型类型的不同而有所不同。除了表示特征重要性的参数大小之外，在一些树形结构的模型中，用某特征切分样本集减少的熵的大小也会用来代表特征的重要性；在一些级联模型结构中，某些特征在各级模型中的参数影响力会被用来代表特征的重要性；在一些矩阵结构的模型中，特征值的大小代表各个对应特征的重要性大小……在第 6 章介绍模型时，读者可以看到一些评价特征重要性的方式。

3. 假设检验是用来比较特征的常用手段之一

确定了要比较的对象和要比较的内容，接下来就是通过比较，得到比较结果了。

这个过程中常用到的手段是假设检验。如果是要比较线上特征与训练特征的分布异同，就可能会用到卡方检验；如果线上特征与训练特征的正态性较好，要比较其统计值的差异是否显著，就可能会用到如 μ 检验或 F 检验方法；如果线上特征与训练特征的分布形态不定，就可以试一试秩和检验的方法……

如果最终得到的结论，线上特征与训练特征有显著的不同，就应该着重留意线上分析或模型产出是否可靠，是否会带来不必要的风险。

与监控已有特征对应的一种保证线上模型鲜度的有效方式，保证计算过程是实时的，其实现方式可以是定期分析建模并应用于线上，或是实时建模。在这种方式下，监控的将不再是特征，而是训练样本的评价表现。

5.5.2 寻找新的特征

除了监控已经用于线上任务的特征外，寻找对提升业务效果有帮助的新特征，也是特征监控的一项内容。

由于分析对象或模型作用的样本随时在发生变化，即使是重要特征没有太大变动，分析或模型的表现性能也会发生“震荡”。又或是争取到了新的资源，提炼了相加相关的特征，则可以对分析或模型的表现性能有很大程度的提升。这时候，就可以考虑纳入新的特征，“进化”分析结论和线上建模了。

1. 寻找新的特征可以从已有数据入手

通过更加全面的探索与尝试，进行更加深入的特征工程，是寻找这些新特征的方法之一。

2. 寻找新的特征的最有效方式是寻找新的数据

通过寻找更多数据，将新数据与原有数据融合而产出新特征的方式，是产出新特征最有效的方式。很多时候，数据被各个部门、各个公司掌握，无法相互融合，数据就像孤岛一样被隔离开。根据 5.4.5 节“特征衍生”的结论，如果这些数据融合起来，其中发生的“化学反应”可以产出的信息是不可估量的。当然，这个过程中，技术、分析方法有时并不是最主要的矛盾，如何让涉及数据的每一方都能从这个过程中得到好处，可能是更需要费脑筋的事。

5.6 一个例子

接下来，通过一个简单的例子来说明特征工程在数据分析与挖掘建模中的应用过程。

某在线生鲜 App 通过不断的业务推广和全面、优质的生鲜供应，获得了一大批时常光顾的用户。

对于生鲜这类货品，备货多少是个应该花精力研究的问题：如果货品准备过多，不能被及时卖出，生鲜产品将不再“鲜”，会造成产品质量下降，进而造成极大的资源浪费；如果货品准备过少，用户的需求得不到满足，无疑会极大影响用户体验。所以，该在线生鲜服务公司决定，通过已经积累的用户数据，预测接下来用户的货品需求，进而制定备货策略。

关于预测的方式，该公司的数据分析师和数据算法专家经过讨论产生两种意见：一是预测用户接下来一段时间的总需求；二是预测每个用户接下来要购买的货品，再进行累计。业务部门考虑到公司的生鲜存储仓库位于全市多个地段，方案二会节省更多的物流成本。同时，数据分析师与数据算法专家经过评估认为，当前公司积累的用户购物数据可以支持比较准确的用户购买行为的预测。因而公司决定立项，预测每个用户接下来会购买哪些货品。

5.6.1 有哪些数据

数据部门与业务部门沟通后，列出了接下来可能使用到的数据。按照数据来源不同，组织成了以下 5 张表。

1. 用户基础信息表

该表包含的字段有：用户 ID、用户年龄（自填，可为空）、用户职业（自填，可为空）、用户送货地址、用户注册时间。

2. 货品基础信息表

该表包含的字段有：货品 ID、货品大类、货品中类、货品细类、货品价格、货品栏位编号（即货品在该 App 中的哪个页面，以不同编号区分不同页面）。

3. 栏位基础信息表

该表包含的字段有：栏位 ID、栏位类型（栏位存放的货品大类）、上游栏位 ID、下游栏位 ID。

4. 订单信息表

该表记录各个用户历史订单的信息，包含的字段有：用户 ID、订单 ID、订单产生的时间（精确到秒）。

5. 订单明细信息表

该表记录各个订单的明细信息，包含的字段有：订单 ID、货品 ID、货品放入购物车的次序。

5.6.2　提取业务特征

提取业务特征属于特征衍生的一部分。所谓的业务特征，是业务层面比较容易理解的特征。提取这些特征，是“既容易又困难”的。说容易，主要表现在似乎只需要稍微动动脑子，就可以想出一些这样的业务特征，例如，可以把“该用户之前下过几单”当作一个业务特征。说困难，是因为要把所有可能的业务特征罗列完全，几乎是不可能的。

提取业务特征的方法是灵活的，虽然说很难面面俱到，但尽可能地多罗列一些业务特征（尤其是相关性较高的业务特征），还是比较实际的一件事。这个过程中，一些让人思路比较清晰的方法还是值得借鉴的。在这个例子中，可以尝试将业务特征分成如下 4 类：用户相关的特征、货品相关的特征、用户与货品的关系特征、环境特征。

用户相关的特征不仅包括可以从表中直接获得的用户年龄、用户职业、用户地址（或者根据用户地址解析的距离用户最近的配货点 ID）等直接特征，还包括两种非常重要的间接特征。第一种是从这些直接特征中可以直接解析得到的特征，如从注册时间可以解析得到用户从注册起距今有多少年，该用户是新用户还是老用户等。又如，如果可以获得用户的出生年月，可以尝试推测用户的星座等；第二种则是用户在该平台上的行为特征和行为统计特征。如用户之前在该平台下过几单、之前在周一下过几单、在周二下过几单……白天下单占比、晚上下单占比、工作日下单占比、节假日下单占比……

相似地，货品相关的特征也不仅包括从货品基本信息表中可以直接获得的货品大类、货品中类、货品细类、货品价格等特征。也包括从直接特征解析得到的间接特征，如摆放在该货品上下游的货品种类、上下游的货品价格等。还包括货品的销量统计特征，如该货品近一周售出几件、近一个月白天售出比例、晚上售出比例、工作日售出比例、节假日售出比例、近一周销售数量占比、近一周包含该货品的订单占比、该货品间隔多久会被同一用户再次购买、货品被回购的概率等。

用户与货品的关系特征在预测过程中的作用是巨大的，尤其应该被仔细思考挖掘。这一特征着重从订单信息中提取用户与货品间的交互规律。例如，可以提取如下一些特征：在该用户下过的所有订单中，该货品出现过多少次，占多大比例；该货品距离该用户上次下单已经过去多少天；在之前被购买过该货品的同类货品所占的比例；该用户有多少次连续购买过该货品；在购物车中该货品是第几个被放入的；用户在购买该货品前一周会高频购买哪些货品……

环境特征主要是指发生购买行为时，除用户、货品、订单信息外的其他上下文信息。例如，下单当天是周几、是否是节假日、天气如何、是否发生了热门事件、下单前后几日是否是重要节日、下单前后几日是否有重大社会事件发生等。当然，并不是所有的环境特征都可以被轻松得到。

在提取这些业务特征时，相信很多人会纠结这么一件事：是从每个用户的历史订单信息中挖掘更多的个人特征比较好，还是模糊“个人”的概念，直接提取用户群体的整体表现特征比较好？在特征工程阶段，有效的办法是：只要能想到什么特征，就把什么特征纳入。作用比较小的特征可以通过降维的方式减小其影响，但如果错过了有用的特征，这些特征带来的增益不是可以被轻易获得的。

产出业务特征后，就可以以探索分析的方式，从业务的角度对这份数据进行一番探索了。探索的过程中，非常有可能会有新的发现、认识、思路，产出更多的业务特征。

5.6.3 特征处理

要对上述的业务特征进行建模，就需要对其进行一定程度的处理。

首先要考虑异常值的问题。通过探索分析可以了解到每个字段的值域与分布形态，通过业务上容易理解的逻辑或需求，确定异常值的定义形式。例如，“职业”这个字段出现很多空值，这些空值是否是异常值？因为用户有不填写该项的自由，同时又有很多用户填写了该项，就可以把“职业”的空值当作一个单独的“职业”来看待。

其次是考虑特征变换的问题。特征变换的方法有很多，但最终选择哪些方法，与样本假设偏好（或也被称作归纳偏置）有不小的关系。关于样本假设偏好、归纳偏置，在第 6 章中会着重介绍。不过，一些比较普遍的处理方式还是容易被想到并广泛应用的。例如，表示类别的属性要使用标签编码或独热编码的方式，先转换成数值形式再进行计算；很多时候，特征都要进行标准化或归一化，一些小范围波动较大但对业务意义影响不大的属性，就可以被离散化……

5.6.4 二次特征衍生

在一次特征衍生时，重点提取了很多业务特征。业务特征的作用是扩展人们对数据的了解维度。

二次特征衍生的作用主要是扩展接下来模型对数据的了解维度。就如上文提到的，很多特征看起来似乎很难理解，但在解决具体的业务目标时，却非常有启发性，它们是非常重要的。在这个阶段，可以将之前得到的业务特征两两相乘，得到它们的二阶特征。或者直接进行核函数转换等非线性映射，映射到更高维度……

5.6.5 二次特征处理

显然，在二次特征衍生后，特征维度被进一步扩展，就需要进行二次特征处理。例如，针对这些新衍生的特征，极有可能需要进行再一次标准化或归一化，将这些新特征的分布定形；很有可能还需要对特征进行降维，去掉相关性较弱的特征，或者通过线性或非线性变换的方式，将特征进行组合计算，保留重要的信息……

5.6.6 建模与迭代

接下来，就需要把得到的这些特征用在模型中，并不断尝试验证。有时在建立模型的过程中会遇到各种各样的问题，就需要不断调整特征形态，或修改特征的处理方式，以达到产出效果的最佳。

5.7 头脑风暴

特征工程是一系列烦琐复杂的数据处理逻辑的集合，要想比较完整地剖析一项任务和与这项任务相关的特征，仅靠一个人去构思（即便这个人真的是天才）是极其困难的。因而，在团队内部进行头脑风暴，是推进特征工程的一个有效方法。

头脑风暴提供了一种有效的就特定主题集中注意力进行创造性沟通的方式，对某一个主题的探讨或日常事务的解决，会起到非常大的启示作用。头脑风暴的形式与目标，恰与特征工程的特性契合。因而把头脑风暴用于特征工程问题的解决是非常合适的。

头脑风暴的精髓在于大家畅所欲言、各抒己见、自由联想，同时每个参与者对其他人的想法持最大的宽容；在不确定哪一个想法是最有用的想法的时候，比较完整地全量记录，先求数量，再求质量。当然，头脑风暴也存在一些让人们陷入无休止争论的问题，这也让很多人认为它是低效的，但把头脑风暴应用于特征工程，收益却非常大。另外，通过一些规则约束，很多人为导致的缺陷，也可以得到有效避免。

头脑风暴的组织形式是多种多样的。在特征工程这一特定的场景下，介绍以下这种被验证有效的头脑风暴组织形式，供各位参考。

1. 明确问题

这一阶段需要由特征工程头脑风暴的组织者明确该次数据分析或挖掘任务的目标，以及当前可以使用的数据资源等。同时对头脑风暴要达到的效果有一个大概的描述。

2. 确定参与者

参与者应该尽可能与业务和目标相关，但同时也要保证多样性。与业务和目标相关，是为了确保整个活动的效率，多样性则是为确保特征工程的质量。例如，可以邀请业务相关的产品经理、运营人员、数据分析人员、算法工程师、销售人员，有可能的话，甚至可以邀请客户参与。参与者数量不宜太多，也不宜太少，根据经验，6～12 人为佳。

在正式开始头脑风暴之前，待解决的特征工程的目标和相关内容应该提前发给参与者。

3. 轮流发言

每个参与者对完成该目标需要什么特征、可以提取到什么特征、对完成目标有帮助的有哪些特征等特征工程的相关问题轮流发言。每个人在发言过程中不应该被打断，其他人对发言者发言内容的想法、意见、疑问等应该记录，在后面的流程再详述。

4. 自由发言

该环节中，所有人均可进行自由发言。发言内容可以是自己突然想到的新点子，也可以是在聆听之前发言者的内容时产出的疑问或建议。活动的组织者，此时需要注意到，因为头脑风暴的目的是收集信息，而这些信息究竟有没有用是需要后续验证的，所以要时刻注意，不要让参与者在某个具体问题上的讨论、辩论太过于细节与深入。同时，为保证活动总体效果，也不应该让个别参与者发言时间过长。

5. 小结

组织者或记录员对本轮发言与交流进行小结，所有参与者只需要补充，不需要深入讨论。

6. 重复 3~5 步

可以在一次活动中进行多轮，也可以是过一段时间再次组织活动。这是考虑到在听取其他人的想法后，每个人可能会有自己的新想法；随着时间推移，每个人的想法也可能会不断升级进化。如果选择用隔段时间的方式进行针对一个主题的多次头脑风暴，数据分析师应该在这个组织时间间歇内验证上一阶段活动的部分结论。

7. 最后总结

组织者整理最终的成果与结论，分享给参与者与数据工作者。数据工作者即可以根据会议结论，快速落地实现特征工程方案，并支持业务分析、模型构建等后续任务。

5.8 本章涉及的技术实现方案

特征工程是一个非常灵活的数据处理环节。由于其灵活的特征，很多特征工程中的子环节都是需要手写代码来最终落地实现的。不过，不同数据落地方案的提供者（如不同的代码库、数据分析套件、大数据平台等）把一些高频常用的特征工程方法进行了封装。可以借鉴以下这些封装好的工具，加快特征工程的实现过程。

5.8.1 Python

Python 单机处理数据分析任务时，一个得力的特征工程与预处理助手是 scikit-learn 工具包下的 preprocessing 模块。该模块下包括了特征工程中大部分常用的特征变换功能单元。如表 5-2 所示。

表 5-2 preprocessing 部分功能单元说明

preprocessing 功能单元	实现功能
StandardScaler	标准化
MinMaxScaler	最小最大化
PowerTransformer	Box-Cox 变换或 Yeo-Johnson 变换（另一种正态型变换方法）
Normalizer	正规化
LabelEncoder/OrdinalEncoder	标签编码
OnehotEncoder	独热编码
Binarizer	二值化
KBinsDiscretizer	离散化
PolynomialFeatures	多项式特征衍生
FunctionTransformer	函数映射式特征变换

除 preprocessing 外，在 scikit-learn 中另存在单独的 feature_selection 功能单元用于辅助进行特征选择，存在单独的 decomposition 功能单元和 discriminant_analysis 功能单元（LDA 降维在此功能单元内）辅助进行特征降维。

除 scikit-learn 工具包以外，常用的 Python 数据分析工具包（如 SciPy、pandas）中，也有一些用处特征处理与变换的功能模块。关于这些模块的细节，读者可以参考官网学习。

5.8.2　大数据平台的特征工程模块

很多大数据处理平台的数据处理工具包或机器学习工具包中，也包含用于数据变换与特征工具的模块。而且这些功能模块的名字，很多都是非常相似的。如 Spark 的 Mllib 机器学习工具库中，用于正规化的功能模块叫 Normalizer，用于最小最大化的功能模块叫 MinMaxScaler，用于标准化的功能模块叫 StandardScaler……这些都与上文所述的 scikit-learn 工具包中的相应功能模块在名称上非常相似。当然，这也并不是绝对的。例如，在 Mllib 中，用于独热编码的功能模块是 OneHotEncoderEstimator……这些需要读者根据自己的需求，在各个大数据处理平台的官网上进行学习与确认。

5.8.3　组件化的特征工程

很多云服务商开发的大数据开发处理平台，提供图形化的数据处理流程管理方案。该方案把特征工程中常用到的数据变换方式以图形组件的形式进行管理与展示，组织数据处理的全流程对这些组件进行增减和连线搭配即可实现。例如，在阿里云提供的 PAI 机器学习平台上，数据工作者可以将数据加载、特征工程、模型建立（图中“预测”就是建模）等功能组件拖到工作区进行连线，以完成整个数据处理流的绘制，如图 5-13 所示。

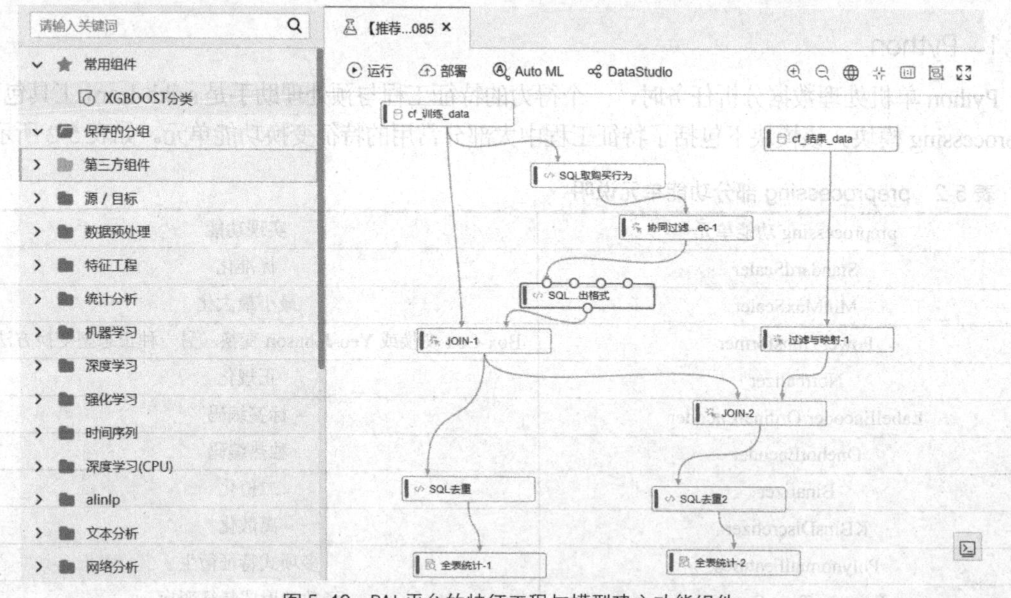

▲图 5-13　PAI 平台的特征工程与模型建立功能组件

第6章　模型

6.1 模型的概念

本章阐述的重点是模型。

虽然在上文中，笔者试图尽可能地让各章的内容独立一些，尽可能地避免在其他章节中提到“模型”这个词，但在写下这些内容时还是多次提到了“模型”。这并非忘记了初心，而是但凡涉及数据资源的使用、处理、落地，就离不开“模型”的存在。“模型”在数据科学的整个体系中扮演着非常重要的角色，可以说从事数据科学相关工作的人，几乎不可能没听过“模型”这个词。

“模型”是什么？

“模型”的英文是 model，基于其拉丁词源，它是从 modus 这个词演化而来的。而 modus 这个词在拉丁文中的含义基本可以用“测量”“标准”来表示。在汉语字典中，“模型”这个词可以分成两个字来理解：“模”是指规范、标准，“型”是样式的意思。将不同语言环境下的含义进行统一，“模型”就是“参照一定规范与标准而形成的样式”。

为理解“模型“这个概念，有两点内容是需要着重理解的。

（1）“模型”参照一定的规范与标准，但并不一定要完全复制。

例如，依照实体的飞机，可以制作飞机模型。这个“模型”中，规范与标准是真实的飞机，最终形成的样式是一个小型的仿照真实飞机样子制作的模子。这种尽可能仿真无损地复制规范与标准的样式是模型。又如，将一些互联网移动支付行为，以数据关系的形式形成交互行为模型。在这个过程中，规范与标准是真实世界的互联网移动支付行为，最终形成的样式是一个反映交互行为的数据表现形式，即交互行为模型。在这个模型中，表现的真实支付行为可能会不太完整，可能仅是一小部分支付行为的数据记录，也有可能是一些经过处理与简化的抽象表达。利用这种参照规范与标准，进行抽象、简化、抽取或组合等方式形成的样式也是模型。

（2）“模型”落地形成的样式，可以是物理实体，也可以是静态的抽象表达，还可以是或静态、或动态的实体与实体间的影响与关系。

例如：上文提到的飞机模型就是一个物理实体；如果把用户在某网站上的如 ID、年龄、职业等信息以一维表的形式组织，表中每一行记录代表一个用户的基本信息，这里就是对用户的抽象表达而形成的模型；如果以一定的形式（图示、图表、描述等）记录家庭成员中的夫妻、父女、母子、母女、父子等关系，这种反映的家庭成员间的关系的形式同样是一种模型；“气温升高，冰块就会融化”，这句话表述的气温与冰块的关系（不论是定性还是定量），它也是一种模型……

数据科学领域中的“模型”并不脱离“模型”本质的含义，“规范与标准”可以是非常复杂的现实世界，也可以是一个个具体领域中业务关注的客观存在。但由于将研究内容确定在数据科学的范围内，最终落地的“样式”多为各种各样的数据表达。当然，其中包括静态表达，也包括动态表达。

在数据科学的相关领域中（包括数据分析、数据挖掘、人工智能等数据发挥巨大作用的领域），按照“模型”的使用形态，可以被分成以下 3 个大类：业务模型、数据模型、函数模型。

6.2 业务模型、数据模型、函数模型

6.2.1 业务模型

1. 业务模型的含义

业务模型是将现实世界、复杂事物、具体问题以某种特定方式进行重塑的模型。业务模型中所谓的“规范与标准”无疑是现实世界、复杂事物、具体问题的客观反映。而业务模型的“样式”，是一个抽象的存在，但这个抽象的存在却有着比较形象的表现形式，而表现形式是多种多样的。

举例来讲，图 6-1 所示为某电商 App 的业务逻辑模型。该业务模型描述的是该电商 App 用户下单后的整个业务流程。在这个业务模型中，“规范与标准”是从用户支付到发货再到收货的整个现实环节。“样式”是抽象的，是一个虚拟的业务流程概念，图 6-1 所示的流程图仅是该业务模型的一种具体表现形式。可以把该表现形式下的业务模型称作一个完整的业务模型。但读者应该知道，这样的业务模型，实际上是一种抽象的（或产品的、流程的、组织的、逻辑的）存在，这种表现形式并不是业务模型的全部。

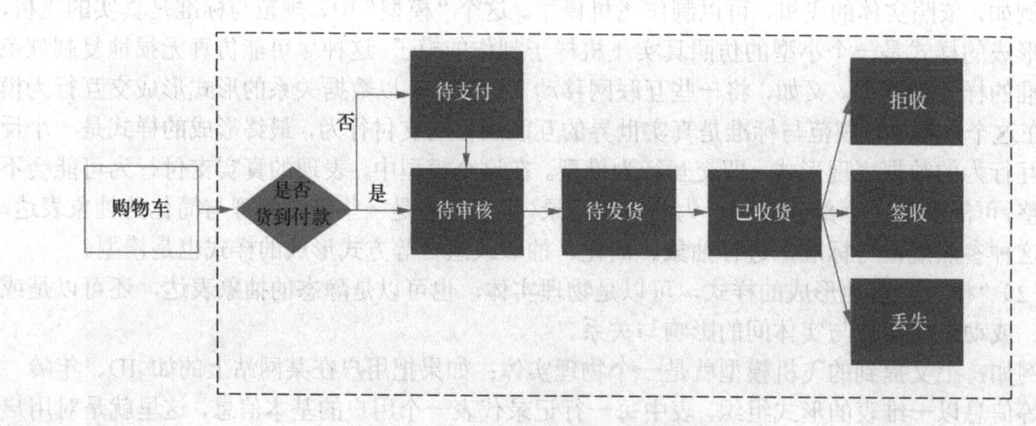

▲图 6-1　某电商 App 的业务逻辑模型

2. 构建业务模型的目的

构建业务模型的目的之一，是对复杂的现实业务逻辑进行有序整理，并强调主要矛盾，淡化干扰因素。虽然现实的业务逻辑被整理成业务模型时，或多或少会有些失真与简化，但这些内容与业务目标不应该有非常强或重要的关联关系。也就是说，在构建业务模型时，业务模型还是要尽量和真实业务保持最大限度的一致，如果一致性得不到保障，业务模型的价值就会被“打折扣”。

构建业务模型的另一个目的，是协同业务各方的合作，同步团队的业务目标。业务问题是复杂的，多人团队解决一个复杂的事情，是需要精心组织与密切协作的。业务模型可以有效简化复杂的业务现实与业务逻辑。规模化的团队在协作与分工时，借助业务模型可以统一思想，进而提升效率，节约成本，具备创造更大价值的可能。因为业务模型是有可能简化和失真的，在进行业务落地的过程中，总会遇到一些细节问题与预想不到的麻烦。解决这些问题，就需要各个环节的专业人士“出马”了。

几乎每一个业务都会有自己的业务模型，这就是为什么各行各业的人都会提到业务模型的概念。在软件开发时，人们会构建软件开发业务模型，帮助开发人员或整个产品团队统一产出形态；在市场营销时，人们会构建市场营销业务模型，帮助市场与运营人员简化复杂的业务机制……好的业务模型会让业务落地变得高效与简单，不好的业务模型会让业务落地过程变得艰难。作为把事情协同做好的开始，业务模型的构建应该被重视。

上文说过，业务是比较宽泛的概念。到数据科学相关的业务，一般已经要开始关注在具体面对问题时的处理流程与步骤了。因而在数据科学的应用方面，经常会见到业务模型的形式是一个完整的数据处理流图。如第 5 章说到的“生鲜货品购买预测”的例子，整个数据挖掘业务流程可以简单整理成图 6-2 所示的业务模型。

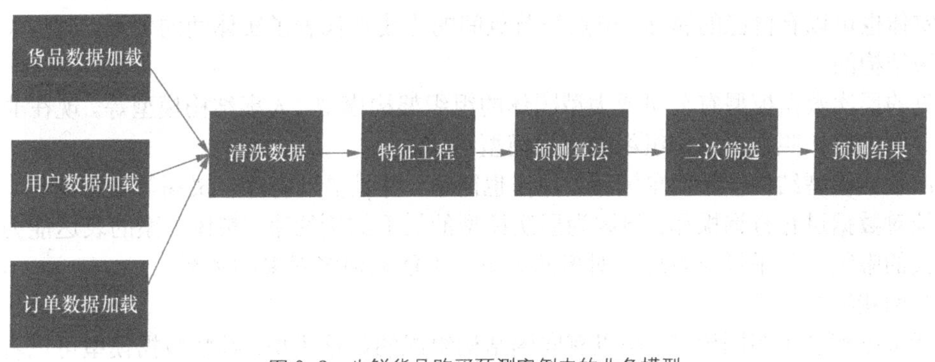

▲图 6-2 生鲜货品购买预测案例中的业务模型

6.2.2 数据模型

1. 数据模型的含义

虽然说通过流程图、结构图等方式可以将业务模型形象化，但业务模型的本质是抽象的。所有的业务模型都要被落地处理，在不同的领域就会有不同的表现方式。在数据科学方面，业务模型是以数据模型的形式落地的。

数据模型是对现实世界以数据方式描述的模型。与业务模型一样，数据模型的“规范与标准”同样源于现实世界中的各种场景，但数据模型的表现“样式”更加具体一些，它是以组织化的数据形式来表现的。在数据模型的组织与处理过程中，最重要的工具就是数据库和数据仓库。

一般认为，数据模型包含的内容主要有 3 个方面：数据结构、数据操作、数据约束。

数据结构是指要描述的数据的类型、内容、性质以及数据相互间的联系等。数据结构是数据模型的基础，数据操作和约束都基本建立在数据结构上。不同的数据结构具有不同的操作和约束。

数据操作是指用于要描述的数据的各项操作。具体包括每个操作的操作类型和具体操作方式。数据操作的若干操作和隐含于其中的推理规则，用以对目标类型的有效数据对象集合进行操作。

数据约束是指数据结构内部的或数据与数据的组织规则、相互联系、制约和依存关系，以及数据动态变化的规范。数据约束的目的是保证数据在存储与处理过程中的正确性、一致性和相容性。

2. 常见的数据模型

以数据结构、数据操作、数据约束为底层逻辑基础，形成了当前常见的 3 种数据模型：层次数据模型、网状数据模型、关系型数据模型。

（1）层次数据模型。

层次数据模型也叫树状模型，是以树形结构组织的数据模型。树形结构中有一个根节点，只有该节点没有父节点，其余的节点为中间节点和叶子节点，均有一个父节点与之对应，中间节点还有自己的子节点，而叶子节点则没有子节点。树形结构中的每一个节点都代表一个实体，每一个实体也可以有自己的属性。节点与节点间的连线则代表了实体间的关系，这些关系一般是有层级结构的。

常见的层次数据模型有公司或大型团体的组织架构模型、人事结构模型等。现在非常流行的思维导图也有按照层次结构组织的数据模型形式。

层次数据模型结构非常简单清晰，操作也简单，并且借助有序二叉树等数据结构，可以非常高效地对数据进行查询操作。但因为层次模型的树形结构约束，实体关系的表达能力就会受到比较大的限制，几乎只能表现一对多的关系，不能表现多对多的关系。

（2）网状数据模型。

网状数据模型也叫图模型，是以有向图结构组织的数据模型。网状数据模型可以看作对层次模型的一种扩展，有向图的形式解除了树形结构的父子节点层次约束，节点之间不再局限于一对多的关系，可以有多对多的关系。

网状数据模型的应用范围更加广泛，例如社会关系图谱、物流的时空网络拓扑等均属于网状数据模型的应用。

网状数据模型可以描述更为复杂的实体关系，改变网状模型的结构时，约束会更少一些。但是如果实体较多，关系比较复杂，网状模型的结构也会非常繁杂，在进行插入、删除等操作时，节点间的耦合会比较大。有时不仅要说明要操作的内容，还要给出操作涉及的上下游关系链路。

（3）关系型数据模型。

关系型数据模型是最常用到的数据模型，它用表格（以一维表居多）的形式表示实体，也表示实体之间的关系。除了一对多的关系外，关系型数据模型通过增加一张表（类似于映射表），就可以轻易表示多对多的关系。

关系型数据库就是关系型数据模型最成功的应用之一。

关系型数据模型在结构上是简单的，在操作上是方便的，在计算、选择、约束上是灵活与多样的。正因如此，关系型数据模型成为当今最流行的数据模型。但关系型数据模型也有它的问题，就是在物理化时（即在数据库中实现这些结构与操作时），会增加系统的负担。

6.2.3 函数模型

1. 函数模型的含义

函数模型是表示实体变量与实体变量的变换关系的模型。

与业务模型和数据模型不同的是，函数模型几乎只用来表示实体变量之间的关系，这种关系以数学函数的形式表达更加精准、多样、简洁且不失丰富性。函数模型的“规范与标准”是现实世界与业务中的实体变量间的真实关系，而它的“样式”是函数。在数学中，函数有3个元素：定义域、值域、对应法则，这些也是函数模型的前提与要素。

2. 参数与机器学习

定义域规定函数的输入范围，值域定义函数的输出范围，对应法则确定从输入到输出的映射关系。对于函数模型来讲，这个映射关系可以是事先指定好的，指定的内容既包括函数形式，也包括参数值，也可以是先确定好函数形式，而不指定参数值，在使用时再确定其参数值。

什么是函数模型的参数？

举例来讲，如果一个函数模型的表达形式是$y=\mathrm{e}^{-\alpha x}$，x是模型的输入，可能代表一个现实世界的变量；y是模型的输出，可能代表现实世界的另一个变量。该函数模型指定这两个变量间的关系形式是指数关系形式。另外，该函数模型中有一个α，说明虽然在形式上变量y与变量x是指数函数关系，但指数函数的映射尺度该如何确定则要依靠α来“拍板”。在函数模型中，类似于α这样的，寄生在一定的函数形式（如这里的指数形式）上起调节映射形态作用的变量，就是函数模型的参数。函数形式和函数参数都被确定，函数模型才可以说被最终确定下来。

一般情况下，函数模型在使用时首先要确定函数形式。而函数参数的确定则可以有两种思路：一种是直接指定这些函数的参数，或是在经过一定程度的分析后，指定函数模型的参数；另一种思路是假定当前数据的输入与输出的映射结果是已知的，或是输出的目标形式是已知的，根据输入与输出的关系，设定一定的目标，通过一定的机制，自动计算这些参数。利用后面这种思路确定函数形式后，通过数据计算参数的整个流程，常常被称作机器学习。用数据来计算参数的函数模型就是机器学习模型，而通过数据来计算机器学习模型参数的动态过程被称作模型参数训练，简称训练。

3. 超参数

在最终确定函数模型要使用的参数时，尤其是当选择使用机器学习的方式来确定模型参数时，并不是那么容易的。虽然可以通过数据来计算这些参数，但由于目标的多样性和函数形式的独特性，得到最适合的函数模型参数的方法常常是不尽相同的。而在计算函数参数时，在不同的方法中，由人工介入控制计算参数过程的变量，被称为超参数。

例如，如果两个变量间是 $y=e^{-\alpha x}$ 的关系，要用计算机计算得到参数 α，可以先假定 α 等于一个任意指定值，如 0.5。再来计算在该值周围是不是存在比 0.5 拟合效果更好的值。但这个“周围”该如何界定？这就必须人工确定一个“周围”的定义，如某参数值 ± 0.02 的距离，称作“周围”，或称作“步长”。这里的“步长”，就是超参数。它不在参数的范畴，但对参数的确定或函数模型的确定起着调节作用。

又如，决策树这种函数模型中人工限定的叶子节点中的最少样本个数，SVM 中的惩罚因子（也叫控制因子）C 等，也是超参数。

4. 参数数量与表征能力

函数模型最终还是要用于业务，来表征现实规律或实际问题的。参数数量的多少，有时（并不绝对）与模型的表征能力是呈正相关关系的。参数数量较少（常常也很有可能意味着特征也较少），模型的表征能力就会受限。参数数量的增加会提升函数模型的表征能力，但如果没有足够的样本数量支持和特征数量支持，过多的参数数量反而让函数模型的参数组合过于灵活而无法具备稳定的表征业务的能力。

上文说到，在将现实世界模型化时，避免不了一些信息会丢失的情况。函数模型在反映现实世界关系时，这一点可以得到非常明显的体现：每少用一个参数，总是有必要研究一番少用该参数后的表征能力会不会有很大的下降。用尽可能少的函数约束来表征最广泛的现实世界规律，是一件极其“伟大”的事情。可以把这件事做到极致的人大多都被人们所铭记，如牛顿、爱因斯坦。

6.2.4 其他“模型”与上述 3 种模型的关系

上述 3 种模型是研究数据科学视角的最基本、最相关的模型分类。除上述 3 种“模型”外，还有其他“模型”，需要进行一些说明。

1. 系统模型

系统模型常常用于工程设计领域，它是对一个系统的整体、某一部分或整体内部各部分间关系的描述。它的“规模与标准”就是一个复杂系统，它的“样式”可以是文字、符号、图表、实物、数学公式等各种具体表述，其主要目的是提供关于该系统的知识。

系统模型可以说是业务模型的工程化形式。

数据科学有时也会接触到系统模型。例如，在构建一个数据处理系统时，或将数据算法工程化时，就需要用系统思维和系统模型来帮助完成这些系统的建立。

2. 概念模型

概念模型是向用户展现复杂概念、复杂流程、复杂系统时，剥离重点，并简化客观复杂概念而形成的易于用户理解的“样式”。

概念模型是业务模型或系统模型的一部分。在数据库系统中，概念模型与数据模型均是该系统的组成。数据模型需要靠概念模型对外展示。数据库理论中最常见到的 E-R 模型就是一种概念模型。

概念模型是可以和背后的数据模型或系统模型分离的。具体表现就是，对用户来讲，不论背后的系统如何升级变化，逻辑如何组织更迭，界面总是保持稳定的。

3. 逻辑模型

逻辑模型是系统或实体的组织形式与组织方式。

在数据模型的范围里，逻辑模型特指数据的组织方式。上文说到的层次模型、网状模型、关系模型，都是逻辑模型。

4. 物理模型

物理模型也是一个研究数据模型时关注的子模型。它常关注在计算机硬件与软件层面的数据存储与组织。例如，磁盘阵列、操作系统、分布式存储方案等，均是物理模型关注的对象。

物理模型常被看作逻辑模型的载体，逻辑模型隔绝了物理模型与业务场景。这样的设计可以让人们更加关注业务实现与应用，而不用考虑底层物理模型的实现细节与机制。

5. 数学模型

数学模型是以各种数学形式（包括符号、结构、函数等）为“样式”的模型。它的涵盖范围非常广泛，函数模型其实就是数学模型的一个子集。

6.3 机器学习与统计建模的联系与区别

在本书中，业务模型的理念几乎贯穿全书，也是数据科学的“初心”；数据模型涉及比较多的有关数据仓库的内容，不是本章节的重点；本章接下来的内容将主要围绕函数模型和函数模型在业务问题中的应用细节展开。

上文提到，除“输入”代表的自变量与“输出”代表的因变量外，函数模型的主要数学表现有两个，即函数形式和参数。函数形式是根据经验、尝试或设计等方式预先设定的，参数可以是人工设定的，也可以是用数据人工或自动驱动计算得到的。机器学习是在一定或明确或不明确的目标下，基于特定的函数形式，用数据自动驱动得到最优参数的计算过程。这个过程中可能会用到超参数参与控制与调节计算的过程与最终结果的形态。

人们常常把机器学习模型与统计建模放在一起比较。有人从计算参数的方式与方法的角度，这么区分这两种函数模型的建立过程：通过数据自动计算参数的过程称作机器学习，通过分析统计方式确定模型参数的过程称作统计建模。但较起真来：如果用 Excel 计算得到一列数据的均值，这个均值作为一个模型的参数，这算不算"自动计算"？如果用统计分析的方式计算一个模型的最佳超参数，这还是不是纯粹的机器学习？

可见，从计算参数的方式与方法的角度，这二者有时并不是很好区分。人们区分统计建模与机器学习常常是从使用它们的目的来切入的：如果在使用这些模型时，目的是得到变量与变量间的关系，以及这些关系的强弱或重要性强度，就是统计建模的范畴；如果在使用这些模型时，目的是得到模型的产出，而不是非常在乎模型的细节、变量的关系等，就被机器学习的范畴。

可见，统计建模不仅面向函数模型，还面向更广泛的数学模型。数学模型是用符号、公式等数学语言，针对事物、系统的特征、特点与相互关系等进行的描述。这种描述是广泛且灵活的，函数式的表述方式只是其中之一。而机器学习则大部分收缩在函数模型的范围内，它本身的使命，就是构造一个预测精准、反映规律准确的函数模型，至于函数模型反映的变量关系，除非该关系就是模型的产出目标，否则这些关系并不是非常重要。

统计建模的可解释性一般是比较强的。因为在建模过程中常常以统计结论组合的方式先进行描述，再进行建模，每一个步骤相对都比较清晰，对于某一现象为什么会发生，统计模型为什么会得到一个特定的结果，大多数情况下都有理有据。而机器学习的可解释性却要相对弱一些，因为是数据驱动确定的参数，参数的形成经过了每一个样本的参与，要把这些说清楚，是比较麻烦的。在很多业务中，人们越来越注重模型的可解释性，这是因为业务有时会需要得到产出一个特定结果的原因，进而可以反馈给业务做相应的参考与调整。同时，模型的可解释性强，可控性也就会相应提升，模型的灵活性就会提高。但是，增强了模型的可解释性，往往也意味着要牺牲一些模型产出的精度。这是机器学习面对的"鱼与熊掌"的选择之一。

不论是统计建模还是机器学习，这些数学模型终究还是要服务于业务、解决业务问题的。在一个具体的业务中，这两种思维方式通常是相互配合的。

例如：某 App 研究用户在该 App 的行为规律。数据分析师通过统计方式结合可视化方式发现，如果不进行任何刺激，该 App 用户每周的驻留时间或活跃概率是呈指数形式下降的。如果用 x 代表时间，y 代表用户每周的归一化驻留时间或活跃概率，它们的关系就是 $y=\mathrm{e}^{-\alpha x}$。而参数 α 的值如何确定？该数据分析师采集了一些典型样本，把这些样本当作训练集。把时间因子当作 x，把这些样本训练集的归一化驻留时间或活跃概率当作 y，最优的 α 值要达到的目的是把这些样本的流逝时间值代入该式后，与实际归一化驻留时间值或活跃概率的均方误差最小。于是采用递度下降的思想，用数值计算的方法求解，得到一个最合适的 α。输出最终得到的均方误差后，该模型算是构建完成。在这个例子中，统计建模的思想用来确定函数形式，机器学习的思想用来计算函数参数，两者共同配合，完成了该函数模型的构建。

6.4 函数模型与业务

在当今社会中的绝大部分场景中，函数模型的使命就是服务于业务的。虽然这是显而易见的，但还是有很多人常常会忘记这点，过度强调函数模型的作用。这或许是因为在一个比较全面的数据处理流中，函数模型往往是理解起来最为困难的，也是一旦理解后显得“高大上”的。接下来，不妨客观地观察一下函数模型在解决业务问题、达成业务目标的过程中的作用。

6.4.1 数据、特征工程与函数模型

又要提到曾经多次见到的两句话了。一句是“好的数据胜于好的特征，好的特征胜于好的算法”，另一句是“数据和特征决定了机器学习的上限，而模型和算法只是逼近这个上限而已”。这两句话表达的意思是一样的，即“巧妇难为无米之炊”：要想做一锅好饭，要先有米；同时，要把米做好，也需要有巧妇。因此，在数据驱动的业务体系下，要想漂亮地实现一个目标，首先要做的事情是提升完成该业务的上限，其次就是配合强大的建模能力，逼近这个上限。

数据与特征是在解决业务问题中起重要作用的典型佐证，在 2005 年的机器翻译领域中可以找到。这一年，之前在机器翻译领域几乎没有什么技术积累的谷歌，却以巨大优势打败了全世界所有机器翻译研究团队。在这让人震惊的事实背后，人们发现，相比于全世界其他优秀的机器翻译研究团队，谷歌采用的建模方法其实没有太大的创新。谷歌完胜的原因是谷歌利用它的数据优势——用来建模的数据量远超其他团队，这才有了令人惊诧的翻译结果。谷歌让大家近距离地见识到大数据的力量，也让越来越多的人开始重视与关注大数据。2005 年常被称作大数据元年。

函数模型是在解决业务问题中起重要作用的典型佐证，从 21 新世纪后计算机视觉的发展历程中就可以看到。

在传统的计算机视觉领域，要使用图片或视频完成诸如识别物体（如人脸识别）等任务，常常需要根据人工经验提取特征，再根据这些特征进行建模识别。这个过程中，一方面提取这些特征费时费力；另一方面这些提取的特征可移植性差，很多情况下几乎每识别一种物体，就要人工重新提取一遍特征。即便是单一物体的识别，效果也常常不是很稳定，需要人工不断地去参与迭代过程。在大数据的力量被人们认识到后，人们想到提升图片质量，而减少人工介入的方式，把每个图片像素点都作为一个单独特征的方式进行处理，这在一定程度上避免了一些传统特征提取方式的问题。而真正让人眼前一亮的是在 2012 年，AlexNet 深度神经网络模型在 ImageNet 图像识别比赛中夺冠。从此，以深度神经网络的各种模型开始风靡。尤其是计算机视觉领域，颠覆了许多已经被普遍运用的方法与手段，并一直影响至今。

同样的方法，加大数据量与特征维度就可以提升效果；同样的数据，优秀的模型可以让人“拨云见日”。可见，从完成一个业务目标的角度来看，无论怎么表述，数据、特征工程、模型只有各司其职，把各自的长处发挥到最大程度，才能让最终的结果达到最优。

6.4.2 监督学习、无监督学习、半监督学习与归纳偏置

1. 监督学习、无监督学习与半监督学习

机器学习（见图 6-3）模型是函数模型中非常重要的组成。根据机器学习模型在业务中的不同应用模式，常常把机器学习分为 3 类，即监督学习、无监督学习与半监督学习。区分这 3

类机器学习任务的最主要特征在于在计算的过程中是否借助了标签。

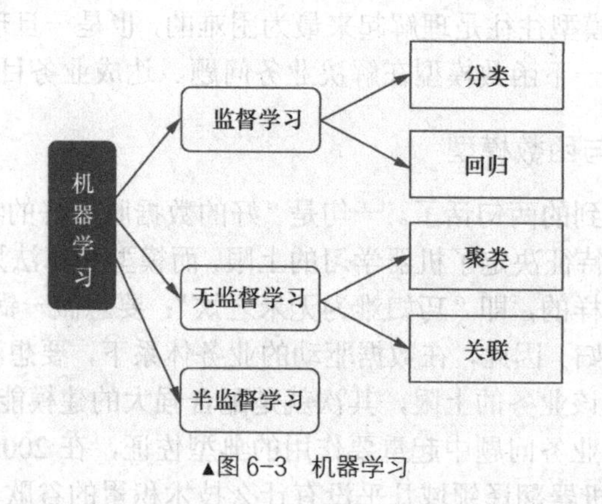

▲图 6-3 机器学习

标签，也被称为标注，是业务场景中一些已知的结果标志。例如，银行想识别借款逾期高风险的用户，在建模时就要指出哪些数据样本是借款逾期高风险的样本；想识别一张图片代表的是猫还是狗，就要在训练模型时明确指出哪些图片代表猫，哪些图片代表狗；要预测未来 1 小时的气温，就要在建立这个气温预测模型时把训练时样本所在时刻的未来 1 小时气温明确提出……以上这些在正式建模之前被明确强调的已知结果就被称作标签。

如果在一个机器学习任务中，训练样本全都有对应的标签，那么这样的机器学习过程就被称作监督学习。在监督学习中，样本属性中除标签外的特征就是函数模型的输入，标签就是这些特征被输入时应该出现的输出，监督学习就是建立这么一个从样本特征输入到样本标签输出的映射机制。

根据标签的不同类型，又把监督学习任务区分成分类任务和回归任务。分类任务的标签是定类尺度衡量的（或把定序尺度衡量的属性当作定类尺度衡量的属性来看待），通常表示类别的属性。回归任务的标签是定序、定距、定比尺度衡量的，生产生活中如果见到的大部分连续值属性作为标签，该任务就属于回归任务了。在上文举的 3 个例子中，“识别借款逾期高风险的用户”和“识别图片中的对象是猫还是狗”就是分类任务，而“未来一小时气温预测”就是回归任务。连续变量可以很容易被离散化，所以很多回归任务的方法都可以用在分类任务中。

如果在一个机器学习任务中，训练样本全都没有对应的标签，那么这样的机器学习过程就被称为无监督学习。无监督学习根据任务目标的不同，最重要的两个分支是聚类和关联。聚类是试图给每个样本根据总体样本的分布情况打上标签的任务，关联则是建立样本间相互关系的任务。例如，将某电商网站的所有用户，根据用户在该网站的浏览、搜索、选择、购买、关注等行为分为不同的类别，加上可以区别出不同类别的不同标签。这个过程就是聚类；在一个超市中，汇集所有用户的订单，将同一订单中共同高频出现的商品进行提取，例如，发现购买尿布的顾客，也常常会购买啤酒。这样的任务就是关联。

如果在一个机器学习任务中，训练样本中一部分有对应的标签，另一部分没有对应的标签，这样的机器学习过程就被称为半监督学习。在半监督学习中，有标签的样本常常会作为其他无标签样本的有力参考。例如，在某外卖平台的 App 中，一部分用户对商品进行了评分，一部分用户没有对商品进行评分，比较不同用户的行为，如果一些没有对商品进行评分的用户做出了和对商品进行过评分的用户比较相似的行为（如二次浏览、再次下单等），那对这些无标签用户的倾向判断将更加准确。

2. 归纳偏置

在无监督学习与半监督学习中，由于样本属性中没有标签或没有全部的标签，看上去没有办法让这些数据"学习"或全部"学习"起来。不过，如果加入一些根据业务场景提炼的假设条件，那相当于无监督学习或半监督学习就有了目标，"学习"过程就可以进行了。

举例来说：在如图 6-4 左图的二维数据方体的空间内，平面的横纵方向均代表实体一个特征，每个圆点均代表一个样本实体。在没有任何先验条件的情况下，无监督学习中的聚类算法是无法进行的。但如果有这么一个假设（K-Means 聚类方法的假设）：各个类别中的样本，距本样本类别中心的距离，应该比距其他类别中心的距离更小。基于此假设，聚类就可以展开，如果要聚成两类，聚类结果很可能如图 6-4 所示。

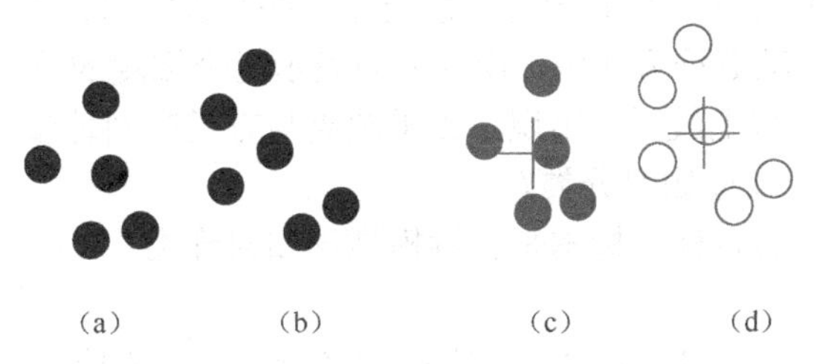

▲图 6-4 引入归纳偏置让聚类可以进行

当然，类似的假设可能会有很多。例如，会有另一种假设（基于密度的聚类方法的假设）：比较靠近、比较集中的样本属于同类，比较远离、比较分散的样本属于不同的类别。基于此假设也可以对样本聚类。在此例中，得到的聚类结果很有可能与前一假设的结果一致，也为图 6-4 右侧的结论。

在半监督学习中，也需要一个假设来推动学习过程的推进。例如，可以假设那些没有标签的样本，与它最靠近的样本类别是一致的。基于这个假设（标签传播算法的假设），可以先将离有标签样本最近的无标签样本标上与有标签样本一致的样本，再逐渐迭代，直到所有的无标签样本都被标上样本为止。

在数据科学的理论中，把以上这些数据样本的先验假设，称作归纳偏置。归纳偏置本是一个数学与逻辑学中比较正式的概念，但在数据科学中，这个概念与函数模型得到很好的解耦。归纳偏置是一些简单的逻辑表述，这些逻辑并不应该被凭空构想，而应该基于实际的业务场景进行提炼。

在考虑模型构建时，不用考虑太多归纳偏置的问题。真正需要考虑归纳偏置应该是在模型构建之前（即选择模型时）。归纳偏置在选择模型或设计模型时是非常重要的考虑因素，有些模型甚至就是基于特定的归纳偏置而设计的，如果归纳偏置本身就与业务现实差距很大，那基于该归纳偏置设计的模型也将失去意义。

无监督学习与半监督学习中，归纳偏置是不可或缺的。在监督学习的模型中，是不是就可以不考虑归纳偏置问题了？答案是否定的，在监督学习模型的构建过程中，也是需要考虑归纳偏置的问题的。

这是为什么呢？不是说在监督学习中已经有了标签做指引，分类或回归任务就很明确了么？其实不然。这是因为当模型被置于使用状态时，很可能有以下几种情况发生。

一是同样特征的样本，可能会有不同的标签属性。这通常会出现在样本的某些特征组合有限，而这些样本标签的多样性又比较强的情况。例如，要在一个游乐广场将一款冰激凌推荐给一个目标购买游客，有人可能会将它推荐给一个年龄为 10 岁、性别为女的游客。可以想到的是，一定会有推荐成功的案例，也一定会有推荐失败的案例，即使特征是高度一致的（年龄均为 10 岁，性别均为女）。这样的标签就失去作用了么？也不尽然。例如，另有人会将它推荐给一个年龄为 30 岁、性别为男的游客。当然也会有成功的案例与失败的案例，但可以想象到的是，这种情况下的成功率会比前者低很多。此时，如何保证该冰激凌店铺的总体营收比较高，并且成本还比较低，就与先验的数据假设（即归纳偏置）是否符合现实息息相关了。

二是当模型被用于实际业务场景中时，总会有一些在训练时没有出现过的特征组合出现。例如，在图 6-5 所示的二维数据方体中，横纵方向表示两个维度的特征，方块与圆分别表示两类标签的样本。如果在模型上线时，出现了处于圆类与方类中间地带的样本，如图 6-5 所示的三角形的样本，该样本应该被如何分类？

此时，没有一个确定的有标签标本来告诉模型该如何分类，决定分类结果最重要因素就是归纳偏置。

例如，有的模型（如 SVM）假设：能把两类区分开的边界应该是如下的样子——这个边界离两个类别的最近距离是一致的。该模型把这样的边界当作分类的硬边界，如图 6-6 所示。

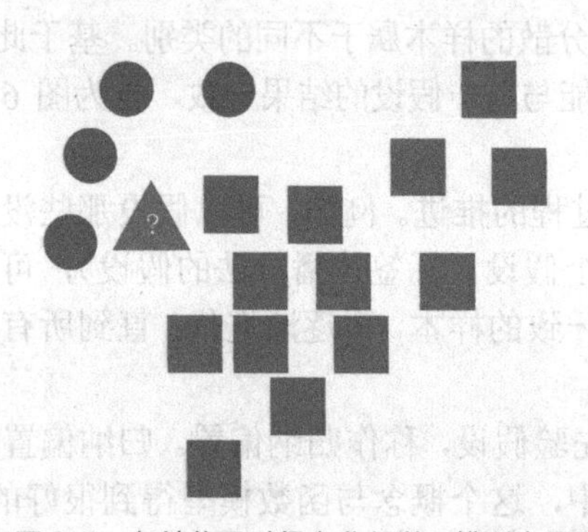

▲图 6-5　归纳偏置对很多监督学习模型也是必需的

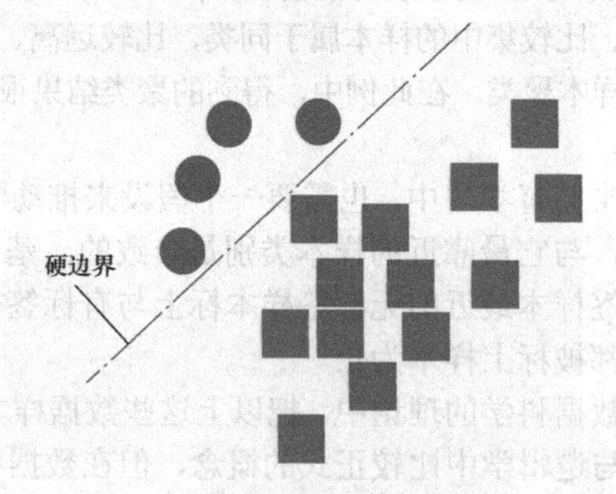

▲图 6-6　SVM 的归纳偏置

还有的模型（如高维 SVM）假设：能把两类区分开的最大间隙，不应该限制于直线切分的方式，应该是柔和的、随变的。边界如图 6-7 所示。

但有人说，这样的假设有问题，因为方块样本数量比圆形样本数量更多，合理的分类边界出现在靠近方块这边更合理，并举出了如图 6-8 所示的一个极端的例子。

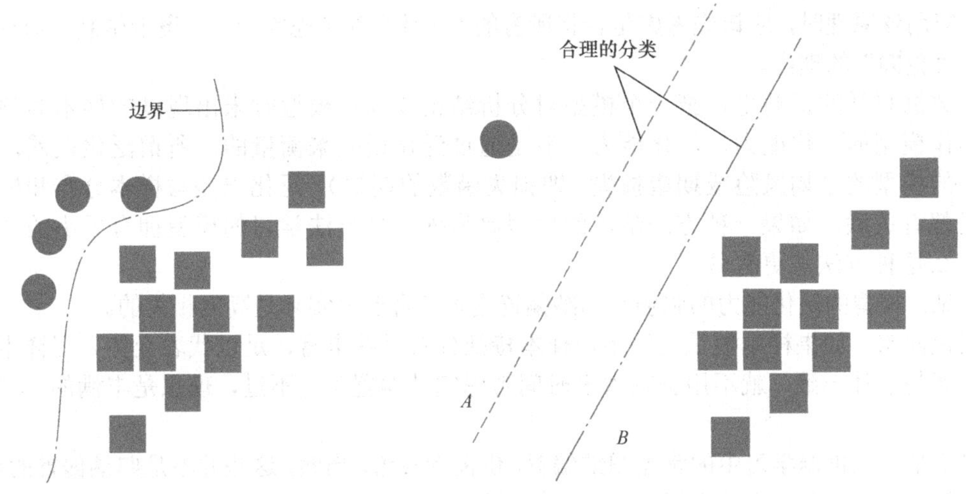

▲图 6-7 高维 SVM 的归纳偏置在二维空间的表现

▲图 6-8 两种归纳偏置的比较

提出该假设的人指出，既然方块代表的类别已经高频出现在了 B 线的右侧，那它们出现在 B 线左侧的可能性是较低的，那分界的边界更应该是 B 线，而不应该是 A 线。所以以上场景下的分类边界应该如图 6-9 所示。

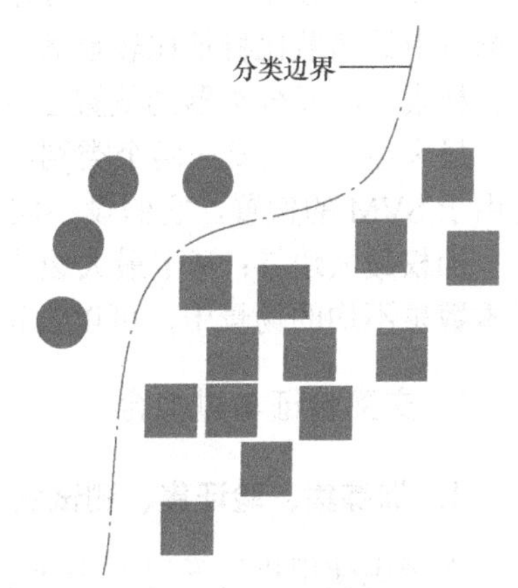

▲图 6-9 另一种归纳偏置下的分类边界

与上一个假设相比，这条分界线是更接近于方框代表的类别的。

以上提出了很多假设，哪种假设是正确的？在一定的样本空间与特征空间内，没有人能提出有说服力的证据。很多数据挖掘、数据建模的工作者，每当遇到这类困境时，一般都比较头疼，会容易陷入一种犹豫不决的状态。

好在，“天无绝人之路”。在这种困境下，一些基本原则可以作为数据工作者基于当前的数据空间总结归纳偏置时的重要参考。其中，奥卡姆剃刀原理就是在确定选择最佳归纳偏置时的一个重要借鉴。

奥卡姆剃刀原理是由 14 世纪英格兰的逻辑学家威廉提出。这个原理称为“如无必要，勿增实体”，即“简单有效原理”。虽说叫原理，但它更像是个哲学式的指导原则。它指出了在充满未知的世界里，如何在保持最佳的信息复用效率同不失优雅之间找到一个最佳的平衡点。数据科学是面对未知与不确定性的科学，奥卡姆剃刀原理这种“如无必要，勿增实体”的理念，在数据科学中的很多情况下都是非常有指导意义的。在考虑归纳偏置的最终选择时，奥卡姆剃刀原理可以这么被应用：如果决定不了选择哪种假设，那就选择最简单的那种。就是这么简单！

以上述例子来说，在没有更多样本输入，没有更多确定先验条件的情况下，区分方块类与圆形类的边界，选“用相等间隙的直线作分类边界”的假设就可以了。既然数据不能提供强有力的参考与证据，那么索性就让它更简单一些。

在应用该原理时，应该先考虑是否将所有的“实体”都考虑完全了。奥卡姆剃刀原理并不应该是“犯懒”的理由。

在数据科学的范畴里，把一个模型对分析结论或训练模型时未出现过的样本的预测能力，称作模型的泛化能力。泛化能力一般是通过泛化误差来衡量的。所谓泛化误差，就是所训练的模型的平均风险或期望损失（即损失函数的期望）。泛化误差与样本分布和模型输出结果都有关联。如果一种方法学习的模型比另外一种方法学习的模型拥有更小的泛化误差，那么这种方法就更有效。

可见，模型的泛化能力的强弱与归纳偏置是否契合业务实际是高度相关的。

话说回来，如果样本数量足够多，样本特征分布足够丰富，足以代表全体，那样本的分布特性即与总体一致，就不用去花太多时间考虑归纳偏置了。不过，理想是丰满的，现实是骨感的。

以下是一些机器学习中的常见归纳偏置，供读者参考。当然，这些并不是归纳偏置的全部。归纳偏置来源于业务，它的多样性应该被得到尊重与敬畏。

最近邻居：假设在特征空间中一小区域内大部分的样本是同属一类，给一个未知类别的样本，猜测它与它最紧接的大部分“邻居”是同属一类。这是用于最近邻居法的监督学习、无监督学习与半监督学习偏置。这个假设是相近的样本应倾向同属于一个类别。

最大条件独立性：即最佳的分类结果应该是符合样本特征条件下的最大概率结果。如果业务场景中的离散化特征比较显著，并能转成贝叶斯模型架构，则可以试着使用最大化条件独立性。朴素贝叶斯分类器的偏置正基于此。

最大边界：当要在两个类别间画一道分界线时，边界的宽度最大化的分界是最佳分界。这是用于SVM的偏置，它假设不同的类别是由宽界线来区分。

加权最大边界：基于最大边界，将各个分类的样本数量当作边界宽度的加权影响因子。在样本数量不均的场景中，可以尝试基于此假设建模。

6.4.3 交叉验证与过拟合

1. 训练集、验证集、测试集

在考虑使用机器学习方法训练一个可以用于实现业务目标的模型，毫无疑问要依赖样本数据。但有一个容易想到的问题，就是如果把所有的数据样本都用来训练模型了，该用什么来评价这个被训练出来的模型的表现呢？用刚刚训练模型时使用的数据么？显然不够客观。

为了比较全面、客观地训练模型并能清楚地了解模型的表现情况，在机器学习的过程中通常把数据分成两个集合或3个集合。如果将数据分成两个集合，就是训练集与测试集；如果将数据分成了3个集合，就是训练集、验证集和测试集。这种将数据分成不同的集合，分别独立或交叉进行训练模型与检验结果的方法，被称作交叉验证。

在交叉验证的概念中，训练集是用来训练模型的数据集。训练集直接影响着模型参数的大小，在3个数据集中，训练集的数量是最多的，一般占数据总量的60%～80%。

测试集是用来测试模型表现性能的数据集。这部分数据在训练模型时不会出现，而在训练模型后，把这部分样本数据独立地输入模型，并评价输出结果准确率、召回率、平均平方误差等指标，从而可以比较客观地评价模型的表现性能。测试集的样本量一般会占数据总量的 10%～30%。

验证集有时并不是必需的。如果验证集存在的话，那么其样本量一般会占数据总量的 10%～30%。它的作用主要表现在两方面：一是如果模型的控制超参数比较复杂或灵敏度比较高的话，验证集可以用来确定最佳的超参或超参组合；二是验证集可以有效地验证在构建模型时是否会发生过拟合现象。

2. 过拟合

什么是过拟合？

与过拟合相对的概念是欠拟合。欠拟合就是模型训练不充分，模型表现有进一步提高的空间。与欠拟合相反，过拟合就是模型对于训练集拟合得过于优越，而在验证集与测试集中表现不佳。

举个例子来说明这些概念。在一维回归的场景下（注：并非一定是线性回归），有图 6-10 所示的关系。该图的 x 轴代表一个特征，y 轴代表回归任务的标注。

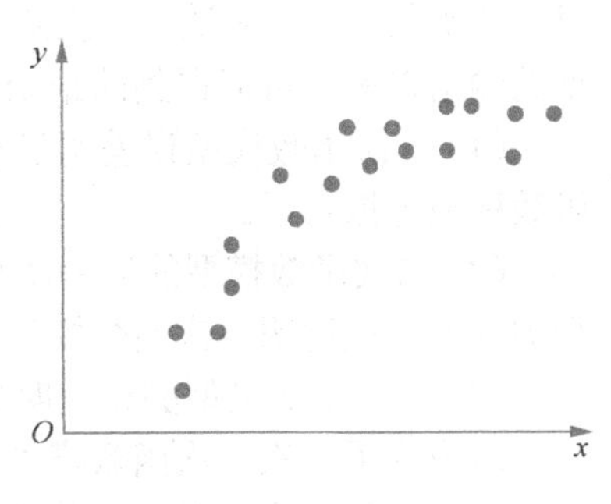

▲图 6-10 一个一元回归样例

问题来了，如果针对这样的数据集要训练一个回归模型，这个模型最有可能是几阶的？也即，x 变量的最高次幂是多少？

线性回归（一次）可不可以？从图 6-11 所示的一次回归与二次回归的结果比较可以看出，虽然说一次回归可以反映出一些规律，但相比于二次回归，表现结果还是略逊一筹。此时，如果用线性回归方法去构建模型，就是欠拟合的。

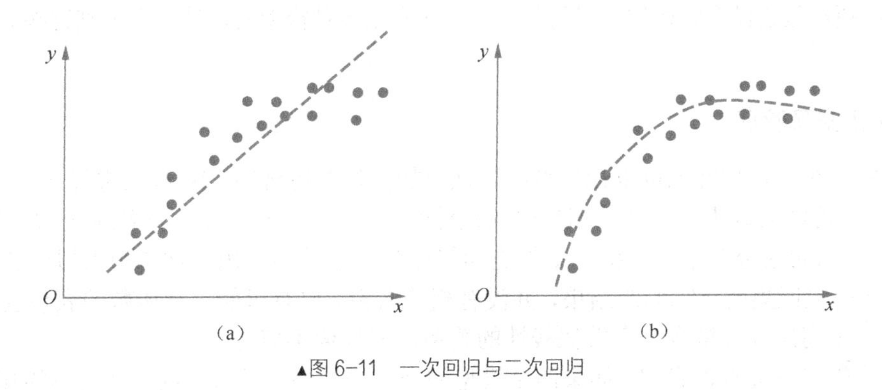

▲图 6-11 一次回归与二次回归

既然二次回归效果比一次回归的效果好，那么次幂是不是越高就越好呢？根据代数原理可以得知，如果有 n 个互不相同的样本点，自变量也是各不相同的，那么一定有一个最高次幂为 $n-1$ 的函数可以把每个点都连接起来，使得总体误差变为 0，如图 6-12 所示。这样的拟合是不是最好的？看上去是，但实际上也不是。如果出现了一个这 n 个样本以外的样本，误差很可

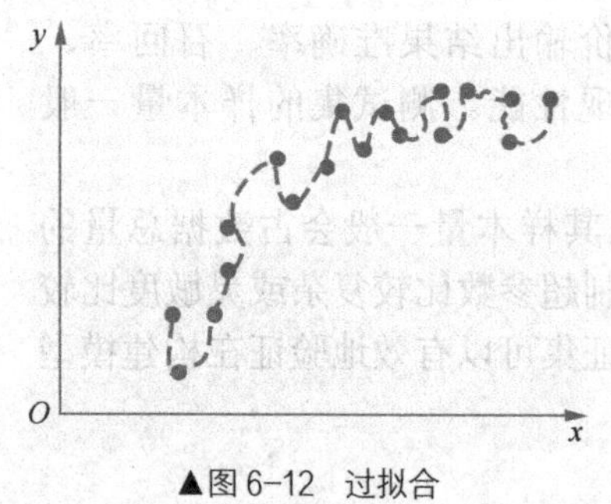

▲图 6-12　过拟合

能会非常大。这样过于严格按照训练集去制定模型规则，而导致除训练集以外的样本数据表现不佳的现象，就是过拟合。

那应该把高次幂函数模型的最高次幂定为多少才是最合适的呢？在以上的案例中，二次函数和三次函数几乎可以拟合成“看起来”差不多的形状，那究竟是二次函数欠拟合了，还是三次函数过拟合了，还是二次函数与三次函数都欠拟合了？

此时，验证集在判断模型是否过拟合的作用就可以得到展现了。

举例来说，在建模时，提取一份验证集不参与训练。分别以一次函数、二次函数、三次函数、四次函数的形式建模，并用验证集去验证这 4 种形式下模型的输出误差。可能得到的结论如下。

（1）一次函数模型误差明显小于更高次幂的函数模型误差。这说明二次及二次以上的高阶函数模型过拟合了。

（2）二次函数模型的误差明显小于更高次幂的函数模型误差，并且也明显小于一次函数模型的误差。这说明一次函数模型是欠拟合的，而三次及更高次幂模型是过拟合的。

（3）三次函数模型的误差明显小于四次函数模型误差，同时也小于一次二次函数模型的误差。这说明了一次二次函数模型都欠拟合，四次函数模型过拟合了。

（4）四次函数模型的误差明显小于其他各函数模型的误差。这说明一到三次函数模型均欠拟合，但四次函数模型是不是合适，并不确定，需要依靠更高次幂的函数模型做进一步验证。

由于验证集相对于训练集是独立的，用这份独立的数据去监控训练是否不足或是过度，模型是否“钻了牛角尖”是非常合适的。

过拟合是训练模型时非常容易陷入的坑。很多模型在模型设计时就应尽量避免过拟合现象的出现，并以超参数或模型结构的方式将其体现。在介绍各种模型时，读者会见到这些避免过拟合的设计。

3. K 折交叉验证

交叉验证在一定程度上可以让模型的表现更加具体与可观察。不过，只进行一次交叉验证，并不太保险。可能会因为分配各数据集时的偶然性，影响模型输出结果的稳定表现。举例来说，对图 6-13 所示的这份数据中的特征 x 与连续值标签 y 的关系，用一次函数去拟合和用二次函数拟合，或用验证集衡量它们的结果，并没有相差太多。更有可能二次函数的表现会稍微好一些，但用一个高次项去拟合一个看似线性的关系，究竟值不值得？

奥卡姆剃刀原理告诉我们，如果两个模型的结果相差不大，那就选择最简单的那个。因而可以直接选择线性模型就好，不用纠结太多。

但还是可以再增加一些观察角度，让选择更加全面。在上例中，仅考虑了输出的绝对误差，如果把模型的平均稳定性当作一个观察角度，显然是如虎添翼的。

K 折交叉验证就是这样一种兼顾了低误差与稳定性的模型验证方法。

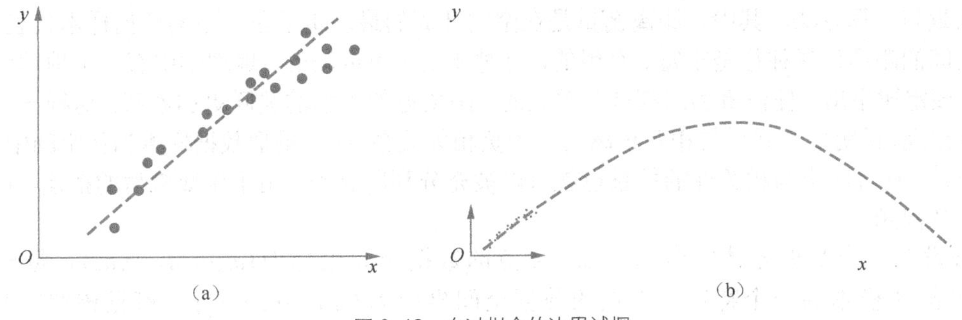

▲图 6-13 在过拟合的边界试探

K 折交叉验证的思想如下：将全量数据集分成 K 个子数据集，这 K 个子数据集中，只留 1 份作为验证集或测试集，其他的 K-1 份数据集均当作训练集。在训练得到模型后，把验证集或测试集输入模型，得到平均误差。然后，把另一份不同的数据集当作验证集或测试集，把其他 K-1 份当作训练集，再次训练得到一个模型和一个平均误差。依次类推，直到所有 K 个数据集均被当作验证集或测试集后，计算所有 K 个模型得到的平均误差的平均值，作为最终的模型表现衡量。

在 K 折交叉验证中，K 的取值比较随意，在样本数量较多时，可以大一些，在样本数量较少时，可以小一些。一般地，3、5、10 等值比较常见。

K 折交叉验证使数据得到了充分的利用，可以有效避免在交叉验证时，切分各个数据集过程中的偶然因素而引起的模型不稳定情况的发生。

不仅在回归模型，在分类、聚类模型中，也可以借鉴本节的介绍，只不过评价指标可能会有些不同。有关各种模型评价指标的内容，在第 7 章中将会见到。

6.5 常见的函数模型

6.5.1 数据的刻画方式

在正式介绍各种函数模型之前，有必要先在建模前对数据的不同刻画方式简单介绍一下。了解从不同角度描述数据与数据关系，会更有助于对每个具体的函数模型的掌握。

1. 空间刻画方式

数据的空间刻画是最常见的数据刻画方式。之前曾多次提到的数据方体就是这么一种刻画方式。

在数据的空间刻画范畴中，把每个数据样本均当作空间中的一个点，而每个属性都是空间的一个维度，即一个高维空间的坐标轴。如果不进行进一步的空间转换或变形，那么每个维度都是相互独立的。当然，样本在各个维度的表现与分布是否有相关关系是后话，在把样本置于这个空间时，空间里的各个维度是相互独立存在的。

既然有空间的概念，就一定会有空间内的距离衡量、向量概念、相似度衡量等多种空间几何的衡量与计算方法。其中，距离衡量是在空间计算的最基本手段。不同数据样本代表的点，其相互间的距离信息往往是丰富、有用的，有时还是不可或缺的。地理学中有一个地理学第一定律，该定律指出：任何事物间都是有关联的，距离近的事物的关联更加紧密。这样一个看似朴素的定理，说明事物联系与相互距离的一种负相关关系。而如果把数据样本当作空间中的"事物"来看，这种距离与相关性的关系也就可以被充分利用起来，用于函数模型的搭建，进一步解决业务问题。

假设在一个数据方体中有两个点：A 点的数据空间坐标为$(a_1,a_2,a_3,\cdots,a_n)$，每一个元素都代表 A 样本的一个特征。B 点的数据空间坐标为$(b_1,b_2,b_3,\cdots,b_n)$。可见该空间共有 n 个维度。

常被用来衡量 A 点与 B 点距离的方式如下。

曼哈顿距离：$D_{\text{Manhatten}}=\sum_{i=1}^{n}|a_i-b_i|$。

欧氏距离：$D_{\text{Euclidean}}=\sqrt{\sum_{i=1}^{n}(a_i-b_i)^2}$。

闵氏距离：$D_{\text{Min}}=(\sum_{i=1}^{n}|a_i-b_i|^p)^{\frac{1}{p}}$。

在闵氏距离中有一个参数 p。p 如果变成 1，闵氏距离就是曼哈顿距离；p 如果是 2，闵氏距离就是欧氏距离。

上文介绍过，由于样本的各个属性的量纲会经常出现不一样的情况。例如某购物平台用户下单的商品价格通常为 10～1000 元，用户浏览页面的时长通常为 3～15 分钟之间。价格与浏览时长的量纲不同（一个是价钱的"元"，一个是时间的"分钟"），数字分布也不一样，如果原封不动地进行距离衡量，显然是商品价格的变化更容易影响样本间的距离变化，而浏览时长这一属性对距离的衡量作用微乎其微。这显然是不合理的。所以一种常见的思路是借助归一化或标准化方法，将样本间各个属性缩放到同一尺度下，再进行距离衡量，各个属性对距离的影响就会比较均衡。

但这样的衡量方式也可能会有另一个问题。举例来说，某电商网站的数据集中有"下单数量"与"在线时长"这两个特征。如果在这两个特征下计算两个用户之间的距离，因为量纲的不同，距离计算本身没有什么业务意义。于是有人想到先用标准化的方式统一量纲，再进行计算。但此时带来的另一个问题是，"下单数量"与"在线时长"这两个特征本身就可能是高度相关的，即"下单数量"越多，"在线时长"也就越大。于是，一个用户在标准化后，"下单数量"高于另一个用户 1 个单位，由于"在线时长"与"下单数量"高相关，该用户与另一个用户相差的距离值非常可能大于单一维度上 1 个单位的影响。对于距离衡量这件事来说，各个特征的相关性让这件事变得并不如想象中那么客观了。

既然这样的"不客观"是特征间的相关性导致的，可以想到，如果可以将空间进行变换或将样本进行变换，变换后的样本在各个维度上保持相互独立，就可以避免这种由特征相关性导致的距离衡量“不客观”的问题了。

上述变换思路很容易让人想到PCA变换。PCA变换正是根据样本数据各个维度的分布与相关性进行线性变换，将样本数据变换到各个维度相互独立的空间中，再进行降维的。在衡量距离时，可以保留所有维度（不降维），得到各个样本在维度独立的空间中的坐标，再进一步根据业务需要衡量距离。由于PCA变换在各个特征进行尺度变换的同时，量纲的影响也被去除了，因而没有必要再次统一量纲了。

在本例中，就可以将包含“在线时长”与“下单数量”的样本表进行PCA变换，变换后保留全部两维记录，在新的空间中计算各个样本点的距离就可以规避上文提到的问题了。另一个更通用的方法是通过马氏距离的计算方式衡量距离。

马氏距离是印度科学家Mahalanobis提出的一种计算样本间相似度的方法，表示的是样本间的协方差距离。马氏距离的计算方式如下。

将样本集的表记录看作矩阵，该矩阵的协方差矩阵记为$\boldsymbol{S}$，$\boldsymbol{S}^{-1}$为协方差矩阵的逆矩阵。该样本集中任意两个样本向量$\boldsymbol{a}=(a_1,a_2,a_3,\cdots,a_n)^{\mathrm{T}}$与$\boldsymbol{b}=(b_1,b_2,b_3,\cdots,b_n)^{\mathrm{T}}$，其马氏距离$D_{\text{Mahalanobis}}$定义为：

$$D_{\text{Mahalanobis}}=\sqrt{\boldsymbol{a}^{\mathrm{T}}\boldsymbol{S}^{-1}\boldsymbol{b}}$$

马氏距离是一种天然的与量纲无关的距离衡量方式，同时也排除了特征之间的相关性的干扰。

并非说马氏距离或去除量纲的距离衡量方式一定就是好的，方法好不好，是需要实际业务场景来检验的。

很多机器学习模型都以数据的空间刻画作为建模基础。例如，监督学习中的KNN算法、SVM，甚至决策树都是空间中以“切蛋糕”的方式进行的监督学习过程。又如，无监督学习中的大部分聚类建模过程，如K-Means、DBSCAN、层次聚类等，也是以数据的空间刻画作为前提。半监督学习中，数据的空间刻画方法同样易寻踪迹，如标签传播算法。

2. 概率刻画方式

概率刻画方式也是一种较常用的数据刻画方式。

与空间刻画方式把每个样本都当作空间中的一个点不同，概率刻画方式是将每个数据样本都当作一些事件的组合。需要额外强调的是，在概率刻画方式里，每个数据样本都是一些事件的组合，而不是一个单一的事件。而数据样本的每一个特征，都可以被看作构成数据样本的最小事件。

概率反映事件发生的可能性的大小，同时也是对未知性与不确定性的一种定量式的分析利器。一个事件发生的概率值越大，即越可能发生。如果这件事是一件还没有发生的事，预期这件事要发生的可能性越大，就越可以提前规划做准备。例如，很多人非常热衷预测股价，就是为了能知道股价走势的最大可能：如果确定股价要涨，就买入；如果确定股价要跌，就卖出。

一个人如果对未知事件发生的可能性做的预测越准确，就越容易占得先机，先人一步。有人说：真正聪明的人，是懂概率的人。对此，笔者深以为然。

单一事件的概率可以足够刻画该事件的全部不确定信息。用概率方式刻画数据，每一个样本是可以被单独当作一个单一事件的，虽然它本身有一个发生的概率，但从整体的角度去看待这个“事件”的概率，无疑是稀疏的（所有特征全部一致，它的概率才会提升）。所以更合适的方式，是把样本这个事件看作每个“特征事件”组成的复合事件。每一个样本的每一个特征，都可以视作该样本在该“特征事件”下，相对于数据总体的发生概率。例如，一家超市某一日的订单数据集中有这样 3 个字段：顾客性别、购买物品件数、购买物品的总金额。如果当日有 1000 名顾客购买了商品，其中有 70%是女性，30%是男性，在某一个订单中，顾客是男性。这意味着这个订单是个“性别为男的事件”，它的发生概率为 30%。此时就是把“性别”这一特征当作了一个事件来看待的。

样本这个复合事件是一些事件的组合，如果想更为全面地了解概率刻画方式在数据科学中的应用，以下两种分析复合事件概率的手段是一定要熟悉并掌握的。

第一种就是联合概率与联合概率分布。联合概率，指一个复合事件发生的概率就是其构成的几个组合事件同时发生的概率。还是用上述的例子说明，在 70%的女性，30%的男性的基础上，如果购买 5 件及以上数量商品并且顾客性别为女性的订单数量占 35%，那就可以得到一个由两个事件构成的复合事件。

数学中常用符号 P 代表事件发生的概率。在上述表述中，P(性别为女) = 70%，P (性别为男) = 30%，P (性别为女，购买 5 件及以上数量商品) = 35%。

需要注意的是，复合事件并不一定是构成该复合事件的单一事件的乘积。也就是说，如果 P(性别为女)=70%，P(购买 5 件及以上数量商品)=40%，P(性别为女，购买 5 件及以上数量商品)并不一定是 70%×40%=28%。只有在两个特征并没有相关性的时候，复合事件的发生概率才是各个组合事件的概率乘积。即，只有在“性别”与“购买商品数量是否大于等于 5 个”这两个特征相互独立，P(性别为女，购买 5 件及以上数量商品)=P(性别为女)×P 购买 5 件及以上数量商品)这个式子才会成立。

联合概率分布，就是将特征的所有取值看作的事件进行组合后，枚举得到的所有可能复合事件与其发生概率。

离散值特征可以比较容易得到每个值代表的事件发生的概率，如果特征是连续值，可以通过离散化的方式先将其转成离散值，再计算事件概率。或者如果知道连续值特征分布的形态（如正态分布），可以直接拿概率密度函数得到它的概率密度。当然，很有可能，当连续值属性与离散值属性在互相进行“联合”时，还是有一方“屈服”于另一方的情况：将连续概率密度阶段积分概率化，或者将按照离散值的枚举概率分别与连续值的概率密度函数做交叉，得到更多粒度更细的概率密度函数。例如，在研究性别与购买物品的总金额这两个特征时，需要将其进行联合，可以将购买物品的总金额转成离散值，如分成 0～100 元，100～500 元等，再进行联合。也可以按照性别分别计算男性顾客与女性顾客的概率密度函数，再乘上男性顾客与女性顾客的“概率”，以多个概率密度函数来描述样本的概率密度分布。

在以联合概率的方式研究数据时，不是一定要把数据中所有的事件都“联合”起来，而是可以根据数据特性与业务目标，“联合”其中的一部分特征即可。如上例中，顾客性别、购买物品件数、购买物品的总金额这3个特征，在研究数据规律时不必一定要把3个特征代表的各个事件都进行“联合”，如果业务目标比较明确，可以只“联合”其中的一部分事件。例如：业务上对性别与购买物品的金额这两项感兴趣，那只需要“联合”这两个特征的所有“事件”概率或概率密度函数就可以了。

第二种分析复合事件概率的分析手段是条件概率密度。

条件概率是指在一个事件发生的前提下，另一个事件发生的概率。在上例中，购买5件及以上商品并且顾客性别为女性的订单数量占35%，这是联合概率，它的重点在于“并且”这个逻辑。有所有女性顾客中，购买5件及以上数量商品的占50%，这是条件概率。前者是指购买5件及以上商品并且顾客性别为女性的订单数量占所有样本的比例，而后者是指购买5件及以上商品并且顾客性别为女性的订单数量占女性顾客订单数量的比例。条件概率用 P（购买5件及以上商品|顾客性别为女性）这样的形式表述，竖线“|”右侧为条件项，也就是在求条件概率时的分母。

联合概率与条件概率有一个固定的关系，即 P(联合概率)=P(条件项的概率)(条件概率)。如果 A、B 均为一个事件，以上关系可以表述成 $P(A,B)=P(A)P(B|A)$。同样，$P(A,B)=P(B)P(A|B)$ 也是成立的，进而可以得到 $P(B)P(A|B)=P(A)P(B|A)$。用上例来说明，就是 P（购买5件及以上商品,顾客性别为女性）=P（顾客性别为女性）P（购买5件及以上商品|顾客性别为女性）。

如果一份数据样本中含有标签属性，将标签引入条件概率中，条件概率将会有非常显著的业务含义。例如，在上例中，如果要预测每位顾客一个月内是否还会再次光顾，每份订单都会加一个每位顾客“近一个月内是否再次购物”的标签。如果把样本中该标签的值看作一个事件，P（近一个月内再次购物|X）就是根据某些特征判断顾客“近一个月内再次购物”的概率。如 P（近一个月内再次购物|女性）就是女性在一个月内再次购物的概率，P（近一个月内再次购物|女性,购买5件及以上商品）就是购买5件及以上商品并且性别为女的顾客近一个月内再次购物的概率。而 P（X|近一个月内再次购物）就是近一个月再次购物的顾客的条件特征。如 P（女性|近一个月内再次购物）就是近一个月再次购物的顾客中，该顾客为女性的占比，或者说是概率。P（女性，购买5件及以上商品|近一个月内再次购物）就是近一个月再次购物的顾客中，该顾客为购买5件及以上商品的女性的概率。前者直接可以用来决策判断，后者则可以帮助寻找显著特征。

以数据的概率刻画作为建模基础的机器学习模型也不少。例如，监督学习中的朴素贝叶斯模型、决策树模型（决策树模型是既可以解决将数据以空间方式刻画的问题，也可以解决将数据以概率方式刻画问题的模型）、无监督学习中的关联模型等，均以概率刻画作用建模为前提。

3. 最优化理论刻画的数据关系

最优化理论刻画的不是数据本身，而是数据之间的关系。

最优化是数学的一个分支，这种方法是在一定条件的限制下，采用某种方法让目标达到最优的一种方法。

在以最优化理论的刻画方式来描述数据之间关系时，有3个要素是一定要考虑的。这3

个要素也是最优化问题本身关注的重点。

第一个是目标，目标通常以目标函数的形式呈现。目标函数反映的是一些属性或特征之间的关系，它不是一个等式，也不是一个不等式，它就是一个表达式。最优化理论中经常关注的是目标函数的最小值或最大值，所以也就常常会见识到最小化目标函数或最大化目标函数的各种方法了。举例来说，如果用当前的温度、湿度、降雨量、云层覆盖率来预测一小时后的温度，用 x_1 表示当前的温度，x_2 表示当前的湿度，x_3 表示当前的降雨量，x_4 表示当前的云层覆盖率，y 代表相对于 4 个“当前”特征的 1 小时后的温度。如果考虑用线性回归的方式建模，则目标是让多次测量的 $a_1x_1+a_2x_2+a_3x_3+a_4x_4+b$（$a_1$、$a_2$、$a_3$、$a_4$、$b$ 为模型参数）与 y 尽可能接近。转换化目标函数的形式，就是使 $|a_1x_1+a_2x_2+a_3x_3+a_4x_4+b-y|$ 或 $(a_1x_1+a_2x_2+a_3x_3+a_4x_4+b-y)^2$ 最小（后者的优势是方便求导）。

第二个要考虑的要素是约束。使一个连续可导目标函数达到最大值或最小值，最容易想到的办法是对目标函数求导，求得极值点（即导数为 0 时的特征取值），再在所有取得极值的特征组合中寻找极值点最大或最小的。不过，由于受定义域的限制或一些额外的约束，在计算极值点时，往往并不是那么“随心所欲”。这些约束往往以等式或不等式的形式存在。在上例中，很容易知道降水量和云层覆盖率不可能是负值，即 $x_3 \geqslant 0$ 且 $x_4 \geqslant 0$，这就是求解该目标函数时的约束。

第三个要考虑的要素是在计算最优化问题的最优解时用到的方法。刚才说到，求目标函数的极值点是一个非常通用的方法。如果存在约束，除了定义域内的取值集合外，边界值也是要考虑的。简单的目标函数形式可以通过数学符号计算的方法求其极值，即使是存在约束，使用如拉格朗日乘数法等方法也可以求得。除拉格朗日乘数法外，牛顿法、共轭梯度法等都是用来求解最优化问题的方法。但如果遇到非常复杂的或以非线性关系为主的函数关系，那用符号推导的方式计算极值就很困难了。

一个比较重要的计算思想是数值计算。

数值计算指使用数字计算机求解数学问题近似解的方法与过程。在计算机的世界里，一个公式仅是一个映射关系，计算机可以快速计算某一个点位的值和梯度（导数），并不能“一眼”看到该函数公式的全貌。好在计算机的计算速度是足够快的，可以弥补视野不足带来的缺憾。求目标函数的最大值或最小值的最普遍适用的数值方法是梯度下降法。梯度下降法可以这么来做比喻：把目标函数比作一座大雾迷漫的山。这座山就是目标函数画出的高维空间图形。如果目标函数中有两个变量，这个空间图形就是三维的，x 轴与 y 轴都是代表特征的变量，z 轴就是目标函数的取值。以求最小值为例，就是在寻找这座山的“山谷”。因为山上充满雾气，一个人只能看到他周围的一小片区域，所以能判断出沿哪个方向走是下山。梯度下降法就是一直沿着下山的方向走即可，总会找到一个极值点。至于极值点是不是最小值点。则可以通过多次尝试或者用数学推导来证明。

当然，梯度下降法中的一个非常重要的参数是步长。步长决定了下山时每一步要跨的相对于梯度的幅度。该值设定太小，收敛速度就会非常慢；该值设定太大，则可能来回在极值点附近“跨”向对面，最终不会收敛，如图 6-14 所示。

很多求最值的思路都是基于梯度下降法的。例如，如果走了几步发现一个方向上一直都是下坡路，那就可以冲一冲，跑一跑（动量法）；跑一段时间为防止跑过，需要再判断一下当前的下山方向和奔跑方向是不是一致……

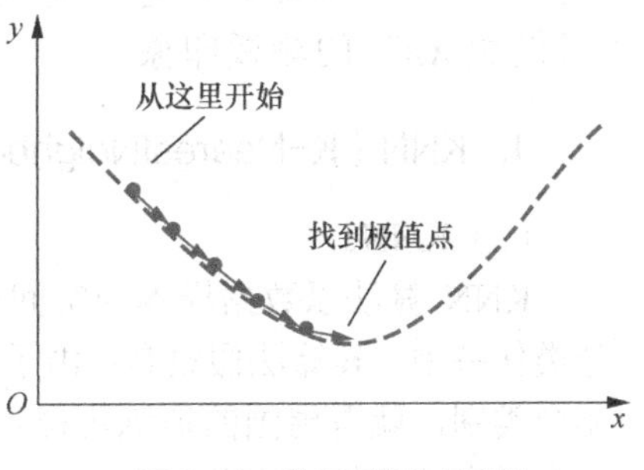

▲图 6-14 梯度下降法示意图

另一个常会见到的用于比较简单的目标函数形态（如线性规划问题）的最优化求解方法是单纯形法。单纯形是 N 维空间中的 N+1 个顶点（也可以是 N+M 个顶点）的凸包，是一个多胞体。例如直线上的一个线段、平面上的一个三角形、三维空间中的一个四面体等。从线性方程组找出一个个的单纯形，每一个单纯形可以求得一组解，然后再判断该解使目标函数值是增大还是变小，决定下一步选择的单纯形。通过优化迭代，直到目标函数实现最大或最小值。

举例来说，图 6-15 所示的图形代表的目标函数求最小值。先构造一个单纯形，即图中 3 个顶点构成的三角形。这个单纯形是在一维特征空间内的三维单纯形。在这 3 个点中，相比于 A 点与 B 点，C 点的取值是离目标最远的，因此在下一步迭代中，要将 C 点进行移动，例如移到 C' 点，如图 6-15（b）所示。以此不断迭代，直到单纯形顶点足够集中，或者迭代次数足够多，每次迭代的变化量足够小，就可以终止迭代，输出当下发现的最小值了。

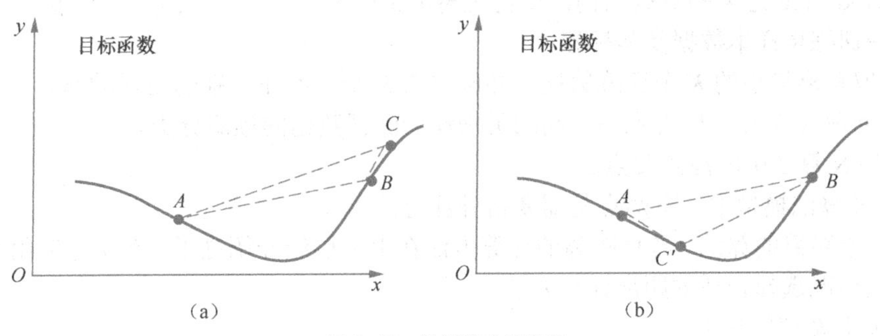

▲图 6-15 单纯形法示意图

上述只是单纯形法中的一种具体方法（Nelder-Mead 单纯形法）。单纯形法实际上是一种思想，可以衍生出的方法比较多，感兴趣的读者可以查阅相关资料研究。

一个目标、一些约束、一堆变量……最优化理论中关注的内容，几乎就是很多业务场景的抽象，这也是最优化理论这么多年一直被各行各业的人们所关注与重视的原因之一。

最优化理论刻画数据关系的模型以 LR 模型、神经网络为代表。当下非常流行的各种深度学习网络（如 CNN、LSTM、ResNet、DenseNet 等各种 NN），也均以最优化作为理论依据。

6.5.2 分类与回归

分类与回归都在监督学习的范畴，只不过分类的目标标注通常是有限的类别，回归的目标标注通常是一个个连续值。两者虽然在标签形式上有所不同，但用到的方法很多都是互通的：类别可以看作有限数量的连续值；连续值可以看作数量很多的有相互关系的离散值。正因如此，笔者建议将这些方法尽可能地泛化认识，不要对每种方法都留下“只能做 *XX*”的刻板印象。

1. KNN（K-NearestNeighbor）

（1）KNN。

KNN 算法以数据样本的空间刻画为基础。该算法是一种非常简单的监督学习，常常用在分类任务中。其算法假设是：由于训练数据的类别标签是已知的，判断一个未知类别样本属于哪个类别，就看周围的训练集样本中，哪个类别多就好。哪个类别的训练样本数量多，它就属性哪个类别。

如图 6-16 所示，横纵方向代表样本的两个维度特征，*X* 样本属于哪个类别？就看 *X* 样本周围的哪类样本多。就图示中，离 *X* 样本最近的 5 个邻居中，有 3 个是深色类别，那就让 *X* 样本被标记是深色类别的。

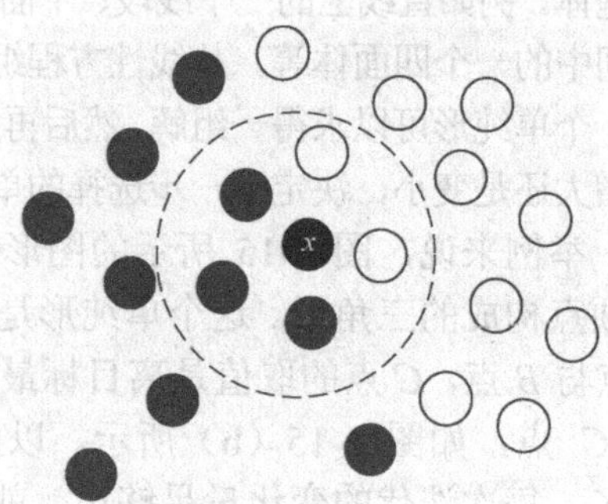

▲图 6-16 KNN

建模过程可以总结如下。

① 计算测试集某个测试样本与训练集的每个训练数据之间的距离，并按照距离的递增关系进行排序。也可以借助如 kd-tree 之类的数据结构，获得距离测试样本最近的一些训练集样本数据及其标签。

② 选取距离最小的 *K* 个训练数据，并确定前 *K* 个点所在类别的出现频率。

③ 返回前 *K* 个点中出现频率最高的类别作为测试数据的预测分类。

（2）KNN 算法中的注意要点。

在 KNN 算法模型中，有两点是需要格外注意的。

一是关于距离的算法。各种距离的计算方法在上文已经介绍过了，在实际应用时，要按照业务场景的情况选择合适的距离计算方法。

二是关于 *K* 值的选取。

K 值就是取测试样本周围用作判别类别的样本的数量。在 KNN 中，可以将 *K* 当作模型中的一个超参数，人为指定。*K* 值不能太小，*K* 值太小会造成对噪声的容错能力较差；*K* 的取值也不能过大，*K* 值过大就相当于用较大邻域中的训练实例进行预测，与输入的测试样本较远训练样本也会对分类起作用，使分类发生错误的可能性变大。可以根据调参经验与数据规模，选取如 5、7、9、11 等常用的 *K* 值进行尝试筛选。

当然，也可以把这个 *K* 当作一个参数，并从全体样本的数据集中，分出一份验证集来协助选择合适的 *K* 值。*K* 的可能取值是$[1,n]$，但一般 *K* 值不会取到与样本集数量级相当的水平，*K* 的最大取值以 $n/10$ 或 $n/100$ 常见。*K* 的范围确定了，就可以一次次去用验证集迭代尝试，判断当 *K* 取多少时，验证集的准确率、召回率或 F-Score 达到最佳。

KNN 模型中，还可以通过加入衰减因子的方式，将周围的 *K* 个训练样本乘不同的权值，离测试样本越近，权值越大。常见的距离衰减因子是指数函数 $e^{-\alpha D_i}$ 。α 为参数，D_i 为第 i 个训练样本到待判定样本的距离。

（3）KNN 优化的优劣与应用。

KNN 算法的优点在于简单、易用、直观。它更适用于一些各个类别本身分布比较集中的数据集合，对于一些样本分布比较随机，或是不同类别样本分布并不集中且类别间的样本数量差较大时，KNN 算法就会显得有些不适应。

KNN 在用户画像方面有着比较成功的应用。

例如某些 App 的业务专家们会观察用户的各种行为特征（如注册、浏览、划动、退出等），并结合用户自身的静态身份特征（职业、身份等），给用户贴上各种各样的标签。但是，随着业务不断发展，不断会有新的用户注册并使用 App，用户的行为也在不断发生变化。业务专家们不可能每隔一段时间就给每个用户都贴一遍标签，这样的工作量显然是巨大到无法承受的。所以，业务专家们往往是给一些具有代表性的数据样本贴上标签，作为训练数据，构建一个 KNN 模型（常常会采用衰减因子）。如果有一个新用户使用了该 App，或者用户行为发生了变化，直接使用该 KNN 模型判断就可以了。

对了，别忘了在建模前要先进行特征工程。

2. 朴素贝叶斯

（1）朴素贝叶斯的含义。

朴素贝叶斯模型是一种以数据的概率刻画方式为基础的分类方法。

之前说到，联合概率与条件概率有一个固定的关系，即 P(联合概率)=P(条件项的概率)(条件概率)。如果 A、B 均为一个事件，以上关系可以表述成 $P(A,B)=P(A)P(B|A)$。同样，$P(A,B)=P(B)P(A|B)$也是成立的，进而可以得到 $P(B)P(A|B)= P(A)P(B|A)$。基于这个等式，可以移项变换，得到更多的概率关系，如 $P(A|B)=\dfrac{P(A)P(B|A)}{P(B)}$。这个变换关系被称作贝叶斯法则，就是贝叶斯分类器的核心。

在贝叶斯法则 $P(A|B)=\dfrac{P(A)P(B|A)}{P(B)}$ 中，A 事件常指分类任务中的标签代表的事件，B 事件常指多个特征构成的“复合特征事件”。如果已知一个“复合特征事件”B，判断该“复合特征事件”下 A 标签的概率，即 $P(A|B)$，就可以用上式求出。在表达式 $\dfrac{P(A)P(B|A)}{P(B)}$ 中，$P(A)$——A 事件的概率（即标签的占比），$P(B|A)$——A 事件发生条件下 B 的概率（即该标签中，B 事件的占比），$P(B)$——B 事件的概率（即“复合特征事件”的占比）都是已知的，但在测试集判别类别时，$P(B)$和 $P(B|A)$可能是未知的。好在复合事件的概率可以由联合概率分布得到，如果各个特征相互独立，联合概率也就很容易计算了；另由于在判别不同类别的概率时，$P(B)$都是被当作共同的分母的，因此只需要比较各个类别在“复合特征事件”B 下的 $P(A)P(B|A)$值即可，该值最大的分类即为“复合特征事件”B 下的最可能分类结果。

上述就是贝叶斯分类器的基本思路，如果假定“复合特征事件”中各个“特征事件”是相互独立的，那该贝叶斯分类器就是朴素贝叶斯分类器。

（2）示例。

举例来说，数据如表6-1所示。

表6-1 部分金融特征数据

资产净值	职业属性	收入	是否有过金融逾期记录
高	高管	高	无
中	工程师	中	无
中	无业	低	无
低	无业	低	有
低	教师	中	无
中	无业	低	有
低	自由职业	中	有
中	自由职业	高	无
高	行政	低	无
中	医生	中	无

表6-1所示为模拟的某银行的部分客户的部分金融特征数据。该银行想利用这些数据，推断申请金融贷款等金融服务的顾客其逾期的可能性有多大。如果此时有一名顾客，其资产净值低，职业属性为无业，收入居中，他的逾期风险有多大呢？

可以用朴素贝叶斯模型来解决此问题。

在朴素贝叶斯模型中，该问题事实上是在求 P（逾期|资产净值=低，职业属性=无业,收入=中）的大小，也可以理解成比较 P（逾期|资产净值=低，职业属性=无业，收入=中）与 P（不逾期|资产净值=低，职业属性=无业，收入=中）的大小。

可以看到，在上述的训练样本中，没有找到资产净值低，职业属性为无业，收入居中的顾客。不过，根据贝叶斯公式：

$$P(\text{逾期}\mid\text{资产净值=低，职业属性=无业，收入=中})$$
$$=\frac{P(\text{资产净值=低，职业属性=无业，收入=中}\mid\text{逾期})P(\text{逾期})}{P(\text{资产净值=低，职业属性=无业，收入=中})}$$

$$P(\text{不逾期}\mid\text{资产净值=低，职业属性=无业，收入=中})$$
$$=\frac{P(\text{资产净值=低，职业属性=无业，收入=中}\mid\text{不逾期})P(\text{不逾期})}{P(\text{资产净值=低，职业属性=无业，收入=中})}$$

比较 P（逾期|资产净值=低，职业属性=无业，收入=中）与 P（不逾期|资产净值=低，职业属性=无业，收入=中）的大小时，贝叶斯公式的分母均为训练集中没有出现过的 P（资产净值=低，职业属性=无业，收入=中）。所以只需要比较 P（资产净值=低，职业属性=无业，收入=中|逾期）P（逾期）和 P（资产净值=低，职业属性=无业，收入=中|不逾期）P（不逾期）的大小就可以了。又因为朴素贝叶斯分类器中各个特征是相互独立的，所以：

P（资产净值=低，职业属性=无业，收入=中|逾期）= P（资产净值=低|逾期）P（职业属性=无业|逾期）P（收入=中|逾期）

P（资产净值=低，职业属性=无业，收入=中|不逾期）= P（资产净值=低|不逾期）P（职业属性=无业|不逾期）P（收入=中|不逾期）

需要比较的对象就变成了：

P（资产净值=低，职业属性=无业，收入=中|逾期）P（逾期）= P（资产净值=低|逾期）P（职业属性=无业|逾期）P（收入=中|逾期）P（逾期）=2 / 3×2 / 3×1 / 3×3 / 10=2 / 45

P（资产净值=低，职业属性=无业，收入=中|不逾期）P（不逾期）= P（资产净值=低|不逾期）P（职业属性=无业|不逾期）P（收入=中|不逾期）P（不逾期）=1 / 7×1 / 7×4 / 7×7 / 10=2 / 245

可见，P（逾期|资产净值=低，职业属性=无业,收入=中）> P（不逾期|资产净值 = 低，职业属性=无业，收入=中），因此可以判断该顾客逾期概率是大于不逾期的概率的。

（3）朴素贝叶斯模型中的注意要点。

朴素贝叶斯模型在使用时要注意的第一个问题是关于连续值的处理。在进行推理演绎时，数据中的每个特征都是离散值，如果遇到了连续值的特征，则需要将连续值先进行离散化，再代入模型进行计算。如果非要保留连续值特征的全部信息，不离散化处理，则需要把连续值特征的分布代入朴素贝叶斯模型中进行概率分布的计算，最终得到的预测结果也将是一个概率分布，而非一个单一的概率值了。

朴素贝叶斯模型在使用时要注意到的第二个问题是关于拉普拉斯平滑的使用。在上例中，如果有一个来申请金融服务的新顾客，他的职业是律师，收入较高，资产净值高，则该顾客会发生逾期行为的概率为：

$$
\begin{aligned}
&P(\text{逾期}\,|\,\text{资产净值}=\text{高，职业属性}=\text{律师，收入}=\text{高})\\
&=\frac{P(\text{资产净值}=\text{高，职业属性}=\text{律师，收入}=\text{高}\,|\,\text{逾期})P(\text{逾期})}{P(\text{资产净值}=\text{高，职业属性}=\text{律师，收入}=\text{高})}\\
&=\frac{P(\text{资产净值}=\text{高}\,|\,\text{逾期})\,P(\text{职业属性}=\text{律师}\,|\,\text{逾期})\,P(\text{收入}=\text{高}\,|\,\text{逾期})P(\text{逾期})}{P(\text{资产净值}=\text{高，职业属性}=\text{律师，收入}=\text{高})}
\end{aligned}
$$

由于在训练集中，职业属性为律师的样本数为 0，因而上式等于 0。这样，仅因为职业信息在训练样本中没有出现，分类的概率就为 0，其他的有意义的特征没有对判断分类结果发挥作用，这显然是过于“简单粗暴”了。

解决此类问题的一种方法就是拉普拉斯平滑。拉普拉斯平滑后，计算 P(职业属性=律师|逾期)时，变为：

$$P(\text{职业属性}=\text{律师}\,|\,\text{逾期})=\frac{\text{职业为律师且有过逾期行为的样本数量}+1}{\text{逾期行为的数量}+\text{分类数}}$$

可见，拉普拉斯平滑的技巧是在判断逾期条件下的条件概率时，分子加 1，分母加总的分类数（逾期、不逾期共 2 类）。这样，分子分母都不会为 0 了，即使遇到训练样本中没有出现过的特征，也可以对分类结果判断估计，那些在训练样本中出现过的特征在这个过程中会发挥作用。

3. 判别模型与生成模型

（1）判别模型与生成模型的概念。

上文介绍的KNN模型是一种判别模型，朴素贝叶斯模型是一种生成模型。所有的监督学习模型都可以被分成这两类，当然也包括接下来要介绍的其他监督学习模型。

在监督学习适用的业务场景中，设特征集合为X，标签为Y，监督学习就是判断当样本的特征满足X_i时，该样本的标签是Y集合中的哪个。从概率刻画的角度来看，就是在求$P(Y|X_i)$。如果这个$P(Y|X_i)$的结果是直接通过某种规则确定的一个边界而判断得到的，那么这样的判断模型就是判别模型；如果这个$P(Y|X_i)$并不是直接判断获得，要先计算$P(X,Y)$这个联合概率分布，想知道X_i特征属于Y集合中的哪个标签，要通过比较Y集合中各个标签与X_i构成的联合概率哪个大，该联合概率最大的标签就是最终分类的标签。判别模型的结果由一个规则确定的边界“判别”，生成模型的结果由联合概率分布$P(X,Y)$“生成”。

举例来说，如果要根据如体型大小、尾巴样式、耳朵长度、腿长与身长比例、体毛颜色、叫喊声音频率等区分马和驴。

判别模型的做法是：从历史上见过的马和驴这份“数据”中充分对比，总结出一个模型，如满足（耳朵较长，叫喊频率低），（耳朵较长，叫喊频率高）等特征组合的是驴，满足（耳朵较短，叫喊频率高），（耳朵较短，叫喊频率高）等特征组合的是马。判别是马还是驴的边界是明确的，当要对一个类似生物进行判断时，直接根据数据训练得到的模型就可以得到判断结果。

生成模型的做法是：根据历史上见到的所有的驴，总结一个驴的各个特征的分布形态。例如：

耳朵较长且叫喊频率较低的占70%；

耳朵较长且叫喊频率较高的占20%；

耳朵较短且叫喊频率较低的占8%；

耳朵较短且叫喊频率较高的占2%。

同样，总结得到一个马的各个特征的分布形态。例如：

耳朵较长且叫喊频率较低的占3%；

耳朵较长且叫喊频率较高的占12%；

耳朵较短且叫喊频率较低的占30%；

耳朵较短且叫喊频率较高的占55%。

如果在上述所有样本中，驴的样本占40%，马的样本占60%，那么得到如表6-2所示的联合概率分布表。

表6-2 驴与马特征的联合概率分布表

	耳朵较长且叫喊频率较低	耳朵较长且叫喊频率较高	耳朵较短且叫喊频率较低	耳朵较短且叫喊频率较高
驴	28%	8%	3.2%	0.8%
马	1.8%	7.2%	18%	33%

此时，如果得到一个生物样本，它的耳朵较长，叫喊频率较高。在联合概率分布中，该条件下，驴出现的概率是8%（也即条件概率$P(X,Y)/P(X)$）；同样，该条件下，马出现的概率为

7.2%。因而在联合概率分布的基础上，在“耳朵较长且叫喊频率较高”的条件下，该样本是驴的概率更高，所以它应该被分类为驴。

在生成模型中，训练集中的$P(Y)$常被称为先验概率。注意Y是标签，$P(Y|X)$常被称为后验概率，而$P(X|Y)$表示的关系常被称作似然关系。在研究后验关系与似然关系时，也可以以模型的参数作为研究对象。

还是以驴与马的分类问题为例。以驴为切入视角，驴样本的数量占 40%，所以它的先验概率是 40%；在“耳朵较长且叫喊频率较高”的条件下，驴的条件概率为 8%/(8%+7.2%)=52.7%，这就是它在“耳朵较长且叫喊频率较高”条件下的后验概率；而已知是驴的前提下（也即条件下），得知耳朵长短与叫喊频率高低的分布状态关系，就是似然关系。

（2）判别模型与生成模型的优点与缺点。

判别模型的目标是相对明确的。有一个明确的目标，就会有一套类似“假设验证”的基本方法论来界定各个不同分类之间的差异。基于这样的基本方法论，就会有非常丰富多样的模型种类与模型形式。但判别模型大多也只为这个分类或回归目标服务，并不能反映数据全貌，也不能反映达成目标的数据本身的特点，各个特征之间的关系在大多数模型中也是不确定的。

如果一定要较真的话，对于一个特定的分类或回归目标，在使用生成模型实现该监督学习的目标时，也会有一个不同分类间的边界。不过这个边界并不是生成模型的所关注与重视的。上文也提到，生成模型关注每个类自身的特征，也会考虑各个分类的先验概率，它的核心在于特征与标签的联合概率分布。这个联合概率分布可以让模型在面对数据的不确定性时，表现出更强的适应性。

举例来说，如果在马与驴的分类问题中，要考虑用体型大小、尾巴样式、耳朵长度、腿长与身长比例、体毛颜色、叫喊频率这 6 个特征来综合区分某样本是马还是驴。判别模型自然会考虑这 6 个特征，并建立一个六特征输入、一个分类结果输出的函数模型。生成模型则会建立 6 个特征与马/驴标签的联合概率分布模型。

如果得到一个样本，只知道该样本的耳朵长度与叫喊频率这两个特征，对于其他 4 个特征并不知情。只要在训练样本中没有出现过这种情况，判别模型几乎就无能为力了。当然，可以根据历史数据提取出这两维特征再训练出一个新模型来解决这个问题，但这样的成本投入无疑是巨大的。如果特征较多，要覆盖每一种可能，也是不现实的。

此时，生成模型的优势就发挥出来了。在生成模型中，由于知道 6 个特征与标签的联合概率分布，如果只提供两个特征，就可以将 6 个特征与标签的联合概率分布“浓缩”成两个特征与标签的联合概率分布，再根据特征的实际值，就可以很容易生成该特征值组合下各个分类的后验概率进行分类判断了。

可见，生成模型携带着更加丰富的信息，应用上的灵活性要更强（注意这里是应用上的灵活性，判别模型的优势在于形式上的灵活性），基于已有模型进行特征的增加或减少也更加方便。

但是，一个好的生成模型对数据的依赖也更重。判别模型中，往往会引入归纳偏置来确定最终的模型形式，归纳偏置实际上是外界信息的输入。针对一些业务上对数据的理解做一个合理的假设是有助于监督学习效果的提升的。而生成模型则要“纯粹”得多，它的产出直接依赖数据的分布。如果数据的规模和多样性得不到保障，那生成模型的效果也会受到局限，产出效果可能也会受到影响。

同时，生成模型在落地到计算实现时，占用资源也比较多，实现难度也会比较大。

（3）常见的判别模型与生成模型。

除 KNN 以外，常见的判别模型在下文中会被介绍，主要有如决策树、感知器、SVM、人工神经网络以及一些常用的集成式模型等。

相比于判别模型，生成模型比较少。除朴素贝斯叶模型外，隐马尔可夫模型是另一种比较常见的生成模型。

4. 决策树

（1）钻取分析与决策树。

试想这样一种场景：你想找一份工作。这时有一个猎头找到你，说她这里有一些职位，可以提供给你。于是，她问你："你是倾向成熟的大型公司，还是上升的中小型公司？"你想了想，说："成熟的大型公司。她又问你：那你希望公司位置是离你家近一些，还是无所谓？"你说："都行吧，看是什么样的公司了。"她又问你："那你是希望期权股票更多，还是每月薪资更多？"你说："如果每月薪资更多一些，那公司远近无所谓；如果期权股票更多些，那公司一定要在离我家不远的地方。"如果可以满足你的需求，你就会同意去面试，否则你不会去面试。

根据你的求职意愿，可以整理成图 6-17 所示的求职决策树。

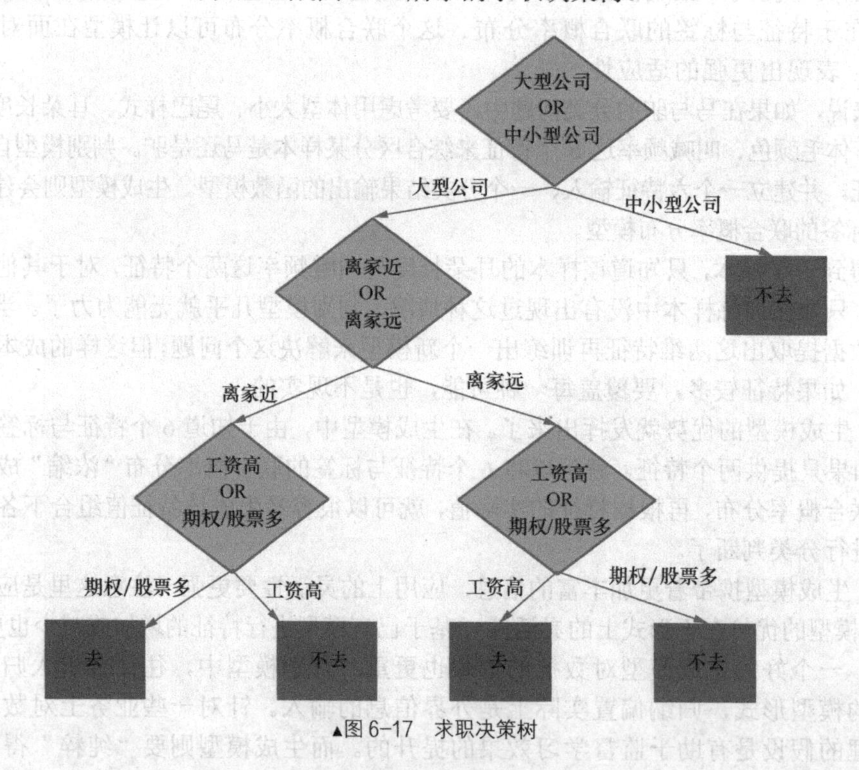

▲图 6-17　求职决策树

上述为是一种人们在做决策时的常见模式。回顾一下做这些决策的整个过程，可以把以上求职时考虑的因素（大型公司还是中小型公司、离家近或离家远、工资更高还是期权/股票更多）当作一张一维表的 3 个字段，表示在求职这个业务场景下的 3 个属性。在研究自己中意的目标公司类型时，实质上就是针对这样的一张表进行的下钻分析。第一次下钻分析是针对“大型公司还是中小型公司”这个属性，基于这次钻取结果，又更深一层从“离家近还是离家远”这个属性入手进行了二次钻取。依此类推，直到下钻分析的结果满足了业务预期，就可以停止了。

当然，也可以将“去面试还是不去面试”这一项当作一个属性置于表中。此时表中就有了 4 个属性，“去面试还是不去面试”就是这属性的标签。那么如何基于这些属性做一个聪明的决策，就变成了一个分类问题。像以上这样以决策的模式组织成的树状的函数模型，就是决策树模型了。

（2）决策树模型的“决策”过程——ID3。

接下来仍以某金融机构推测申请金融服务的顾客是否有逾期风险为例，说明决策树模型的计算过程，金融逾期风险分析表如表 6-3 所示。

表 6-3　金融逾期风险分析表（一）

资产净值	职业属性	收入	是否有过金融逾期记录
高	高管	高	无
中	工程师	中	无
中	无业	低	无
低	无业	低	有
低	教师	中	无
中	无业	低	有
低	自由职业	中	有
中	自由职业	高	无
高	行政	低	无
中	医生	中	无

按照决策树模型的组织形式，接下来要做的工作，是把资产净值、职业属性、收入状况当作决策树的中间节点（每次做一个决策，都会把一份数据集分成两个部分），把是否有过金融逾期记录当作叶子节点，构建决策树。此时遇到构建决策树的第一个问题，即应该从哪个特征开始？虽然明确地知道要以这 3 个特征作为决策的中间节点，但哪个决策节点应该在前，哪个决策节点可以放置得靠后，是构建一棵好的决策树应该考虑的问题。

决策树模型中，关于如何放置这些决策节点有一个原则：应该尽可能将可以区分不同标签值的决策特征放在离根节点较近的位置（或者就是根节点），也就是首先要决策的位置。极端地，如果有一个特征值可以将有无逾期的样本记录完全分开，那仅保留这一个决策节点就可以了。

那如何判定不同标签值的区分程度呢？

在介绍钻取分析时，提过互信息（信息增益）是判定不同标签值的区分度的一个非常有效衡量。

简单回顾一下。

熵的定义为$H(X)=-\sum p(x)\log_n p(x)$，是一组关联事件的加权平均自信息，是不确定性的综合衡量。如果一个事件发生的概率是$p(x)$，该事件不发生（一个事件不发生也可以被当作另一个事件）的概率是$1-p(x)$，这组关联事件的熵就是$-[p(x)\log_n p(x)+(1-p(x))\log_n(1-p(x))]$。如果一个事件发生的概率是0.5，该事件不发生的概率即为1-0.5=0.5，代入公式计算其熵为1bit；如果一个事件发生的概率是1，该事件不发生的概率即为0，代入公式计算其熵为0bit；如果一个事件发生的概率是0，该事件不发生的概率即为1，代入公式计算其熵为0bit。对于多个关联事件（即这些事件发生的概率和为1），当其中一个事件发生的概率是1，其他事件发生的概率是0，熵会取到最小值0bit，表示不确定性最小；当每个事件发生的概率是平均的（即M个关联事件中每个事件发生的概率为1/M），熵会取到最大值（$M\log_n M$），表示不确定性最大。

互信息被记为$I(X,Y)$，表示X对Y施加影响后，Y信息的减少量。同时，该值与"Y对X施加影响后，X信息的减少量"是一致的，即$H(X)-H(X|Y)=H(Y)-H(Y|X)=I(X,Y)$。

在本例中，就可以以被各个特征决策后的标签互信息大小，来决定哪个特征应该被优先判定。计算得到的互信息最大的特征，应该被用来进行决策。

Y代表逾期与否的事件。本例的10个样本中，逾期用户有3个，未逾期用户有7个，逾期的熵$H(Y)=-0.3\log_2 0.3-0.7\log_2 0.7=0.88\,\text{bit}$。

被资产净值决策后，高资产净值顾客中，逾期样本数量为0，非逾期样本数量为2，该条件下计算标签的熵H（是否逾期|资产净值=高）=0bit；中资产净值顾客中，逾期样本数量为1，未逾期样本数量为4，H（是否逾期|资产净值=中）$=-0.2\log_2 0.2-0.8\log_2 0.8=0.72\,\text{bit}$；低资产净值顾客中，逾期样本数量为2，未逾期样本数量为1.条件熵H（是否逾期|资产净值=低）$=-1/3\log_2(-1/3)-2/3\log_2(-2/3)=0.91\,\text{bit}$，高资产净值顾客占比为0.2，中资产净值顾客占比为0.5，低资产净值顾客占比为0.3，所以H（是否逾期|资产净值）=0.2×0+0.5×0.72+0.3×0.91=0.63bit，互信息I（资产净值，是否逾期）=H（是否逾期）−H（是否逾期|资产净值）=$H(Y)-H(Y|X)$= 0.88−063=0.25bit。

用同样的方式，可以计算得，根据职业属性决策后的互信息I（职业属性，是否逾期）= H（是否逾期）−H（是否逾期|职业属性）=0.41bit。

接着可以计算得，被收入决策后的互信息I（收入状况,是否逾期）= H（是否逾期）−H（是否逾期|收入状况）=0.16bit。

可见，根据职业属性这一特征进行决策，决策前后的是否逾期不确定性减少最大，所以应该首先以职业属性作为决策特征。

接着，以同样的方式确定其他特征在后续决策过程中的顺序。

这种以互信息（也叫熵增益）为决策依据的决策树模型被称为ID3决策树模型。

（3）决策树模型的"决策"过程——C4.5。

在ID3模型中可以看到，有关标签的互信息确实是判断不同特征进行决策前后区分程度的有效衡量。但其中也隐含着一个潜在的问题。在上例中，用职业属性这个特征进行决策后，是否逾期的互信息会很大，也得益于职业属性这个特征的枚举值很多，被一个特征的多个值切分后，每个值的标签就会比较少，是否逾期的两个标签值的分布差异就可能会非常大。极端情况下，如果特征的枚举值数量与样本数量一样多，那每个决策分支的熵均为 0bit，该特征决策后的标签互信息必然与标签熵是一样的。该特征就必然会被选为第一个决策特征，即位于决策树根节点的特征，这显然是不合适的。

所以，就有了基于熵增益率的决策树分裂规则。所谓的熵增益率，就是熵的增益（互信息）与决策特征的熵的比值。

还是以上文的例子来说明。是否逾期与资产净值的互信息是 0.25 bit，是否逾期与职业属性的互信息是 0.41 bit，是否逾期与收入状况的互信息是 0.16 bit。接着再计算资产净值、职业属性、收入状况这 3 个特征各自的熵。资产净值这个特征中，对于所有样本，高：中：低=2：5：3，所以 H(资产净值) = $-0.2\log_2 0.2 - 0.5\log_2 0.5 - 0.3\log_2 0.3 = 1.49$ bit；同理，H(职业属性) = 2.65 bit，H(收入)=1.52 bit。

进而可以计算得到，根据资产净值特征分裂样本后的信息增益率是 0.25 /1.49=16.8%，根据职业属性特征分裂样本后的信息增益率是 0.41 / 2.65 =15.5%，根据收入特征分裂样本后的信息增益率是 0.16 /1.52=10.5%。以资产净值特征分裂样本得到的信息增益率是最大的，因此应该以资产净值作为第一个决策特征。

如上文这样将信息增益率当作决策树分裂依据的决策树模型，就是典型的 C4.5 决策树模型。

（4）决策树模型的“决策”过程——CART。

ID3 与 C4.5 模型都是以熵的计算作为基础。计算熵时，免不了涉及大量的对数运算。为了避免较为复杂的数值对数计算过程，同时也保留标签区分度的衡量特点，就有了另一种应用于分类任务的特征切分方法，即基于基尼系数的特征切分方法。

如果一个标签有 k 种取值，每一种取值的占比 $p_i\,(1 \leqslant i \leqslant k,\ i \in N)$，基尼系数的定义如下。

$$Gini(p) = \sum_{i=1}^{k} p_k(1-p_k) = 1 - \sum_{i=1}^{k} p_k^2$$

基尼系数用来衡量针对某特征或某标签的不纯度和混乱程度。基尼系数越小，不纯度越小，相对的“纯度”就越大，样本就越“纯”，即很有可能某特征值或某标签占比会比较高。反之，基尼系数越大，不纯度就越大，相对的“纯度”就越小，样本就越“不纯”，即很有可能各个特征或标签的占比会比较平均。

CART 决策树模型是一种二叉树结构，应用于分类任务时，就是以基尼系数的变化作为其选择决策特征的依据的。在用 CART 决策树进行分类时，不纯度是会随着不断进行的分类过程逐渐降低的。

由于 CART 决策树是二叉树，这样就带来一个问题：如果一个特征有多种取值，该如何分叉？

CART 给出的一种方案是：可以将其中一个特征值看作一个分支，其他特征看作另一分支。这样有几个特征枚举值，就会有几种分叉方式。

还是以评估金融服务逾期风险的案例为例，金融逾期风险分析表如表 6-4 所示。

表 6-4　金融逾期风险分析表（二）

资产净值	职业属性	收入	是否有过金融逾期记录
高	高管	高	无
中	工程师	中	无
中	无业	低	无
低	无业	低	有
低	教师	中	无
中	无业	低	有
低	自由职业	中	有
中	自由职业	高	无
高	行政	低	无
中	医生	中	无

资产净值特征有高、中、低 3 种取值，职业属性有无业、自由职业、教师、工程师、高管、医生、行政 7 种取值，收入状况有高、中、低 3 种取值。这样，决策树第一次做决策时，共有 3+7+3=13 种分叉方法。在决策前，根据基尼系数的计算方法，得到样本逾期与否的不纯度是 $1-0.3^2-0.7^2=0.42$。如果将资产净值为“低”的样本与资产净值“不低”的样本进行切分，资产净值为低有 3 个样本，有过逾期行为的有 2 个，不纯度为 $1-\left(\frac{1}{3}\right)^2-\left(\frac{2}{3}\right)^2=0.444$；资产净值为中或高的有 7 个样本，有过逾期行为的有 1 个，不纯度为 $1-\left(\frac{1}{7}\right)^2-\left(\frac{6}{7}\right)^2=0.245$。切分后的整体不纯度变为 0.444×0.3+0.245×0.7=0.30。较决策前的 0.42 减少了 0.12。

当然，这并不一定是最优的决策方式。究竟哪种方式最优，需要遍历了以上 13 种取值的“是非”，才能知道。

（5）连续值特征的处理与回归树。

相比于 ID3 和 C4.5，CART 决策树还有另外 3 个比较明显的优势。

一是避免了由于某特征可能的枚举值过多导致的结果不稳定的情况。

由于强制了二叉树的决策方式，因而 ID3 模型中由于特征值枚举过多而更大可能被选中作为决策特征的现象则会被规避。

二是更方便连续值特征的处理。

由于 ID3 与 C4.5 对树的分叉结构是不确定的，因而面对连续值特征，通常用到的方式是先将其以人工介入的方式离散化，再进行决策分类。而 CART 决策树强制了树的结构必须是二叉的，因而如果遇到了连续值特征，只需要将这些连续值排序，每两个数之间的间隔都是一种切分方式。例如，资产净值的数值如果是如表 6-5 所示，将其排序后得到[1,2,3,8,15,30,40,50,80,100]这个数列，1 和 2 之间可以切分，2 和 3 之间可以切分，3 和 8 之间可以切分……这样可以得到9种切分方式。这9种切分方式与其他特征的切分方式一起，作为判断最优化分叉的候选，如表6-5所示。

表6-5 金融逾期风险分析表（三）

资产净值	职业属性	收入	是否有过金融逾期记录
100	高管	高	无
40	工程师	中	无
1	无业	低	无
2	无业	低	有
8	教师	中	无
15	无业	低	有
3	自由职业	中	有
30	自由职业	高	无
80	行政	低	无
50	医生	中	无

如果ID3或C4.5也强制了二叉树结构，是不是也就可以运用到连续值特征的处理过程中了呢？是的。只不过强制只能二分后，决策的可能就变多了，在判断最优的决策方案时，如果存在太多的对数计算，整体效率就会打折扣。总体评价当然就不敌可以达到同样近似的区分效果，但计算更加简便的基尼系数了。

三是CART决策树除了分类任务外，也可以承担回归任务。

在回归任务中，所有的标签都将是连续数值。如果在顾客金融服务逾期评估的案例中，将“是否有过逾期行为”的标签换作“逾期金额”，如表6-6所示，这样评估顾客可能逾期金额任务就成了一个回归任务。

表6-6 金融逾期风险分析表（四）

资产净值	职业属性	收入	逾期金额
高	高管	高	0
中	工程师	中	0
中	无业	低	0
低	无业	低	100
低	教师	中	0
中	无业	低	60
低	自由职业	中	40
中	自由职业	高	0
高	行政	低	0
中	医生	中	0

基尼系数是用来衡量离散标注的不纯度的指数的，所以要解决一个回归问题，就不能用基尼系数作为决定首要决策特征的依据，应该另辟蹊径。

常用来决定切分样本集合前后连续值标签的区分效果的指标是均方误差（MSE）。每次切分样本集合后，希望得到的效果是各个样本集合的整体加权均方误差越小越好。

还是以上例说明，当前所有样本逾期金额的平均值为20，均方误差 $MSE=\frac{(100-20)^2+(60-20)^2+(40-20)^2+7\times(0-20)^2}{10}=1120$。如果以资产净值的低与不低作为决策依据，资产净值为低时，有3个样本，逾期金额的 MSE 为 $\frac{(100-140/3)^2+(40-140/3)^2+(0-140/3)^2}{3}=1689$；资净值为中或高时，有7个样本，逾期金额的 MSE 为 $\frac{(60-60/7)^2+6\times(0-60/7)^2}{7}=441$。决策后总体的加权 MSE 为 1689×0.3+441×0.7=815。相比于决策前1120的 MSE，减少了305。

与此类似，可以计算13种特征作为决策特征的均方误差减少值，选择样本加权后均方误差减少最多的切分样本方法作为最终的分裂样本方法。

（6）以空间刻画方式看决策树。

在推演各种决策树时，是以概率的角度刻画了数据。同时，决策树模型也是可以以空间的角度去刻画其中的样本数据与决策过程的。

在以空间角度刻画决策树的决策过程时，首先要保证所有的特征都是已经被数值化的。所以，所有的离散类别需要先进行标签编码或独热编码，再进行模型训练。

由于每一个决策节点在分割样本数据集时，只考虑到了一个特征。考虑该被数值化的特征时，也仅是将大于某固定值与小于该固定值的部分进行分割。如果将样本放置在数据方体中，每次决策都相当于从一个维度将该数据方体"切了一刀"。这一"刀"的一侧属于一个类别，另一侧属于另一个类别。如果多次切割后，相同类别所在的区域正好相邻，就认为它们是一块完完整整的大区域了。

图6-18是scikit-learn官网中基于鸢尾花数据集使用决策树进行的实验。其中每个子图的横轴与纵轴均代表一个特征维度。如图(6-18(a))，横坐标轴代表萼片长度，纵坐标轴代表萼片宽度。可见，经决策树分割样本后，边界是"横平竖直"的。

（7）什么时候应该停止分裂。

以决策树的方式将样本进行不断地切分，如果不再限制，那么达到一定的条件时，一定会不可再分的。一般情况下，决策树常见的不可再分的情形有以下3种。

① 某节点切分样本后，子节点中的样本均属于同一类。

对于二分类任务来说，如果在某一次决策后，决策节点的两个子节点中各自均为纯种的同一类样本，接下来就没有再分裂样本的必要了。

② 某节点切分样本后，某些子节点中已经没有样本数据了。

如果某决策节点在分裂后有3个子节点，其中一个子节点没有样本存在，那么该子节点也不可能被再次分裂了。

③ 所有特征（分裂方案）均已用完。

这里的特征并非原表中的全部特征，而是在决策树看来的所有切分方案。

举例来说，在评估金融服务逾期风险的案例中，除去标注，原表有 3 个特征。但使用 CART 决策树建模时，每个节点的决策方案是有 13 种。这 13 种切分方案才是决策树面对的实际特征形式。当这 13 种切分方案被完全用尽后，如果仍不能将不同类别的样本分裂完全，此时也应该停止。

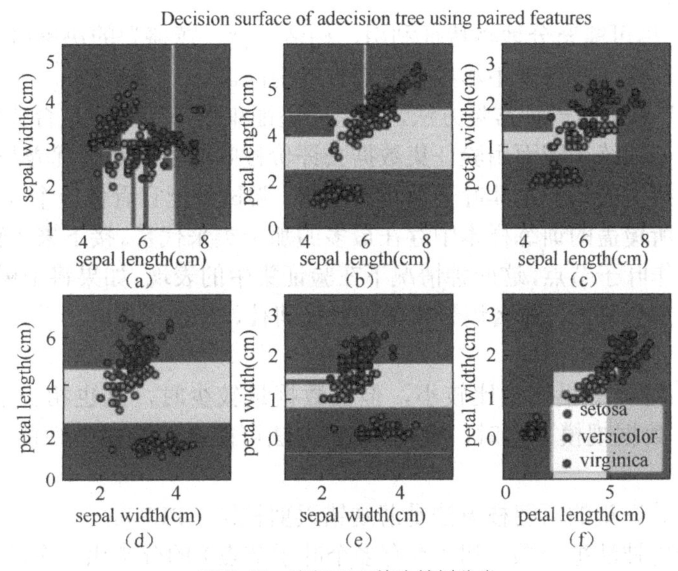

▲图 6-18 空间观下的决策树分类

实际上，不论是分类还是回归，此时也不可能接着分裂下去了。

在介绍钻取分析时，说到随着下钻越来越深，样本数量也越来越少，分析这些数量较小的样本时，与真实情况出现较大误差的可能性也被比较大。

在决策树模型中，同样也会出现这种情况：如果特征较多，或者决策方案较多，很可能还没等穷尽所有方案或将不同类别的样本完全分开，样本数量已经很少了，再决策下去就非常有可能出现过拟合的现象——即训练集效果较好，但测试集表现不佳。

考虑到决策树的构建过程就像是一棵树的生长过程：从根节点开始，不断生长出分支，最终形成一棵树。为防止过拟合现象出现，就要考虑限制这棵树的生长规模。决策树通常是通过“剪枝”的方式限制树的规模，从而防止过拟合现象的发生。

“剪枝”又被分为“先剪枝”方法与“后剪枝”方法。

“先剪枝”是通过提前停止树的构建而对树“剪枝”的方法。一旦停止，当下的数据节点就成了叶子节点，该叶子节点的多数分类或回归值就是要判定的值。

要停止生长，就一定要有一个规则或策略来进行约束。这些常用的约束如下。

① 限制决策树的高度。即定义一个最大高度，当决策树达到该高度时就可以停止决策树的生长，这是一种比较简单的方法。

② 限制叶子结点处样本的数目。设定叶子节点样本数量阈值，当某个叶子节点的样本数

量刚刚小于该阈值时，就可以停止决策树的生长。

③ 限制最小增益。定义一个最小增益阈值（如熵增益、熵增益率、基尼系数减少量、均方误差减少量等），通过计算每次分裂节点对总体分类或回归性能的增益，并比较增益值与该阈值的大小来决定是否停止决策树的生长。

④ 如果某次分裂后，所有样本的特征取值都相同，即使这些样本不属于同一类，也可以停止决策树的生长。

“后剪枝”是先尽可能充分地将特征利用，构造一棵“茂盛”的决策树，再判断哪些枝叶的表现不是很优秀，将这些表现不尽如人意的枝叶剪除。

基于“后剪枝”思想的一种常见方法，是借助验证集来作为判断是否分枝的依据。由于验证集数据不参与模型训练，因而用验证集数据去评价枝叶的表现是否优秀是比较客观的。

对于完全决策树中的每一个非叶子节点的子树，尝试着把它看作一个叶子节点。该叶子节点的类别用该节点所覆盖的训练样本中存在最多的那个类来代替。接下来比较以该节点为基础的子树和该节点看作叶子节点，这两种情况下在验证集中的表现。如果将子树看作叶子节点后，在验证集中的错误率会降低，那么该子树就可以被剪枝，替换成该叶子节点。这种剪枝方法也被称为错误率降低剪枝（REP）。

虽然验证集相对训练集体量比较小，但当数据量较少时，这也相当于割掉了训练集的“一块肉”。因而，数据规模不大时，使用 REP 方法可能会影响模型性能，也存在着一定的误判风险。

另一种不依赖验证集的后剪枝方法是悲观错误剪枝法（PEP）。

使用悲观错误剪枝法把一颗子树（具有多个叶子节点）的分类用一个叶子节点来替代，在训练集上的错误率肯定是上升的，但是在新数据上不一定（过拟合）。如果将误差的分布看作二项分布，并用连续性修正因子校正数据，就可以等效为把子树的误判计算加上一个经验性的惩罚因子。对于一个叶子节点，它覆盖了 N 个样本，其中有 E 个错误，那么该叶子节点的错误率记为$(E+0.5)/N$。这个 0.5 就是惩罚因子。

如果基于某中间节点有一棵子树，它有 L 个叶子节点，那么该子树的错误率就估计为 $\frac{\sum E_i + 0.5L}{\sum N_i}$。同样，如果将该中间节点看作一个叶子节点，该叶子节点包含所有原来叶子节点的数据样本，此时再进行一次分类，它的误判数量为 J 个，则错误率为 $\frac{J+0.5}{\sum N_i}$。如果后者小于前者，说明将子树看作叶子节点可能造成的错误率更低，就应该将该子树“剪掉”，直接看作叶子节点。

不过，以上的假设还是有些“粗暴”了。更为科学的方法，应该考虑该节点在分裂成子树时造成的标准差。如果数据量比较大，该标准差可以忽略不计，那么只需要比较子树的错误率和被当作叶子节点的错误率就可以了。

（8）多分类。

在决策树这一节提多分类其实是有些啰唆了，因为这本身并不应该是一个问题。但笔者见过很多初学者，在学习决策树之初却总容易以为“决策树的中间节点有几个分枝，以中间节点为根节点的子树中就会有几种分类”。这可能与大家平时接触的二分类任务比较多有关，也与CART 决策树使用的场景比较多有关。

事实上，决策树中间节点的分叉数与最终的标签种类数量是没有直接关系的。在分裂中间节点时，会采用如熵增益、基尼系数等指标来控制决策特征，这些指标在计算时均是支持多分类的。而至于分几枝、怎么分，这完全是个独立的步骤。

以 scikit-learn 官网中 4 个特征区分 3 种鸢尾花为示例。示例中约束了最大分枝数为 2，但也不影响对 3 个类别的鸢尾花进行分类，如图 6-19 所示。

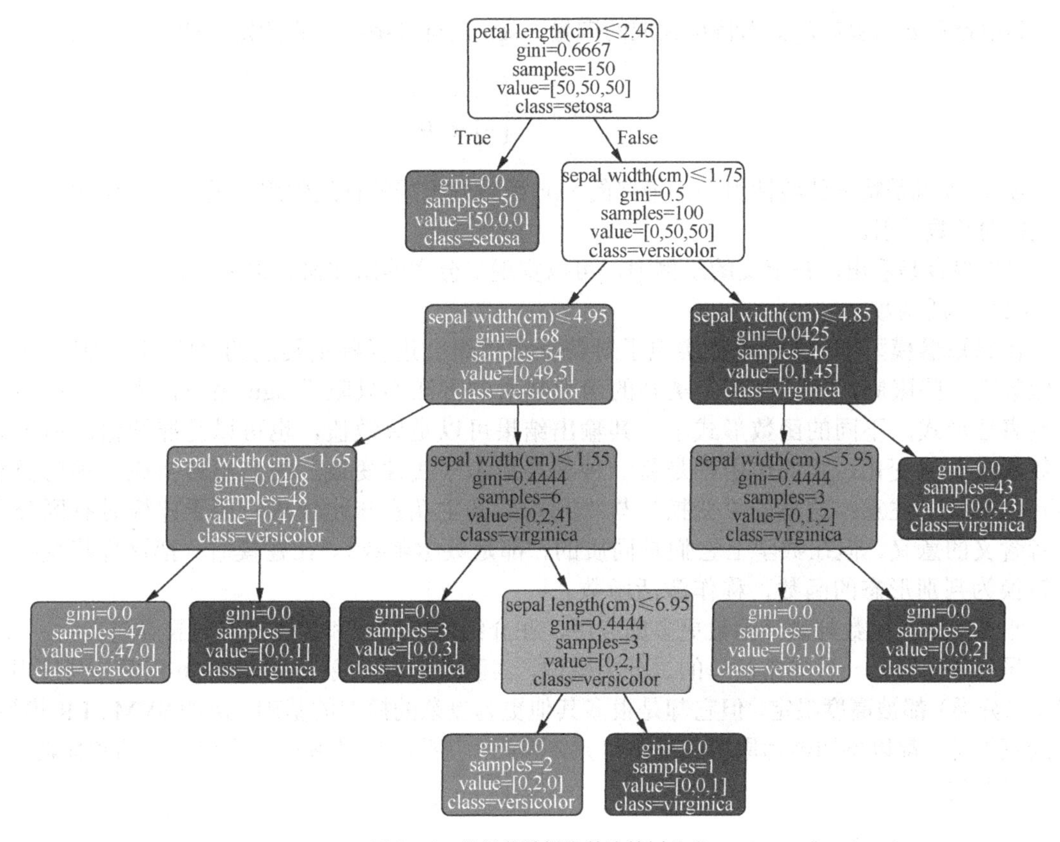

▲图 6-19 鸢尾花数据集的决策树分类

5. 感知器

（1）感知器的概念。

感知器是一种非常简单的二分类线性分类器，它以数据的空间刻画方式为基础，尝试用一个超平面将空间内的两个类别数据分开。只要两个分类间是线性可分的，那么用感知器就可以既方便又准确地将类别区分开。

如图 6-20 所示，横坐标轴与纵坐标轴代表两个特征，两种类型的点分别代表两个类别的数据。图中的虚线代表一种感知器的具体形式。它是一种空间中的线性形态，被称作超平面。除了很容易理解的二维空间中的线、三维空间中的面都是超平面，在更高维空间也存在着相似的线性形态超平面。

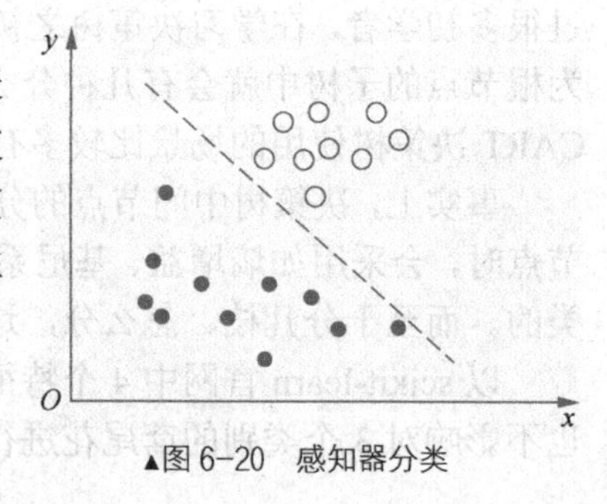

▲图 6-20 感知器分类

感知器模型的数学表达式是：

$$f(\boldsymbol{x})=\operatorname{sgn}(\boldsymbol{\omega}^{\mathrm{T}}x+b)$$

其中 $\boldsymbol{\omega}$ 和 b 为参数，$\boldsymbol{x}$ 为特征构成的向量。sgn 是符号函数，它的定义如下：

$$\operatorname{sgn}(x)=\begin{cases}-1, x<0\\+1, x\geqslant 0\end{cases}$$

$\boldsymbol{\omega}^{\mathrm{T}}\boldsymbol{x}+b$ 就是特征的线性组合，最终的 sgn 函数则根据特征线性组合的结果，给出一个判定类别的函数映射。

可以很容易看出，在上文的示例中，可以实现二分类的感知器有很多种。

（2）激活函数。

在感知器模型中，sgn 函数实现了对特征线性组合进行判定类别的“临门一脚”。如果稍微放宽一些限制，把这种判定类别的函数映射的方法不只限于 sgn 函数，而纳入更多的函数表达形式。不同的函数形式下，其输出结果可以是离散值，也可以是连续值。但不论函数形式如何变化，它的作用都是将一种变换形态（线性变换）的产出转换成一种对类别的判别形式（注意：这里的“变换”与“判别”其主观意味比较浓，用于建模时有区分出二者含义的意义，但在数学上它们是同质的，都是数学函数）。在建模时，把这样将变换形态转换为判别形态的函数，称作激活函数。

常见的激活函数与激活函数更多的应用，在介绍逻辑回归和神经网络时再详讲。

虽然感知器是一种非常简单的二分类模型，其函数形态（线性函数和 sgn 函数）与应用场景（二分类）都被高度限定，但它却是很多其他更为复杂的模型的基础。例如 SVM、LR 模型、神经网络等，都以感知器为原型或基本单元。因此，花些时间了解这个看似简单的感知器，是非常必要的。

6. 支持向量机（SVM）

（1）支持向量机的概念。

根据上文和图 6-21 所示，感知器的分类边界有非常多的可能。如果训练集是确定的，并且两个类别是线性可分的，除极其特殊的情况外，两个分类的可能边界有无穷多种。并且如果不加任何先验经验或归纳偏置，无法断定哪种分类边界相较于其他边界更优。

在基本的感知器的基础上，引入一个归纳偏置（如果你忘记了归纳偏置，不妨就认为引入了一种最佳分类边界的假设），就构成了 SVM。从支持向量机角度看，最佳的分类边界距离两个分类的最近样本距离应该是相等的，并且这与两个分类相等的最近样本距离，应该是所有满足此条件下的可能分界面中距离最大的。此时，距离分界面最近的两个分类的样本就被称作支持向量。

如图 6-22 所示，在假想的二维空间中，假设虚线代表的超平面就是满足支持向量机定义的最佳分类超平面，A 样本和 B 样本就是支持向量，即距离分类超平面的距离最近的两个分类的样本点。A 样本距离分类超平面的距离是 L_1，B 样本距离分类超平面的距离是 L_2。根据支持向量机引入的归纳偏置可知，图 6-20 所示的各个变量满足的关系有两个：第一个就是 $L_1 = L_2$。在了解第二个变量间的关系前，可以得知满足 $L_1 = L_2$ 的分类超平面也有很多，如果有任一分类超平面，距离该超平面的最近两个分类样本的距离分别是 L_{1^*} 和 L_{2^*}。在满足第一个条件 $L_{1^*} = L_{2^*}$ 的前提下，第二个关系可以表示成 $L_{1^*} + L_{2^*} \leqslant L_1 + L_2$，即 $L_1 + L_2$ 是所有两个最近样本之间距离最远的值。$L_1 + L_2$ 也被称作 SVM 的分类间隔。

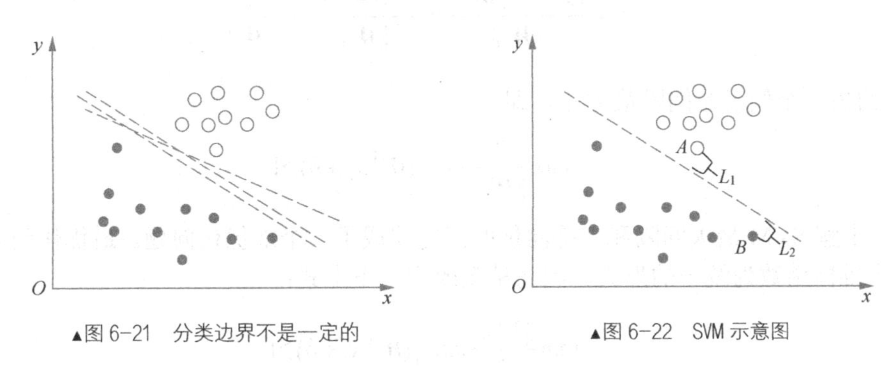

▲图 6-21　分类边界不是一定的

▲图 6-22　SVM 示意图

SVM 为什么要引入间隔最大的归纳偏置呢？这是因为这种归纳偏置（或者说是分类假设）对于分类任务来说，是比较契合其特点的。从空间的角度来看，一个点距离分类超平面的远近可以表示分类预测的可信程度。在 SVM 中，不必考虑所有样本点，只需让求得的超平面与离它近的点间隔最大。这相当于明确了分类结果可信程度的下界，这个下界越高，整体表现就越好。这种假设的合理性是可以被想得到、看得到，也是可以被验证的。

（2）最佳分类超平面的求法。

在样本空间中，超平面可以用下式来表述。

$$\boldsymbol{W}^{\mathrm{T}}\boldsymbol{x} + b = 0$$

其中 $\boldsymbol{W}$ 和 b 为参数。在样本空间中，$\boldsymbol{W}$ 为法向量，决定超平面的方向；b 为截距，决定超平面距原点的距离。

假设样本线性可分，超平面可以将两个类别的样本正确分类，用 $\boldsymbol{x}_i$ 代表样本 i 的特征，用 y_i 代表样本 i 的分类标签（二分类中，分类标签用 1 和−1 表示），则样本关系可以表述成 $\begin{cases}\boldsymbol{W}^{\mathrm{T}}\boldsymbol{x}_i + b \geqslant 1, y_i = 1 \\ \boldsymbol{W}^{\mathrm{T}}\boldsymbol{x}_i + b \leqslant -1, y_i = -1\end{cases}$，该公式即为上文提到的最大间隔假设，也 SVM 的归纳偏置。等号右边的 1 与−1 其实可以替换为任何值的正负形式，只是不管替换为何值，都可以变换成 1 与−1。使上式等号成立的样本，就是支持向量。支持向量满足 $y_i(\boldsymbol{W}^{\mathrm{T}}\boldsymbol{x}_i + b) = 1$。

SVM 的间隔，就是不同类别的支持向量的差向量在法向量\vec{$\boldsymbol{W}$}上的投影，即

$$\begin{cases} 1*\boldsymbol{W}^{\mathrm{T}}\boldsymbol{x}_{+}+b=1, y_i=1 \\ -1*\boldsymbol{W}^{\mathrm{T}}\boldsymbol{x}_{-}+b=-1, y_i=-1 \end{cases}$$

进一步可以得到：

$$\begin{cases} \boldsymbol{W}^{\mathrm{T}}\boldsymbol{x}_{+}=1-b, y_i=1 \\ \boldsymbol{W}^{\mathrm{T}}\boldsymbol{x}_{-}=-1-b, y_i=-1 \end{cases}$$

所以，支持向量的间隔γ为：

$$\gamma=\frac{(x_{+}-x_{-})\boldsymbol{W}^{\mathrm{T}}}{\|\boldsymbol{W}\|}=\frac{1-b+1+b}{\|\boldsymbol{W}\|}=\frac{2}{\|\boldsymbol{W}\|}$$

SVM 的另一个假设是间隔最大化，即

$$\max\frac{2}{\|\boldsymbol{W}\|} s.t. y_i(\boldsymbol{W}^{\mathrm{T}}\boldsymbol{x}_i+b)\geqslant 1$$

此时，求解 SVM 最大间隔和支持向量的问题就成了一个最优化问题。最优化问题解法大多以最小化目标函数为统一的形式，因而稍微改变一下上式：

$$\min\frac{\|\boldsymbol{W}\|^2}{2} s.t. y_i(\boldsymbol{W}^{\mathrm{T}}\boldsymbol{x}_i+b)\geqslant 1$$

该基本型是个凸二次规划问题，可以采用拉格朗日乘数法对其求解，或者用数值方法对其求解，也可以使用经典的方式如单纯形法对其求解。

对接下来求解过程感兴趣的读者，可以参阅可靠的互联网资料或统计学习方法相关书籍。

（3）线性不可分与最大软间隔。

在介绍 SVM 时，总是以类别间的线性可分作为该模型的使用前提。但现实是复杂的，绝大多数场景下，“线性可分”是一种可想而不可得到的奢求。如果线性不可分，SVM 就不可用，这种模型存在的意义就被打了大大的折扣。

所以，面对线性不可分的分类任务和样本分布，支持向量机借助如下两种思想来解决这个问题：最大软间隔和核函数。

最大软间隔的方法主要用于以下两种情况。

第一种情况是，有时候分类样本本来是线性可分的，可以用线性分类 SVM 的学习方法来求解，但是却因为混入了异常点，导致不能线性可分。如图 6-23 所示，由于有一个（只有一个）蓝色样本混入橙色样本中，导致整体上不能线性可分。

第二种情况是事实上分类样本并没有糟糕到不可分，但是某些样本过于“独特”，使得如果严格线性分类，整体的模型泛化能力就要受到较大的牺牲。这种现象其实就是过拟合。如图 6-22 所示，由于有一个蓝色的异常点，导致 SVM 学习到的超平面如图 6-24 中的粗虚

线所示，较之前得到的合适的细虚线会有比较大的偏移，这样的结果极其可能会影响分类模型应用于测试集时的效果。

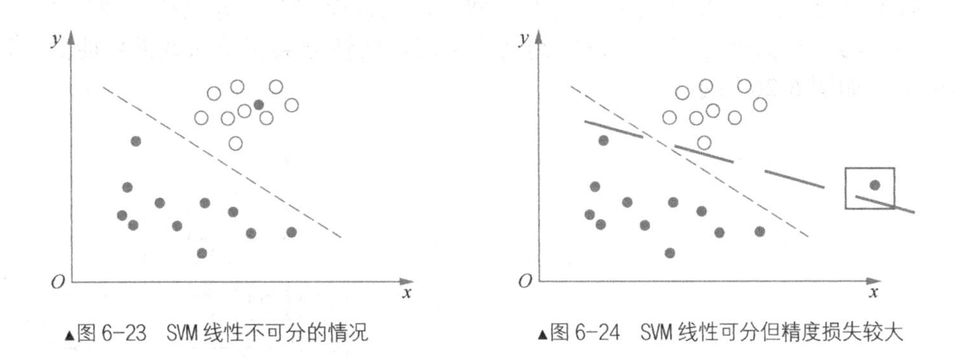

▲图 6-23 SVM 线性不可分的情况

▲图 6-24 SVM 线性可分但精度损失较大

产生以上不可分或过拟合的原因，就是分类边界过于“硬”，要照顾每一个样本，就会被一些异常样本“牵着鼻子走”。

SVM 中软化分类边界的方法是通过给每个样本引入松弛因子 ε_i 来实现的。

上文提到，SVM 最佳分类超平面要满足的关系为：

$$\min\frac{\|\boldsymbol{W}\|^2}{2}s.t.y_i(\boldsymbol{W}^{\mathrm{T}}\boldsymbol{x}_i+b)\geqslant 1$$

引入松弛变量 ε_i 后，最佳分类超平面要满足的关系为：

$$min\frac{\|\boldsymbol{W}\|^2}{2}+C\sum_{i=1}^{n}\varepsilon_i\ s.t.y_i(\boldsymbol{W}^{\mathrm{T}}\boldsymbol{x}_i+b)\geqslant 1-\varepsilon_i$$

式子中的 n 代表样本数量。松弛因子 ε_i 是伴随于每个样本的，也就是说每个样本都有一个自己的 ε_i。如果有一个分类超平面，在该超平面下，某样本被分到了正确的类别，则该样本的 ε_i 为 0；如果在该超平面下，某样本未被分到正确的类别，则通过平移边界让该样本被分到正确的类别，ε_i 就反映了为使该样本被正确分类而平移距离的大小。ε_i 是大于等于 0 的数值，不可能为负值。

在最优化函数中，除要考虑间隔的最大化（即 $\frac{\|\boldsymbol{W}\|^2}{2}$ 项），同时也要考虑被误分样本的误差的最小化（即 $C\sum_{i=1}^{n}\varepsilon_i$ 项）。C 为惩罚因子，是一个人工调节的参数，大于 0。该值决定了是要更多考虑一些误分样本的误差，还是要更多考虑一些支持向量的最大间隔。该值越大，对误分类样本的惩罚就越重；该值越小，对误分类样本的惩罚就越轻。

（4）高维空间映射与核函数。

面对大部分样本线性可分，只有少部分样本线性不可分时，通过软化边界的方式折衷，可以得到不错的效果。但如果大部分样本均不能通过线性变换的方式区分出来（见图 6-25），是不是支持向量机就不能使用了？

答案为不是的。

在介绍“特征工程”时，曾提到一种将低维空间数据样本投射到高维空间的技巧——核函数。SVM 为了让各种复杂的分类问题或回归问题都能用线性分类超平面去求解，广泛地使用了该技巧。将低维空间数据投射到高维空间，线性分类超平面就很可能又可以发挥它的作用了，如图 6-26 所示。

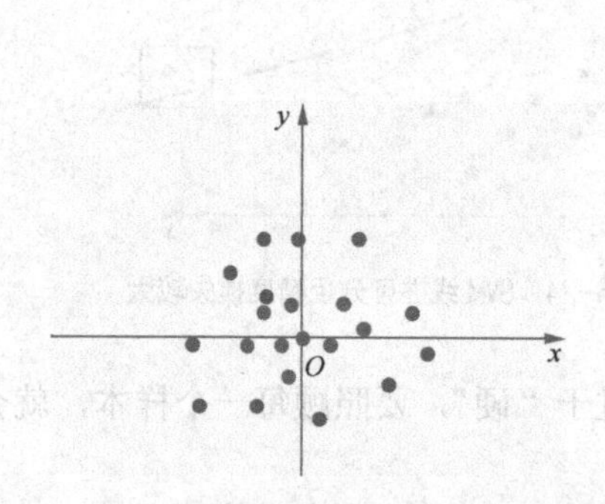

▲图 6-25 另一种 SVM 线性不可分的情形

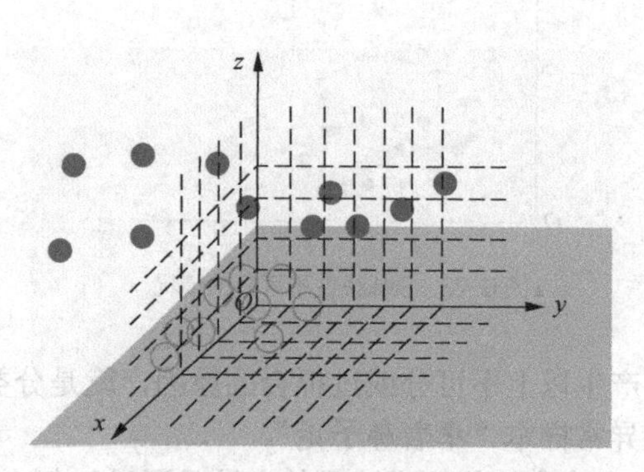

▲图 6-26 SVM 映射到高维就线性可分

核函数是低维特征空间的数据向高维特征空间映射的一种简便方式。对所有样本每调用一次核函数，都会生成一维新的与已有特征非线性相关的特征。在实际的场景中，可以尝试用不同的核函数多生成几维特征，但也需要注意避免过拟合。

常用的核函数包括线性核函数、多项式核函数、指数核函数、径向基核函数等。

关于核函数的基本概念、有效核函数的判定方法（Mercer 定理），读者可以翻阅第 5 章的相关内容。

（5）多分类。

因为 SVM 是从感知器开始一步步演化的，所以即便做了以上如此多的改进，SVM 终究还是一个二分类器。

如何支持多分类任务？常见的处理方式有以下两种。

第一种被称作一对一（One Versus One，OVO）。这种方法是在多类别之间、两两之间建立各自的 SVM。在输入样本进行分类判定时，要用所有的 SVM 均计算一遍。在用全部的 SVM 计算后，统计样本被分到的类别次数最多的类别当作该样本的分类类别。

这种方式在训练单个模型时，相对速度较快；但当类别数量较大时，所需构造和测试的二值分类器的数量关于 SVM 的数量呈二次函数增长，总训练时间和测试时间也会急剧延长。另外的一个问题，是这种方式下很容易造成对某个样本进行判别时，几个分类的判别得分是一样的，反而不知道该样本应该被判别成哪个类别了。比如图 6-27 所示的空心点样本，该被分为哪个类别呢？

第二种用于 SVM 多分类的方法被称作一对其余（One Versus Rest，OVR）。这种方法是在多类别之间，各自拿出每一个类别的样本，与其他所有类别的样本分别构建一个二分类 SVM。在输入样本进行分类判定时，输入每一个 SVM 计算得到结果。如果样本被分到了“One”，那该类被计 1 票；

如果样本被分到了“Rest”，则需要按照业务实际情况选择是各个类别都计 1 票，还是各个类别平分这 1 票，再或是按照各个类别的样本数量加权分掉这 1 票（类别数目比较多，并且各类别样本数量差也比较大时，加权分票的方法慎用）。最终得票最多的类别胜出，作为该样本的类别。

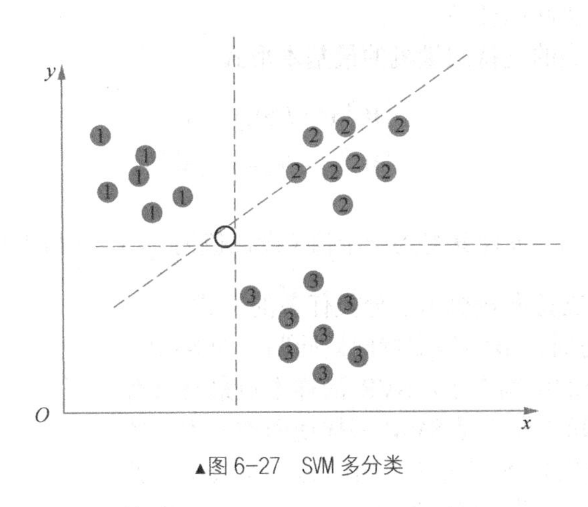

▲图 6-27 SVM 多分类

相对于 OVO，OVR 虽然减少了分类器的数量，但每个分类器纳入了全量的样本，因而每个分类器相对更加复杂了。

当然，OVR 也不能完全杜绝相等投票的情况的发生。因而从 OVR 方法中衍生出一种 OVR 决策树方法。SVM 树如图 6-28 所示，样本先经过类 1 与其他类的 SVM 分类器后，如果被分到类 1，那就被分为类 1；如果被分到其他类，就再计算类 2 与其他类的 SVM 分类器，依此类推。

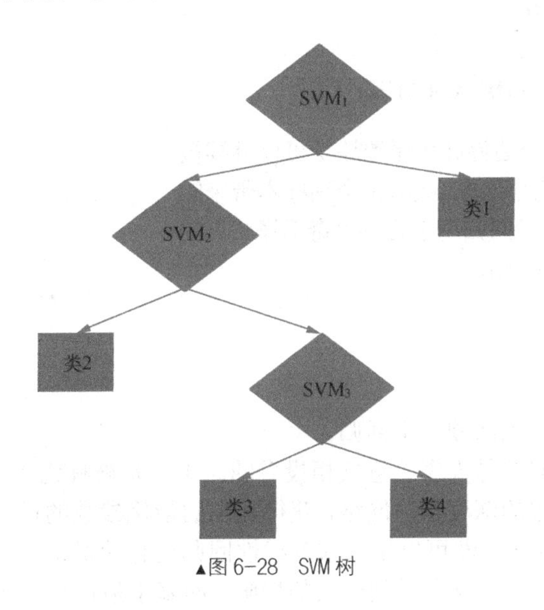

▲图 6-28 SVM 树

这里就又有了新的问题：那决策树中的 SVM 该如何排列？为什么是类 1 的 SVM 放在根

节点的位置，而不是类 2 的 SVM 放在这儿？一个标准是计算样本距离每个类别的中心距离，并升序排列，距离该样本更近的类别中心，就放置在更靠近根节点的位置。这样，决策树的形态就不是一成不变的了，而是对每一个样本，都有一种适合该样本的决策树形态。

（6）支持向量机解决回归任务。

先回顾一下用于分类的支持向量机的最基本形式。

$$\begin{cases} \boldsymbol{W}^{\mathrm{T}}\boldsymbol{x}_i + b \geqslant 1, y_i = 1 \\ \boldsymbol{W}^{\mathrm{T}}\boldsymbol{x}_i + b \leqslant -1, y_i = -1 \end{cases}$$

把样本特征代入 $\boldsymbol{W}^{\mathrm{T}}\boldsymbol{x}_i + b$ 计算得到一个值（设该值为 y_{i*}），并与 1 和-1 比较来确定该样本属于哪个类别，这就是支持向量机用于分类任务的方式。

SVM 用于回归任务时，被称为支持向量回归，即 SVR。SVR 回归与 SVM 分类的区别在于，SVR 的样本点最终只有一类，它所寻求的最优超平面不是 SVM 那样使两类样本点的间距最大，而是使所有的样本点离超平面的总偏差最小。就像 SVM 以距超平面最近的样本点作为分类间距的衡量，SVR 是以距最优超平面最远的样本点作为总偏差的度量。

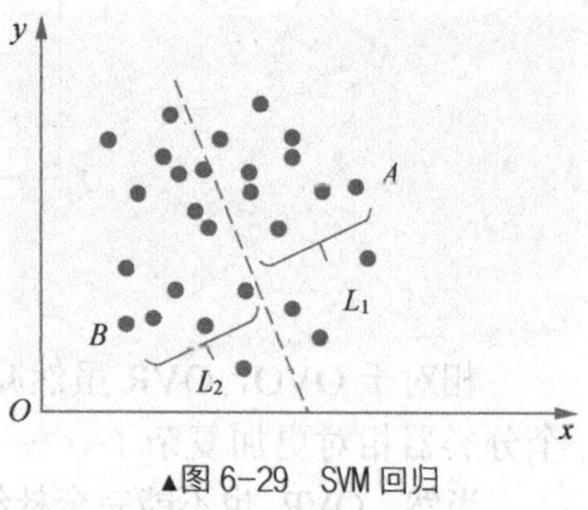

▲图 6-29 SVM 回归

如图 6-29 所示，样本 A 和样本 B 就是 SVR 的支持向量，$L_1 = L_2$，并且 $L_1 + L_2$ 是所有超平面中最小支持向量间隔。

SVR 中，最基本的线性可分支持向量回归优化函数可以归纳成如下形式。

$$\min \frac{\|\boldsymbol{W}\|^2}{2}$$

$$\text{s.t.} \left| y_i - (\boldsymbol{W}^{\mathrm{T}}\boldsymbol{x}_i + b) \right| \leqslant \epsilon$$

在 SVR 中，软化分类边界和核函数还是可以继续被用来帮助规避离群点带来的误差，或防止个别样本带来的过拟合，再或是将支持向量回归用于各种“奇形怪状”的样本分布形态，如图 6-30 所示。

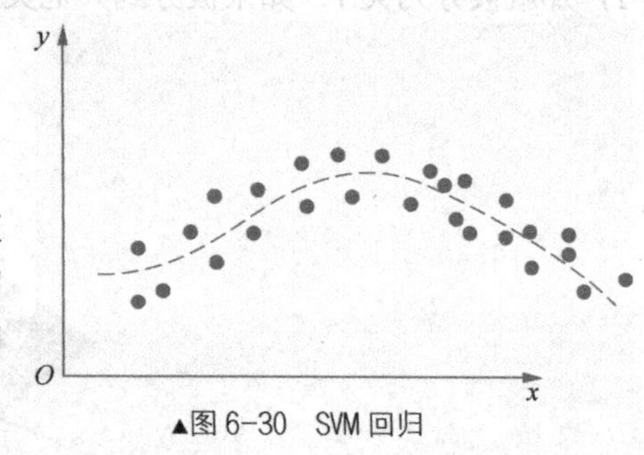

▲图 6-30 SVM 回归

7. 回归与逻辑回归

（1）回归与最优化。

在介绍逻辑回归前，先回顾一下回归。

回归问题与最优化问题是天生“意气相投”的。不管是被称为“回归之母”的线性回归，还是复杂的基于回归思想的深度学习网络，获得其中的最优参数的过程，均可以看作最优化问题的求解过程。最小二乘法虽然可以用来求解线性回归问题的最优解，但求解各种形式复杂的非线性回归问题，最小二乘法就会受到极大的局限。而基于最优化思想求解回归问题，不管变量之间的关系多么复杂，将其视为最优化问题，就总会找到办法求解其中的参数。另外，其实分类任务也可以看作特殊的回归任务，只是回归任务的标注是有限个数值罢了。这也是为什么基于最优化思想诞生的回归任务求解方法，也可以去完成分类任务。

例如，线性回归就可以被转化为以下的最优化问题求解过程：

$$\min\sum_{i=1}^{n}(y_i-\omega^{\mathrm{T}}X)^2$$

n 代表训练集的样本数量，y_i 表示每个样本的连续值标注。设数据样本有 m 个特征，X 是一个 m+1 维的列向量，即 $\boldsymbol{X}=[x_0,x_1,x_2,...,x_m]^{\mathrm{T}}$。其中 x_1 到 x_m 为样本的 m 个特征，x_0 恒为 1，用于线性回归中统一偏置项。$\boldsymbol{\omega}$ 为线性回归的参数项，$\boldsymbol{\omega}=[\omega_0,\omega_1,\omega_2,...,\omega_m]$，其中 ω_0 即为偏置项，其他 ω_i 分别为与各个特征直接相乘的参数。

线性回归的形式是 $\boldsymbol{\omega}^{\mathrm{T}}\boldsymbol{X}$，目标是使训练集在该回归模型的输出结果与训练集样本对应的连续值标注尽可能接近，这与求使 $(y_i-\boldsymbol{\omega}^{\mathrm{T}}\boldsymbol{X})^2$ 达到最小的参数向量 $\boldsymbol{\omega}$ 是同一个问题。

在介绍最优化时曾提过，在基于数值计算方法求解最优参数时，目标函数就如同是一大片被迷雾笼罩的群山，参数就是这片群山的定位坐标。目标函数的最小化，就是找到该群山的最低洼处的坐标。由于群山被浓雾笼罩，只能看到周围的一小片地方，找到最低处坐标最“贪心”的办法，就是在能看见的范围内，向着最低处走即可。这也就是非常经典的梯度下降法了。或许看到以下这张图（见图 6-31），你可以想得起来。

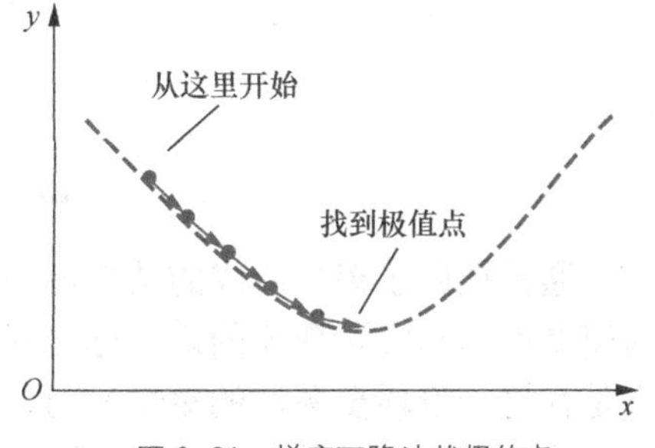

▲图 6-31 梯度下降法找极值点

梯度下降法找到的是极小值点，但极小值点不一定是最小值点（例如，遇到一个小山谷，就以为到底了，显然是片面的）。但如果目标函数对于参数是个凸函数，如图 6-31 所示，那极小值点就是最小值点了。

好在，线性回归问题对于参数的目标函数就是一个凸函数。

（2）过拟合与正则化。

研究回归任务时，欠拟合与过拟合是值得再一次强调的问题。这一次，将以误差与方差的角度再来理解一遍欠拟合与过拟合。

回归任务的终极目标，是建立从特征到标注的完全吻合的映射关系。当然，这个关系并不是指训练集特征或可以获得的数据集特征到数据标注的关系，而是这些数据背后代表的现实自变量与现实因变量之间的关系。显然，能做到这点是极其困难的。其中的原因主要有以下几点。

① 决定因变量取值或导致因变量变化的因素可能有很多，甚至谁都不知道有多少。但在处理具体的业务问题时，可以获得的数据资源是不充足的。或者是数据太少，不足以将这种映射关系得以完全构造；或特征有限，反映自变量与因变量的特征并不能完全获得。

② 数据本身的问题。例如，在采集某些属性的取值时，会存在采集误差；在处理数据时，会存在信息丢失等。

上述两点从源头上确定了回归任务的上界。而线性回归任务的输出结果与现实因变量的取值出现较大偏离还有两个源于模型的因素，即偏差和偏差方差。

偏差是指模型产出的结果偏离了根据目标函数确定的“应该”出现结果的差异大小。偏差方差是指模型产出的结果偏离目标函数的程度的稳定性的强弱。

如图 6-32 所示，x 轴代表一个特征（自变量），y 轴代表的是连续值标注（因变量）。图 6-32（a）所示的现象就是偏差比较大，但偏差方差比较小的情况（偏得比较均匀）；图 6-32（b）所示的现象的就是偏差比较小，但偏差方差比较大的情况。如果回归模型产出的结果偏差较大是主要矛盾，那么它极可能就是欠拟合的；如果回归模型产出的结果其偏差方差较大是主要矛盾，那么它极可能就是过拟合的。

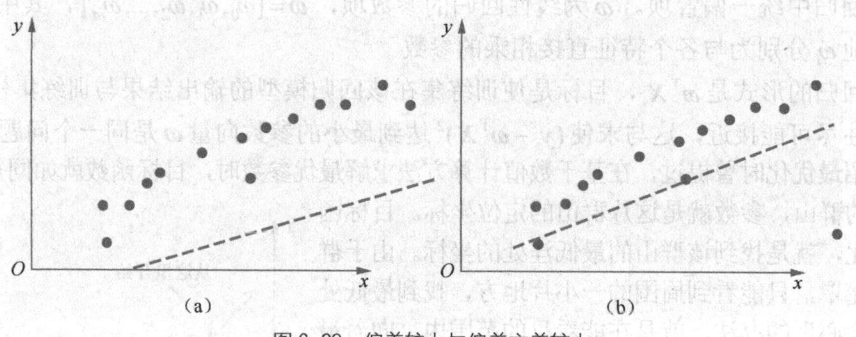

▲图 6-32　偏差较大与偏差方差较大

通常把由于模型造成的结果偏差与偏差方差称作模型误差，而把数据原因和模型原因造成的模型产出与实际现象的差异标作误差。在建模阶段，对数据源造成的数据误差无需关注（这不是在这一阶段要关注的事情），只需要关注模型误差即可。

因为有目标函数作为指导，欠拟合是相对容易被发现并纠正的。过拟合虽然可以通过验证数据集发现并调整，但相较而言，操作更为复杂，对数据的要求也更严格。而如果得知了过拟合与偏差方差的强相关关系，那么在建模时就可以提前控制这个偏差方差的大小。以牺牲一定程度的准确性（即容忍一定的偏差）为代价，换取偏差方差的更大程度的减小，达到二者的均衡，也就在没有依赖验证集的条件下，实现了欠拟合与过拟合的更优平衡。

在回归任务中，使用正则项就是一种常用来约束偏差方差、进而防止过拟合的方法。

正则项其实就是参数的范数形式，最常见的是 L_1 范数和 L_2 范数，对应就是 L_1 正则化和 L_2 正则化。把正则项加入目标函数中，就好比是起到了参数的惩罚因子的作用。

在线性回归任务中，如果加入了 L_2 正则项，则目标函数就变为：

$$\min\sum_{i=1}^{n}(y_i-\boldsymbol{\omega}^{\mathrm{T}}\boldsymbol{X})^2+\alpha\|\boldsymbol{\omega}\|_2^2$$

其中 $\|\boldsymbol{\omega}\|_2=\sqrt{\sum_{i=0}^{m}\omega_i^2}$，$m$ 为特征的个数，α 为需要人工调节的超参数。

如此的线性回归任务被称为岭回归。

下面是 scikit-learn 官网上阐述岭回归效果的一张图（见图 6-33）。该坐标系中横轴是 α，纵轴是参数值大小。在一个有 9 个参数的岭回归任务中，随着α越来越大，很多参数的变化过程都会先经过一个“岭”（这也是岭回归中“岭”的由来），而后趋于各参数绝对值大小的平衡。可见，α值不能选得太小，否则就不能起到防止过拟合的的作用；α也不能选得过大，否则回归任务就失去了意义。

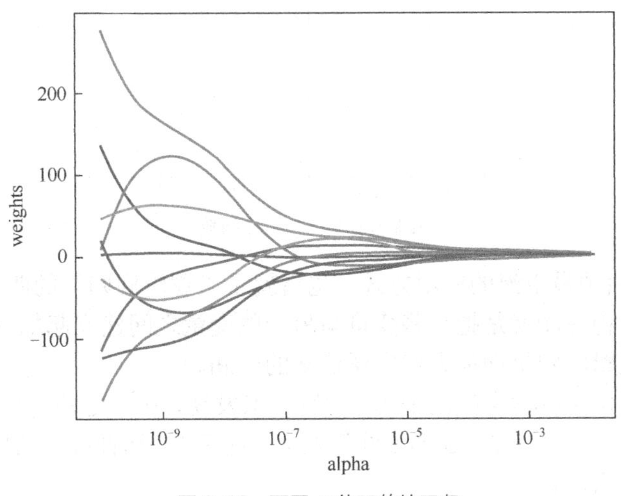

▲图 6-33　不同α值下的岭回归

同理，如果在线性回归任务中加入了L_1正则项，则目标函数就变为：

$$\min \frac{1}{2n}\sum_{i=1}^{n}(y_i-\boldsymbol{\omega}^{\mathrm{T}}\boldsymbol{X})^2+\alpha\|\boldsymbol{\omega}\|_1$$

其中$\|\boldsymbol{\omega}\|_1=\sum_{i=0}^{m}|\omega_i|$，$m$为特征的个数，$\alpha$为需要人工调节的超参数。

如此的回归任务被称为 Lasso 回归。

相比于岭回归中各个参数随着α的变大，同时趋于绝对值平衡，Lasso 回归中各个参数随着α逐渐变大，更倾向于牺牲掉某一些参数：让这些参数变为接近于 0 的水平，而其他参数则依然保持相对较大的绝对值。因为这一特性，Lasso 回归还常常辅助用来降维。

不论是岭回归还是 Lasso 回归，都是通过引入正则项的方式来防止过拟合的特殊线性回归变体。

虽然在目标函数中加了正则项，但在将模型用于实战时（例如把模型用于预测或指标估计时），这个正则项是不参与计算的。

（3）逻辑回归的两种内涵。

因为翻译的关系，逻辑回归又称逻辑斯蒂回归、罗吉斯特回归等。如果读者看到了这些名称，不要疑惑，叫法不同，本质上是一样的。

逻辑回归和一个函数的关系密不可分，这个函数叫 sigmoid 函数。其数学表达式为：

$$y=\frac{1}{1+\mathrm{e}^{-x}}$$

y 与 x 的映射关系如图 6-34 所示。

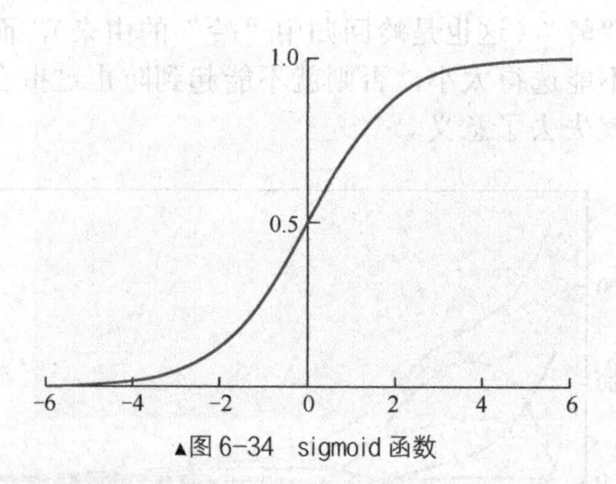

▲图 6-34　sigmoid 函数

sigmoid 函数的两种最主流的应用方式，也造就了“逻辑回归”的两种不同内涵。

逻辑回归的第一种内涵就是把一些变量与另一些变量之间建立起如 sigmoid 函数形式的回归关系。这也正是逻辑回归早期被人们广泛认知的内涵。

逻辑函数最早是由生物学家提出来的。生物学家发现，在一定的环境条件下，物种种群从少到多的变化过程，可以用一条“S 形曲线”表示。这条“S 形曲线”的模样，就如同 sigmoid 函数，人们称之为逻辑函数。

在这种内涵中，y 与 x 的关系其实可以用如下形式表示：

$$y = K\frac{1}{1+\mathrm{e}^{-(ax-t_0)}}+b$$

其中 K、a、b、t_0 均为待求参数。参数 K 表明了逻辑回归关系的上界；对于表示从 0 开始的生长与发展关系，b 通常为 0；x 常常代表时间，t_0 就是偏移关系。

如果从生物学的角度来理解逻辑曲线，通常将其分为 5 个阶段。

① 开始期。种群的个体生长是比较慢的，这是因为这一阶段限制种群生长的主要矛盾是种群自身的规模不够大。该阶段又被称潜伏期。

② 加速期。随着种群体量的增加，种群的扩张速度也开始加快。

③ 转折期。当种群个体数达到环境所能容纳的最大种群数量的一半（$K/2$），种群数量的增长速度达到最快。

④ 减速期。当种群个体数超过环境所能容纳的最大种群数量的一半（$K/2$）后，增长逐渐放缓。

⑤ 饱和期。当种群个体数达到 K 值，种群数量饱和，不再增长。

（在研究生物学问题时，有时还会提到，在达到饱和期后，种群数量可能也会减少，进入衰退期。）

后来，人们发现，不仅在生物种群中会有这样的种类规模增长与停滞现象，人类社会中但凡与“增长”这个主题有关，“增长”主体就会反映出类似的规律，例如城市人口的增长、互联网产品的用户数量增长等。

也有很多团体（尤其是以营利为目的的企业），为突破“S 形曲线”的上界 K，不断地进行尝试。很多公司采取手段的根据是，既然“S 形曲线”后半阶段增长变慢的原因是环境资源受到限制，索性就另开一片“疆土”，在团队原本从事的业务范围之外，开拓新的业务。让资源更无限，增长也就更持久。

逻辑回归这个概念的第二种内涵，是将线性回归方式与 sigmoid 函数结合而形成的分类方法。没错，虽然带着“回归”二字，但这种内涵下的逻辑回归却是一种分类方法。这种被用来分类的方法也是当下逻辑回归普遍被接受的内涵。

在该内涵下，逻辑回归也称为 LR 模型。它的模型形式是：

$$y=\frac{1}{1+\mathrm{e}^{-z}}$$

$$z=\boldsymbol{\omega}^{\mathrm{T}}\boldsymbol{x}$$

其中变量 $\boldsymbol{z}$ 与向量 $\boldsymbol{x}$ 的关系为线性回归关系，向量 $\boldsymbol{x}$ 就是由数据特征和一个偏置 1 构成的。sigmoid 函数计算得到的 $\boldsymbol{y}$ 在 0 到 1 之间，根据设定的阈值（如 0.5），可以将计算大于该阈值的特征定为一种类别，计算小于该阈值的特征确定为另一种类别。

由以上阐述可见，逻辑回归是线性回归用于二分类问题的一种映射技巧。

线性回归可以直接用于分类么？其实也是可以的：建立标注 $\boldsymbol{y}$（在分类问题中，$\boldsymbol{y}$ 只有 0 与 1 两种取值）与特征 $\boldsymbol{x}$ 的线性回归关系，同样可以设定阈值，并根据模型的输出值是大于阈值还是小于阈值来确定分类。不过这样做的效果，相较于逻辑回归来说是差很多的。

图 6-35 所示为逻辑回归的效果强于线性回归用于分类时的一个原因。

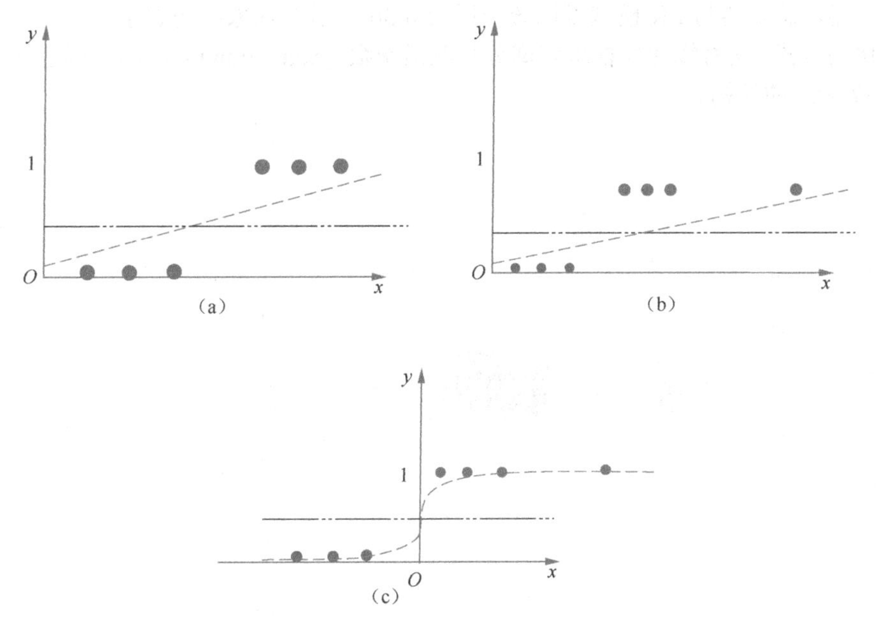

▲图 6-35　逻辑回归分类与线性回归分类的对比

如图 6-35 所示，y 轴均代表标注（0 和 1），x 轴代表某一个特征。图 6-35（a）所示为根据数据可以建立起 y 与 x 的线性回归关系，看似基于 y 与 x 的线性关系是可以准确地分类。但是在图 6-35（b）中，新加入一个样本点后，线性模型的斜率因为受该样本点影响，大幅度减小。如果以图中阈值线进行不同类别的判别分界，因为新样本点的引入，将会使之前本可以正确分类的样本被错分。图 6-35（c）是逻辑回归的分类结果。可见，逻辑回归对样本的多种分布形态有更好的兼容性，不易受离群点的影响，相比于线性回归会更加稳定。

（4）逻辑回归与感知器。

首先来回顾一下感知器模型的数学表达式：

$$f(x)=\mathrm{sgn}(\boldsymbol{\omega}^{\mathrm{T}}\boldsymbol{x}+b)$$

其中 $\boldsymbol{\omega}$ 和 b 为参数，$\boldsymbol{x}$ 为特征构成的向量，sgn 是符号函数。

如果把偏置项提出来，用符号 b 表示，逻辑回归的数学表达式为：

$$y=\mathrm{sigmoid}(\boldsymbol{\omega}^{\mathrm{T}}\boldsymbol{x}+b)$$

可见，逻辑回归与感知器模型的区别，主要就在数据特征在线性变换后的转换函数（激活函数）不同。用于分类的感知器是通过 sgn 函数完成类别判断的转换，而逻辑回归则是通过 sigmoid 函数完成该转换。因为 sigmoid 函数是处处连续可导的，而 sgn 函数则有一个不连续、不可导的点，因而 LR 模型在求解参数时会更加方便一些。

除此以外，由上文关于线性回归用于分类和逻辑回归分类机制中的比较可知，LR 模型可能会比感知器模型更加稳定，鲁棒性更好。

综上所述，感知器与 LR 模型可以统一用图 6-36 所示的抽象结构表示。

更简化的方式，是将线性加权求和部分与激活函数（Activation Function）再进行一次抽象，得到图 6-37 所示的结构。

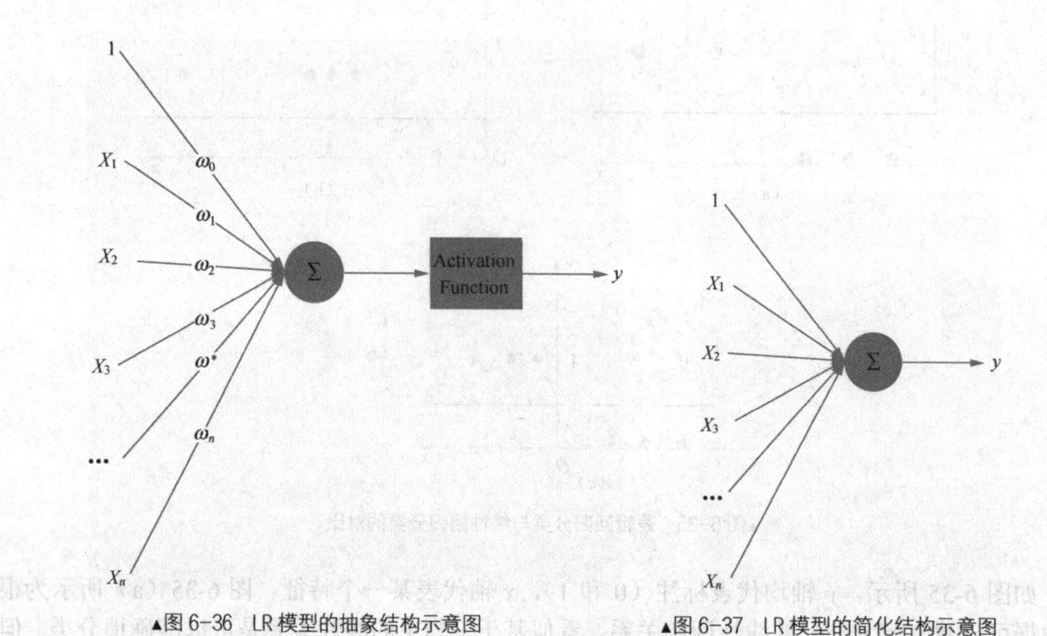

▲图 6-36　LR 模型的抽象结构示意图　　▲图 6-37　LR 模型的简化结构示意图

不妨给这样可以“感知”输入，并做出反应的单纯的、简单的结构起个形象的名字——神经元。

8. 人工神经网络

（1）人工神经网络（ANN）的内涵。

把神经元按照网络与层次的方式组成图 6-38 所示的结构性的计算函数模型，就是人工神经网络。人工神经网络以线性计算与激活函数，配以多层结构组合，可以实现关系非常复杂的非线性关系映射。

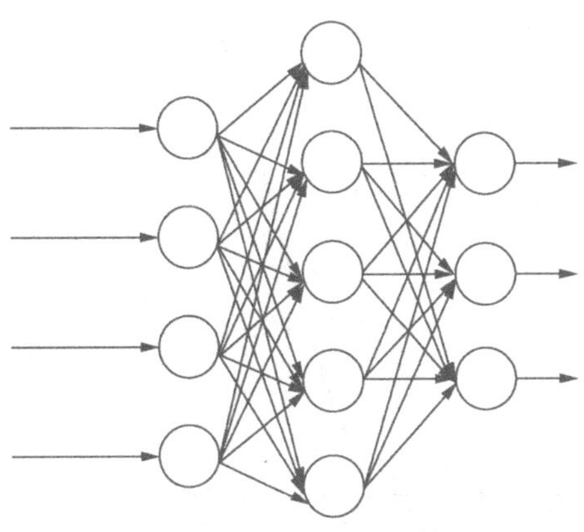

▲图 6-38 人工神经网络

每个神经元都有输入连接和输出连接，并有两个基本的处理步骤：输入的线性计算和激活函数对线性计算结果的映射。这些连接模拟了大脑中的突触的行为：把信号从一个神经元传递到另一个神经元。每一个连接都有权重，这意味着发送到每个神经元的值要乘以这个因子。可以想到的是，如果某个连接更加重要，那么这个连接就会具有一个更大的权值。

每个神经元都有至少一个输入，也会有至少一个输出。神经元根据前后顺序以层次结构排列，根据神经元层的位置不同，把神经元的网络层分成以下 3 种：输入层、隐含层、输出层，如图 6-39 所示。

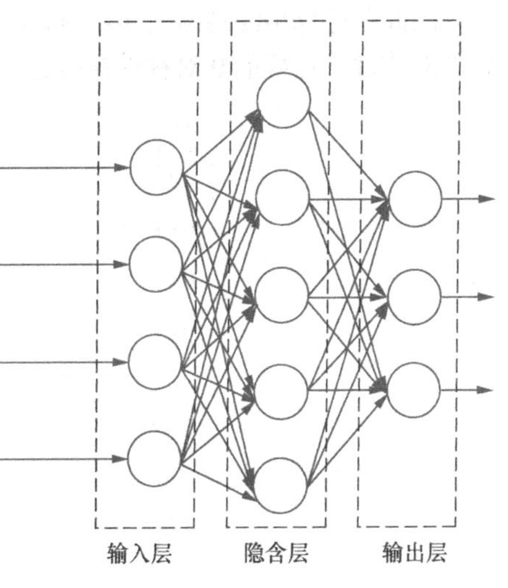

▲图 6-39 神经元网络层

输入层的每个神经元只有一个输入，对应每一个特征。输入层可以不给线性回归的偏置 1 留位置。如果特征的取值范围均为 0～1，那么输入层可以没有激活函数。

输出层的每一个神经元只有一个输出，对应多输出模型的每一个输出值。输出层的值域显然就是输出神经元激活函数的值域。

中间的神经元网络层就是隐含层。如图 6-39 所示，隐含层只有一层，但事实上，隐含层是可以有多层的。隐含层是实现非线性关系映射的重要组成部分。

每两个相邻神经层之间都是全连接的，即前一层中每一个神经元的输出要连接到后一层的每一个神经元的输入。

（2）常见的激活函数。

在人工神经网络中，使用激活函数是从线性关系到非线性关系的最关键一步。

sigmoid 函数是非常常用的激活函数。它的优点在于输出映射在(0,1)，单调连续，优化稳定。更重要的是：求导方便。该激活函数常常被用在输出层中，如图 6-40 所示。

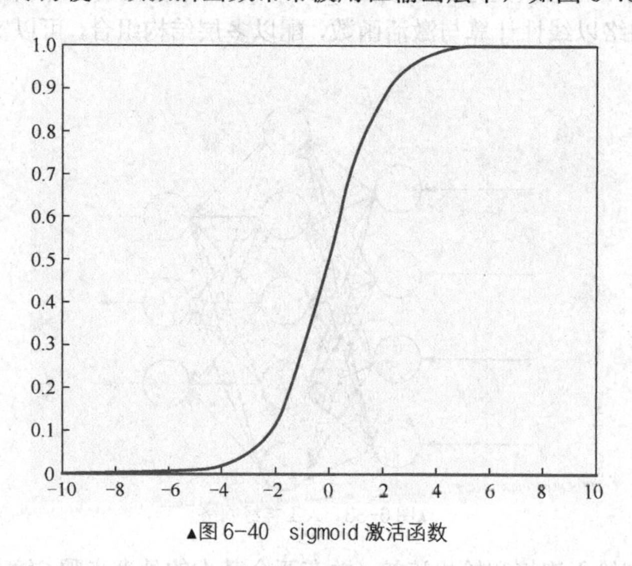

▲图 6-40　sigmoid 激活函数

tanh 也是一种常见的激活函数，它的数学表达式为：

$$f(x)=\frac{1-\mathrm{e}^{-2x}}{1+\mathrm{e}^{-2x}}$$

tanh 在计算神经网络的参数时，收敛速度更快。并且 tanh 的值域为(−1,1)，以 0 为中心，有更好的对称性。更好的 0 对称性在神经网络的参数计算过程中，会带来一些惊喜，如图 6-41 所示。

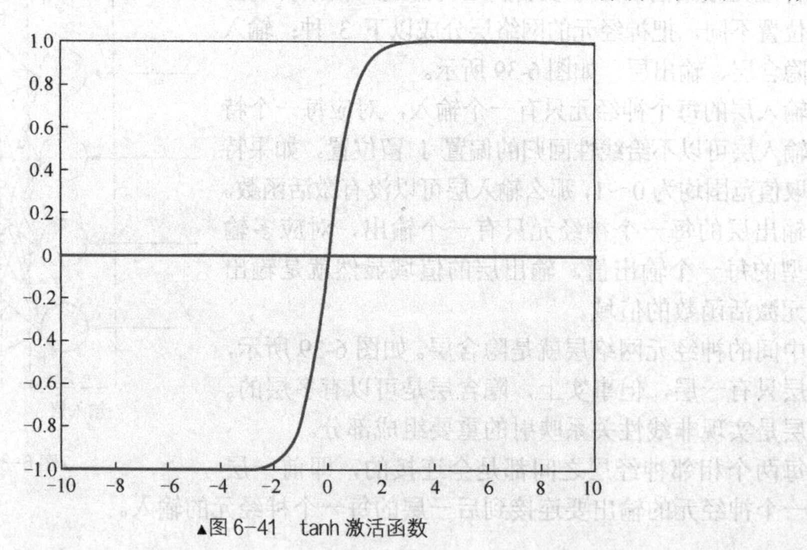

▲图 6-41　tanh 激活函数

ReLU 函数随着深度神经网络的流行而受到欢迎。ReLU 函数的数学表达式如下。

$$f(x)=\begin{cases}0, x<0\\ x, x\geqslant 0\end{cases}$$

ReLU 函数在输入的是正值时，其导数恒为 1，这样带来的好处是在多级隐含层相连时，梯度不会随着层次的堆叠而消失。而在输入是负值时，导数将失去意义（也叫“神经元死亡”）。相比于 sigmoid 和 tanh，ReLU 函数的收敛速度更快，计算也更加简单。但 ReLU 函数的风险在于，一旦大量神经元“死亡”，将是不可逆的。如果大量神经元死亡是由于参数的初始值设置导致的，模型的效果将无法得到保障，如图 6-42 所示。

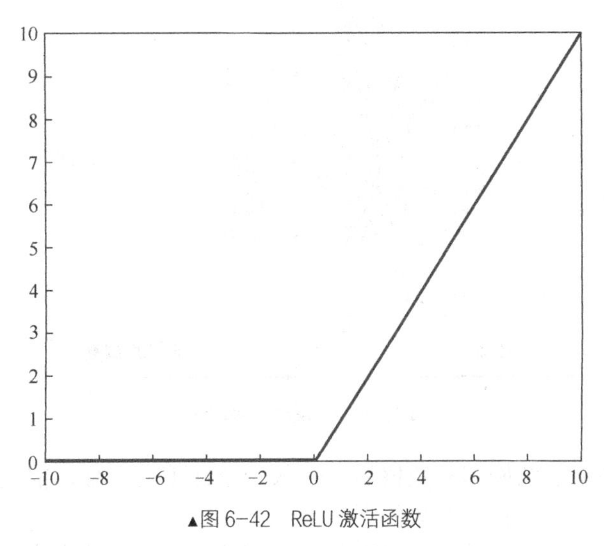

▲图 6-42　ReLU 激活函数

ELU 激活函数（见图 6-43）一定程度上可以规避一些由于神经元死亡不可逆而导致的模型性能问题。它的数学表达式如下。

$$f(x)=\begin{cases}a(e^x-1), x<0\\ x, x\geqslant 0\end{cases}$$

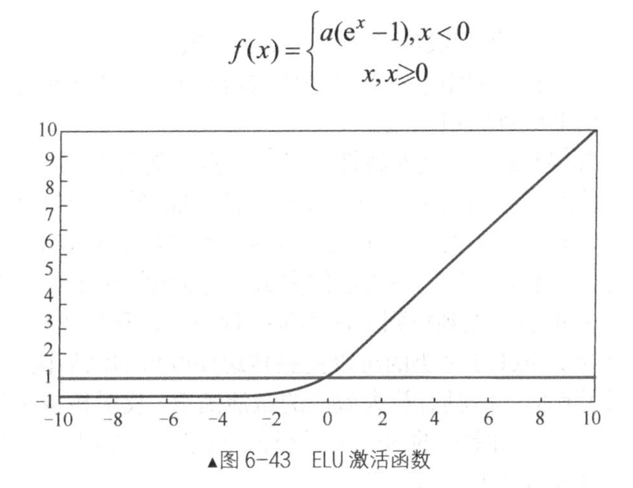

▲图 6-43　ELU 激活函数

（3）人工神经网络参数的求解。

在一个人工神经网络的示意图中，除了输入层的输入和输出层的输出外，其他所有连接输入层、隐含层、输出层的线都是一个独立的参数。因而，一个复杂的人工神经网络的参数数量也是巨大的。

如何计算如此大量的参数？在高性能计算流行之前，人们常用来求解人工神经网络参数的方法是反向传播（Backward Propagation，BP）算法，如图 6-44 所示。该方法大致可以分成以下几个步骤进行。

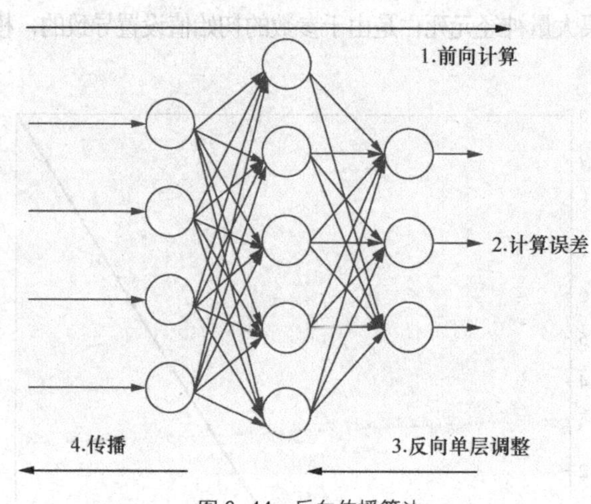

▲图 6-44　反向传播算法

① 初始化神经网络的结构和参数值后，代入一个样本的特征，前向计算，输出结果。

② 计算前向输出结果与目标结果的误差值。

③ 根据该误差值，调整与输出层最近隐含层到输出层的参数大小。

④ 将第③步中隐含层调整的参数大小当作误差，向前一层以同样的方式传播。以此方式不断传播，直到传播到输入层。

⑤ 迭代步骤①～④，直到模型收敛或迭代次数达到限制。

反向传播的方法在人工神经网络刚兴起时是比较流行的。它直观易理解，节约计算资源的同时，也可以达到不错的非线性映射效果。

人工神经网络的隐含层数越多，其非线性映射的丰富性就更强，能够完成的非线性映射关系就越多样。如果人工神经网络的深度值变得很大，那么 BP 算法的效果会发生很大幅度的减弱。究其原因，是在反向传播误差时，由于很多激活函数（如 sigmoid）的作用，其传播误差会越来越小，直至小到几乎不会对最近输入层的参数进行调整。由于传播误差的表现是在传播梯度值，这种梯度值越来越小，直到小到无法察觉的现象，被称作“梯度弥散”。解决“梯度弥散”的一个方法是选用如 ReLU 之类的可以完整传递梯度值的激活函数。

同样地，如果选用了其他一些具有放大效应的激活函数，反射传播时其梯度值很可能会越来越大，直至大到变成无穷（如常见的 NaN）。这样，或者参数将无法更新，或者模型的效果不会得到保证。这种现象称作“梯度爆炸”。

解决“梯度爆炸”的一个方法是梯度截断，即当梯度非常大，大于一个事先设定的阈值时，就用该阈值代替该梯度值。

随着计算设备的性能越来越强，用最普遍的梯度下降法解决大规模的神经网络参数计算成了可能。这也是从根本上解决“梯度弥散”和“梯度爆炸”的方法。

当然，梯度下降法也有它的局限。例如，对于非线性关系较复杂的关系，梯度下降法很容易陷入极值点，找到局部最优解，而不一定是全局最优解。又如，梯度下降法的收敛速度一直是人们诟病的问题。

基于这类问题，人们又发明了更多防止陷入局部最优点和加速收敛速度的尝试。例如，梯度下降法是沿着充满迷雾的大山走下坡路，那能不能沿着这座大山的下坡路“跑”起来呢？如果遇到一个极值点，由于“跑”起来后仍有惯性作用，还会再往前跑一段，看看有没有更深的点位。这种方法就是动量优化（Momentum）方法。

类似地，还有各种为了达到加速收敛和寻找全局最优的优化方法，例如动量优化方法的调整版 NAG，自适应的 AdaGrad、RMSprop、AdaDelta、Adam 等。

（4）人工神经网络防止过拟合的措施。

相较于其他函数模型，人工神经网络的结构更加复杂，计算逻辑更加灵活。这主要在于隐含层的数量可多可少，并且每一个隐含层的神经元数量也可多可少。这样，不管是更传统的全连接神经网络，还是更新潮的深度神经网络，模型本身就会带有非常丰富、非常大量的参数。这些参数（尤其是因为隐含层增加而增加了大量的“深度参数”）决定了模型调节输入与输出映射关系的灵活程度（也就是非线性程度）。参数数量的增加带来了更强的拟合能力，但也更可能带来过拟合，尤其是当出现参数数量相比于数据量更大的情况。

人工神经网络解决过拟合问题通常有两种思路。

一种思路是通过增加正则项的方式来控制参数大小，让某些个别参数的绝对值不要过于大，以避免“以偏概全”。

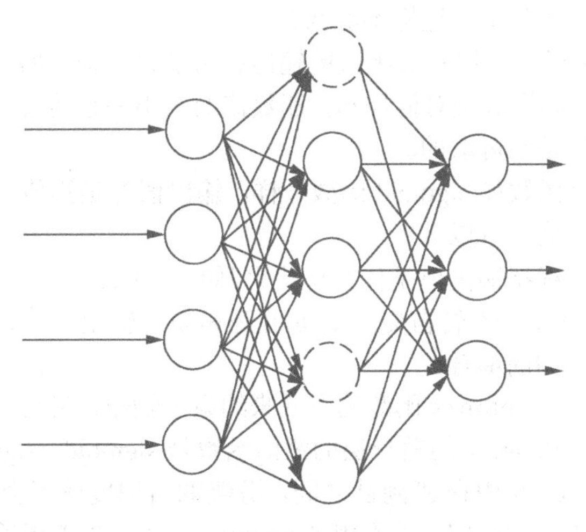

▲图 6-45　Dropout

另一种思路是 Dropout，如图 6-45 所示。Dropout 方法的内容是：在每次训练时，隐含全连接层的每个神经元有 50%的概率被移除，所有保留下的神经元与连接参与参数调整。每次训练时，待被移除的神经元需要被重新选择。神经元被暂时移除仅指在当次样本训练时执行，如果接下来该神经元又被保留，则该神经元相连接的参数应该保留之前存在时的上下游，不应该再被定义一遍。

这样做相当于模型集成中的袋装法，使得一个神经元的训练不依赖于另外一个神经元，神经元保证了较强的独立性，就会避免由于神经元之间的强关联而导致的过拟合。Dropout 方法会使训练时间增加，但应用于预测时，运行时长几乎不会受到影响。

（5）人工神经网络可以做什么。

人工神经网络可以用来干什么？从大范围说，它可以用来做分类，也可以用来做回归。如果用来做分类，那它的输出层的神经元个数就是所有待分类的种类的数量，每个神经元的输出就是该神经元代表的类别的发生概率，因而输出层的所有神经元输出的和应该是 1。不过要达到这样的效果是有些困难了。因而，为保证输出层的所有神经元的输出和为 1，常常用 softmax 函数来帮助达到这样的效果。

softmax 函数的数学表达式为：

$$y_k = \frac{e^{a_k}}{\sum_{i=1}^{n} e^{a_i}}$$

如果输出层共有 n 个神经元，计算第 k 个神经元的输出 y_k，就可以通过以上 softmax 函数来计算：它的分子是在未加 softmax 函数之前的输出层结果的指数函数，分母是所有在未加 softmax 函数之前的输出层结果的指数函数的和。这样，所有新的输出神经元结果（softmax 层此时就是输出层）的和就一定是 1 了。

在加入 softmax 层之前，把所有原来输出层的所有神经元的输出数值加和作分母，把原来输出层每一个神经元的值作分子，这样不好么？

不好。这是因为由于最后一层激活函数的输出有可能是负值，如果进行加和，这个和不能反映出所有的数值信息；如果取绝对值加和，那数值的大小关系将会发生变化。因此，这些扭曲了信息真实性的操作都是不可取的。

那如果输出层的激活函数如 sigmoid 函数一样，输出值都是正值，直接把每个输出值加和作分母，每个值作分子，这样可以么？

可以。但如果每次要根据输出值是什么格式来判断用什么样的规则，这样显然不够统一，操作也更加烦琐。e^{a_k} 函数中，不管自变量 a_k 是正还是负，输出一定是大于 0 的。这样省掉了不少激活函数与输出层之间的耦合。

当然，如果输出层用了 softmax 函数的方式来约束了输出，那输入 softmax 层的值域空间最好更广阔一些。如果 softmax 层的前一层的激活函数是 sigmoid，sigmoid 的输出（从 0 到 1）再输入 softmax 中，各个 e^{a_k} 集中在 e^0 到 e^1 之间，分类的辨识度就不会很高。

如果人工神经网络用来做回归，就不用加 softmax 层了。先考虑输出层的激活函数的值域可以覆盖待回归目标的值域，再考虑其他优化办法。

（6）人工神经网络的几个应用示例。

接下来，通过几个人造的例子来说明人工神经网络的应用方式。

第一个例子是判断一个 4 位（包括）以内的整数是奇数还是偶数。

对于人来说，这是一件非常简单的事。但要知道，奇数与偶数的概念，本来就是人为定义的。计算机要学习一个人造的概念，其实并没有想象中那么容易与直观。

在设计这个网络结构时，首先需要明确的是目标、输入、输出。显然，这个任务是个分类任务，它的输入是一个四位数，可以把它的千位、百位、十位、个位 4 个位置的十进制数字作为这个模型的 4 个特征输入。它的输出是个判断结果，即该数字是奇数还是偶数。因为只有两种可能，因此输出层的神经元应该有 2 个。如果输入的四位数是奇数，输出就是[0,1]；如果输入的四位数是偶数，输出就是[1,0]。

然后，确定数据集。索性就产出范围为 1～9999 的随机可重复的 10 000 个随机数，8000 个用于训练，2000 个用于测试。

接下来就是设计网络结构。已知输入层有 4 个神经元，输出层有两个神经元，隐含层怎么设计？一般来说，输入维度越多，或者变换关系越复杂，那么隐含层就应该越多。从这个任务看来，其实也不知道这个映射关系是不是复杂，索性就一步一步来。先设定一个有 5 个神经元的隐含层好了。隐含层为什么是 5 个神经元？嗯，是笔者拍脑袋想的，先试试再说。这样就得到了图 6-46 所示的模型结构。

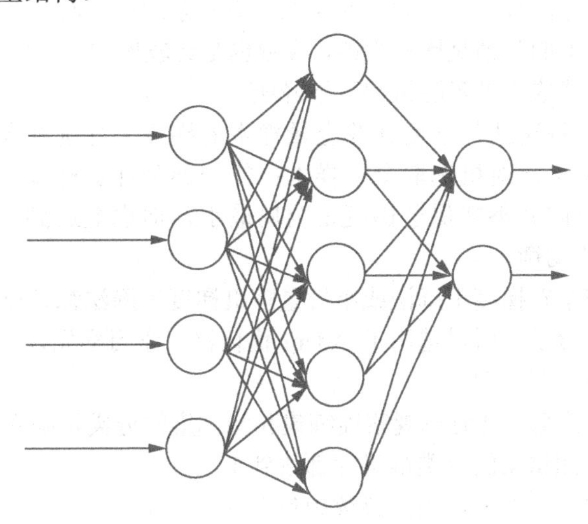

▲图 6-46　神经元结构

激活函数怎么选？虽然这是一个分类任务，但选择在输出层用 sigmoid 做激活函数，不加 softmax。两个神经元的哪个输出的结果大，就选哪个做最终判断的类别。在不关注某个输出结果的具体概率时，这么做当然是没有问题的。隐含层的激活函数暂时先使用 ReLU（经实验，sigmoid 函数也是可以收敛的）。

还有一个问题，就是关于输入的归一化。输入的归一化，将每一个特征的取值范围都限制为 0～1，这样可以统一量纲，避免不同特征的取值范围不同而对模型施加的作用也不一样。在本例中，其实是不需要归一化的。因为从个位到千位都是 0～9 的数字，特征取值特性几乎不存在差异。还是为了统一，索性就保留归一化操作。

目标函数怎么选？最希望达到的效果是当输入是奇数时，输出[0,1]；输入是偶数时，输出[1,0]。真实的输出最早不是这样的，当然希望在训练时能一步步靠近它。如果输出向量用 $\boldsymbol{y}\_$ 来表示，$\boldsymbol{y}$ 表示实际的标签，则希望达到的效果是使 $\sum \|\boldsymbol{y}\_ - \boldsymbol{y}\|_2^2$ 达到最小（当然，最好是训练集和测试集均为 0）。

另一个常被用到的目标函数是交叉熵。交叉熵的数学表达式是 $H(p,q) = -\sum_{i=1}^{n} p(x_i)\log(q(x_i))$。$p$ 与 q 均是为达到目标而产出的分布，p 为理论分布，q 为模型的输出分布。p 的分布是确定的，即只要输入是奇数，就是[0,1]；只要输入是偶数，就是[1,0]。q 的分布是随着产出情况而有所变化的，当 q 与 p 分布一致时，交叉熵达到最小。因为如此性质，以交叉熵作为目标函数，也是没有问题的。

开始训练。

以用 TensorFlow 实现以上结构进行训练，每轮训练 8000 个样本，并多次迭代，并确定 20 000 次迭代为上限。

每次训练 8000 个样本多不多？拿本例看，8000 个样本的训练过程是比较快的。但如果像是做图像识别之类的任务，数据量更大，并用上了更复杂的神经网络模型（如 CNN 等），那每次训练全量训练集样本的开销是比较大的，收敛也是比较慢的。一个方法，就是将梯度下降法进行简单的改造，改造成小批量随机梯度下降法。

在梯度下降法中，每次迭代都要计算全量样本的梯度，并选择最小梯度方向。而小批量随机梯度下降法，是每次随机选取全量样本中的一部分计算梯度，并选择梯度最小的方向。虽然每次下降的方向并不能保证梯度是全局最小，但也能达到不错的效果。实现了计算效率与优化效果间的均衡。

最优化方法选择哪个？梯度下降法或小批量随机梯度下降法都是可以的。但实验发现，二者的收敛速度实在是太慢了。所以选用了 Adam 优化器，学习率先设为 0.01 看看效果。如果效果不好，再决定接下来怎么做。

根据以上操作进行实验，并时刻观察训练集和测试集的分类正确率。发现没过多久，模型就趋于收敛，训练集与测试集的分类准确度都达到 1。

第二个例子是数出一个四位以内的整数中包含几个数字 0。

这个任务的目标是数出一个四位整数中 0 的个数，其中高位 0 不算。例如，数字 100，在输入模型时，虽然也是 0，但位于高位，并且比 0 更高位没有非 0 数字，该 0 不算，只计算个位与十位的 0，即如果输入 100，输出应该是 2。举更多的例子：输入 1329，输出 0；输入 1024，输出 1；输入 90，输出 1；输入 1002，输出 2；输入 2000，输出 3……

可以把它当作一个回归任务，也可以把它当作一个分类任务。在这儿，由于理论上最多只有 0、1、2、3 四种输出，还是把它当作一个分类任务来看。还是采用如上的模型结构、激活函数、目标函数、优化方法等，只是输出层的神经元要从 2 个变成 4 个。

经过比之前更多的迭代次数后，结果也趋于收敛，训练集与测试集的正确率均达到 100%。

第三个例子，笔者邀请一个朋友来确定规则，把一个四位以内的整数通过它的规则映射成一个范围为0～9的数字。这个规则笔者事先是不知道的，只有朋友提供的10 000个数字和映射结果。不过笔者发现，在朋友确定的映射规则下，产出只有0～8这9个数字，并没有数字9。

表6-7所示为该映射规则下的一些数据样例。

这次，将以上模型的输出改成9个，其他不变，发现训练集和测试集迟迟不能收敛，正确率虽然一直在提升，但几万次的迭代后正确率总是不能达到40%以上。

笔者采用了如下方式逐步尝试，试图找到朋友提供的映射规则。

① 笔者猜测朋友的规则是个非线性更强的规则，所以加大了网络深度：多加了2到5个隐含层，隐含层激活函数全部用ReLU，并尝试把每个隐含层的神经元也扩大到10个。

② 减少学习率到0.001，并做好下降到极小值点的准备——时刻准确多次尝试。

③ 笔者简单统计了各个标注的数量分布，并将标注较少的样本采样了一些。即复制一部分标注数量较少的样本，从2倍到100倍不等。

④ 由于之前迭代时，准确率始终都在缓慢上升，错误率也是逐渐减少，笔者有理由相信之前的迭代几乎每次都没有到收敛就结束了，因而不断增加迭代次数到几十万次。

⑤ 笔者意识到这毕竟是一个回归任务，用分类任务的假设可能并不一定见效。所以同时尝试并行使用回归的方法，输出层只保留一个输出神经元，输出标注的归一化值。

表6-7 一些数据样例

输入	输出
169	2
90	1
177	0
258	2
256	1
753	0
849	3

经过以上调整，并几次陷入非最优极值点后，分类任务的训练集和测试集的最佳表现效果正确率在70%左右（不排除没有找到最优结果，没有最终收敛的可能）。但在同样的前提下，发现回归的效果貌似比分类效果要更好一些，训练集准确率达到92%以上，测试集准确率达到91%以上。

（出现以上结果不能说明任何确定性结论，读者千万不可认为这么做就一定见效，在不同的场景下，合适的方法不尽相同。）

一个人工确定的规则，不能达到 100%的正确率，笔者有些不甘心。

笔者决定用数据分析的方法来推测朋友的映射规则。

笔者将标签为 0~8 的样本进行数量统计，发现 0~8 这 9 个标签，标签值越大，样本越少。标签为 8 的只有一个样本，笔者看了下，这个样本是 8888；标签为 7 的样本多了一些，笔者发现，这些样本类似于 8886、8988、6888、8088 等；笔者意识到，应该是每一个出现的 8 对应 2 个计数，6、9、0 对应 1 个计数，其他对应 0 个计数；笔者接着找出标签为 6 的样本，抽样了一些进行观察，基本验证了笔者的想法。接着，笔者把自己的猜想以代码形式写了出来，并验证所有 10 000 个样本。

100%准确率。

原来，朋友确定的规则就是数一个四位以内数字中的“圈圈”。

复杂的模型输给了简单的分析？

在得知了这个规则后，笔者重新调整了输入到模型的特征：将这个四位数字进行独热编码，每个原来的特征都被映射成一个 10 位的新特征，对模型来讲，特征数从 4 个变成了 40 个。

猜猜会发生什么？

几次实验下来，训练集与测试集的正确率都达到 100%。

在这次调整中，笔者的操作实际上是忽略了每一位上的数字的大小关系对判断结果的影响，这相当于去掉了数字大小的信息，而将每一个数字看作一个分类类别。在该任务中，最终的结果确实与数字大小没有关系。因而如此调整后，正确率达到了 100%。

可在实验之前，笔者哪会知道这样的信息呢？

在分析数据时，分析者可以动用分析者对数字的感知信息；而在建模时，与数据规律映射的信息最好在特征中得到体现。如果特征得不到体现，就一定需要更多的数据量来弥补特征不明显的不足。分析与建模有各自的优势，需要综合两种方法，才能在业务中发挥最大的能量。

9. 集成方法——袋装法（Bagging）

（1）强学习器、弱学习器与模型集成。

强学习器与弱学习器仅根据学习器的效果来区分。如果一个分类模型的综合表现（不仅包括熟知准确率，还有如召回率等各项指标）非常优秀，或者一个回归模型的均方误差在没有过拟合的前提下非常小，那么这个学习器就是一个强学习器；如果一个分类模型的综合表现不是很优秀，或者一个回归模型的均方误差不尽人意，那么该学习器就是一个弱学习器。

弱学习器为什么会弱？数据不足，学习器可能会弱；特征不够或不合理，学习器可能会弱；训练不充分，学习器可能会弱；训练太“过火”，学习器可能会弱……将多个弱学习器组合起来，使整体达到更好的学习效果，即形成一个强学习器。这种模型操作的方式就是模型集成。

模型集成可以是同质的，也可以是异质的。所谓同质的模型集成，是指整体模型的构件都是一种类型的弱学习器；反之，异质的模型集成，其整体强学习模型的构件会有多种不同的弱学习器。

在组合弱学习器时，应该考虑尽可能选择一种避免弱学习器弱点的组合方式。例如，如果一个弱回归模型，它的偏差比较小，但偏差方差比较大，那组合这些弱回归器时，应该选用一种减小偏差方差的聚合方法。

很多时候，即使只搭建一个模型就可以达到不错的效果，也可以尝试用多个人为制造的弱学习器进行组合，代替原来的单模型强学习器。以集成方式构建的模型，常常会具有非常好的防止过拟合的效果。

弱学习器组合成强学习器的方式主要有 3 种，即袋装法、提升法、堆叠法。其中袋装法与提升法都是同质的，堆叠法是异质的。

（2）袋装法。

袋装法是指将每一个或一些弱学习器分别装“袋”，各个袋中的学习器分别独立地进行计算与判别，最后汇总这些计算与判别结果，以一定的方式进行聚合，确定最终的分类类别或回归值。其中最常用的分类聚合方式是投票，即哪个分类的数量多，哪个分类就被判为最终的输出分类；最常用的回归聚合方式是取平均，即将各个学习器的输出结果取平均，得到最终的判定值。

除了弱学习模型，数据样本也是“装袋”的重要对象，如图 6-47 所示。

袋装法是一种减小偏差方差的聚合方法。

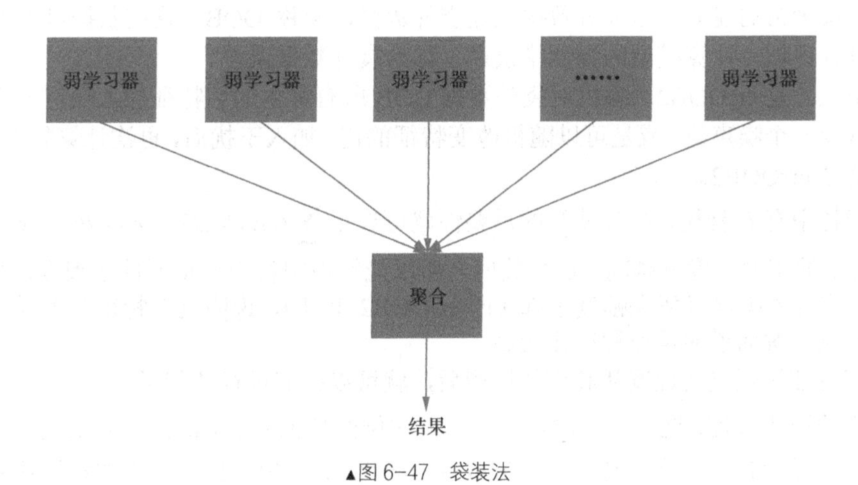

▲图 6-47　袋装法

（3）随机森林。

随机森林是一种以袋装法为基础的集成模型。

随机森林是以决策树作为基本弱分类器，并采用袋装法组合成的分类模型。随机森林的名称中有两个关键词：一个是“随机”，一个就是“森林”。“森林”是比较容易被理解的，因为该模型由多棵决策树并行组合，从形态上就如同由树组成的森林一样。“随机”有两种含义，一种是数据样本可以随机，一种是特征可以随机。

数据样本随机，是指输入森林的每一棵树的样本是随机的。这些样本从原始的数据集中以有放回抽样的方式获取，每一棵树均对应一个应用于该树的子数据集。每一个子数据集的数据量和原始数据集样本数量相同的。因为是有放回的随机采样，所以不同子数据集的元素可能有重复，同一个子数据集中的元素也可能重复。

特征随机，是指每一棵决策树的决策特征是随机的。每一棵决策树用到的特征，应该小于或远小于数据中的特征总量。

有了以上数据样本和特征，就可以按照基尼系数、熵增益、熵增益率等标准，构建每一棵决策树了。构建好每一棵树时，不用去考虑剪枝的问题，每一棵决策树都是可以充分生长的。

随机森林的构建就这样结束了么？

当然没有。

以上只是完成了第一次迭代，为了构造表现更好的模型，需要使用更好的、对分类任务更重要的特征。

如何衡量特征的好坏和重要程度呢？

在了解随机森林特征重要程度之前，有几个概念是需要了解的。

第一个概念是袋外数据误差，简称 errOOB1。从上面的过程可以知道，每次建立单棵决策树时，通过有放回重复抽样得到一个数据用于训练决策树。由于每棵决策树输入的样本数量与全量样本数量一致，这些样本又是有放回重复取出来的，那极大概率有些数据（大约 36.8%）并没有参与决策树的建立。这部分数据就是袋外数据，简称 OOB。这些数据可以用于对决策树的性能进行评估，计算模型的预测错误率，称为袋外数据误差。

第二个概念是 errOOB2。随机对袋外数据 OOB 所有样本的某特征加入噪声干扰，或是直接增加或减少一个噪声值，或是可以随机改变特征的值。加入干扰后，再次计算袋外数据误差，这个误差就是 errOOB2。

假设森林中有 N 棵树，则某特征的重要性就可以用 $\sum(errOOB2-errOOB1)/N$ 来衡量，该值越大，特征的重要程度就越高。这个数值之所以能够说明特征的重要性是因为，如果加入随机噪声后，袋外数据准确率大幅度下降（即 errOOB2 上升），说明这个特征对于样本的预测结果有很大影响，进而说明重要程度比较高。

将所有特征按照重要程度从高到低排列后，就可以接着进行迭代了。

接下来的迭代过程，选取上一次迭代后一定比例的特征（这个比例为人工设置的超参数），再构建森林，再计算每个特征的 $\sum(errOOB2-errOOB1)/N$ 值。直到余下的特征数量小于一个设定值（该值也由人工指定），迭代结束。该模型就是一片成熟的随机森林了。

随机森林在使用过程中能够表现出以下一些优势。

① 相比于大部分算法模型而言，随机森林的准确率是非常高的。

② 即便是用在数量非常大的数据集，随机森林也能表现得非常稳定。同时随机森林支持并行计算（这也是袋装法的优势），可以节约时间成本。

③ 减轻了一部分对特征工程的依赖（尤其是减轻了对降维的依赖），能够直接处理具有高

维特征的输入样本。

④ 提供了评价特征重要性大小的方法，能够评估各个特征在分类问题上的重要性。

⑤ 在生成过程中，能够获取内部生成误差的一种无偏估计。

⑥ 对于空值、默认值等问题也能够获得比较好的结果。

随机森林也可以用于回归问题。用于回归问题时，每一棵树的结果常用取平均值的方式聚合成最终的判定值。

10. 集成方法-提升法（Boosting）

（1）提升法。

提升法是指用多个弱学习器顺次对一份数据集进行分类或回归，后一个学习器要结合前一个学习器的学习结果进行训练，步步提升。最终综合所有学习器的判别结果，产出最终的判定值。

提升法是一种步步减少偏差的模型集成方法。

提升法中有两个重要的环节是需要留意的。

一个是后一个弱学习器的输入，并非前一个弱学习器的输出，而是原封不动的数据样本集合。只不过后一个弱学习器要分类或拟合的目标，不再是原来的标注值，而是前一个弱学习器的输出结果与标注值的差距。这个差距常常用减法来获得，后一个弱学习器的目标就是尽量再减少这个差距。

另一个重要的环节是将各个弱学习器聚合起来进行判断的过程。由于后一个学习器依赖的目标是标注值与前一个学习器输出的结果进行的减法，那聚合各个学习器输出的结果形成的最终判定结论就是将各个学习器的结果进行加和得到的。

提升法用于分类的常见模式是：前一个弱分类器建模划分类别后，后一个弱分类器重点对前一个弱分类器错分的样本进行“重点照顾”，构建下一个分类器。在进行实际分类任务时，将所有分类器的判定结果，按照不同分类器对样本的综合判断加和，得到最终判定类别。例如，Adaboost 算法就是这样的提升集成模型。

提升法用于回归问题的常见模式是：前一个弱回归器建模的结果与真实标注的差，作为后一个弱回归器的输入，构建下一个回归器。在用于实际的回归任务时，将所有回归器的输出结果进行加和，得到样本的输出回归值。典型的 GBDT 算法就是这样的提升集成模型，如图 6-48 所示。

（2）梯度提升树（GBDT）。

提升树是 GBDT 的基础，有必要先了解一下提升树。

由于后一个学习器的构建要依赖前一个学习器的结果，因此提升树不会像随机森林那样可以并行训练。构造 GBDT 模型会顺次迭代多轮，每轮迭代产生一个弱学习器。除第一个学习器学习的目标是原始标注外，后一个学习器的目标，都是原始标注值与前一个学习器产出的差。应用于预测或判断任务时，将特征输入各学习器，得到各个学习器的判断结果，把这些结果相加即可以得到最终的判定值。

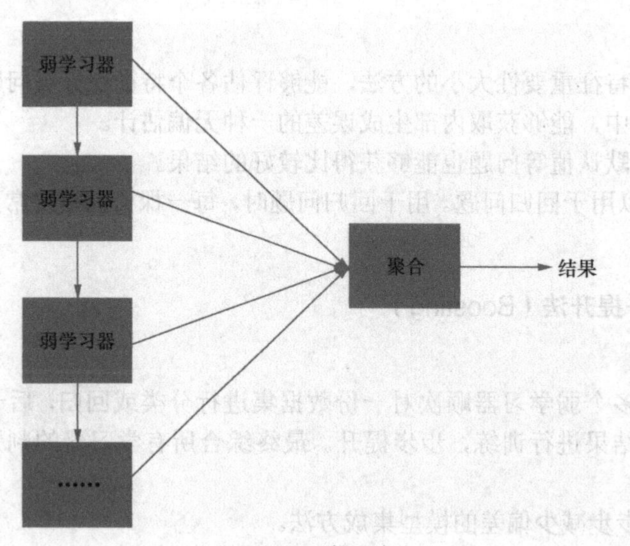

▲图6-48 提升法

模型的数学表达式如下。

$$f_M(\boldsymbol{x}) = \sum_{m=1}^{M} T(\boldsymbol{x};\boldsymbol{\theta}_m)$$

T 为每一个决策树，决策树多为 CART 决策树。$\boldsymbol{x}$ 为输入到模型的特征，$\boldsymbol{\theta}_m$ 为每棵决策树的参数，M 为决策树的个数。

提升树的训练过程可以总结如下（$\boldsymbol{X}$ 为训练集，$\boldsymbol{Y}$ 为待拟合标注）。

① 初始化 $f_0(x)=0$。该初始化使第一棵树也可以看作以残差为目标的决策树了。

② 如果总共 M 棵决策树，对 m=1,2,3,4,…,M 依次训练。训练过程可以总结如下。

- 计算残差：$r_{mi} = y_i - f_{m-1}(\boldsymbol{x}_i)$，$i$=1,2,3,4,…,$N$，$N$ 为样本数量。
- 拟合残差 r_{mi} 建立回归树 $T(X;\boldsymbol{\theta}_m)$。
- 得到 $f_m(\boldsymbol{x}) = f_{m-1}(\boldsymbol{x}) + T(X;\boldsymbol{\theta}_m)$。

③ 得到提升树 $f_M(\boldsymbol{x}) = \sum_{m=1}^{M} T(\boldsymbol{x};\boldsymbol{\theta}_m)$。

以上方式得到的提升树对于构建以均方误差函数作为损失函数的模型是没有问题的（虽然没有见过均方误差函数，但你一定见到了它的导数：$y_i - f_{m-1}(\boldsymbol{x}_i)$）。但对于更为一般的损失函数而言，往往每一步优化并不那么容易。这样就需要对上述方法做一些改造，成为梯度提升树。

用 $L(y_i,c)$ 表示某损失函数。其中 y_i 为待拟合的标注值，c 为与标注值进行对比的变量。这样，梯度提升树的训练过程总结如下。

① 初始化 $f_0(x) = \operatorname{argmin}\sum_{i=1}^{N} L(y_i,c)$。其中 argmin 表示最小化某目标函数时求取得到最小目标值的对应参数的过程。c 为常数，常常取 0。

② 如果总共 M 棵决策树，对 m=1,2,3,4,⋯,M 依次训练。训练过程可以总结如下。

- 对每个样本计算：$r_{mi}=-[\frac{\partial L(y_i,f(\boldsymbol{x}_i))}{\partial f_{m-1}(\boldsymbol{x}_i)}]$。
- 对 r_{mi} 拟合回归树，得到第 m 棵树的节点区域 R_{mj}，j=1,2,3,4，⋯，J。节点区域指对回归树中每一个叶子节点，最终被判定为该叶子节点值的取值区间。
- 对每个叶子节点区域 j=1,2,3，⋯，J 计算 $c_{mj}=\operatorname{argmin}\sum_{x_i\in R_{mj}}L(y_i,f_{m-1}(x_i)+c)$。
- 得到 $f_m(\boldsymbol{x})=f_{m-1}(\boldsymbol{x})+\sum_{j=1}^{J}c_{mj}I(x\in R_{mj})$。即对某一特定样本来说，每一个学习器都要从该样本在上一个学习器的叶子节点中寻找更新的依赖值。

③ 得到回归树 $f(\boldsymbol{x})=\sum_{m=1}^{M}\sum_{j=1}^{J}c_{mj}I(x\in R_{mj})$。

以上过程如果看着费劲，可以理解成：梯度提升是指将目标损失函数与上一个模型的梯度当作每一个模型的训练目标。如果这个目标损失函数是均方误差，那么就会得到非常类似提升树的结构了。

在 GBDT 中，所有的样本都要参与每一个学习器的训练过程。

用于解决回归问题的 GBDT 中，每一棵决策树的每一个分裂点（即决策节点）都是当前目标下的最优分裂点。如果特征是离散值，任何可能的分成两个集合的方式都是潜在分裂方式；如果特征是连续值，那从小到大排列，任意两个相邻数值之间都是可能的分裂点。最佳分裂点满足以下假设：通过该分裂方式将样本分裂成两个集合后，两个集合的样本偏差的平方和应该是最小的。用数学表达式表述为：

$$\min(\sum_{x_i\in R_1}(y_i-\overline{y_{R_1}})^2+\sum_{x_i\in R_2}(y_i-\overline{y_{R_2}})^2)$$

其中 $\overline{y_{R_1}}$ 和 $\overline{y_{R_2}}$ 表示将样本分裂成两个集合后，各自集合的平均值。

GBDT 也可以衡量各个特征的重要程度。计算某一个特征在训练好的模型中的重要程度大小可以分以下两个步骤（假设有 M 棵决策树）。

① 计算该特征在 M 棵决策树中每一棵树的重要程度。特征在每一棵决策树中的重要程度，用所有被该特征切分样本后的均方误差减少值的和来表示。这个均方误差减少值正是 CART 树中用于决定分裂样本特征的先后顺序的依据。

② 计算总的 M 棵决策树中该特征的重要程度的平均值，代表该特征在该模型中的重要程度。

11. 集成方法——堆叠法（Stacking）

（1）堆叠法。

堆叠法，是指使用训练数据学习几个不同的弱学习器，然后训练一个元模型来组合它们，基于这些弱学习器返回的多个预测结果输出最终的预测结果。与提升法不同的是，元模型的输入，是众多弱学习器的输出。即对于元模型来说，其他模型的输出结果会被当作元模型的特征。这一点与提升法中，“各个子模型的输入均为训练集全量数据”有所不同。

袋装法与提升法的大部分模型都是同质的。也就是说在这两种方法中，构成整体模型的每个子模型都是一种类型的。要是决策树，就都是决策树；要是线性分类器，就都是同样的线性分类器……而堆叠法的应用可以是异质的，因为弱学习器与元模型常常是不同种类的模型。而弱学习器之间可以是同质的，也可以是异质的。

训练一个基于堆叠法的集成模型，可以基于如下步骤进行（假设有 L 个弱学习器和 1 个元学习器）。

① 将训练集数据分为两组。

② 用其中一组训练集数据去训练 L 个弱学习器，得到 L 个训练好的子模型。

③ 将另一个数据输入 L 个训练好的子模型中，输出这 L 个模型的预测结果。

④ 使用第（3）步中这 L 个子模型的输出结果作为特征，输入元模型中训练元模型。

以上过程中，元模型与弱学习器的标注是一致的。

将训练集分成两部分的一个明显缺点是，只用了一半的数据用于训练基础模型，另一半数据用于训练元模型，数据的利用率并不是很高。因此，常常结合 K 折交叉训练的方法来达到充分使用训练集数据的目的。

K 折交叉训练用于堆叠法时，其过程大致如下。

① 将训练集平均分成 K 份。

② 使用其中的 K-1 份训练除元模型外的子模型，使用另 1 份数据输入各个子模型中得到预测结果。

③ 迭代这个过程 K 次，直到所有的数据均被当作过训练数据和预测数据。

④ 使用 K 次迭代得到的所有预测结果来训练元模型。

（2）GBDT+LR。

堆叠法其实是比较自由的，可以选择将训练集输入任意的模型去训练。而且除元模型外，其他模型之间可以是独立的，这也意味着很多时候这些模型可以并行训练。例如，针对一份数据集，可以分别训练 KNN、LR、SVM、决策树等模型，然后用一个元模型将这些模型的判断结果综合统一。

对于回归任务，如上文所述，除元模型外的基本模型的输出值均作为元模型的输入特征，即有几个基本模型，元模型就有几个特征。

对于分类任务来说，理论上也可以这样。综合几个模型输出的分类结果，进行投票式的判断。不过，这就与袋装法类似。由于堆叠法本身是一个以逐步减少偏差为目的的集成方法，因此通过投票的方式并不能完全契合堆叠法的初衷。

堆叠法用于分类，需要一些处理技巧。接下来就以业界非常流行的 GBDT+LR 堆叠为例，介绍堆叠法用于分类的一种落地方式。

就如堆叠法的基本思想一样，GBDT+LR 也分为基本弱学习器（暂称基本模型）与元模型。它的基本模型是一个 GBDT 模型去掉聚合模块的部分。这种情况下，堆叠法的基本模型之间有了先后训练的顺序关系。它的元模型是一个 LR 模型。

与 GBDT 模型的一般用法不同，当训练好的 GBDT 模型被应用于预测或判断时，每一棵树输出的并不是该样本属于某个类别的概率值，而是模型中的每棵树中计算得到的预测概率值所属的叶子结点位置记为 1，其他叶子节点记为 0。以这种方式构造新的训练数据。

举例来说，图 6-49 所示为一个 GBDT+LR 模型结构，GBDT 有两个弱分类器，如图中的两棵决策树所示。当输入训练元模型的数据、测试集数据或实际场景使用的数据时，左边的决策树中的预测结果落到了第一个叶子结点上，右边的决策树中的预测结果落到了第一个叶子节点上。这样，左边决策树输出的结果就是[1,0,0]，右边决策树输出的结果是[1,0]，所有决策树输出的结果综合起来，就是[1,0,0,1,0]。可以想到的是，当叶子节点足够多时，综合多个决策树结果构成的向量是一个稀疏向量。

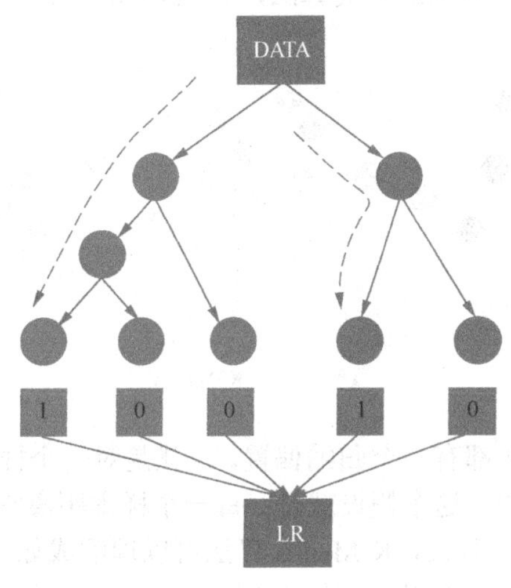

▲图 6-49　堆叠法

将这些“0-1 化”的特征与标签输入到 LR 模型，就可以训练元模型，并得到最终的完整堆叠集成模型了。需要注意的是，如果 LR 模型的输入特征是比较稀疏的，那 LR 模型就很可能有过拟合的风险。所以，在 LR 模型中加入一个正则项（如 L_1 正则项或 L_2 正则项）是个明智的做法。

类似地，GBDT 可以与 LR 结合，随机森林可以与 LR 结合么？当然可以。只是，很多实验发现随机森林与 LR 结合的 AUC 比 GBDT 与 LR 结合的 AUC 要小。（如果你不了解 AUC，第 7 章将会介绍）

GBDT+LR 的模式（或 XGBoost+LR 的模式）在业界是非常流行的模型组合，在在线广告 CTR 预估、推荐系统、在线风控等很多商用数据智能系统中都会发现它的身影。

6.5.3 聚类

聚类，是根据数据的分布形态，将数据进行聚集分类的过程。

在监督学习中，标注和以标注为中心的目标函数对模型最终是什么形态起到了非常重要的作用。什么是对，什么是错，标注有非常重要的指导作用。而在以聚类为代表的无监督学习中，是没有标注的存在的。此时，推动聚类算法可以起作用，取决于一个最重要的原则和一个比较重要的规则。一个最重要的原则是：相似的样本间靠得比较近，不同的样本间离得比较远。一个比较重要的规则，就是从数据之外引入的对样本的归纳偏置。在同一个原则下，有不同的样本归纳偏置，就会有不同的聚类算法。

以数据的空间刻画方式来刻画数据，对理解聚类算法的内涵是更有帮助的。

1. K-Means

（1）K-Means 算法。

K-Means 算法是最简单与基础的聚类算法，如图 6-50 所示。

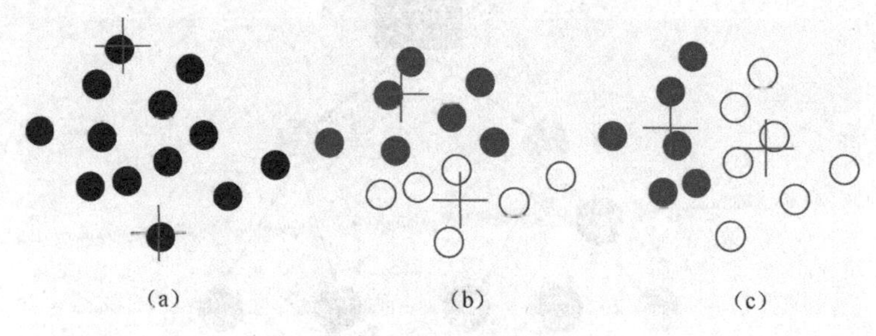

▲图 6-50 K-Means

刚说到，每一个聚类算法都有一个归纳偏置，也就是对一个样本应该属于哪一个类有一个基本的假设。K-Means 算法中，这个假设就是：每一个样本距离它所属类别的中心，要比距离其他类别的中心更远。基于此假设，K-Means 算法可以理解成如下过程。

① 从原始的 n 个样本中，选取随机的 K 个样本作为算法的初始质心，每个质心均代表一个不同的分类。K 值是人工指定的，确定了最终要聚类的数量。

② 对每个样本，计算其到质心的距离，并把样本归到距离它最近的质心代表的类别中。

③ 重新计算各个类别中样本的质心。

④ 迭代（2）和（3）步，直到新的质心与原质心相同，或新的质心相对于上一次迭代的质心的偏移距离小于一个人工指定的阈值，迭代结束。

⑤ 如果有一个新的样本，只要找到距该样本最近的质心的类别，就是该样本的类别。

所谓的质心的计算方法，就是某类别中各个样本的重点，即各个样本在各个维度下的平均值。各个样本点到质心的距离大小常用欧氏距离来表示。

（2）K 值的确定。

K-Means 中的 K 值是个人工指定的值。K 值的确定可以是业务上要求的，但是当业务上并没有指定 K 值时，K 值的确定就要依靠数据了。

常常用以下一些方法来确定 K 值。

① 先将数据可视化展示，直观确定 K 值后，再将其代入算法。

② K 值从 2 开始逐步增加，每增加 1，就计算所有样本距其质心的平均距离。当该平均距离不再剧烈下降时，就保留上一步的 K 值作为终选 K 值。

③ 借助聚类效果的判别标准来判定合适的 K 值，如轮廓系数、类内样本方差等。

④ 使用 Canopy 算法先进行粗略聚类，将该粗略聚类的个数作为 K 值，再调到 K-Means 算法中。

关于 Canopy 算法，其流程大致如下。

① 指定两个阈值 T_1 与 T_2，$T_1>T_2$。

② 将所有的样本看作样本集合，随机找到一个样本点 P（作为第一个 Canopy）。

③ 其他所有点，距样本点 P 的距离如果小于 T_1，就加入 P 所在的 Canopy；如果同时小于 T_2，就将该样本点从样本集合中去掉，以免被纳入到其他的 Canopy 中；如果距离样本点 P 的距离大于 T_1，则认为该点在另一个 Canopy 中。

④ 重复（2）和（3）步骤迭代样本集合中的每一个点，直到样本集合为空，迭代结束。

⑤ 此时 Canopy 的数量，就可以是 K-Means 算法中的 K 值。

当然，读者或许会问，这个 T_1 和 T_2 又该怎么确定？在业务中如果用到了聚类算法，距离常常比质心数量更具有业务上的指导意义，从距离的角度确定阈值更容易看到阈值设定对业务的影响大小。

（3）K-Means 算法中的几个问题。

K-Means 算法可以在指定了聚类数量的前提下，给出一个比较客观的计算方法。它常常在如大型商场或超市选址、节假日商业活动位置规划、根据互联网用户行为习惯将互联网用户分成不同的类别等场景中有非常重要的指导作用。

但这个方法是有一些问题的。

第一个问题，是关于初始质心的选择问题。

有了 K 值，初始质心似乎可以随意选。但事实证明，随意选择质心的结果，就是造成聚类结果的不稳定。不同的质心选择方式，其聚类结果也很可能会不同。例如图 6-51 中所示的样本排列方式，选择了不同的质心，基于 K-Means 算法就会有两种不同的聚类结果，如图 6-51 所示。

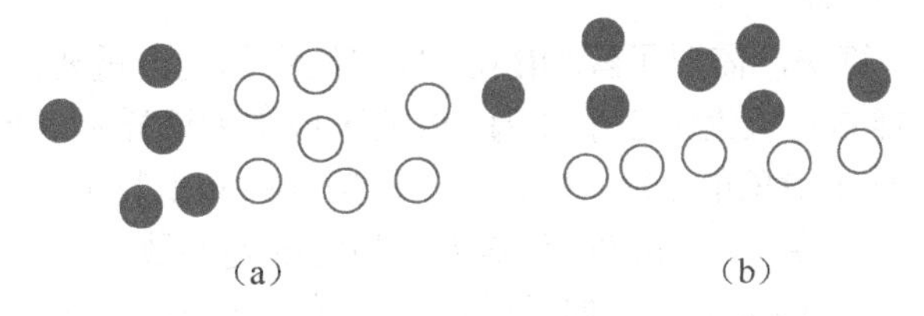

▲图 6-51　不同初始质心导致 K-Means 算法得到的结果不同

更为极端的，如果在一个多维空间内，均匀地洒满了样本点，最终 K-Means 聚类的结果，完全只取决于初始的 K 的质心的位置。

对这个问题，常用的解决方法是：多尝试几次，取出现结果频次最高的聚类方案。该解决方法认为出现频次最高的聚类方案，是最稳定的聚类方案，也是最可能出现的聚类结果。

第二个问题是关于离散样本点对 K-Means 聚类结果的影响。

如图 6-52 所示，由于存在一个离散点，在计算聚类的质心时，该离散点会将质心以非常大的尺度向该离散点方向“拉”。这相当于是一个样本点影响了很多潜在样本点的聚类结果，显然是个极不稳定的因素，如图 6-52 所示。

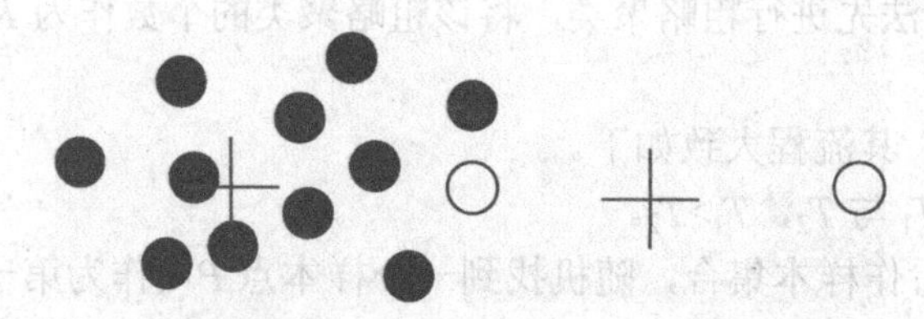

▲图 6-52　离散点对 K-Means 算法的负面影响

这种情况的解决方法通常有两种。第一种是每次计算新的质心距离时，先将上一次迭代结果中各个样本距质心的距离进行排序，用 IQR 分析法将离散点去掉，再计算新的质心。这种方法在离散点非常少的情况下是可以起到作用的。

另一种方法是改变质心的计算方式，用中心点来替换质心表示类别的中心。中心点的定义为：该点始终为一个数据样本点（质心常常与任一样本不重合），该样本点距离其他同类的样本点的距离和，比其他任一同类样本点距其他样本点的距离和要小。如果用中心点代替质心来表示类别的中心，这样的方法常被称为 K-Medoids。可以将它理解成是 K-Means 算法的变种。这种方法可以非常有效避免异常点对聚类结果的影响。

2. 基于密度的聚类

（1）DBSCAN。

DBSCAN（Density-Based Spatial Clustering of Applications with Noise）是一种基于密度的聚类方法。基于密度的聚类方法将样本对象在空间的密度聚集作为聚类的逻辑。除去算法内涵，DBSCAN 与 K-Means 在表现形式上有两个比较大的不同：一是 DBSCAN 不需要指定聚类数量，但需要指定衡量密度的阈值；二是 DBSCAN 会允许有一些样本对象不划入任何类别，作为离群点处置。

想要了解 DBSCAN 算法，需要了解 DBSCAN 算法中的几个重要概念。这些概念如下。

ϵ 领域：指定以某样本对象为中心半径为 ϵ 内的区域称为该样本对象的 ϵ 领域。

核心对象：如果某样本对象的 ϵ 领域内，可以覆盖到的样本数量大于等于 minPts，那么该样本就被称为核心对象。可见 ϵ 与 minPts 都是人为指定的超参数。

直接密度可达：对于某样本集合，如果样本 q 在样本 p 的 ϵ 领域内，并且 p 为核心对象，那么样本对象 q 就是从样本对象 p 直接密度可达。

密度可达：对于某样本集合，如果有样本对象 p_1，p_2，p_3，…，p_n，并且 p_1 到 p_2 直接密度可达，p_2 到 p_3 直接密度可达，依此类推，所有范围内的 p_i 到 p_{i+1} 直接密度可达。那么从 p_1 到 p_n 就是密度可达。

密度相连：对于某样本集合，如果有样本对象 o 到样本对象 p 密度可达，同时样本对象 o 到样本对象 q 密度可达，那么就说样本对象 p 与样本对象 q 密度相连。DBSCAN 算法的核心，就是找到密度相连的最大集合。

DBSCAN 的计算过程可以总结如下。

① 从数据集合中取出一个样本点。

② 如果该样本点是核心对象（ϵ 领域内样本点数量大于等于 *minPts*），就把它的所有密度可达的样本对象都纳入该核心对象代表的聚簇。

③ 如果该样本点不是核心对象，则分析下一个样本点。

④ 直到所有的样本点都被处理过，迭代结束。

上述过程如图 6-53 所示（ϵ 为图中的圆形虚线区域半径，*minPts* 为 3）。

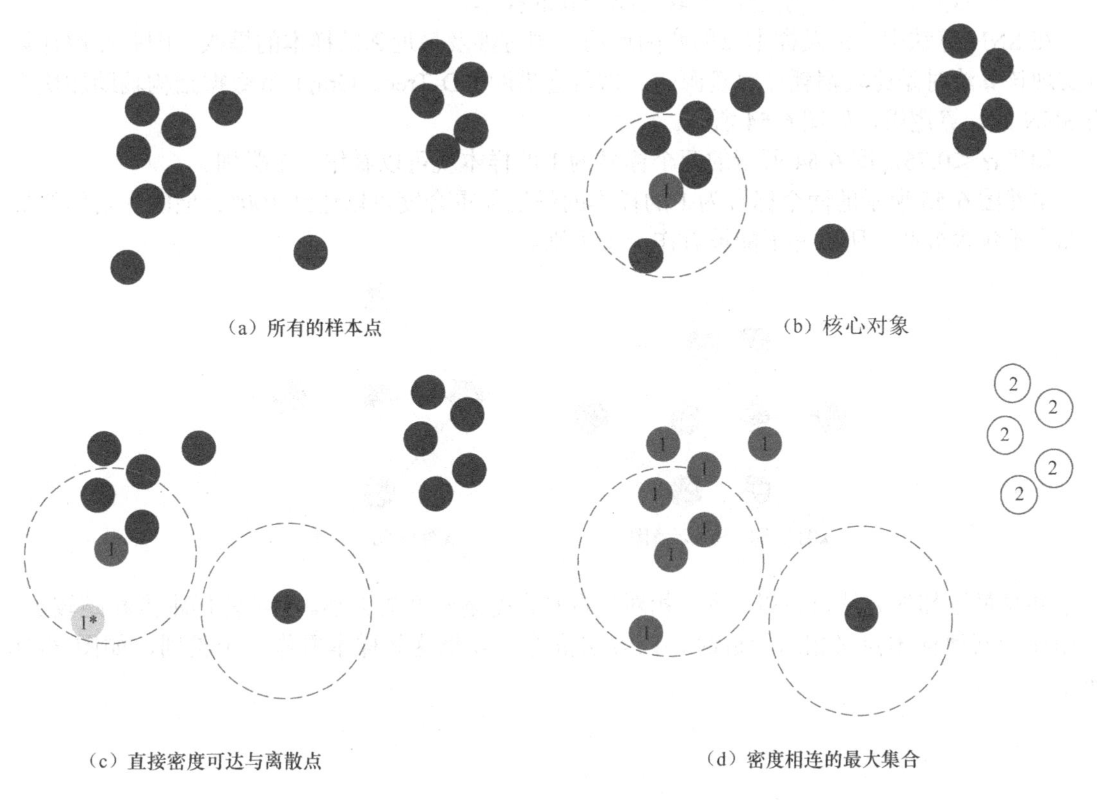

▲图 6-53 DBSCAN 算法

（2）共享最近邻聚类。

共享最近邻（SNN）聚类方法同样是基于密度的聚类方法。与 DBSCAN 考虑的是绝对样本密度不同，SNN 考虑更多的相对样本密度。相对样本密度是通过各个样本的相同邻聚占比进行计算与衡量的。

共享最近邻算法也有两个需要指定的超参数。一个是对每个样本要考虑的最近邻样本数量 n；另一个是共享最近邻数量的占比 α（$0<\alpha<1$）。

共享最近邻算法的过程大致如下。

① 对于某样本集合中，取两个样本点 p 和 q。

② 取出样本点 p 的 n 个最近邻（p 点不包含在内），也取出样本点 q 的 n 个最近邻（同样，q 点不包含在内）。如果这些最近邻满足以下关系，那么认为 p 与 q 属于一个聚簇。

- p 在 q 的最近邻内，并且 q 也在 p 的最近邻内。
- 所有的最近邻样本中，在 p 与 q 两个样本的领域中均出现过的有 m 个，并且满足 $\frac{m}{n-1} \geqslant \alpha$。这里的分母之所以是 n-1 而不是 n，是考虑到 p 与 q 互相包含在对方的最近邻中，计算共享度时应该把自己去掉。

③ 两两遍历所有样本组合，提取同属一簇的样本。

在 SNN 算法中，涉及样本点的两两遍历，同时涉及最近邻的样本的提取，因此在用计算机实现该算法时是比较消耗计算资源的。常常会借助 KD-Tree、Graph 等数据结构辅助加快完成 SNN 的计算逻辑，如图 6-54 所示。

如果 α <0.75，图 6-54 所示的两个标号为 1 的样本就可以看作一个类别。

虽然图 6-55 所示的两个标号为 1 的样本的最近邻重合度可以达到 100%，但因为它们的最近邻中不包含彼此，所以并不能被看作一个类别。

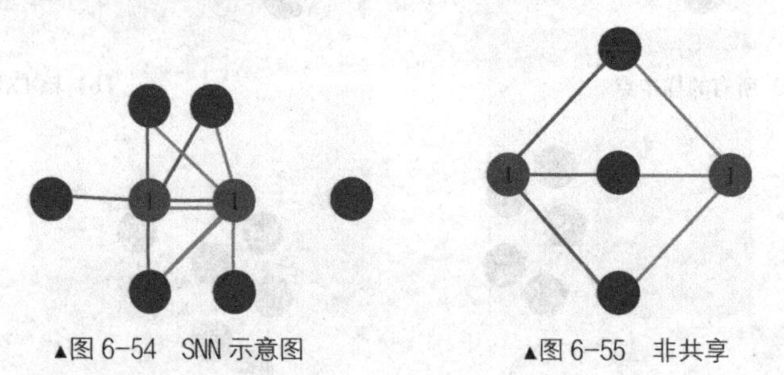

▲图 6-54　SNN 示意图　　▲图 6-55　非共享

共享最近邻的方法可以以一种“相对”的方式衡量密度的大小。当某些样本点相距较远，但相比于其他样本点又相对较近时，该方法依然可以将这些样本看作一个类别，如图 6-56 所示。

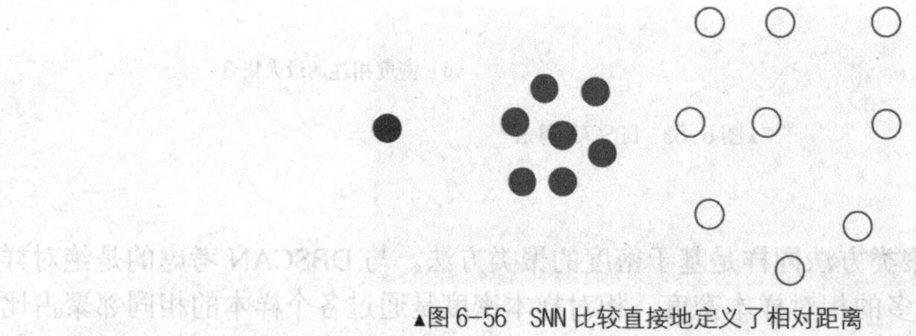

▲图 6-56　SNN 比较直接地定义了相对距离

3. 层次聚类

（1）层次聚类的内涵。

层次聚类是指：通过组织与计算不同样本数据点或不同类别数据点间的相似程度，来逐步创建一个有层次结构的聚类树。在聚类树中，最原始数据点是树的叶子节点（初始化时，每一个叶子节点代表的数据均代表单独的一个类别），树的根节点则是将所有样本都视为一个类别的表述。创建聚类树可以自底向上合并，也可以从上到下分裂。

接下来就以自底向上合并的方式来说明层次聚类的计算过程，如图 6-57 所示。

① 对于样本集全量数据，初始设置每一个样本都是一个单独的类别。

② 开始迭代。将所有类别中最相似的两个类别进行聚合，聚成一个类别。将原来样本的类别去掉，保留样本的新类别标签。这样，每次聚类都在原类别的基础上新建了一个层次。

③ 不断重复步骤（2），直到所有的样本都可以被划入一个类别，迭代结束。

④ 根据业务需求，确定在聚类树中最终聚类方案的层次。

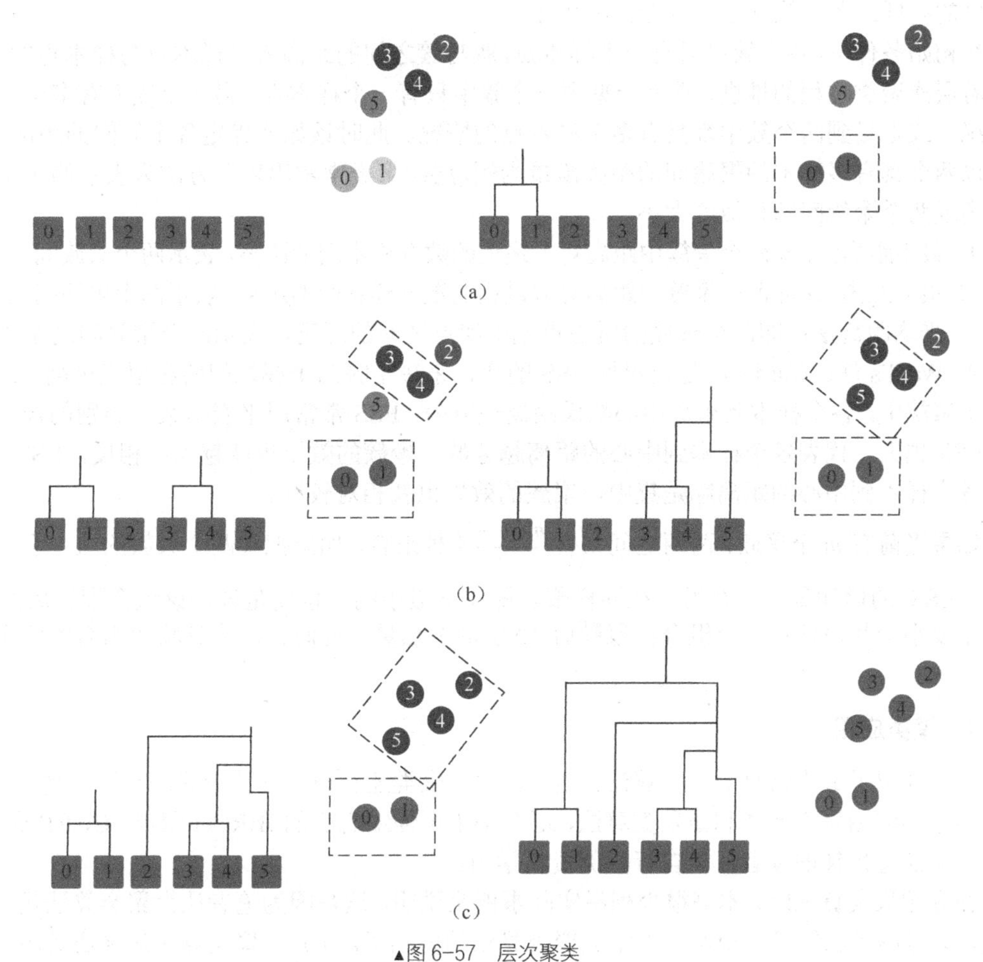

▲图 6-57　层次聚类

层次聚类也面对与 K-Means 聚类方法同样的问题，即如果业务没指定要聚成几个簇，该聚成几个簇？

既然是同样的问题，那就可以用同样的方案来解决。这里使用确定 K-Means 算法中 K 值的方法来辅助层次聚类确定最终聚簇的层次，步骤如下。

① 先将数据可视化展示，直观确定层次聚类的聚簇数量后，再代入算法。

② 由顶至底，每下降一个层次，就计算所有样本距其中心的平均距离。当该平均距离不再剧烈下降时，就保留上一层次作为最终落定的层次。

③ 借助聚类效果的判别标准来判定合适的层次位置，如轮廓系数、类内样本方差等。

④ 使用 Canopy 算法先进行粗略聚类，将该粗略聚类的个数作为层次聚类的聚簇数量，再调到层次聚类算法。

（2）各聚簇间的距离的判定。

层次聚类中有一个问题是需要被明确的。那就是在聚类过程中，怎样评价各个聚簇之间的相似度的高低或各个聚簇之间的距离的大小。

在初始条件下，各个簇里只有一个样本点，簇与簇之间的距离就是样本点与样本点的距离。但随着层次聚类过程的推进，常常会见到一个簇中只有一个样本点，另一个簇中有多个样本点的情况，或是见到两个簇中都具有多个样本点的情况。此时该如何界定各个簇间的距离呢？

以两个具有多样本的聚簇间的距离衡量为例，层次聚类常常用以下方法来表示两个聚簇间的距离或两个聚簇间的相似度大小。

① 最小距离法：即两个聚簇中距离对方最近的数据样本间的距离，表示两个聚簇间的距离。

② 最大距离法：即两个聚簇中距离对方最远的数据样本间的距离，表示两个聚簇间的距离。

③ 平均距离法：即两个聚簇的质心点或中间点之间的距离，表示两个聚簇间的距离。

④ Ward’s 法：Ward’s 法是指根据 ESS 的变化来决定哪两个簇之间的相似度更高。ESS 就是各个聚簇中，各个样本到聚簇中心欧氏距离的方差。ESS 常常用来表示某一类别的样木集中度。ESS 越大，代表各个样本到中心的距离越分散，聚簇的效果也就越差；相反，ESS 越小，代表各个样本到中心的距离越是集中，聚簇的效果也就相对较好。

如果当前有 m 个聚簇，两两之间共有 $\frac{m(m-1)}{2}$ 种组合。如果把某两个聚簇的组合看作一个新簇，ESS 的增加量是所有组合在同样聚簇操作下最小的。也就是说，该组合聚簇后的 ESS 增加量要小于其他任意一个组合在聚簇后 ESS 的增加量。此时，就应该将该组合的两个簇进行聚合。

4. 聚类应用

上文介绍了最为常见的聚类算法。当然，关于聚类还有很多其他形式的算法。例如，基于图数据结构的图聚类算法和谱聚类算法，还有基于可伸缩思想的 BIRCH 聚类、CURE 聚类等。对这些算法感兴趣的读者可以自行翻阅资料学习。

在介绍聚类算法时，本书很少列举实际事例来说明。这是因为笔者认为聚类算法是比较直观的，通过图示已经可以说明以上常见聚类算法的内涵了。不过，聚类算法最终还是用来解决实际问题的，怎么把这些聚类算法用起来才是学习这些算法的最终落脚点。

关于如何使用这些聚类算法，笔者索性就把这“临门一脚”交给读者了。下面会罗列很多不同领域在实际业务场景中问题，这些场景经过抽象简化后，都可以借助上述的聚类算法来为解决其中的问题提供非常有用的参考价值。那具体应该使用哪种算法呢？就交由你去思考了。

（1）某大型连锁超市为开拓市场，决定在某市开 3 家大型门店。该大型连锁超市之前在该市没有开过门店，这次是该超市为拓展市场做出尝试的重要一步。那么，该如何确定这 3 家门店的位置？

（2）某城市管理部门要核实自己负责的几条街道的所有实体商铺的信息。于是该部门调取了所有地址中包含自己负责的几条街道名称的实体店铺数据，包括名称、地址、坐标等基本信息。但该部门发现，有些店铺虽然地址里包含了那几条街道的名称，但与同样包含那几条街道名称的其他店铺位置比起来更远一些。这些店铺可能是坐标位置信息有误，也可能是地址信息有误。那如何找到这些疑似包含错误信息的商铺数据呢？

（3）显示设备中常用红（R）、绿（G）、蓝（B）三原色的组合来合成该设备可以显示的所有颜色。常用 8bit 分别表示一种颜色中的 RGB 各个成分，也就是说一种颜色常会用 24bit 来表示。如果一张图片共有 1.024 亿个像素点，那存储颜色信息至少需要 $24\times1.024\times10^8$bit，约 30MB。这也太大了吧！因此，在大规模商用的设备中，图片都会被进行压缩，在不影响感知效果的基础上，再进行传输与使用。压缩算法有很多种，其中有一种压缩算法（虽然不算是太优秀）是将 24bit 表示的颜色，用更少的比特数来表示。例如，用 8bit 来表示原来需要 24bit 表示的颜色。压缩了表达颜色的空间，原来 2^{24} 种颜色就必须要去除一些，留下 2^8 种颜色了。那问题来了，对于一幅特定的图片来说，如何选择这 2^8 种颜色更为合理？

（4）一家喜欢创新的公司，有近 50 人的规模。公司不算太大，每个人都从事着多项不同的工作，不过这些工作之间也有一些相似性。该公司决定，重组组织结构。而重组的依据，就是每个人手里正在参与的工作。那如何科学地划分层级关系呢？

（5）一家野生动物保护机构常常通过遥感卫星寻找一些生物的群落。他们常常先是在遥感卫星图像中找到疑似生物的图片特征，先定位到生物个体位置，再通过某种方法将生物群落进行提取。有些生物群落是相对比较分散的，有些生物群落是比较聚集的。如何更高效地在已找到生物位置的前提下，找到这些生物的群落？

（6）某创业互联网公司刚刚收获第一批用户，也获得了这些用户近一周在该公司开发的 App 上的浏览、搜索、翻页、查找等行为数据。在没有其他先验信息的条件下，有什么办法可以简化对用户群体的认识过程，但又不失准确性呢？

6.5.4 关联

说到关联规则，就不得不提到著名的“啤酒与尿布”的故事。某美国大型超市通过购物清单对其顾客的购物行为进行分析。该超市想知道顾客在一次购物中经常同时购买的商品有哪些。在分析这些数据时，分析员发现一个意外的现象：跟尿布一起购买最多的商品竟是啤酒！以这种现象为切入点，通过大量实际调查和分析，揭示了一个隐藏在“啤酒与尿布”背后的美国人的一种行为模式：在美国，一些年轻的父亲下班后经常要到超市去买婴儿尿布，而他们中有 30%～40%的人同时也为自己买一些啤酒。并且进一步调查发现，产生这一现象的主要原因是：美国的太太们经常叮嘱她们的丈夫下班后为小孩买尿布，而丈夫们在买尿布后又随手带回了他们喜欢的啤酒。该超市发现了这个现象后，就把尿布和啤酒摆放在相邻的位置，使得尿布和啤酒的销量都得到了增长。

从数据分析与建模的角度来看，关联规则反映的是一个变量与其他变量之间的相互依存性和关联性。如果在考虑关联性的同时，又关注变量组织的先后顺序，这样的关联规则就是序列规则。

理解关联规则需要借助数据的概率刻画方式。

1. 关联分析

（1）关联分析的数据对象。

关联分析的数据对象是集合和元素。元素可以指代一个单独存在的实体，也可以指代一个实体对象的特征。在关联分析中，这两种元素的指代方式都是可以适用的。多个元素构成一个集合。

如果关联分析的对象是一个单独的实体，那么就如同“啤酒与尿布”的例子中一样，要关联的对象是在一个个集合（这里的集合就是一张张顾客的购物清单）里的一个个元素（这里的元素就是每张购物清单里的每件商品）。

如果关联分析的对象是一个实体对象的特征，要关联的对象就是一个个数据样本中的各个特征。举个例子，如果某个大学的体育场管理员记下了每天进入体育场的学生的特征、进入时间、当时天气等信息，如表6-8所示。（所有特征均用定类或定序尺度衡量。）

表6-8 进入体育场的学生特征示例表

学生性别	学生身高	学生体型	是否戴眼镜	进入时间	当时天气
男	高	较胖	否	上午	晴
女	中	较瘦	是	中午	阴

根据该表进行关联分析，是将每一个样本的每一个特征看作一个元素，而把每一个样本记录看作一个集合。此时的关联关系得到的结论是直接可以用来判别特征之间的相关关系的，并对业务有很强的启发效应。例如，如果“学生身高较高”与“佩戴眼镜”这个组合出现的次数比较多，构成频繁项集，则可以根据经常出现的这类组合，对体育场的基础设施进行有规划的强化。

（2）关联分析的内涵。

在理解关联分析方法和关联分析内涵之前，有必要先统一关联分析中的几个关键概念。

① 项：项对应于刚刚提到“元素”。对一个数据表而言，样本的每个特征取值都是一个项；对一个集合而言，集合中的每一个元素就是一个项。

② 项集：项集是项的集合。如果一个项集中包含 k 个项，那它就是一个 k-项集。由所有的项所构成的集合是最大的项集，一般用符号 I 表示。

③ 事务：事务可以是项，也可以是项集，一般用它指最大项集 I 的子集，它更对应于刚刚提到“集合”。事务与项集的不同点在于项集着眼于更小粒度的分析，而事务的业务意义更强。事务的集合称为事务集，一般用符号 D 表示。

④ 关联规则：基于全样本的项集之间的关联关系规则。

⑤ 支持度：有事务集 D 中的项集 A 与项集 B，定义支持度均为包含 A 与 B 的事务数量占事务集 D 中所有事务数量的比例，称为关联规则 $A \to B$ 的支持度。支持度就是基于全样本数据的 A 与 B 同时出现在一个事务中的概率，记为：

$$\text{Support}(A \to B) = P(A \cup B)$$

⑥ 可信度：可信度也被称为置信度。事务集 D 中，在包含项集 A 的事务中，同时也包含项集 B 的事务的百分比，就是关联规则 $A \to B$ 的可信度。可信度就是基于包含 A 的事务总量中，项集 B 发生的概率，所以可以记为：

$$\text{Confidence}(A \to B) = P(B \mid A) = \frac{\text{Support}(A \to B)}{\text{Support}(A)}$$

⑦ 提升度：事务集 D 中，包含项集 A 的事务中同时也包含项集 B 的事务数，与项集 B 出现的总的事务数（不论是否包含项集 A）的比例，就是关联规则 $A \to B$ 的提升度。可以计为：

$$\text{Lift}(A \to B) = \frac{P(B \mid A)}{P(B)} = \frac{\text{Confidence}(A \to B)}{\text{Support}(B)}$$

⑧ 频繁项集：项集的出现频率是包含项集的事务数，简称项集的频率。如果设定一个支持度的阈值，如果某项集的频率大于该阈值，该项集就是频繁项集。

接下来以表 6-9 所示内容为例，介绍关联规则中的几个概念的含义。

表 6-9 某商店购物账单明细示例表

序号	事务
1	{牛奶，啤酒，尿布}
2	{牛奶，咖啡，啤酒，尿布}
3	{香肠，牛奶，饼干，果汁}
4	{尿布，果汁，啤酒}
5	{钉子，啤酒，咖啡}
6	{尿布，毛巾，香肠，牛奶}
7	{啤酒，毛巾，尿布，饼干}

表 6-9 所示为某商店的购物账单明细。每一条样本数据构成的事务均为该账单的购物条目，例如，第一条数据{牛奶，啤酒，尿布}构成一个事务；每个事务中的每一个单元都是一个项，例如，第一条数据中的{牛奶}是一个项，{啤酒}是一个项，{尿布}是一个项；多个项可以构成一个项集，例如，第一条数据中的{牛奶}也可以看作一个 1-项集，{牛奶，啤酒}就是一个 2-项集。同时可以发现，{牛奶，啤酒}这个 2-项集也出现在第 2 条数据中。如果在以上 7 条数据中，出现 3 次或以上的项集就叫频繁项集，那么{牛奶}就是一个频繁项集，{啤酒}是一个频繁项集，{尿布}是一个频繁项集，{牛奶，尿布}是一个频繁项集，{啤酒，尿布}是一个频繁项集。

{牛奶}这个项集在以上数据集中出现在 4 个数据样本里，所以{牛奶}的支持度就是 4 / 7；

{啤酒，尿布}这个项集在以上数据集中也出现在4个数据样本里，所以{啤酒，尿布}的支持度也是4/7。可见，支持度高的项集就是高频出现的元素组合。

在以上数据集中，出现了{啤酒}这个项集的有5条数据。在出现{尿布}的5条数据中，有4条数据中包含{啤酒}这一项集，所以可得关联关系{啤酒}→{尿布}的可信度是4/5。同样，在包含{啤酒,尿布}的4条数据中，有2条数据包含{牛奶}，所以{啤酒，尿布}→{牛奶}的可信度就是2/4。

在以上数据集中，可以看到{啤酒}这个项集出现了5次，而{啤酒，尿布}这个项集共出现4次。{啤酒}的支持度是5/7，关联关系{尿布}→{啤酒}的可信度是4/5。{啤酒}本身出现的概率是5/7，与{尿布}关联后，出现概率成了4/5。提升度$\frac{4/5}{5/7}=28/25>1$。这说明在关联尿布信息后，啤酒的出现概率得到了提升。

提升度有小于1的情况么？当然有。还是在以上数据表中，分析{牛奶}与{咖啡}之间的关联关系。{牛奶}这个项集的支持度是4/7，{咖啡}→{牛奶}的可信度是1/2（{咖啡，牛奶}出现了1次，{咖啡}出现了2次）。所以{咖啡}→{牛奶}的提升度$\frac{1/2}{4/7}=7/8<1$。提升度小于1意味着什么？在该例中，本来牛奶出现的概率是4/7，但如果顾客买了咖啡，再买牛奶的概率就变成了1/2，低于4/7。可见，提升度小于1意味着一个项集对另一个项集非但没有产生促进作用，反而产生了负作用。

关联规则建模时，常常用支持度来筛选频繁出现的项集，用可信度来选择项集之间的强对应关系，用提升度来判断项集相互之间的影响大小。

（3）Apriori 算法。

关联规则建模时，计算每个频繁项集的支持度是第一步。其中最常用到的寻找频繁项集的方法是 Apriori 算法。

观察各个 *k*-项集与频繁项集的关系，可以总结出以下两个结论。

① 如果 *k*-项集（$k>1$）是频繁项集，那该 *k*-项集的子项集也是频繁项集。举例来说，如果{啤酒，尿布，牛奶}是频繁项集，那么{啤酒，牛奶}、{啤酒，尿布}、{尿布，牛奶}、{尿布}、{牛奶}、{啤酒}这些项集均是频繁的。这很容易理解，*k*-项集是由 *k*-1 项集扩展而来的，*k*-项集的数量一定小于等于其子项集的数量。

② 如果 *k*-项集（$k\leqslant 1$）是非频繁项集，那么$(k+m)$-项集（$m>0$）一定是非频繁项集。举例来说，如果{毛巾}是非频繁项集，那只要一个项集中包含了{毛巾}，它就一定不是频繁的。原因也是一样的：项集在向更多元素的项集扩展时，支持度一定是不会增加的。

基于以上两个结论，要找到事务集中的所有频繁项集，就可以先找到所有的1-频繁项集。再将频繁的1-项集进行两两合并，找到2-频繁项集；再将2-频繁项集与1-频繁项集分别合并，得到3-频繁项集……依此类推，直到不再发现新的频繁项集为止。

这就是 Apriori 算法。是不是很直接，很简单？

不过，看似很简单的逻辑，实现起来却是比较耗时的。这主要是因为每次寻找更高元素的频繁项集时，都要遍历一次全量数据。当数据量较大时，计算时间就会非常长。正因为 Apriori 算法有这样的问题，因此一种叫 FP-Growth 的算法就被发明了出来。这种算法以树形结构为主要的数据组织方式，可以提高频繁项集的发现速度。感兴趣的读者可以自行查阅资料学习。

基于找到的频繁项集，就可以进一步去计算可信度和提升度，并找到业务需要的项集关系了。

2. 序列规则

（1）序列规则的内涵。

在以关联规则建模时，每一个项集中的项是不区分顺序的，即{啤酒，尿布}和{尿布，啤酒}表达的是完全一样的含义。如果更严格一些，认为项集中的所有的项都是有顺序的，那此时就被称为序列规则建模了。

如果还是分析一条条购物单据，序列规则可以反映出每一件商品被加入该购物清单的顺序。例如{牛奶，咖啡，啤酒}，它是指牛奶先被放入购物车中，然后是咖啡，最后是啤酒。该项集的 2-项集子集包括{牛奶，咖啡}、{咖啡，啤酒}、{牛奶，啤酒}，但不包括{啤酒，咖啡}、{啤酒，牛奶}、{咖啡，牛奶}。

（2）Apriori-All。

寻找序列规则的频繁项集与寻找关联规则的频繁项集的方式非常接近，常被用到的算法是 Apriori-All，与 Apriori 非常相像。

Apriori-All 算法分两个阶段来寻找频繁项集。

① Forward 阶段：通过 Apriori 算法找到不分顺序的频繁项集，但需要记录每次记入频繁项集时的顺序。

② Backward 阶段：重新扫描 Forward 阶段后的项集集合，去除掉项集中的项顺序颠倒的项集。

6.5.5 半监督学习

监督学习就是每个样本都有标签作为建模依据的机器学习过程，无监督学习是虽然没有标签，但依据一些有抽象业务意义的假设而进行的机器学习过程。半监督学习介于监督学习与无监督学习之间，是指一部分（少部分）样本有标签，而另一部分（大部分）样本没有标签的机器学习过程。

半监督学习可以做分类，可以做回归，也可以做聚类。

在做分类或回归时，常会借鉴无监督的思想将不带标签的样本使用起来。无监督学习时，起指导作用的是每个无监督学习模型背后的原则以及原则具体化后的归纳偏置。将无监督学习的思想用于监督学习中，就是将这些原则与归纳偏置表现的假设运用于监督学习中的过程。例如，一定密度内的样本点均认为是一个类别，那么就可以根据已经打上标签的样本点的一定范围内，将没有标签的样本打上与有标签样本一样的标签，或相近的回归数值。

在做聚类时，常会借鉴标签的作用，使得聚类结果更加准确可靠。带标签的样本反映了聚类可能的类别总数和一个模糊的边界，聚类的归纳偏置结合这些信息，可以及时验证聚类的效果，帮助确定最合适的聚类方法、聚类参数和聚类超参数。

半监督学习越来越引起人们的重视。一方面是因为获取全量的标签数据一般来说会耗费比较高的成本，包括人力成本和经济成本；另一方面是因为如果完全没有标签就没有一个确定的建模方向和有效验证。可靠的半监督学习可以兼顾二者的优点，同时也可以部分规避二者的部分不足，达到一种成本与效果的平衡。

标签传播的相关算法

（1）标签传播算法的内涵。

标签传播算法是一种基于图的半监督学习方法。它的基本思路是从已标记了标签信息的样本来预测未标记样本的标签信息，最终得到所有样本的可能标签信息。

标签传播算法可以用以下过程来说明：

① 设样本$(x_1,y_1),(x_2,y_2),(x_3,y_3),\cdots,(x_l,y_l)$，为已知标签的样本，$y_i(1\leqslant i\leqslant l, i\in N)$为已知的标签；$(\overrightarrow{x_{l+1}},y_{l+1}),(\overrightarrow{x_{l+2}},y_{l+2}),(\overrightarrow{x_{l+3}},y_{l+3}),\cdots,(\overrightarrow{x_{l+u}},y_{l+u})$为未知标签的样本，$y_j(l+1\leqslant j\leqslant l+u, j\in N)$为未知的标签；

② 确定一种相似度的衡量方式。这种相似度的衡量可以是样本间用特征衡量的欧氏距离指数，例如最常用到的衡量$\overrightarrow{x_p}$与$\overrightarrow{x_q}$相似度的方式$\omega_{pq}=\mathrm{e}^{-\frac{\|\overrightarrow{x_p}-\overrightarrow{x_q}\|_2^2}{\sigma^2}}$，$\overrightarrow{x_p}$与$\overrightarrow{x_q}$距离越近，该$\omega_{pq}$值就越接近1；$\overrightarrow{x_p}$与$\overrightarrow{x_q}$距离越远，该$\omega_{pq}$值就越接近0。除用距离衡量外，也可以用两个样本各自范围内最近样本集合的共享样本比例来指代相似度。相似度可以是全局范围的，即一个样本可以和除该样本外的任意样本计算相似度；相似度也可以是局部的，即一个样本只和靠近该样本一定范围内的样本计算相似度。样本与样本的相似度可以组织成一个$(1+u)\times(1+u)$维的相似度矩阵$\boldsymbol{W}$。

③ 确定一种标签传播方式，并开始传播标签。标签传播实际上是某样本该被判为某个标签的概率，传播标签时事实上传播的是该样本的标签概率，传播强度则是两样本间的相似度大小。样本所属类别的概率可以组织成一个$(l+u)\times C$维的样本类别概率矩阵$\boldsymbol{C}$。

常见到的标签传播方式有如下两种。

- 同步更新传播。即每更新一个样本的样本概率，就把这个样本概率应用于接下来的标签传播过程中，影响其他样本的标签概率。
- 异步更新传播。即每次迭代一遍样本时，每个样本的标签概率均保持上一次迭代后的标签概率不变，直到本次迭代结束后，每个样本均更新成最新的标签概率。

④ 不断迭代以上过程，直到收敛或迭代次数达到一定阈值。迭代过程中，带标签的样本也可以参与样本迭代过程，也可以不参与到样本迭代过程。

不妨以一个例子来说明标签传播算法的过程。

假设只有5个样本，如图6-58所示。其中2个有标签（样本1与样本2，标签分别记为C_1和C_2），3个没有标签（样本A、B、C），所有标签中只有2种类别（C_1和C_2）。

▲图6-58 样本初始状态

样本与样本间的相似度衡量就用 $\omega_{pq} = e^{-\frac{\|\overrightarrow{x_p}-\overrightarrow{x_q}\|_2^2}{\sigma^2}}$ 来表示。整理各个样本间的相似度，确定各个人工设定的超参数后，可以得到如表 6-10 所示的相似度矩阵表。

表 6-10 相似度矩阵表

	A	*B*	*C*	1	2
A	1	0.6	0.7	0.9	0.8
B	0.6	1	0.2	0.4	0.5
C	0.7	0.2	1	0.3	0.6
1	0.9	0.4	0.3	1	0.1
2	0.8	0.5	0.6	0.1	1

初始化每个样本隶属各个类别的概率，可以得到如表 6-11 所示一样的样本类别概率矩阵表。

表 6-11 样本类别概率矩阵表

	C_1	C_2
A	0.5	0.5
B	0.5	0.5
C	0.5	0.5
1	1	0
2	0	1

需要注意的是，每一行代表的概率和应该是 1，所以未知标签的样本属于各标签的概率应该是相等的。在本例中，即都应该为 0.5。但有时，第一轮计算时，并不希望未知标签的样本参与到计算过程中，所以未知标签样本的各样本概率可以都为 0，即如表 6-12 所示。

表 6-12 初始样本类别概率矩阵表

	C_1	C_2
A	0	0
B	0	0
C	0	0
1	1	0
2	0	1

本例为方便说明，未知标签样本的初始概率都视为 0。

开始迭代第一轮。

逐样本开始计算标签概率值，先从样本 *A* 开始，如图 6-59 所示。

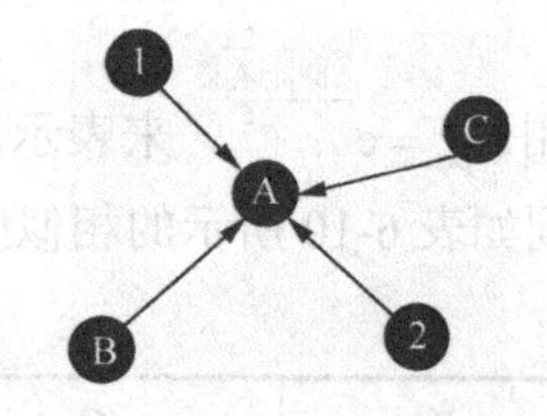

▲图 6-59　从样本 A 开始标签传播

样本 A 的初始概率是[0,0]，B 与 C 的标签概率值都是 0，所以可以忽略。样本 1 的标签概率值是[1,0]，查询相似度表可知样本 A 与样本 1 的相似度是 0.9；样本 2 的标签概率值是[0,1]，查询相似度表可知样本 A 与样本 2 的相似度是 0.8。所以样本 A 被传播标签概率后得到概率向量值为[1,0]×0.9+[0,1]×0.8=[0.9,0.8]，归一化成概率值，即为[0.53,0.47]。这时就得到了样本 A 被传播标签概率后得到的标签概率值。

如果采用同步标签更新法，此时应该更新样本标签概率表如表 6-13 所示。

表 6-13　更新后的样本类别概率矩阵表

	C_1	C_2
A	0.53	0.47
B	0	0
C	0	0
1	1	0
2	0	1

如果是异步更新法，样本标签概率表此时不更新，A 的标签概率依然是[0,0]。

接下来计算样本 B 的标签概率值。由于采用异步更新法，更新样本 B 的标签概率值时，样本 A 的标签概率依然保持[0,0]。此时，得到样本 B 的标签概率为[0.44,0.56]，如图 6-60 所示。

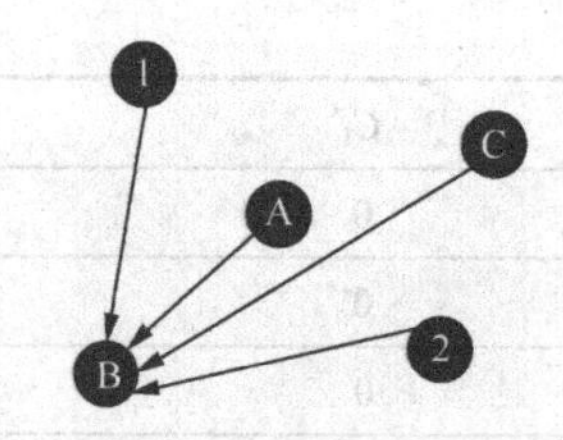

▲图 6-60　以样本 B 为目标的标签传播

同理，样本 C 的标签概率为[0.33,0.67]。

样本 1 和样本 2 虽然是已知标签，但它们依然可以参与到标签概率值更新的过程中。这里选择暂不更新已知标签的样本标签概率。

第一轮迭代结束。

如果采用的是异步标签更新法，此时更新样本标签概率表，如表 6-14 所示。

表 6-14 第一轮全部更新完成后的样本标签概率表

	C_1	C_2
A	0.53	0.47
B	0.44	0.56
C	0.33	0.67
1	1	0
2	0	1

开始第二轮迭代。

计算每个样本的标签概率时，要采用最新的样本标签概率表，同时要考虑所有 5 个样本（没错，包括每个样本自身）对某样本的最终标签传播影响。

……

一直迭代，直到所有标签概率值趋于稳定，以及所有样本的标签值趋于稳定。

（2）标签传播算法的几个问题。

标签传播算法是一种思路非常简单直接，同时非常实用的半监督学习方法。如果特征工程工作比较充分的话，标签传播算法往往会实现非常不错的效果，在自然语言处理、互联网产品的用户反馈系统建设等应用领域均是不可忽视的存在。

不过，在将标签传播算法用于线上时，有几个问题还是需要注意的。

第一个问题是关于样本标签传播的顺序问题。如果标签传播策略选用的是异步标签传播，那样本标签概率的计算顺序不影响最终的概率值计算结果。但如果标签传播策略选择的是同步标签传播，每更新一个样本的标签概率后，这个标签的标签概率就会影响到其他样本的标签概率，此时，样本的计算顺序就需要被考虑了。

常会用到的策略之一，是先计算各个未知标签的样本与所有已知标签样本的相似度的和，并从大到小排序，按照这个排序依次计算样本的标签概率分布，并影响排序靠后的样本的标签概率分布。

同步标签传播也会有一个问题，就是标签动荡。也就是说一些样本的标签值一直在变化动荡，无限循环，不可能收敛或稳定。此时，设定迭代的最大次数，是一个规避标签动荡的方法。

不论采用哪种传播策略，相比于监督学习或无监督学习，标签传播算法总的来说不是特别稳定。常常会随着随机性因素或是样本的计算顺序而有不一样的结果。在没有更多信息做参考时，也很难验证这些结果哪些是更可靠的。

6.6 调参

6.6.1 调参调的是超参数

6.5 节介绍了一些基于机器学习的模型，当然这些并不是机器学习模型的全部。但有一点是确定的：机器学习模型的样式种类与多种多样的业务种类是正相关的，它来源于业务问题数据化的抽象，同时也是以数据驱动业务发展的利器。

通过以上了解可以得知，机器学习模型并不是获取数据，输入模型，模型就可以自动得到业务需求的结果的。许多的机器学习模型都会带有超参数，而超参数是由人工控制计算参数过程的变量，这个值需要人工去输入。例如，KNN 算法中的 *K* 值，决策树先剪枝方法中的最大深度、叶子节点中的最多样本数量，人工神经网络中的步长，DBSCAN 算法中的ò和 minPts 等。所谓的模型调参，实际上调的就是这些超参值。

什么样的超参数是合适的超参数？

可以得到最优的评价效果，这是最重要的。例如：最合适的超参数，要保证分类模型的准确率与召回率足够高，没有过拟合，也没有欠拟合，一切都刚刚好；最合适的超参数，要保证回归模型的误差足够低，同时也不能有过拟合，泛化能力也要能够得到保证；最合适的超参数，要保证聚类模型的结果，其区分度要尽可能高，业务指导意义要足够强……

可以得到尽可能高的运算效率，这也是合适的超参数所应该达到的效果。例如，在 LR 模型或人工神经网络中，采用梯度下降法时，如果步长选择得足够小，最终确实可以找到极值点。若是步长过于小，就需要消耗非常长的时间和更多的计算资源，最终的效果提升则非常有限或几乎没有。在越来越讲究时效性的数据应用中，计算效率与模型效果常常需要根据业务的探索而进行权衡。

超参数合适与否不仅与模型有关，更多时候，它与数据规模、归纳偏置、目标函数等因素关系更大。“调参”确实是在保证最终模型效果时，非常重要的一步。

6.6.2　经验调参

长期做一些事，就会有经验，参考经验可以解决很多问题，当然包括调参。因此，作为一个数据分析工作者，不断去实战建模调参，不断去交流沟通，是非常必要的。尤其是相同行业内的专业人士的经验，具有非常大的借鉴意义。

一些模型由于被广泛使用，业内已经有了一些经验分享，也是可以借鉴尝试的。例如，有人说：GBDT 与 XGBoost 模型中，子树的最大深度不要超过 6。

6.6.3　简单模型

如果在确定的数据条件下，把模型看作一个黑盒，把超参数看作输入，模型的产出和运算效率看作输出，那选择合适参数，其实也可以抽象成一个最优化问题。最优化问题可以用模型来解决，那何不选择再建个模型来帮助调参？

看上去很美好。再建个模型用来调参，如果该模型中又产生一个新的超参数呢？再建个模型来调整这个用来调节参数的模型的超参数么？如果这个模型又产生一个新的超参呢？按照这样的逻辑进行，级联模型将是无穷无尽的。

所以在选择这个模型来帮助调参时，这个模型本身应该是简单的，是一个供分析者使用的模型，而通常不是一个机器学习模型。

网格搜索模型就是一种简单、实用、有效的用来调节超参的模型。

网格搜索的思想非常朴实：假设一个模型有多个超参数，首先确定这些超参数的取值范围，再将这些超参数的范围进行等份划分取点，将这些超参数的全部组合一一尝试，找到最合适的超参组合。

当然，如果超参数在均等划分时的超参数间隔太大，有可能会错失最优超参数点；如果均等划分时的超参数间隔太小，计算量就会非常大。超参数间隔成了网格搜索模型的超参。此时，常常采用多级网格搜索的方式逼近可能的合适超参取值。

多级网格搜索是指先将超参数间隔取得较大一些。当确定了基于此基础的合适超参，再在该超参取值附近二次划分超参数间隔。这次的超参数间隔相对于之前的超参数间隔要更小一些。依此类推，直到产出让分析者满意为止。

有些情况下，人们还习惯用直接随机搜索的方式来选择合适的超参。这种方式更加粗暴一些，就是随机地去“碰运气”。

不管用哪种搜索方式，每次验证结果时，都要重新训练并验证一次模型。因此搜索的迭代次数不应该太多。有时，为快速确定可能合适的超参，需要先对数据集进行抽样，专门抽离出一小部分样本，迅速建模并确定一组“大概”合适的超参。

除搜索的方式外，还有一些基于统计收敛思想寻找合适超参的方法，如被很多场景验证过的贝叶斯优化等，常利用一些已经尝试过的超参组合在数据样本上的均值与方差表现，来帮助确定下一步选择超参的方向与范围。感兴趣的读者可以自行查阅资料学习。

6.7 什么样的模型是好模型

6.7.1　模型选择

学习过这么多模型后，很多人都在想：有没有一个“一劳永逸”的方法，使得数据建模工作者只使用一个模型，便可以解决所有的数据驱动的业务问题？

在现有的条件下，这几乎是不可能的。其中主要原因在于，离不开本书经常啰唆的两句话：“好的数据胜于好的特征，好的特征胜于好的算法”和“数据和特征决定了机器学习的上限，而模型和算法只是逼近这个上限而已”。具体来讲，对于一个实际业务，不管是预计未来几天的气温，还是猜测用户未来几天会购买什么，再或是挖掘金融行为中的高风险失信客户，第一个可能遇到的情况就是数据数量的规模很大可能是很有限的，并不足以使历史经验得到充分的总结；另一个原因是即便经过了特征工程，一些有用特征被充分暴露，数据也无法反映与业务目标相关的全部特征。因为有这两点限制，所以模型隐含着一个对于应用的假设，即归纳偏置。不同的模型，归纳偏置也就不一样，因而模型之间并不具有完全的替代性。

关于模型选择，大体上满足这样一个基本规律：数据规模越大，数据特征的规模越大，模型就越复杂，参数就会越多。过于简单的模型用于大数据集上，欠拟合的风险就会非常高；过于复杂的模型用于小数据集上，过拟合的风险就会非常高。在 scikit-learn 的官网中，总结了数据集规模、任务类型与模型选择之间的经验关系，这是选择模型时非常有用的参考，如图 6-61

所示。

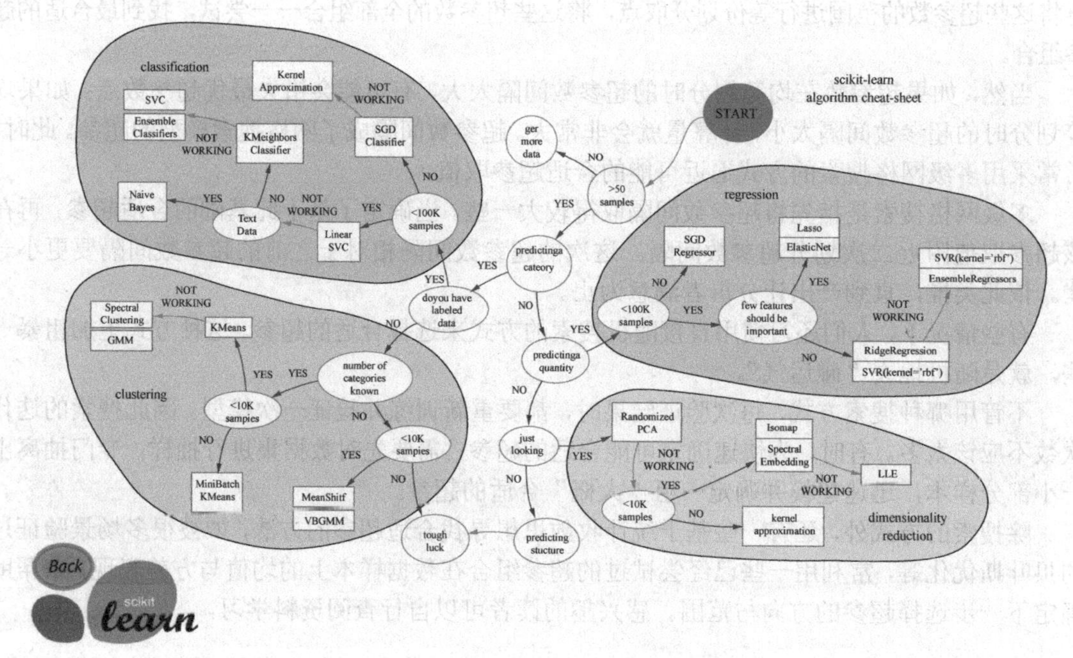

▲图 6-61　scikit-learn 官网中关于模型选择的建议

6.7.2　可解释性

1. 可解释性的内涵

除了像准确率、召回率、均方误差、方差、拟合能力、泛化能力等客观评价结果的指标外，可解释性近来也成为建模时被关注的模型特性。

一般来讲，用数据训练一个机器学习模型，这个机器学习模型就可以被当作一个“黑盒”，使用这个模型时，只需要关注输入与输出就可以了。但在很多场景中，人们在关注输入与输出的关系时，也非常关注产生输出结果的原因。例如，建立起一个医疗智能诊断模型，当输入一个人的各项身体机能指标后，它会输出身体的健康状态，以及如果身体状态不佳时，最可能患上哪种疾病。如果有一个参与者，使用该模型后，被诊断出身体状态不佳，近期最可能患上感冒。此时参与者自我感觉并无不适，想知道自己身体状态不佳是为什么，表现在哪里，如果模型可解释性不强，就得不到相应的衍生结论。

模型的可解释性也可以为接下来业务的提升与改进提供非常有意义的指导与借鉴。例如，如果通过一个金融风控模型准确高效识别出有金融欺诈意图的用户，模型的可解释性可以对接下来如何进一步保障服务安全，从哪里入手，采取措施后预计会有什么样的效果等都有非常可靠的指导与评价。

一些模型本身带有表达特征重要性的因子，如很多的树型结构的模型（决策树、随机森林、GBDT 等）、线性模型（特征参数的绝对值大小）、LR 模型等。这些表达重要性的因子可以提供一定的模型解释能力。

有些模型虽然不包含表达特征重要性的因子，但它的结构是透明的，可以通过解析模型结构，提炼输出的可解释原因。例如，KNN、很多聚类模型等。

像人工神经网络这样的模型，从结构上很难获得模型的可解释依据，它的可解释性就非常弱。这也是制约人工神经网络在结构化数据的业务中被进一步应用的一个很大原因。

2. 模型无关的解释方法——LIME

有没有一个通用的衡量模型可解释性的方法？

有。LIME 就是一种与模型没有关系的可解释方法。

LIME（Local Interpretable Model-Agnostic Explanations）是用样本特征附近范围的局部特征标识来描述模型产出的原因。因为是与模型无关的（也就是可以解释任何模型得出结果的原因），LIME 方法并不会深入到模型的内部结构。

LIME 给模型提供准确性的方法，可以总结为以下几步。

（1）选择需要被解释的样本。

（2）对该待被解释样本的输入特征进行微小的振动，得到一些新的数据样本。

（3）将这些新的数据样本输入到模型中，得到预测值、预测分类等输出结果。

（4）对这些新的数据样本求出权重。权重是这些数据样本与待被解释的样本数据之间的距离表示，距离越近，权重越大。常常用指数函数的负距离指数来表示权重。

（5）根据新的数据特征、新的预测值、数据样本的权重，训练出一个线性模型、LR 模型等具备较强可解释性的模型，用该模型对该被解释样本进行解释。需要注意的是，该可解释性的模型仅对该样本有限，并不能用该模型解释其他样本。

如图 6-62 所示，X 样本为待被解释样本，细虚线代表分类边界，其他样本点均为 X 样本各个特征扰动后的新样本点，这些点被模型分成两类，基于这两类样本点和它们的权值，回归得到图中粗虚线代表的线性分类边界。可以用该线性分类边界来解释 X 样本点的分类原因。

可见，使用 LIME 方法也可以使人工神经网络具备一定的模型解释能力。

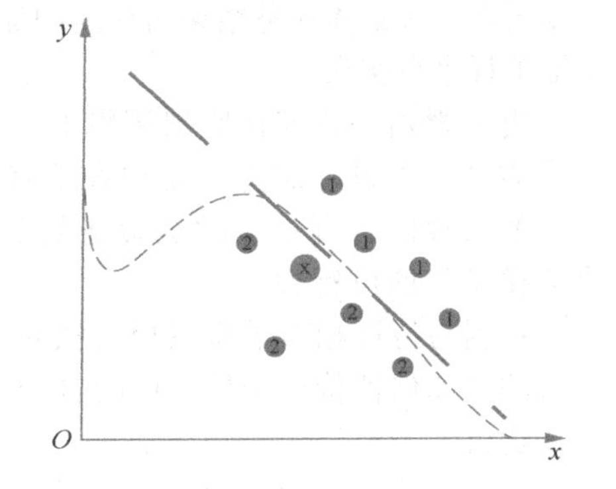

▲图 6-62 LIME 方法得到的局部线性可解释

6.7.3 奥卡姆剃刀原理

在本章介绍模型之初，就提到过奥卡姆剃刀原理。“如无必要，勿增实体”，这是奥卡姆剃刀原理的全部。奥卡姆剃刀原理可以指明在一定的数据规模与特征规模的条件下，确定一个最简单的归纳偏置的标准。这些归纳偏置成了构成模型形态的最根本依据。上文介绍过一些奥卡姆剃刀原理在构成模型时的一些具体化假设规则，这里进行一个小小的复习。

最近邻居：假设在特征空间中的一个小区域内大部分的样本是同属一类，给一个未知类别的样本，猜测它与它最紧接的大部分邻居是同属一类。这是用于最近邻居法的监督学习、无监督学习与半监督学习偏置。这个假设是相近的样本应倾向同属于一类别。

最大条件独立性：即最佳的分类结果应该是符合样本特征条件下的最大概率结果。如果业务场景中的离散化特征比较显著，并能转成贝叶斯模型架构，则可以试着使用最大化条件独立性。朴素贝叶斯分类器的偏置正基于此。

最大边界：当要在两个类别间画一道分界线时，边界的宽度最大化的分界是最佳分界。这是用于支持向量机的偏置，它假设不同的类别是由宽界线来区分。

加权最大边界：基于最大边界，将各个分类的样本数量当作边界宽度的加权影响因子。在样本数量不均的场景中，可以尝试基于此假设建模。

除了在构成模型时提供支持，在选择模型时，奥卡姆剃刀原理依旧是一个非常重要且有效的参考。

试想一下，从获取数据，再到根据这些数据训练模型，并输出结果，其中导致模型输出特定结果发生的原因可能来自哪里？可能来自数据携带的信息，也可能来自在特征工程时做过的处理，还可能来自模型本身带有的归纳偏置。

如果一个对数据科学与数据处理原理不是很明白的人，或者是一些模型的探索者、业务的实践者，看到了模型的运行机制，强行修改模型，这等同于在这个数据信息处理的过程中，加入了除数据规律、特征工程提取、模型归纳偏置之外的其他信息。例如，在 CART 决策树模型中，某建模人员把按照基尼系数减少最多的决策特征排列，强行变换了其中两个中间节点的特征位置，这就人为地加入了对特征重要程度的判断。当然，如果建模人员有非常确定的把握，经过了改造的模型也是有可能表现出更好的泛化能力的。但考虑到很多情况，人总是经不住拍脑袋做决定的冲动，强行改造模型都是一种业务上的尝试，改造后的模型基本没有复用性。对整体业务结果与性能的提升程度，其实不如好好研究怎么选择样本，怎么进行特征工程来得实在。

奥卡姆剃刀原理在底层逻辑上对没有根据就随意修改模型的行为说了“不”，即使是为了尝试。不过，这并不是说在选择模型时不应该尝试，而是说可以尝试验证各种模型隐含的假设的合理性，尝试验证某个特征工程环节的有效性，而不应该尝试验证“任意改造模型”的可行性。

数据与特征相对于模型相对独立，所以基于奥卡姆剃刀原理应用于模型选择时，主要考虑的是如何评价一个模型中隐含的假设。对于这个假设，奥卡姆原理可以给出以下一些具体建议。

最小描述长度：即当构成一个假设时，应该去最小化其假设的复杂度。

最少特征数：除非有充分的证据显示一个特征是有效的，否则它应当被删除。包涵该特征的假设也应该被降低优先级。

最小交叉验证误差：当试图在假设中做选择时，挑选那个具有最低交叉验证误差的假设。应用这些标准，对比模型的表现，就可以在一定的数据规模、一定的特征规模的条件下，选择一个较为合适的模型了。

6.8 迁移学习与强化学习

6.8.1 迁移学习

1. 迁移学习的概念

在机器学习的各种使用场景中，标注是建模过程中非常重要的根据。即便是无监督学习，在建模时也是以找到各个样本在表现上的差异性，再进一步以标注的形式区分。

标注虽好，但获取标注是需要成本的。一方面，标注一般需要由人工标定，人工标定就免不了付出时间成本和经济成本；另一方面，随着时间的推移，数据分布情况可能会发生改变，数据规律可能也有变化，以前确定的标注，因此很有可能会过期失效。这样就需要及时更新标注，就要再一次投入时间和精力。

有没有一种办法，能较长期地充分利用这些花了精力确定的标注，又保证新任务的模型精度呢？

有，迁移学习就是为解决这类问题而进行的研究。

迁移学习是将使用某种业务数据构造的模型，用于另一种相关业务中，以达到解决其他相似业务问题的目的。迁移学习可以将一种业务中的知识，应用于其他场景，让机器学习也可以“举一反三”。

2. 迁移学习的重点

迁移学习中有两个重要的概念：域和任务。

域是指某个特定时刻下的特定分析领域。例如同一时刻下，某电商网站的用户评论和某外卖网站的用户评论，就可以视为两个域；同一电商网站今年所有的用户评论与去年所有的用户评论也可以被视为两个域。迁移学习中，域又分源域和目标域，源域就是被迁移的域，目标域就是将源域知识迁移到的应用域。

任务就是要做的事情，与本书多次强调的业务的概念类似。例如挖掘用户评论中的情感因素，就是一个任务。

迁移学习就是在不同的域或不同的任务之间，复用某些知识的学习过程。在研究迁移学习时，有三个问题是需要被注意的。

第一个问题是用什么迁移。即不同域或不同任务之间，有哪些共有的知识可以用来学习。

第二个问题是如何进行迁移。即如何设计合适的算法或模型，迁移共有的知识。

第三个问题是何时进行迁移。即分析迁移算法在什么条件下可以得到较好的应用，以及应用迁移算法后会不会产生负面效应，使得原本表现很好的任务在迁移后也表现不佳。迁移算法应用后带来的负面效应常被称为负迁移问题。

3. 迁移学习的方式

（1）基于实例的迁移学习。

基于实例的迁移学习研究的是如何从源域中挑选出对目标域的训练有用的实例样本，让源域实例样本特征分布接近目标域的实例样本特征分布，进而在目标领域中建立一个分类精度较高的，并且相对可靠的学习模型。

例如某电商网站，在城市A的用户群体中，少年、青年、壮年、老年用户的比例是2∶3∶2∶1。网站在城市A上线了一套推荐系统，使用了用户近两年的行为数据建模，并以用户当前属性与行为作为特征，上线运行良好；该网站在另一个城市B刚刚上线，缺少历史数据积累，所以无法充分使用该推荐系统。该地区所有用户里，少年、青年、壮年、老年用户的比例是4∶1∶1∶1。要实现基于实例的迁移学习，就是将城市A的不同年龄阶段的用户，按照城市B的不同年龄阶段比例进行配比。即，将城市A的少年、青年、壮年、老年用户按照4∶1∶1∶1的比例搭配，并构建模型，应用于城市B。当然，实际迁移时，考虑的特征不会是如此单一，而更可能是复合特征。

（2）基于特征的迁移学习。

基于特征的迁移学习可以再细分成基于特征选择的迁移和基于特征映射的迁移。

基于特征选择的迁移学习关注的是如何找出源域与目标域之间共同的特征标识，然后利用这些特征进行知识迁移。

例如，要将某电商网站的推荐系统应用于某在线外卖平台，就可以考虑将该电商网站推荐系统用于建模的特征，如用户基本信息（年龄、职业等）、用户历史购物特征（购物频率、近一个月下单种类最多的商品类别等），应用于该在线外卖平台。

基于特征映射的迁移关注的是如何将源域和目标域的数据从原始特征空间映射到新的特征空间中，即将源域特征与目标域特征均抽象成同样表述的特征。在这个新的特征空间中，源域数据与目标域的数据分布可以得到很大程度的兼容，从而可以在新的空间中，更好地利用源域的有标注数据样本进行训练，最终对目标域的数据进行模型应用。

例如，某新闻资讯App用户的活跃频率是平均每天打开一次App，另一在线读书App用户的活跃频率是平均每周打开一次App，进一步发现，前者以天为粒度统计用户活跃概率与后者按周为粒度统计用户活跃概率，得到的概率分布曲线非常近似。此时，如果要建模做推荐系统或是其他数据应用，可以提炼出“周期活跃频次”这一特征，新闻资讯App以天为单位统计，在线读书App以周为单位统计。如果要把已经成熟的新闻资讯App的推荐系统用于在线读书App，按照“周期活跃频次”训练的新闻资讯App推荐系统（在保持其他特征也高度一致的前提下）直接应用于在线读书App线上，可以得到比冷启动显著得多的在线推荐效果。

（3）基于共享参数的迁移学习。

基于共享参数的迁移学习，主要研究如何找到源域数据和目标域数据的模型之间的共同参数或者先验分布，从而可以通过进一步不太复杂的处理，达到知识迁移的目的。

比较典型的例子是关于图像识别的迁移学习建模。如果通过某种深度学习网络模型训练了一个识别图片内容是猫还是狗的分类模型，要把该模型运用于识别区分狼和老虎，就可以将识别猫、狗的模型直接拿来训练或使用。由于深度学习模型的训练一般情况下需要消耗大量的计算资源，这种情况可以借助一个模型的参数，在新任务需要的模型构建过程中达到节约计算资源，同时快速收敛的效果。如果源域与目标域的数据样本特征分布高度相似，新任务中的模型在没有任何训练的情况下，甚至就可以得到一个比较不错的结果（当然，训练样本还是多多益善）。

6.8.2 强化学习

1. 强化学习的概念

在监督学习与无监督学习建模的过程中，所用的全量数据集是确定的。要构建一个分类模型，那么在构建该模型前，所有数据都一定是稳定的，不再变化的；要构建一个聚类模型，同样地，在构建该模型前，所有的数据也一定是稳定的，不会在启动建模时新增、减少或修改某些数据样本。在这些情况下，样本空间是有限的、稳定的。

现在很多的实时在线系统，也会采用一些诸如在线学习的建模方式。虽然是在线学习，但建立核心预测模型时，或是实时获取特征，应用一个已经训练好的模型；或是在训练模型不是很耗时的情况下，实时获取数据并提取特征，实时训练模型，每次训练好的模型都是独立的，模型之间没有依赖关系。对于每个模型来讲，构建模型的训练数据是确定的，当模型被建立好后，训练数据的变化就不会影响到模型了。

强化学习是一种即时交互、即时训练的模型构建方式。它确定了一种即时获得数据，再即时训练模型；再即时获得新的数据，再即时接着刚刚的模型训练过程输入新的数据进行训练……周而复始……

强化学习是一种连接感知环境、做出动作、接受反馈、调整动作等一系列环节的学习机制。细细品味强化学习的内涵，可以非常近距离地感受到一些“智能”的味道。

2. 强化学习的运行机制

强化学习需要将感知环境、做出动作、接受反馈、调整动作等一系列行为高度连接，在当下现实世界中实现这样的场景非常困难。好在人们还是找到了一片强化学习应用的沃土——游戏。在游戏世界，所谓的环境就是游戏中的地图、人物、行为等，动作在设计游戏时已经被完全定义，反馈也是可以以数据化的形式即时得到，调整动作同样也是计算机建模的过程……下面就以游戏 Flappy Bird 为例，如图 6-63 所示，说明强化学习的几个抽象构成。

▲图 6-63 Flappy Bird

在强化学习模型应用于该游戏时，强化学习的输入是游戏中每一个实体的位置的信息流，即每一个时刻小鸟的位置、拦截物的位置、地面的位置等，以时间序列组织的数据流。当然，解析游戏中这些实体的位置也需要比较繁杂的处理手段。所以在大多数场景中，常常不会将这些信息提前解析好，而是将游戏中的一帧帧画面输入一个深度神经网络中，通过深度神经网络隐含地表现出这些游戏中的实体的信息。

强化学习可以分为4个组成部分，即状态（State）、动作（Action）、策略（Policy）、奖励（Reward）。强化学习的目的，是训练一个可以适应环境的智能体。

状态就是智能体接触到的环境信息。在本例中，每一帧游戏画面即智能体可以接触到的所有环境信息，故而每一帧游戏画面可以解析得到的数据表达即为状态。

动作就是智能体可以做出的反应。在该游戏中，智能体的反应就是对小鸟的控制，只有两种，即按下按键，让小鸟跳跃一次；或是不按按键，让小鸟保持原状态自由运动。

策略就是智能体根据当前状态采取下一步动作的函数关系。在本例中，策略可以表征成一个概率关系，即每一个状态下，把按键与不按键的概率当作策略的表示。

奖励就是智能体对于动作的反馈。在本例中，如果处于图6-63所示的状态，并且没有按键动作，最终小鸟成功穿过了阻挡物，那就需要在策略上，提高该状态下不发生按键动作的概率；如果相反，处于图6-63所示的状态，并且没有按键动作，最终小鸟没有成功穿过阻挡物，那就需要在策略上提高该状态下发生按键动作的概率。一般情况下，每过一段时间，智能体都会从环境中得到一个反馈。在本例中，小鸟通过阻挡物就是一个正反馈，小鸟没有通过阻挡物或落在地上就是一个负反馈。如果一个正反馈出现，就要给该正反馈出现前所有状态下的每一个动作都进行加强，而越是接近正反馈出现的时刻，加强的强度越大，越是远离正反馈出现的时刻，加强的强度越小；如果一个负反馈出现，就要给该负反馈出现前所有状态下的每一个动作都进行减弱，越是接近负反馈出现的时刻，减弱的强度越大，越是远离负反馈出现的时刻，减弱的强度越小。每次调整都只调整该反馈出现前到上一个反馈出现后的这段时间的动作策略。

强化学习就是这样的一种智能体与环境不断交互的学习机制。智能体通过感知环境，解析出可以表示的状态，根据一定的策略，做出一定的动作，环境对该动作产生的奖励（正负奖励）再反馈给智能体，智能体获取奖励后，根据奖励再调整策略，进一步影响动作，最终达到适应环境的目的，如图6-64所示。

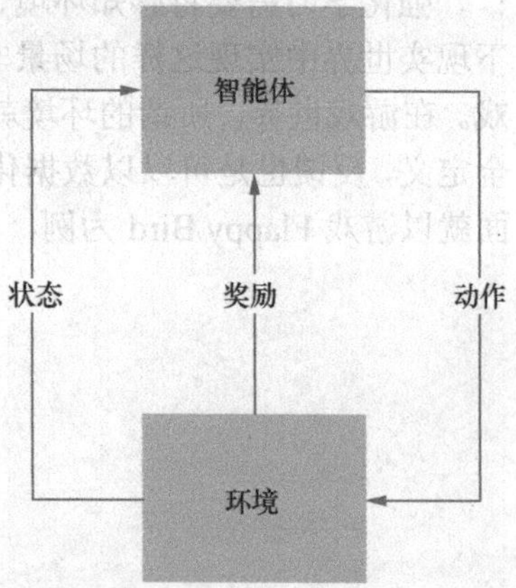

智能体

状态 奖励 动作

环境

▲图6-64 强化学习机制示意图

3. 强化学习的重要特点

要想使小鸟“活得尽可能久”，或更宽泛地说，想让强化学习的效果达到一个让人满意的程度，需要的训练时间会特别得长。其中有两个最主要的原因，这两个最主要的原因，也是强化学习最重要的特点。

第一个原因，是强化学习的即时交互，即时训练机制。因为这种机制，智能体接触到的数据是源源不断的，一直在更新的。从整个训练的过程中来看，理论上的数据量是无限多的。

第二个原因，是强化学习的弱归纳偏置特性。在认识监督学习或无监督学习时，都会引入一个非常强的归纳偏置。这些归纳偏置是各个模型不可或缺的一部分，它们从一开始，就对有什么样的输入，有什么样的输出有一个最基本的假设。而在强化学习中，归纳偏置是非常弱的，甚至很多时候都感觉不到归纳偏置的存在。因为如此，要想在近似无限的空间中找到最优点是极其困难的，需要一步一步试，一点一点来。很弱的归纳偏置，意味着最优点可能出现在整个参数空间的任何位置。这也就需要在训练这个智能体的过程中，拿出更多的耐心。

6.9 本章涉及的技术实现方案

充分利用搜索引擎，结合一门熟悉的编程语言，几乎可以实现本章提到的大部分模型。不过，模型本身是业务问题的抽象，它是服务灵活的业务的。对不同的业务，可能有不同的业务抽象，模型可能会有被调整、改造或创造的需求，因而可能会有更多的形态。不过，基本的函数模型可以从以下的一些方案中得到较为快捷的落地实现方式。

6.9.1 Python

提到 Python 的机器学习建模工具，就不得不提 scikit-learn。scikit-learn 是可以把“之一”去掉的最流行的 Python 机器学习建模工具。它依赖 NumPy 等提供的基础数据结构，封装了包括大部分的监督学习与无监督学习模型。近几年还将神经网络模型加入模型库，大大扩展了它的使用范围。

如图 6-65 所示，在 scikit-learn 官网中，将各种模型分门别类，非常方便学习与使用。

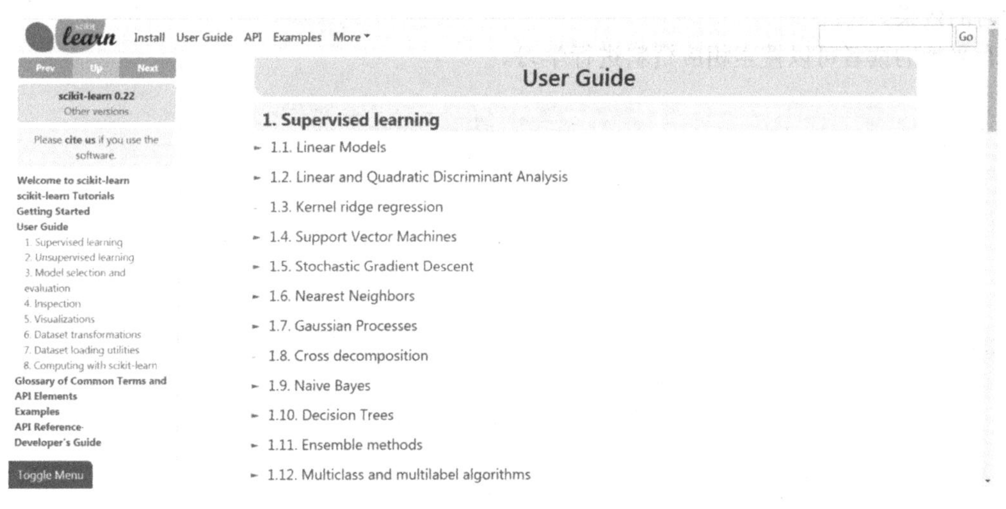

▲图 6-65

DecisionTreeClassifier is a class capable of performing multi-class classification on a dataset.

As with other classifiers, DecisionTreeClassifier takes as input two arrays: an array X, sparse or dense, of size [n_samples, n_features] holding the training samples, and an array Y of integer values, size [n_samples], holding the class labels for the training samples:

```
>>> from sklearn import tree
>>> X = [[0, 0], [1, 1]]
>>> Y = [0, 1]
>>> clf = tree.DecisionTreeClassifier()
>>> clf = clf.fit(X, Y)
```

After being fitted, the model can then be used to predict the class of samples:

```
>>> clf.predict([[2., 2.]])
array([1])
```

Alternatively, the probability of each class can be predicted, which is the fraction of training samples of the same class in a leaf:

```
>>> clf.predict_proba([[2., 2.]])
array([[0., 1.]])
```

▲图 6-65 scikit-learn 官网（续）

除 scikit-learn 以外，用于大多数最优化思想建模的模型都可以通过 PyTorch、TensorFlow（及其封装 API 版 Keras）实现。这当然也包括以最优化思想为理论基础的神经网络与深度神经网络。PyTorch 和 TensorFlow 通常还支持 GPU 加速，如果有条件的话，不妨试试。

如果读者通过不断地学习，了解到更多流行的、灵活的模型包，只需要自行在搜索引擎上尝试查找，大多数还是比较容易被找到的。

6.9.2 大数据

现在很多的开源大数据工具或大数据方案平台也都提供支持机器学习建模的组件。如 Hadoop 体系内的 Mahout，Spark 平台下的 Mllib 等都是比较流行的选择。上文讲到的阿里云的 PAI 平台也提供了非常丰富的建模组件，可以实现图形组件建模，达到 0 代码实现大数据机器学习的效果。

有兴趣的读者可以搜索相应资料进行学习。

第7章　结果评价

7.1 分类模型的结果评价

如何评价模型的表现结果，这是研究一个完整的由数据驱动的系统的最后一步。

任务类型不同，评价方式也会有所不同。接下来分别讨论分类、回归、聚类、关联任务的模型评价指标。

需要注意的是，这里的评价指标是用来评价模型的结果的，但这样的结果是不是与业务完全契合，这需要进一步讨论。有时，在一个分类任务中，得到了非常高的 F-Score，但业务评价却不是很高。这一方面与将业务的好坏评价转换为模型的好坏评价时两者有所差异有关，另一方面也与正负样本标注的评价标准时而松、时而严有关。例如，一个检测连续视频流中是否出现车辆的任务，如果模型上可以得到比较高的 F-Score，但客户却一直抱怨有些车辆不能被该系统及时发现。这就说明模型的数据结果是比较好的，但召回率是低于客户的预期的。前者说明了模型的数据结果，后者说明的是该系统的业务结果。两者虽然有很强的相关性，但不常会完全一致（尤其是面向政府、企业客户时更是如此）。

本章关注的是模型的结果评价，尤指函数模型的结果评价。

7.1.1　正样本与负样本

一个分类任务，目的是给定一些特征后，通过该任务得到这个特征的样本对应于哪个类别。例如，给定一个银行顾客的身份特征与行为特征，判断他是不是一个将来会出现金融逾期行为的客户；给定一个账号的静态特征和与某些网站的交互行为特征，判断该账号是不是被盗账号；给定一个用户的基本信息特征与行为特征，同时给定一个商品的基本信息特征、购买记录特征以及与该用户的关联特征，判断该用户是不是会购买该商品……为解决这些分类任务，通常就会根据历史数据训练分类模型，输出这些特征下最可能对应于哪个类别。纯粹从模型的角度来说，每个类别都应该被同等对待。但业务上可不这么看。业务上对不同的类别，其关注点是不同的。例如，在判断一个银行顾客是不是将来会出现金融逾期行为，银行方面一定会更加关注真正可能会出现金融逾期行为的客户，而对将来不太可能会出现逾期行为的客户则没那么关注；判断某账号状态是不是被盗状态，网站的数据分析师也一定更加关注更可能被盗的疑似账号，而如果是正常账号，该业务并不是特别在意……

因为在业务上对不同的类别有了差别化的对待，各个类别下的数据样本得到的关注程度也就有所不同。常常把在业务上更加关注的类别及其对应的数据样本，称作正样本；把业务上并非重点关注的类别及其对应的数据样本，称作负样本。

在上例中，发生逾期行为的客户数据、被盗账号的样本数据、用户与购买商品的组合都是正样本；未发生逾期行为的客户数据、非被盗账号的样本数据、用户与未购买商品的组合都是负样本。

正样本在建模时会得到更多的关注度，在评价模型表现时；也必须要考虑到这些业务传递过来的重要参考。

7.1.2　混淆矩阵及其衍生指标

1. 混淆矩阵

混淆矩阵其实是一个表格。

一个分类任务的标注种类可能有很多种，为方便说明演绎，当前假设一个分类任务的标注种类只有 2 种，业务上重点关注一种类别，用标注 1 表示，另一种类别用标注 0 表示。即标注为 1 的就是正样本标注为 0 的就是负样本。

在构建模型后，将某一数据集中的所有的数据输入到该模型中，每个样本都会得到一个模型判断的标注。此时，对数据集的标注结果进行统计，以样本真实标注作列，模型输出值作行，如表 7-1 所示（表格中的数字仅是示例）。

表 7-1　真实标注与模型输出的统计关系表

	样本真实标注：1	样本真实标注：0
模型输出值：1	78	4
模型输出值：0	2	916

这样的样本真实标注与模型输出值的组织形式就是混淆矩阵。在模型矩阵中：

模型判断是正样本（1），并且模型预测对了（1），真实标注也是正样本，这类样本的数量被记作 TP；

模型判断是负样本（0），并且模型预测对了（1），真实标注也是负样本，这类样本的数量被记作 TN；

模型判断是正样本（1），并且模型预测错了（0），真实标注是负样本，这类样本的数量被记作 FP。这类样本也被称为误报样本，对应于统计学上的第一类错误样本；

模型判断是负样本（0），并且模型预测错了（0），真实标注是正样本，这类样本的数量被记作 FN。这类样本也被称为漏报样本，对应于统计学上的第二类错误样本。

以上例中，TP 是 78，TN 是 916，FP 是 4，FN 是 2。

2. 混淆矩阵的二级衍生指标

通过混淆矩阵，可以得到评价分类模型的几个基础评价指标（二级指标）。这些指标中，最重要的指标罗列如下。

准确率（Accuracy）：准确率是模型整体的分类结果准确性衡量（包括正样本与负样本）。它的计算方式为：$\text{Accuracy} = \frac{TP + TN}{TP + TN + FP + FN}$。一言以蔽之，就是模型判别正确的样本数量的百分比。在以上示例混淆矩阵中，准确率是 $\frac{78+916}{78+916+4+2}$=99.4%。

精确率（Precision）：精确率是模型对正样本的分类结果准确性衡量，它指所有被分类为正样本的样本中，判断正确的比例。它的计算方式为：$\text{Precision} = \frac{TP}{TP + FP}$。在以上示例混淆矩阵中，精确率是 $\frac{78}{78+4}$=95.1%。

召回率（Recall）：召回率也被称作灵敏度（Sensitive），或是真正率（True Positive Rate，TPR）。召回的意思为业务上关注的样本，被模型成功找到。召回率就是被成功找到的正样本占所有真实正样本的比例。它的计算方式为 $\text{Recall}=TPR = \frac{TP}{TP + FN}$。在以上示例混淆矩阵中，召回率是 $\frac{78}{78+2}$=97.5%。

假正率（False Postive Rate，FPR）：假正率是召回错误的样本数量占正样本的数量的比例。它的计算方式为 $FPR = \frac{FP}{TP + FN}$。在以上示例的混淆矩阵中，假正率是 $\frac{4}{78+2}$=5.0%。

接下来，还是以金融逾期行为用户挖掘为例，简单说明这几个指标的业务含义。在这之前，不妨将表 7-1 所示的矩阵改成如表 7-2 所示的混淆矩阵（当然，实际业务中，各项指标很可能与此例中不一致）。

表 7-2 金融逾期行为的混淆矩阵

	真实逾期用户	真实非逾期用户
模型预测逾期用户	78	4
模型预测非逾期用户	2	916

准确率高意味着什么？这个比较容易被想到，就是综合判断逾期客户或非逾期客户，可以得到不错的判断准确程度。

但在业务里，要将模型的产出应用起来，更关注的是模型判断为“逾期客户”的这部分样本和真实的“逾期客户”样本。模型判断为“逾期客户”有 82 条数据样本，真实的“逾期客户”有 80 条数据样本。模型给了 82 个逾期客户判断，如果要对这些客户采取如限制贷款额度的措施，就要评估采取措施带来的风险。可以知道精确率是 95.1%，这意味着这 82 条样本中，真正有逾期风险的客户占到 95.1%（精确率）。可见，这个精确率比起准确率来说，对业务的指导意义更强。

召回率怎么解释？在本例中，召回率是 97.5%，这意味着，通过模型给出的 82 条数据中，已经可以覆盖 97.5%的真正有逾期风险的客户了。该模型对真正有逾期风险的客户群体来说可谓是“致命打击”了，这个群体中有 97.5%的人“难逃该模型的掌心”。

在本例中，模型的精确率从银行的角度给出了效率衡量，召回率从逾期客户群体给出了影响程度衡量。两者可以比较全面地说明一个模型对业务主体与业务关注客体的效用大小。

3. F-Score

精确率（或准确率）与召回率两者常常是需要配合使用衡量模型的性能表现的。可否只依赖其中一个指标？

答案：最好不要这样。

接下来举个例子来说明原因。

如果有 1000 个客户数据样本，其中有 10 个高逾期风险客户。假设有 3 个模型，它们的表现和预测结果如下。

（1）模型一是一个简单得不能再简单的模型，该模型就是认为所有客户均是非逾期客户。此时，没有精确率的衡量，但发现它的准确率高达 99.9%！读者应该知道，如此高的指标，其实根本没有意义。此时，发现该模型的召回率是 0%。这意味着该模型对真实的高逾期风险客户几乎不产生什么影响。

（2）模型二正确召回了 1 个高逾期风险客户，其他 999 个样本均判断为非逾期用户。此时，精确率达到 100%，所谓的“一打一个准”。但只召回 1 个高逾期风险客户，其他 9 个高逾期风险客户还在“逍遥法外”，召回率只有 10%，对实际上的高逾期风险客户的效用并不是太高。

（3）模型三也是一个非常简单的模型，该模型认为所有客户均为高逾期风险客户。此时，10 个真正的高逾期用户全部被召回，召回率高达 100%。同时，精确率却只有 1%。这意味着银行需要花极高的成本在并非会逾期的客户身上，极大影响工作效率。

可见，精确率与召回率两个指标，不能光看其中任意一个而忽视另一个。有没有一种方式可以将两个指标统一起来呢？

当然有。这个指标就是 F-Score，它由精确率与召回率合成，所以可以被视为混淆矩阵的一个三级指标。它的计算方式为：$\text{F-Score}=\frac{2*Precision*Recall}{Precisoon+Recall}$。

该指标兼顾了精确率与召回率分别所关注的业务面考量，是一个更加综合的指标。如果 F-Score 很高，则精确率和召回率一般都会比较高。

在以上 3 个模型中，F-Score 分别是 0、0.18、0，都比较小，也正说明了以上 3 个模型的综合表现其实是不佳的。

7.1.3 ROC 与 AUC

很多分类模型得到模型产出的类别判断时，都是通过一个连续数值转换得到的。例如在 LR 分类模型中，最终通过 sigmoid 函数输出的是一个在 0～1 的取值，再通过一个设定的阈值（如 0.5），通过大于或小于该阈值来映射 sigmoid 函数输出的连续数值到两个类别值。又如贝叶斯模型、树型结构的模型、归一化的人工神经网络等，都可以得到某特征下该样本属于各个类别的概率值，通过这个概率值来判断该样本属于哪个类别。

对于一个二分类任务，把连续数值转换为表示两个类别的 0 与 1（1 表示正样本），就需要一个人工设定的阈值来作为分类边界。人们常常会选择 0.5 作为这个阈值，但这个阈值可以不只限于 0.5。事实上，一般情况下，如果这个阈值取得比较大，则精确率会比较高，而召回率比较低；如果这个阈值取得比较小，那么召回率就会比较高，精确率就会比较低。

那么这个阈值该怎么确定？选择不同的阈值模型的表现有什么样的差异？

通过 ROC 曲线可以看到不同阈值设定下的模型的表现差异，不仅可以综合表现模型的稳定性，还可以帮助在成本与效果之间，做出最佳的阈值决策。

接受者操作特征（Receiver Operating Characteristic，ROC）曲线是这样的一条曲线：假设一个模型输出了所有 *N* 个样本的属于正样本的概率，以每一个样本的概率分别作为分类阈值，针对每个阈值分别计算 FPR 和 TPR。以这些（*N* 个）FPR 为横坐标轴，TPR 为纵坐标轴，并以 FPR 升序的方式，连同(0,0)点和(1,1)点，可以绘制一个由 *N*+2 个点（可能有重合）构成的曲线，这个曲线就是 ROC 曲线。

举例来说，如表 7-3 所示，有 20 个样本点。第一列代表序号；第二列是样本的真实标注，*P* 代表正样本，*N* 代表负样本；第三列是模型输出的该样本属于正样本概率。

表 7-3 各样本的标注与正样本概率

序号	标注	正样本概率
1	P	0.90
2	P	0.80
3	N	0.70
4	P	0.60
5	P	0.55
6	P	0.54
7	N	0.53
8	N	0.52
9	P	0.51
10	N	0.50
11	P	0.40
12	N	0.39
13	P	0.38
14	N	0.37
15	N	0.36
16	N	0.35
17	P	0.34
18	N	0.33
19	P	0.30
20	N	0.10

接下来开始逐一为样本指定阈值（也被称为截断点）了。从概率值最高的开始，指定一个阈值为 0.9，那么只有第一个样本（0.9）会被归类为正样本，而其他所有样本都会被归为负样本。因此，对于 0.9 这个阈值，可以计算出 FPR 为 0，TPR 为 0.1，那么在坐标系里就可以先标出（0, 0.1）点，该点一定会在 ROC 曲线上。依次类推，选择不同的阈值，画出全部的标记点，再依顺序连接这些标记点，即可以得到完整的 ROC 曲线了。最终的 ROC 曲线，如图 7-1 所示。

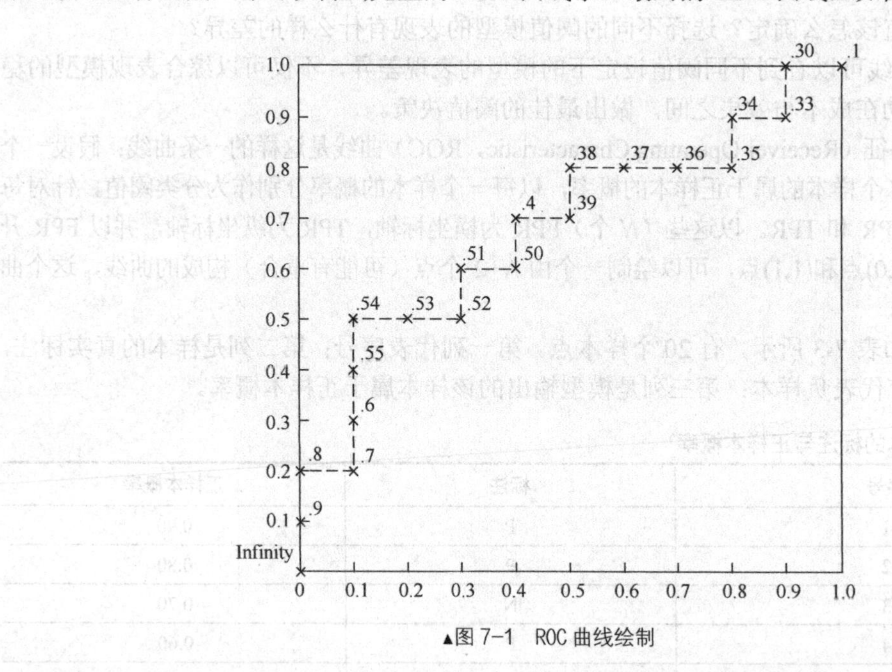

▲图 7-1　ROC 曲线绘制

对于一个优秀的模型，该曲线应该是向左上方靠近的。这也比较容易理解：当 FPR 逐渐变大时，最理想的情况是 TPR 维持在 100%。该曲线下方的区域面积越大，该曲线就越向左上方靠近，所以，这个曲线下方区域的面积，就成了衡量模型性能的重要指标。这个面积就是曲线下面积（Area Under Curve，AUC）。

AUC 越大意味着什么？

AUC 越大，意味着正样本概率大的样本大多都是真实的正样本，正样本概率小的样本大多都是真实的负样本，显然 AUC 越大的分类器是越好的分类器。

上文说到了 ROC 曲线与模型稳定性的关系。什么是模型的稳定性？在训练样本时，训练集中的正负样本比例是固定的。但将模型应用于线上时，一段时间内的正负样本比例可能会表现出一定的差异性。非常常见的是，有的时候正样本数量不足，会考虑采用过采样，增加训练集正样本数据的数量；有的时候正负样本比例非常不协调，会考虑采用过采样或欠采样的方式平衡样本比例。但这样做也意味着训练样本的正负样本比例与线上数据的正负样本比例出现差异，训练集中的精确率（准确率）、召回率用于线上就会有偏差。而正负样本变化时，同一个模型的 ROC 曲线是不变的，这意味着，如果 AUC 越大，ROC 曲线越向左上方靠近，当正负样本比例出现一定程度的变动时，模型总体的精确率（准确率）、召回率会保持一定的稳定性。

有的时候，在选择模型时，AUC 这个指标要比精确率、召回率得到更多的“照顾”：模型性能可能会有损失，但得到了更稳定的性能，更明确的预期。

7.1.4 提升图

评价一个模型的效果时，还有一个分析方式是从提升率的角度分析模型的效用。提升率是评估一个预测模型是否有效的一个度量，该值由运用模型和不运用模型所得来的结果取比值而得到。提升图（Lift Chart）就是按照不同的取样比例，将提升率绘制成图表的表现形式。

举例来说，如果一个 App 有 2000 个用户，现在要向其中一些用户投放广告，并希望用户可以点击广告链接进行浏览。如果向所有 2000 个用户均投放某广告，预期会有 100 个用户点击该广告。点击广告的用户比例值（该比例值被称为 CTR：Click-Through Rate）为 5%。

如果只投放广告给部分用户，作为该 App 的运营者来说，希望可以达到尽可能高的 CTR。例如，只投放广告给 50 个用户，最理想的情况是这 50 个用户都点击了广告进行浏览，CTR 达到 100%，此时与不使用该模型时的 CTR（5%）比起来，提升率就是 100% / 5%=20%。

如果通过构建模型，预测用户群体点击在线广告的概率。这样按照概率从大到小排序，在逐渐扩大投放广告的用户群体规模时，就会得到不同投放比例下的各个提升率。例如，投放广告给 10 个用户，10 个用户都点击了广告，提升率是 20%；投放广告给 20 个用户，20 个用户中有 19 个点击了广告，提升率是 19%……投放广告给 100 个用户，其中有 50 个用户点击了广告，提升率是 10%……投放广告给全部 2000 个用户，有 100 个用户点击了广告，提升率是 1。覆盖用户的比例从 0 取到 1 的过程中，将所有的提升率都记录下来，可以绘制成类似下面的曲线，这个曲线就是提升图，如图 7-2 所示。

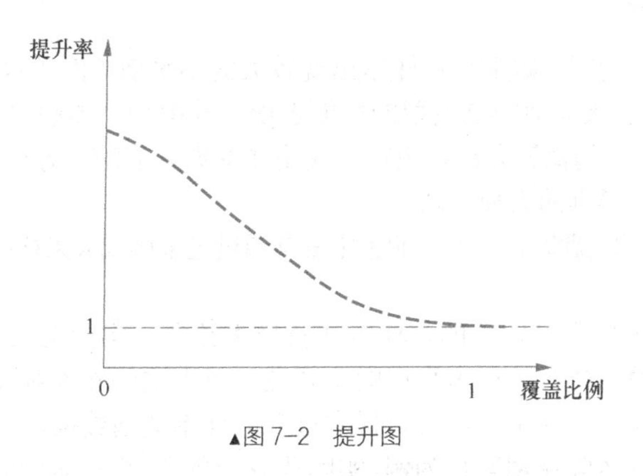

▲图 7-2 提升图

提升图可以便于分析在不同样本规模下，使用某模型与不使用该模型的效果显著性与显著变化程度。在很多的 To C 产品运营、决策、分析的项目中常常发挥着非常重要的作用。

7.1.5 KS 曲线

KS 指标和 KS 曲线常用来评估二分类模型中对不同类别样本的区分能力。

KS 曲线其实是两条线，如图 7-3 所示。这两条线的横坐标轴是取样比例，纵坐标轴是不同取样阈值下的 TPR 与 FPR 的值，这两个指标的采样点分别连成的两条曲线就是 KS 曲线。两条曲线之间相距最远的地方对应的取样阈值为区分两类样本最显著的取样阈值。

具体的绘制方式如下。

（1）将每一个样本点，按照分类模型返回的概率升序排列。

（2）从 0 到 1 之间等分 *N* 份，每个等分点当作取样阈值，也可以将每一个样本的概率值都当作取样阈值。在每个取样阈值处计算该阈值之前所有样本的 TPR 和 FPR。举例来说，如果取样阈值为 0.1，那就计算前 10%样本的 TPR 和 FPR。

（3）对 TPR、FPR 描点画图即可得到 KS 曲线，KS 值即为 TPR-FPR 的最大值。

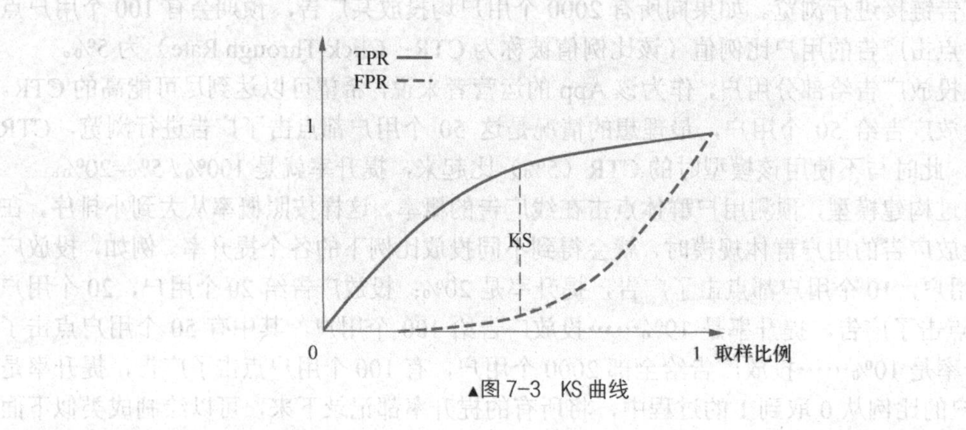

▲图 7-3　KS 曲线

7.1.6　过采样与欠采样

以最简单的二分类为例，如果正负样本出现较大的不平衡（正样本远多于负样本，或者负样本远多于正样本），会极大地影响模型的性能表现。其中最主要的原因就是在建模时缺乏对比度，判别模型的边界（阈值）会显得模糊，或受样本数量多的一方极大的影响，生成模型则很难得到样本数量少的类别的大概率值。

在解决样本不平衡的问题时，在实际业务中常常通过过采样或欠采样的方式，平衡正负样本的比例。

过采样就是重复采样数量较少的正样本或负样本数据。实际上该过程并没有引入更多数据，而是更加强调了数量较少的样本数据的重要性，放大这些样本对模型的影响。

欠采样与过采样相反，就是丢弃大量样本过多的样本类别数据。

还是以银行识别高风险逾期客户为例。实际业务场景中，真正逾期的客户数量可能特别少，这就需要重复这些逾期客户的数量样本，或者取用部分非逾期客户数据样本和全部的逾期客户数据样本，平衡正负样本比例，在建模时就更可能得到更佳的表现性能。

欠采样与过采样的思想是比较简单的，同时，欠采样与过采样可能会带来更大的过拟合风险，这一点在建模时是需要被注意的。

除过采样和欠采样外，调整分类阈值或选择更合适的评估标准也可以规避一些样本不均衡带来的风险。

7.2 回归模型的结果评价

7.2.1 基于绝对数值的结果评价

回归任务的结果评价是比较直观的。回归任务的目的拟合一个连续值标注，那只需要比较预测值\hat{y}与真实值 y 的差异就可以了。

基于这样的思路，最直观的评价回归任务结果的指标是平均绝对误差（Mean Absolute Error，MAE）。如果数据集中有 n 个数据样本，平均绝对误差的计算公式为：$MAE=\frac{1}{n}\sum_{i=1}^{n}\left|\hat{y}_i-y_i\right|$。其中，$\hat{y}_i$ 是对每一个数据样本特征进行计算的模型预测值，y_i 是每一个数据样本的真实标注值。在排除过拟合的前提下，平均绝对误差值越小，预测值与真实值的绝对误差就越小，模型的表现效果就越好。

在介绍回归模型时，曾提到：如果任务的结果评价标准是一定的，那么该结果评价标准就可以被当作回归任务的目标函数或损失函数。平均绝对误差也是可以被当作回归任务的最小化目标函数或损失函数的。但平均绝对误差有一个缺点，就是该函数并不是连续可导的。绝对值函数在 0 点的导数非连续，这给用梯度下降法等基于求导思路求最优点的方法带来了一些不便。为统一目标函数与评价指标，同时兼顾计算上的便捷性，也会常常用平均平方误差（Mean Square Error，MSE）来评价模型表现。

平均平方误差的计算公式为 $MSE=\frac{1}{n}\sum_{i=1}^{n}\left(\hat{y}_i-y_i\right)^2$。与平均绝对误差一样，平均平方误差越小，表示预测值与真实值的差距越小，模型的表现效果就越好。

虽然平均平方误差解决了导数不连续的问题，但它却存在量纲的可解释性问题。经平均平方误差方式计算后，模型的评价指标的量纲是平方形式。如果仅仅是评价模型表现，倒也没什么问题。但如果要把这个值解释给客户与业务方，就会有些难理解。例如，预测某个景区在某个时间段会有多少游客，用平均平方误差得到的误差结果的单位是“人的平方”，解释起来不太直观。而平均绝对误差得到的误差结果的单位依然是“人”，解释性要比平均平方误差要直观很多。

平衡连续可导与量纲一致性的方法，是用均方根误差（Root Mean Square Error，RMSE）代替平均平方误差来评价回归模型的表现。均方根误差的计算方式为：$RMSE=\sqrt{MSE}$。对平均平方误差进行开方计算，既保证了连续可导，又保持了量纲的一致性。虽然量纲保持了一致，但均方根误差得到的误差结果相比于平均绝对误差表示的误差结果还是有些不同，所以可以将均方根误差值的相对大小做比较来得出分析结论。

7.2.2 基于比例数值的结果评价

基于绝对数值的结果评价给出了预测值与真实值的绝对值差异大小。如果仅拿这些评价指标的数值含义去评价模型，不会有太大的不妥。但如果结合了业务与实际场景，有时采用基于绝对数值的结果评价给出的差异大小是比较片面的。举例来说，如果预测某个景区在某个时刻 T_1 的游客数量，真实值是 5000 人，预测值是 4900 人，预测值与真实值相差 100 人；如果另一个时刻 T_2，该景区游客数量的真实值是 50 个，预测值是 10 人，预测值与真实值相差 40 人。拿数值来说，T_2 时刻的预测误差（40）要比 T_1 时刻和预测误差（100）要小。但结合客流预测这个场景，基于 5000 人预测相差 100 人和基于 50 人预测相差 40 人，显然是 T_2 时刻的预测准确度在业务应用时会更高一些。如何表示这样更高的预测准确度？就需要用基于比例数值的结果评价指标来评价模型表现了。

常用基于比例数值的回归模型结果评价指标有平均绝对百分误差（Mean Absolute Percentage Error，MAPE）与 MSPE。

平均绝对百分误差的数据计算表达式为：

$$MAPE = \frac{1}{n}\sum_{i=1}^{n}\frac{\left|\hat{y}_i - y_i\right|}{\left|y_i\right|}\times 100\%$$

注意分母是真实值。该值越接近 0，表示预测值与真实值的相对大小越接近。

平均绝对百分误差以平均绝对误差与真实值的百分比值作为回归效果的衡量指标，体现了平均绝对误差大小在业务应用中的敏感程度，业务意义可能会更加突出。

MSPE（Mean Square Percentage Error）与平均绝对百分误差类似，它的数据表达式为：

$$MSPE = \frac{1}{n}\sum_{i=1}^{n}\frac{\left(\hat{y}_i - y_i\right)^2}{{y_i}^2}\times 100\%$$

7.2.3 决定系数与校正决定系数

平均绝对百分误差与 MSPE 可以以平均误差与真实值进行比较的相对大小作为模型效果的衡量，但它们也不是无懈可击的。如果真实值比较小，那么平均绝对百分误差或 MSPE 值就会对真实值过于敏感，影响模型的整体评价效果。例如，某景区某时刻的游客数量是 5 人，而预测是 8 人，3 个人差距其实并不是很大，而平均绝对百分误差值却有 60%这么高！

怎么办？基于绝对数值计算误差，误差的灵敏度不会得到体现，误差值很有可能没有实际的业务意义；基于相对数值计算百分误差，又会遇到真实值较小时灵敏度过大而导致百分误差与业务理解的不统一。

决定系数（R^2）的登场，解决了这个问题。

决定系数的定义如下：

$$R^2 = 1 - \frac{\sum_{i=1}^{n}(y_i - \hat{y}_i)^2}{\sum_{i=1}^{n}(y_i - \overline{y})^2}$$

$\overline{y}$ 为所有真实值的平均值。决定系数用 $\sum_{i=1}^{n}(y_i - \overline{y})^2$ 这个确定的值作为与平方误差进行比较的参考标准，这样就避免了每个样本的真实值不同而导致的误差灵敏度参照不统一的问题。决定系数越接近 1，模型的回归效果就越好。

决定系数有问题么？在丰富的应用实践中发现，如果样本数量与特征数量的量级比较接近，决定系数会随着特征数量的变化而变得越来越大。为避免这种情况，在样本数量不是太多时，常使用校正决定系数代替决定系数，一定程度消除特征数量和样本数量对模型评价效果的影响。校正决定系数的表达式如下：

$$R^2_{\text{adjusted}} = 1 - \frac{(1 - R^2)}{(n - p - 1)(n - 1)}$$

该式中 p 代表自变量的个数，即特征数量。

决定系数与校正决定系数一般可以表示一个回归模型的准确率大小，是比较全面的衡量回归模型效果的指标。

7.3 聚类模型的结果评价

7.3.1 方差

因为没有标注，聚类模型的结果评价是比较困难的。在应用聚类模型时，均会引入一个比较强的归纳偏置，这个归纳偏置实际上就带有对于模型的评价标准。因而，聚类结果的评价标准是比较自由灵活的。但想到聚类的原则是：同一类别的样本尽可能靠近，不同类别的样本尽可能远离。还是有一些通用的评价指标来辅助判断聚类的模型效果的。

方差就是最直接的评价标准。

方差是天然的衡量样本离中程度的指标，同一类别的方差值与不同类别间的交叉方差值（即在计算方差时把本类别均值替换成其他类别的均值）自然就可以以最直接的方式衡量聚类的效果好坏了。

7.3.2 轮廓系数

轮廓系数也是一种常用的衡量聚类模型效果的指标。

对于某单个样本，它的轮廓系数定义为：

$$Silhouette = \frac{b-a}{\max(a,b)}$$

其中 a 指该样本与该样本所属类别其他样本的平均距离，b 指该样本与距该样本最近类别的各个样本之间的平均距离。样本模型的轮廓系数就是将所有的样本的轮廓系数计算平均值。

在公式中，a 值代表同一类别内数据之间的聚合程度，该值越小，代表同一类别的聚集程度越好；b 值代表不同类别间的数据之间的远离程度，该值越大，代表不同类别间的分离程度越好。轮廓系数的取值是[-1,1]，该值越接近于 1，代表分离度相比于聚合度越大，聚类模型的表现效果就越好；该值越接近于-1，代表分离度相比于聚合度越小，聚类模型的表现效果就越不佳。

7.3.3 兰德系数

聚类是不包括标签的。但如果是半监督学习，一些带标签的样本就是非常宝贵的衡量聚类效果的资源。如果一个聚类模型可以把这些有标签的样本按照标签很好地划分，那么对聚类模型的效果是优是劣就有了更充分的支持。

兰德系数（Rand Index，RI）就是在有标注信息的前提下，评价聚类模型效果的一种评价方法。计算该指数需要给定实际类别信息 C，和聚类结果集合 K。a 表示在集合 C 与集合 K 中是同类别的元素对数，b 表示在 C 与 K 中是不同类别的元素对数，则兰德系数为：

$$RI = \frac{a+b}{C_n^2}$$

进一步解释该式：分子表示属性一致的样本数，即同属于这一类或都不属于这一类。a 是真实在同一类、预测也在同一类的样本数；b 是真实在不同类、预测也在不同类的样本数。分母的 C 指的是组合符号（并不是类别集合 C），表示任意两个样本为一类有多少种组合，是数据集中可以组成的总元素对数。

兰德系数取值范围为[0,1]，值越大意味着聚类结果与真实情况越吻合。

基于含标签的聚类结果评价方式不只有兰德系数，还有互信息、同质性完整性表述等评价方法。

7.4 关联模型的结果评价

关联模型和序列模型的结果，使用模型最重要的 3 个指标衡量就足够了，即支持度、可信度、提升度。常常用支持度来筛选频繁出现的项集，用可信度来选择项集之间的强对应关系，用提升度来判断项集相互之间的影响大小。

7.5 本章涉及的技术实现方案

关于模型评价指标的技术实现，一般在对应方案选型的模型模块中会作为一个单独的模块存在。在基于 Python 的 scikit-learn 机器学习工具包中，如图 7-4 所示，有一个 metrics 模块，提供非常丰富的模型评价指标计算的 API；在 Spark 大数据计算平台中，其机器学习库 Mllib 中也有一个 evaluation 模块，提供类似的功能。其他流行的机器学习库与大数据计算平台中，大多也会有评价模型效果的接口函数，这里就不一一列举了。

Scoring	Function	Comment
Classification		
'accuracy'	metrics.accuracy_score	
'balanced_accuracy'	metrics.balanced_accuracy_score	
'average_precision'	metrics.average_precision_score	
'neg_brier_score'	metrics.brier_score_loss	
'f1'	metrics.f1_score	for binary targets
'f1_micro'	metrics.f1_score	micro-averaged
'f1_macro'	metrics.f1_score	macro-averaged
'f1_weighted'	metrics.f1_score	weighted average
'f1_samples'	metrics.f1_score	by multilabel sample
'neg_log_loss'	metrics.log_loss	requires predict_proba support
'precision' etc.	metrics.precision_score	suffixes apply as with 'f1'
'recall' etc.	metrics.recall_score	suffixes apply as with 'f1'
'jaccard' etc.	metrics.jaccard_score	suffixes apply as with 'f1'
'roc_auc'	metrics.roc_auc_score	
'roc_auc_ovr'	metrics.roc_auc_score	
'roc_auc_ovo'	metrics.roc_auc_score	
'roc_auc_ovr_weighted'	metrics.roc_auc_score	
'roc_auc_ovo_weighted'	metrics.roc_auc_score	
Clustering		
'adjusted_mutual_info_score'	metrics.adjusted_mutual_info_score	
'adjusted_rand_score'	metrics.adjusted_rand_score	
'completeness_score'	metrics.completeness_score	
'fowlkes_mallows_score'	metrics.fowlkes_mallows_score	
'homogeneity_score'	metrics.homogeneity_score	
'mutual_info_score'	metrics.mutual_info_score	
'normalized_mutual_info_score'	metrics.normalized_mutual_info_score	
'v_measure_score'	metrics.v_measure_score	
Regression		
'explained_variance'	metrics.explained_variance_score	
'max_error'	metrics.max_error	
'neg_mean_absolute_error'	metrics.mean_absolute_error	
'neg_mean_squared_error'	metrics.mean_squared_error	
'neg_root_mean_squared_error'	metrics.mean_squared_error	
'neg_mean_squared_log_error'	metrics.mean_squared_log_error	
'neg_median_absolute_error'	metrics.median_absolute_error	
'r2'	metrics.r2_score	
'neg_mean_poisson_deviance'	metrics.mean_poisson_deviance	
'neg_mean_gamma_deviance'	metrics.mean_gamma_deviance	

▲图 7-4 scikit-learn 中的 metrics 提供丰富的评价模型表现的功能

第8章 数据应用与人工智能

8.1 业务数据化与数据业务化

至此，关于数据分析与数据建模的大部分内容都已介绍完毕。与实际的业务场景进行充分的融合，不论是在工业生产，还是在商业活动，或是在民生改善中，这些数据分析与建模的思路和方法，可以让业务实现得更加“智慧”。不过，也必须要补充说明一句：数据科学不止于此，它还有更广阔的天地，也有更深邃的内涵。

数据分析、数据组织与数据建模的强大能力，相信读者朋友在本书中已经领略一二。越来越多的人意识到数据的重要意义，数据化建设也成了国家、政府、企业、组织的一项非常重要的工作。

在使用数据资源造福人类的过程中，虽然可能用到的具体方法有所不同，但整体上来看，可以总结成两个最重要的过程，即业务数据化与数据业务化。

还记得业务的定义么？业务就是一个个事务，一个个任务。这些事务不仅是商业上的、组织化的任务，还可以更广泛地指代一件件任何状态的事情，一个个任何形式的目标。业务数据化就是将业务本身、各个环节以及与业务相关的尽可能多而全的因子以数据化的形式进行记录与组织。

业务数据化在具体实施时，有两个阶段是必须要经历的，缺一不可。

第一个阶段就是将业务中的各个实体与各个环节进行数据化的记录。数据化记录是发挥数据价值的开始，业务只有以数据的形式被记录，它才可以持续不断地进化迭代。

如果只是进行数据存储，这并不是业务数据化的全部。业务数据化必须经历第二个阶段才可以被称作实现了完整的业务数据化。这里说到的第二个阶段是数据的运营、组织与管理。数据的运营、组织与管理主要包括数据的监测、数据的初步清洗、数据模型的建立、数据资产的管理、数据的抽象组织等环节。在经过该阶段后，业务变得可分析、可改进、可融合、可迭代。

数据业务化是将收集、组织与整理的数据应用于业务或产品，使数据资源可以赋能业务。这些数据资源可以用于获得这些数据的业务，也可以不断交叉融合，应用于更多的业务范围。

数据业务化的表现形式有很多，大致上可以分为两个方向：数据智能和数据创新。数据智能是指利用数据资源提升业务表现，提升产品体验，例如常见的推荐系统、预测模型、信用评级系统等。数据创新是指将一类业务的数据规律进行总结，并尝试泛化，将其规律应用于其他业务中。

业务数据化和数据业务化是一个相互配合，螺旋提升的过程：业务中产生数据资源，数据资源不断沉淀，再赋能业务；业务被赋能后得到更好的业务效果，进而获得更多的数据资源，再进一步赋予业务更多的能量、更强的能力……

8.2 数据应用的常见产出形式

数据被应用于业务中，最终展现的一定不会只是一个个数字。就如本书多次强调的一样，在当前大部分场景中，数据被计算得到的结果，必须结合业务，才能真正让数据自身的价值为人们所接受。将数据与业务进行结合的形式有很多种，以下列举一些最常见的数据的应用展现形式。

8.2.1 指标

指标（或指数），无疑是数据应用的最直接展现形式。

得到指标一般是比较容易的，但得到的指标有什么意义，这需要有业务去指明和赋予。

举例来说。很多 C 端的手机应用软件，其背后的运营方都非常关注每一时间周期内的用户总体表现。产品经理与运营人员常常会将用户的信息与行为数据进行汇总，提炼出以下一些指标描述 App 用户的整体表现。

DAU（Daily Active User）：日活跃用户数量。反映网站、互联网应用（PC 端或移动端）或网络游戏等网络应用的每天活跃用户数量。

MAU（Monthly Active User）：月活跃用户人数。相比于 DAU，该指标从一个更大的时间尺度上反映网络应用的用户活跃度。

DNU（Day New User）：日新增用户数，即网络应用每天新增的用户数。

PCU（Peak Concurrent User）：最高同时在线用户数。

ACU（Average Concurrent User）：平均同时在线用户数。

UV（Unique Visitor）：一段时间内访问、登录或使用某网络应用的自然用户数量。

PV（Page View）：原指页面浏览量或访问量，后来多用于指一段时间访问、登录或使用某网络应用的次数。通过一个简单的例子说明 PV 与 UV 的不同，如果一个用户在一段时间内使用了两次某 App，该 App 的用户 UV 会增加 1，而 PV 会增加 2。

GMV（Gross Merchandise Volume）：一定时间内的成交总额。

有了这些从业务上提炼的指标，就可以比较全面又简洁地描述 C 端用户的整体表现与活跃情况了。

如何从业务中提炼有用的指标？笔者看来，这需要各行业的一线人员在业务中去寻找答案。

8.2.2　表格

如果要关注的指标太多，或要关注的粒度太小，表格就是一个非常不错的选择。表格充分利用了二维平面空间，具备简洁、易操作的特点，非常方便直观认识数据与灵活管理数据。

8.2.3　可视化图表与交互

第 4 章中就可视化图表与交互在业务中的强大表现力进行了详细的说明，这里就不赘述了。

8.2.4　报告

数据分析报告是一种非常正式的数据展现形式，也是一种综合的数据展现形式。一般而言，一份好的数据分析报告应该包含以下一些内容。

（1）在明确数据分析报告的受众的前提下，提取受众感兴趣的或与主题高度相关的数据指标、表格、图表等，并明确各个指标的内涵与计算逻辑。

（2）在一定时空范围内进行对比，丰富各个指标的内涵。如提取 DAU 这个重要提标后，就可以提出 DAU 的环比变化、同比变化或是与竞品 DAU 的对比结论等。

（3）对指标、特征之间的相互关联关系进行分析并解释。

（4）必要时，对业务指标未来的走向做出预测，或根据数据得到提升业务质量建议。

（5）既要结合业务实际，也要结合数据规律，要有效地将两者融合。

8.2.5　模型

抽象化的业务模型，以及为支持业务中包含的分类任务或回归任务而训练得到的函数模型也可以是数据应用的展现形式。这些模型通常是被当作在线服务策略的一部分，这个策略核心常常被称作引擎。

8.3　几种典型的数据应用系统

8.3.1　离线挖掘任务流

离线挖掘任务流是可以直接得到应用数据资源的一种方式。

离线挖掘任务流通常以企业、组织的数据资源为基础，以一个明确的任务目标或一个不明确的以规律探索为导向，力求从数据资源中挖掘可以实现目标的结论或模型，或发现与业务息息相关的规律。

之前一直提到的银行高逾期风险客户挖掘就是离线挖掘任务流的一个例子。银行等金融服务机构需要这样一个模型将数据资源进行高效利用，并为业务创造价值。该离线挖掘任务流的输入是银行客户的身份等静态信息和客户的金融行为等动态信息，输出是根据客户群体历史逾期行为的规律而判断得到的每个客户是否是高逾期风险客户的标识。高逾期风险客户的精确定位，会对银行金融系统的成本控制与利益最大化起到非常积极的作用。

除此以外，像根据超市用户历史购物记录来安排摆放商品的布局，根据一定阶段的营销手段与用户反馈挖掘用户需求进而实现精准营销等，都属于离线挖掘任务流。

总结以上案例，可以得到离线挖掘任务流有以下一些特点：每一个任务都是一个完整的工作流，每个工作流都是离线进行的，这意味着一旦工作流启动，样本数据是确定不变的，工作流也不接受环境变化的信息和工作流涉及的资源之外的输入；工作流可以是周期进行的（按天、周、月等），也有可能是按有限次数，仅在需要的时候启动的。

8.3.2 实时预测与挖掘任务

实时预测与挖掘任务是追求结果实效性的一种数据资源的应用方式。

实时预测与挖掘任务最常见的模式，是先使用离线数据建立模型，再将模型用于线上，实时采集特征输入模型，得到一个实时的结果。

实时预测与挖掘任务的案例也有很多。预测类的，如天气预测、交通拥堵预测、场馆人流量预测等；挖掘类的，如网站的在线反欺诈策略挖掘疑似欺诈用户、网络攻击识别等。

实时任务的运行是实时的，特征是实时获取的，产出也是实时的，但建模很少是实时的（除非建模时间特别短）。

8.3.3 推荐系统

推荐系统可以是一个实时的模型，也可以是离线模型的在线服务。

推荐系统是一个用户等服务主体与商品、内容等服务客体之间的选择、匹配、过滤系统。它尽可能精准地实现将服务主体（用户）与服务客体（商品、内容等）之间的连接，使主体对客体的满意程度得到最大化。

在大数据处理还未得到普及时，推荐系统是非常“简单粗暴”的：哪个商品受欢迎，热度高，就把这个商品推送给所有的人。虽然这样相比于完全随机推送商品信息有一定的效果，但用户的数据资源、商品的数据资源、用户与商品的交互数据资源其实并没有得到充分利用。过多地照顾了“大多数”，就会有非常显著的“长尾效应”，传统的推荐策略非常容易地就“见到了天花板”。

大数据时代带来了海量的商品与内容。对于每一个用户来说，面对大量的、过载的信息，如何快速找到适合自己的商品或内容，这是一个难题。

如今以数据驱动的推荐系统就是为解决以上问题而一步一步发展起来的。

以数据驱动的推荐系统常见的有 3 种形态。第一种形态是以离线形式为主。这种形态下，推荐系统的输入是大量用户的静态基本信息，大量的商品或内容的静态基本信息，以及点击、浏览、收藏、购买等历史动态信息，有时还会借助如热点事件信息、舆论环境信息等。基于这些数据，离线训练一个推荐模型。这个模型可能是机器学习模型，也可能是改造过的机器学习模型（例如，如果该模型推荐的商品均是用户感兴趣的鞋，为了保证多样性，需要在业务上介入，添加一个二次筛选环节，保证推荐商品是丰富多样的），还可能是一个人工确定的策略模型等。该模型被训练出来后，将每一个用户与商品的特征、用户与商品交互特征、环境特征等输入该模型，计算得出用户感兴趣的内容，并以分批次等方式下发推荐的内容。之后只需要定期更新模型、更新特征、更新下发内容即可实现持续推荐。该形态是一种离线处理占主导的推荐系统形态。

第二种常见的推荐系统的形态以离线处理与在线处理结合为主要形式。在这种形态下，模型的构建与训练集的选择均是离线进行的。模型和训练集可以是按天、周或月等周期更新的。而使用训练好的模型时，则是直接在线上进行的。在线上环境，系统实时收集用户特征、商品特征、交互特征、环境特征等，输入模型进行判断并得到实时结果。这种形态的推荐系统由于有部分环节发生在线上，对系统的稳定性、实时性、鲁棒性等要求会更高，需要消耗更多的计算资源。

第三种推荐系统形态以实时在线处理为主要形式。在这种形态下，模型的构建与训练均是在线进行的。历史训练集数据或一些模型参数会常驻缓冲区（如缓存在内存中或实时性较好的数据库中），在线推荐系统实时或准实时（有一些延迟）获得与更新训练样本集的用户特征、商品特征、交互特征、环境特征等特征后，进行训练、参数调整或迁移训练。当用户与在线服务产生了新的交互时，始终获得的都是由最新数据样本训练得到的最新模型。对于该推荐系统而言，它的运行机制就如同一个智能体，实时接收信息，做出反应，得到反馈，并进一步优化。理论上，从长期来看，这种形态下的推荐系统可以得到最佳的业务表现。但这种形态的推荐系统要想上线，其代价也是巨大的：它需要大量的数据做预训练，保证在刚上线该系统时可以有一个较高的起点；它的训练速度也是比较慢的，需要消耗更多的计算资源；要想把人工策略插入系统，或者系统在运行时产生了 bad case，调整起来是非常不方便的；推荐系统在运行时，会产出非常大的不确定性，同时也需要一些“负样本”来进化系统，但“负样本”对业务上无疑会造成伤害……因此，这种形态的推荐系统目前只有一些数据资源非常充足并储备着非常精锐的数据工作者的公司才有能力去研究。

推荐系统中的算法可以是监督学习的，也可以是半监督学习的、无监督学习的。不同的数据依赖，就会有不同的模型选择。例如：在用户评价比较丰富的平台，因为有了大量的“标注”，监督学习就可以有发挥的空间；在用户评价比较匮乏的平台，如协同过滤这样的无监督学习方案就值得被尝试；在用户评价比较多，但用户规模更大的平台，半监督学习就是推荐系统“四两拨千斤”的有力武器。

推荐系统的推荐客体可以不只限于电商平台的商品，也可以是餐饮平台的产品，媒体资讯、音乐图片等内容平台的内容，还可以是如社交平台的内容等。与其说推荐系统的主要功能是“推荐”，倒不如说这个系统的主要功能是“匹配”。

8.3.4　搜索引擎

搜索引擎是指根据一定的策略从互联网上采集信息，在对信息进行组织和处理后，以用户的检索需求为基础提供检索服务，并将检索的信息传递给用户的系统。

搜索引擎以从互联网上采集每一个网站的信息为开始，并充分组织这些信息。与推荐系统不同的是，搜索引擎面向用户的工作流程是用户提供一个检索词后被触发的，而推荐系统则是主动触发的，无需用户触发。

最早的搜索引擎是比较“粗暴”的，几乎是用户搜索什么，就找到包含用户搜索内容的所有网站网页，简单排序后发送给用户。而用户与搜索引擎的不断交互的过程积累了大量的数据。有了数据，就可以提取样本，提取特征，训练模型，上线应用。

除了与用户的交互方式外，搜索引擎与推荐系统的最主要的区别在于两种系统的重点关注特征。推荐系统中会注重用户与商品等的交互，而搜索引擎中对自然语言中包含的词频、词关联、词向量等特征更为重视。因此，数据驱动的搜索引擎系统与自然语言处理技术的发展是息息相关的。

与推荐系统一样，搜索引擎也可以离线构建模型运用于线上，也可以离线与在线结合，还可以实时在线不断进化。离线与在线结合的方式是目前使用最多的方案。在该方案下，还可以针对某些特定检索词条定制搜索策略，在整体上看搜索引擎，可以实现非常好的人工策略与机器学习策略的解耦效果。

8.3.5 Feed 流

Feed 流是当今互联网领域中非常流行的一种产品，像是微信朋友圈、微博关注等，都可以认为是 Feed 流的表现形式。Feed 流是指持续更新并呈现给用户的信息流，它的流向目的地就是一个个用户。Feed 流的源头有很多，但最初的和更一般的情况是用户所关注的账号、朋友或主页等。

也就是说，Feed 流就是这些用户关注的账号、朋友或主页的信息流。与 Feed 流相关的用户、主页等实体，每个实体既可能是信息流的终点，也可能是信息流的起点（例如，发一条朋友圈，就传递了一条信息）。实体相互间的关系是实时变化的（例如，关注、取关等造成的用户间的流向关系发生变化）。一条信息可能会被很多人读取，读写比例很大。同时，Feed 流对实时性和必达性要求也很高，理论上不允许出现某实体的一条信息，关注该实体的对象没有收到这条信息的现象。

因此，Feed 流是一个非常大规模的数据工程系统。

不过，Feed 流不仅是一个关注与被关注的数据流。

一方面，传统的基于时间线的消息展现形式本没有什么问题，但随着用户关注的主页、朋友或账号等越来越多，对每一个用户来讲，这些消息也需要被融合或重新按照关注兴趣排列。

另一方面，打破关注与被关注模式的 Feed 流产品越来越多。一条消息如何更高效地被传送到更关注这条消息的用户面前，这同样是一个充满挑战的问题。这个过程同样需要对消息、用户、消息与用户的关系等提取特征与建模，同时也必须考虑实时性与模型性能之间的权衡。抖音这一产品无疑是一个成功的典范。

8.4 数据应用系统的优势与限制

通过以上一些数据应用系统的简介，基本可以比较全面地了解一个数据驱动的应用系统是如何运行的。这些数据应用系统如今被应用于人类生产生活中的方方面面。

数据应用系统最大的优势，是对数据的最大化利用。数据实际上是经验的结构化表示方式，经验以数据的形式被记录，数据与数据又不断地被融合，这个过程又激发了经验融合的能量。大数据技术不断发展，数据驱动的应用系统在理论算法与工程实现中，可以实现经验的最大化利用。

不过，当前限制数据应用系统发挥的原因也有很多。例如，很多关键的特征并不能被数据化记录，很多看似不依赖经验的创造性活动数据应用系统也很难实现（看似不依赖经验，但本质其实也是经验更不容易被记录）等。因为这些限制，很多情况下数据应用系统得到的结论会很奇怪，或者很难让人接受。虽然如此，但作为一名数据工作者，笔者认为这些问题一定会得到解决，同时对数据应用系统的未来持乐观态度。

第9章　未来的数据与数据的未来

进入本书的最后一章，不妨来对数据在未来如何驱动改善人类生活做出一些展望。说到展望、预测，终究也是一种猜测。笔者认为，做出猜测与预估，最重要的不是猜测与预估的结果，而是在猜测与预估时，演绎与推断的过程。在对未来做出预测时，基于哪些数据，借助了哪些特征，运用了哪些方法……通过这些过程，理解对未来的推论，才能让人们更多地学习到影响未来的真实本质。

正好，这套方法包含在数据科学的方法论中。

9.1 数据融合与未来数据驱动系统的展望

9.1.1　数据化是一切的起点

互联网、移动互联网时代，如今人们的生活已经足够方便。通过网络购物已经成了人们的习惯，网络本身也可以更精准地给人们推荐他们想要的东西；吃饭、娱乐也可以通过互联网让人们更便捷、更尽兴；人们通过互联网沟通、社交，人与人之间的距离因此变得更近；移动支付，让商品购买与售卖变得伸手就来；越来越多的政府部门参与到互联大网络中，让信息更加流通，节约了民众的办事时间，提高了政府部门的办事效率……

虽然生活已经如此便利，但网络可以带来的变化却不只如此。网络引起这一切变化的起点，就是数据化。

万物之间总是有联系的，建立联系的前提就是万物都要参与到网络中。回想当今最流行的App——微信，它在人与人之间建立起了联系，正是以人的沟通内容的数据化为前提；回想各大电商App，它们建立起人与商品之间的联系，正是以商品信息的数据化为推力与契机；移动支付让人的生活与金融系统之间的联系更加直接、安全、紧密，这也得益于金融行为的数据化……

正因为数据化是一切的起点，因此让现实世界的一切接入网络便成了许多企业、组织一直努力促成的事。物联网就是一项万物入网的巨大工程。

关于物联网的概念，这里直接借助百度百科中关于物联网的定义，物联网（Internet of Things，IoT）是指通过信息传感器、射频识别技术、全球定位系统、红外感应器、激光扫描器等各种装置与技术，实时采集任何需要监控、连接、互动的物体或过程，采集其声、光、热、电、力学、化学、生物、位置等各种需要的信息，通过各类可能的网络接入，实现物与物、物与人的泛在连接，实现对物品和过程的智能化感知、识别和管理。物联网是一个基于互联网、传统电信网等的信息承载体，它让所有能够被独立寻址的普通物理对象形成互联互通的网络。

物联网是将万物都接入网络的一种尝试。更广泛地，以人的视角来看，人所感受到的现实，也是可以入网的。虚拟现实（Virtual Reality，VR）、增强现实（Argumented Reality，AR）、混合现实（Mixed Reality，MR）等正是将现实世界带入网络世界的媒介。很多人都会觉得，VR、AR、MR 都是创造另一个世界的方式，但不只这样，VR、AR、MR 本身也是将现实纳入网络的方式。人们在一个完整的世界里的行为，谁能说不是人们的现实呢？

万物皆要入网，网络带宽就一定要跟得上。5G 的到来，也为网络带宽问题提供了解决方案。让更多设备数据、各种形式数据（文字、图片、声音、图片、视频、实时图像等）即刻入网有了资源上的保障。

9.1.2　融合是数据发挥能量的关键

现实世界数据化提供了“无穷无尽”的数据资源，而把这些数据资源利用好的关键就是数据的融合。数据融合可以真正发挥数据资源的能量，其原理在于融合后的数据会产生非常丰富的特征。

暂时不去看物联和“各种 R”，当今社会中的数据资源其实也并没有被利用到极致。最明显的，腾讯的微信与阿里的淘宝天猫，一个社交平台，一个电商购物平台，这两个与人们息息相关的 App 其背后的数据如果被充分融合起来，产生的影响力更大。

如今，“直播带货”俨然成了一种新的营销方式，这足以说明社交与购物之间千丝万缕的联系，以及还未发掘出的巨大的商业价值。

除了社交与电商，我们生活中所有留下数据印记的行为，都是可以融合的。这些数据融合后可以做什么，这或许是一片充满巨大可能的想象空间。

数据孤岛，是与数据相关的行业从业者一直面临的问题。所谓数据孤岛，是在一个时空范围内，数据与数据之间相互隔离，没有得到充分分享与融合而造成数据资源的浪费。往大看，放眼全社会，数据孤岛的现象是非常普遍的。往小看，在一个企业、国家部门、社会组织等，数据孤岛也是制约数据资源能量得以发挥的主要原因。

很多人都知道数据融合会产生巨大的价值，但数据孤岛为什么会长期存在？很大的一个原因，是数据的持有者们对数据产生的价值该如何分享会有巨大的分歧。很多公司与组织内部产生的数据孤岛，也源于数据产生了价值以后，对自己团队会产生多大利益持不明确的预期。这不禁会让人想起生产力与生产关系的联系：融合的数据会产生巨大的生产力，生产力会决定生产关系；当下已经形成的生产关系也会反作用于生产力。

打破数据孤岛，成了很多企业与组织充分利用数据资源的重要措施。这不得不提到国家机关与政府部门近几年做出的勇敢尝试与巨大努力。“一站式服务”正是国家机关与政府部门近几年打破数据孤岛的典型案例。政府部门通过内部数据打通，一定程度上让政府内部的数据孤岛不再孤立，数据与数据得到充分共享与流通。这带来的最直接好处就是很多与民生息息相关的业务办理将不再烦琐，很多诸如户籍管理、备案登记等业务，可以直接利用网络办理，或者只需要去一次办事大厅，就可以办理完所有的手续。相比于过去办一件事常常要去很多地方签字、核查、开证明等流程，大大提高了社会办事效率，节约了宝贵的社会时间成本。实现这一切的背后，体现的是国家机关和政府部门打破信息孤岛，积极打通数据的充满智慧的突破。

9.1.3 计算还是太慢了

先做一个大胆的假设：如果万物接入网络非常顺利，数据融合也非常流畅，接下来要解决什么问题呢？当然就是计算的问题了。

通过上面的阐述得知，万物入网让数据资源得到了 N（N 非常大）倍的提升，数据融合则让特征得到了至少 N^2 量级（非常保守的估计规模）的提升，数据与特征确定的上界被大大提升。要逼近这个上界，就要通过建模的方式来实现了。数据量规模与数据特征规模被极大地扩大，那就需要可以处理得了这么多数据资源的计算能力来支持建模。相应的模型的参数规模和复杂程度规模必然也会得到非常大的提升。

BERT 是谷歌研发的自然语言处理模型，该模型用于多语言翻译、自然语义识别等自然语言处理领域中有非常优秀的表现。在一项具有 33 亿文本语料的多自然语言处理任务中，BERT 模型体现了非常强大的能力。在所有的自然语言处理任务中，BERT 模型得到的结果均非常显著。但为训练这个模型，谷歌动用了 60 多块 TPU，训练了近 4 天的时间！考虑到现实业务的多样性，并结合这仅是自然语言的语料，还没有将图片、视频、声音等多模信息的融合，训练这样复杂的模型，或许是有些慢了。后来，有研究者将 TPU 数量提升至 1000 多块，并调整 batch size 等参数，将参数能力发挥到极致，在不到 80 分钟内就可以将模型训练完成。

9.1.4 为什么要数据化、融合、计算？

在很多书里，提到关于对大数据、人工智能未来的发展展望，大家的反应大概率是“大数据与人工智能无疑将会更加深刻地影响到人类社会”。这确实是大数据与人工智能发展的一个趋势。在这一小节中，笔者要给这个结论和自己以上的阐述泼一盆冷水，自己问自己一句：凭什么？

为什么要万物数据化？为什么要进行数据融合？为什么要提升计算能力？当然，可以说，因为这些都会对人类的生产生活产生巨大的价值。确实，在理论上，得到这样的结论并不难，万物数据化与万物融合在能量角度与信息角度均可以使社会资源得以更大的节约与更充分的利用。纵观人类社会发展，一项技术要得到大范围的发展与应用，一定是人类群体共同推动的结果。人类群体为什么会共同去推动？那一定是这样的东西对人类是有用的，不只是对少数人有用而是对大部分人都有用（或是对未来的大部分人都有用）。巨量数据、巨量数据融合以及巨量数据计算有什么用？可以创造哪些价值？这些都是今后重点要研究的。

很多人都说物联网、MR、5G、量子计算等将会改变人们的生活，但很少人能说到这些新奇的玩意将如何改变人们的生活。在不明朗的前景下，正确的反应就是多尝试。

如果说展望数据在未来的发展前景可以是“大体上晴空万里，仅有几片小小的乌云”，那么笔者相信，隐私问题一定是那几片乌云中的一片。

隐私问题是一个一直伴随着大数据发展过程中的敏感话题。拿上文提到的例子来说，如果你刷微信时，系统向你推送你的闺蜜的购物内容，你的闺蜜会不会觉得隐私遭到泄露？在移动支付刚刚兴起时，很多人不会往移动支付 App 中存入资金，也不会在移动支付 App 中填写真实信息，就是想到自己的信息被平台看到会有什么不良后果。在外卖平台刚刚发展起来时，由于一条条真实的地址信息、电话信息等被列在外送单上，因此也发生了很多恶性骚扰事件……

可以想象到这些情况：某入侵者入侵了拥有上亿用户的平台系统，获得了用户数据并不断作恶；某公司一时疏忽，使用用户数据时不慎泄漏数据，造成了非常消极的社会影响；某团队在上线一个新系统后，让广大用户觉得自己的隐私受到侵犯……数据安全是大数据业务发展的必要保障。数据安全无法保证，数据隐私无法保证，大数据驱动的业务就一定发展不起来。

在理解隐私问题与大数据发展的关系时，经济学上的科斯定理或许可以给出一些启示。科斯定理指出：交易费用为零和对产权充分界定并加以实施的条件下，外部性因素不会引起资源的不当配置。因为在此场合，当事人（外部性因素的生产者和消费者）将受一种市场里的驱使就互惠互利的交易进行谈判，也就是说，是外部性因素内部化。

更通俗、更普遍地阐述，科斯定理反映的现象是：谁更需要某些资源，谁就会付出更多；资源归谁，取决于谁可以将资源用到最好。

现如今，移动支付被人们广泛接受，人们都享受着移动支付带来的巨大便捷。这正是因为移动支付可以让人们享受到更方便的购物体验和更全面的金融服务，并且可以有能力保护好用户的隐私而不泄露，才让移动支付可以快速地发展起来。服务与安全，这两者缺一不可。移动支付 App 需要广大用户，所以它会把保护隐私看作是一项极其重要的工作；广大用户享受到了移动支付带来的便捷和安全保障，就会有更多的用户接受移动支付的服务，进一步的，更大的隐私安全性保障就需要得到重视……

还有一个例子是关于外卖平台。人们总是需要点外卖，也就必须要将电话和地址提供给平台。平台需要用户，也想出了很多保护用户隐私的方法，如第三方中转电话、姓名遮拦等。平台与用户的相互需要，让外卖服务与数据安全可以同步发展，相互照应。

……

隐私与大数据，未来一段时间内究竟向哪一个方向倾斜，这不光要看大数据或个人隐私理念的发展前景，更要依赖人使用数据的能力和面对数据的态度。

9.2 人工智能

9.2.1 人与人工智能

当下的人工智能处理的对象虽然包括很多如图片、语音、文本等数据形式，但在数据工作者看来，这些都是数据，只是数据形态不同，特征组织不同而已。

人为什么是“智能”的？举几个例子来说明。

当某人在一边吃饭，一边看相声时，一边又被相声逗得哈哈大笑时，是什么造就了此时这个场景中的各个元素？

首先，作为一个人，有着天然的人的形态，这个形态是人类千百年来进化而来的。也就是说，这个人存在于世，就携带了人类历经千百年来进化过程中的“数据”信息。祖祖辈辈通过“迁移”与继承的方式，将初始“参数”以基因的形式传递下一代，这造就了这个人成为今天长相的大部分形态。

他会吃饭，可以听懂相声。在他刚出生时，他听到的声音、看到的影像、感知到的世界都是没有规律的。而在他的成长过程中，他识别到了一些色块会频繁出现，一些形状和声音会高频刷新他的视网膜和鼓膜；当某一个他刚识别到会动的“不明物体”出现时，总会伴有“妈妈”的声音，他尝试着发出这个声响，得到了拥抱、温暖等正反馈，从此这些形状、感知、声音便有了意义。基于这些意义，又发展出基于意义的更高层、更复杂意义。于是有了文字、语言、物体等各种他可以认识的东西。他学会了吃饭，认识了文字，知道了语言，也知道这些东西对他来说意味着什么。这些，是他从出生到长大接触到的“数据”而训练得到的结果。

他听相声会笑。为什么笑？因为击中了他的笑点。你在某种情况下（或是听到了什么，或是看到了什么）就会觉得好笑，这是因为基于他个人认识形成的意义的基础上，有了一种建立与这些高层意义上的行为模式，这种行为模式造就了他一听到或看到符合这种模式的特征，他就会笑。这些均是在他形成概念后建立起的更高层概念反应。

虽然只是一时的一个场景，但这个场景却是人类种群数据与个人数据不断参与反应的结果。

从这个角度上来说，人其实就是一个“数据的处理模型”。基因给了人初始参数；生长过程中，人通过视觉、嗅觉、触觉、听觉、味觉等各种感觉形式持续不断地、每时每刻地接收数据；经过人自带的频繁项识别系统与反馈系统，将这些“数据接收”的内容进行聚类得到概念，同时经反馈系统（如情绪、感受等）得到“正反馈”或“负反馈”而调整接下来的行为，并不断进化。

当人在说一句话，做一件事，做出一个判断或产生某一反应时，他依赖的数据是非常丰富的。“智能”的定义严之又严，人总会幸存下来，这正是因为“智能”源于最为丰富的数据，最为丰富的特征，以及处理这些数据的最为灵活的模型。

9.2.2 智能是个系统

根据上文的阐述，人之所以被称为“智能”，是因为人可以整合人可以接触到的所有“数据”，并形成一套处理“数据”与应用“数据”的系统。

这个系统应该可以不断感知环境（接收数据），并学习归纳（特征工程与建模），再做出反应（应用模型），根据反应得到反馈（与目标对比），并进一步学习归纳（调节参数）。

从这个意义上来说，很多离线的监督学习、半监督学习与无监督学习并不能称为智能。这些建模机制并不能持续获得数据，它们是将基于已有数据做出最优化的努力尝试，可以说是一个工作处理流。

当下很多的“人工智能”其实还不能说是智能。这些“人工智能”可以感知语音、图像、视频、文本等更为复杂的数据形式，并将这些数据形式用于监督学习、半监督学习或无监督学习。这些功能更像是智能系统中的感知部分，每一个功能点也仅仅是个功能点，并没有形成一套系统。人工智能应该是个可以整合大规模、多形态数据的系统。

9.2.3　智能域

以上的"智能"定义，或许是过于严格了。当前"人工智能"的概念已被广泛接受，不妨放宽一些关于"智能"的定义，认为可以整合数据并做出反应的系统都是"智能"。这样，如上所说的监督学习，半监督学习，无监督学习，基于声音、图像、视频、文本等复杂形式的数据处理业务就可以都被视为"智能"了。

此时，在研究人工智能问题时，需要借助另一个概念——智能域。

以一个分类任务为例，如果分类任务有 C 个类别，决定样本属于哪个类别的充分必要特征数共有 M 个。也就是说，要实现 100%分类准确率，需要凑齐这 M 个特征，并且缺一不可；其他特征对分类结果一点影响都没有，即该分类任务中无需添加其他特征。所有特征中，可能的取值数量有 $[f_1, f_2, f_3 \cdots, f_M]$。这样，理论上不同特征组合的样本数量一共有 $\prod_{i=1}^{M} f_i$ 个。如果这 $\prod_{i=1}^{M} f_i$ 个不同特征组合的样本的类别都已知，形成一个特征与类别的映射表，那任务就成了一个穷举式的"人工智能"。

但实际情况是，对于一个确定的任务，分析者可能并不知道实现该任务的这 M 个必要特征，也不会获得全部 $\prod_{i=1}^{M} f_i$ 种特征组合的样本。或许，经过不断努力，数据工作者获得了很多特征，但这些特征命中 M 个必要特征中的 L 个（$L \leqslant M$）；数据工作者获得了很多样本，这些样本命中 L 个特征中理论最多组合数量（$\prod_{i=1}^{L} f_i$）的 K 种组合（$K \leqslant \prod_{i=1}^{L} f_i$）。如果 $L < M$，或 $K \leqslant \prod_{i=1}^{L} f_i$，分类结果就可能不会达到 100%。但可以设定一个可以接受的阈值 α（$0 \leqslant \alpha \leqslant 1$），如果通过最佳的建模方式可以达到 L 个特征，K 种特征组合的性能阈值超过 α，就把这 L 个特征，K 种特征组合称作该任务的智能域。可以实现性能阈值 α 的最少 $L \times K$ 个的特征、样本组合被称作最小智能域。

可见，智能域实际上是确定了一个智能任务的上界。在研究人工智能的相关业务时，需要从两个角度对业务最终结果做出一个评估。第一个角度是分析达成任务目标的最小智能域是什么。例如要通过视频识别出一年四季的各种机动车辆，可以想到的是数据样本中一定要包含春夏秋冬四季的、白天与夜晚的各种车辆（小汽车、大货车、大客车等）信息；第二个角度是分析当前可以得到的智能域，它能确定的上界是什么。还以视频识别车辆为例，如果仅有夏天的白天与夜晚有各种车辆出现的视频数据，那在其他季节识别车辆就可能会出现较差的表现性能，尤其是冬天。

智能域的研究有利于数据相关的工作者对接下来的智能研发工作会有怎样的效果有一个有根据的评估，并对可能出现的风险做出提前的布局。

后记——拥抱不确定的美好

笔者常常会去一些如博物馆、美术馆、雕塑馆等艺术场馆欣赏大师的艺术杰作，也会去一些如剧场、展览厅、音乐厅、相声社等艺术场所近距离感受艺术的熏陶。

现在，笔者似乎明白了一些：艺术的价值，并非全在于创作者想表达什么；它的更大的价值或许集中在每一个欣赏艺术的人能够感受到什么，以及这些感受是如何被人传递下去的。而人们感受到的艺术，或者人们感受到的别人眼中的艺术，又正是每一个人的经历的侧面写实。

拿这个角度来说，数据不正是件艺术品么？面对数据，不同行业的分析者会有不同的切入方式；而人在面对“数据”时，每一个人也会有不一样的感受与反应。

从事数据科学有些年头了，当笔者欣赏到“数据”这件艺术品时，不经意间也会冒出些自己的想法。在整理这本书的材料时，我常常会把收集到的数据科学中的许多概念与方法投射到生活中，慢慢品味其中的意思，不时地会感受到不小的启发。

“好的数据胜于好的特征，好的特征胜于好的算法”，联想到生活，这不正是“读万卷书，行万里路”的背后逻辑么？行万里路，见识世间百态与人生酸甜，就如同将世界的数据输入到我们自己这个“模型”中；读万卷书，领略万物运行规律，就像是从输入到我们这个“模型”中的数据中去提取特征。正因为数据与特征决定了模型表现的上界，所以“身体与灵魂总有一个要在路上”。

整理回归模型的案例时，我领略到所谓的拟合回归，并不一定是每一次计算都可以得到一个期望的值。更多时候，通过回归模型计算的值时而会大于预期，时而会小于预期。但多次计算下来的平均表现，是接近于拟合的回归值的。这就好比是生活，每人都有顺风顺水、春风得意的时候，每人也都有跌入谷底、遭遇挫折的时候，但生活总是会回归到它本应该有的样子。人应该坚持去做有意义的事，在一个更长的人生尺度上寻求更好的回归，而不应该将偶尔一段时间的顺与逆当做是人生。

在了解召回率与精确率的关系时得知，召回率与精确率常常不能得兼。阈值选择不同，召回率提升了，精确率就更可能减小；精确率提升了，召回率就更可能减小。这像极生活中两类人的做事风格：一类人勇于冒险，不断尝试，虽然也到处碰壁，不断失败（精确率较低），但最终还是收获了众多令人折服的和其他人不曾见到过的结果（召回率较高）。另一类人保守冷静，谨慎沉着，每做一次判断都三思而后行，对判断是否靠谱的概率十分敏感，并耗费了更多精力（这导致召回率不会太高），但他们每一次判断都十分精确（精确率较高），让人佩服不已。如果 100 件事里有 10 件事可以获得丰厚的回报，相同的时间内，第一类人会愿意尝试做 20 件事，而其中只有 3 件事会得到回报；第二类人会愿意集中精力做 2 件事，而其中有 1 件事会得到回报。冒险与谨慎，召回与精确，这也是人类社会在面对未知时常常讨论的主题。

我非常喜欢“X 亿+M+1”这个模型，它告诉了我面对不同的人要有不同的做事方式。如果是参加媒体节目或是公众发言，面对的是最广大的观众或听众，就应该把最普遍的思想与方法与大家分享；如果是在做生意，面对的是许许多多与你只有一面之缘的人，就应该在把握人性的基础上，表现自己最好的一面；如果面对的是家人、恋人等与之相处一生的人，就应该从这些人的过去中去探寻与这些人的最佳相处方式，并立足未来，达到长期的回归效果……用社交的方式与家人相处，生活中就会缺乏些感情的味道；用与家人的方式去社交，与社交圈子的相处就会受到规模的限制或更大的风险。

在研究智能系统这个主题时，很自然地会想到生活中的很多事情都是一个系统，很多事并不是看上去那么简单，看上去的只是其中一面，真正影响着我们看到的事物的，是这个事物背后的体系与系统；在研究数据分析的本质后，这些概念常会提醒我，遇事不要感情用事，要多拆分，多对比，接下来该怎么做就会变得格外清晰……

综合来看，当我们在谈论数据，谈论如何使用数据时，我们事实上是在谈论什么？我们谈论的是未知；我们谈论的是不确定性；我们谈论的是面对未知与不确定性时，该怎么表现才可以从容淡定。

确定性是让人欢愉，令人神往的。确定性的结果，或是满足人的预期，一向都是人们追求的一个小目标。所谓信任，所谓承诺，所谓协议，所谓秩序，无疑都是个人或集体为实现可实现的预期而做出的伟大尝试。有了确定性的保障，每个人都可以更加明确自己的未来，为接下来要发生的事做好计划与安排，过得更加淡雅从容；有了确定性的保障，人类也会真正统一思想，集中力量创造更璀璨的文明。

确定性是好的，常常如此。

但现实是，生活是充满不确定性的。由于人类社会的关系错综复杂，自然世界的规律尚未完全发现，确定性常常只是人们的奢望。人类在探索自然时，在参与社会活动时，往往都面对着巨大的不确定性：我们不知道如何才能达到我们的目标；我们也不知道接下来如果我们做了一件事，这件事会有什么样的结果……面对不确定的世界，人们的反应也是不确定的：有的人喜欢激进些；有的人喜欢保守些；有的人淡化了目标；有的人担惊受怕，变得完全放弃了尝试……人们从不确定性中获得了不同方向的刺激，大千世界也就有了如此多样的人格。

不确定性是让人“头疼”的。人们常常困惑于不确定性，也一直尝试在不确定性的过程中，总结出确定性的规律。

回头看看最广义的数据分析。

一些人把数据分析当作是技术的分支，在谈到数据分析时就会提到如何使用 Excel，应该学习什么编程语言，如何学习分布式处理工具；也有一些人把数据分析当作是业务处理的分支，一说到数据分析就是没有业务，数据分析什么都不是。这些说法都有其正确的部分，而又都不全面。

读到这里，读者应该明白了笔者想要表达的意思吧。

是的，数据分析是一种面对不确定性的过程，需要一个好态度来面对这个过程。

以这种态度去面对不确定性，我们会知道：经验是在不确定性中寻找确定性的最重要来源。我们需要像做特征工程一样去解析，需要像建模一样去思考，充分利用我们的经验，就会在充满迷雾的山林里，找到可靠的前进方向。

以这种态度去面对不确定性，我们会知道：正在面对的不确定性会是未来寻找确定性的来源。每一段或苦或甜、或成功或失败的经历，都将是未来探索更加确定的答案的样本。正样本的获得，也需要有负样本的衬托。

以这种态度去面对不确定性，我们会知道：一时的得意或失意都不算什么，漫长的人生终究回归到你所持续耕作的一切。所谓的命运，正是过去所有人生经历的回归。

以这种态度去面对不确定性，我们会知道：要把握最确定的未来，就一定要有最丰富的阅历；有多少经历，就会有多少能力；拥有什么样的能力，就更可能会做成什么样的事情。

以这种态度去面对不确定性，我们会知道：较大的确定性与较小的确定性相比是占有优势的，但并不意味着较大的确定性就一定会发生，较小的确定性就一定不会发生。当反常的事情发生时，我们应该感到意外，但不应该大惊小怪，更不应该去因此而做什么不应该做的事。

以这种态度去面对不确定性，我们会知道：目标是带领我们到达彼岸的最大动力。没有目标，人是被不确定性带着走的，最终落脚何处无人可知；有了目标，则是人在驾驭着不确定性，主动权始终掌握在自己手中。

……

唯一不变的是变化。

希望此书的读者，能借助数据科学的力量在工作中更进一步。

学习笔记

学习笔记

学习笔记